Göttlich/Schindler/Rooshenas

Chemisches Grundpraktikum
im Nebenfach

Richard Göttlich
Siegfried Schindler
Parham Rooshenas

Chemisches Grundpraktikum im Nebenfach

Mit 176 Abbildungen

PEARSON

Higher Education
München • Harlow • Amsterdam • Madrid • Boston
San Francisco • Don Mills • Mexico City • Sydney
a part of Pearson plc worldwide

Bibliografische Information der Deutschen Bibliothek
Die Deutsche Bibliothek verzeichnet diese Publikation in der Deutschen Nationalbibliografie;
detaillierte bibliografische Daten sind im Internet über http://dnb.d-nb.de abrufbar.

10 9 8 7 6 5 4 3 2 1

13 12 11

ISBN 978-3-86894-030-5

© 2011 by Pearson Deutschland GmbH
Martin Kollar Str. 10–12, D-81829 München
Alle Rechte vorbehalten
www.pearson.de
A part of Pearson plc worldwide

Lektorat: Andra Riemhofer, ariemhofer@pearson.de
                     Alice Kachnij, akachnij@pearson.de
Korrektorat: Wolfgang W.H. Löffler
Einbandgestaltung: Thomas Arlt, tarlt@adesso21.net
Titelbild: Shutterstock Images LLC, New York, NY 10004, USA
Satz: le-tex publishing services GmbH, Leipzig
Druck und
Weiterverarbeitung: Print Consult GmbH

Printed in the Slovak Republic

Inhaltsübersicht

ÜBERBLICK

Inhaltsverzeichnis

Vorwort

In vielen Studienfächern müssen Sie ein grundlegendes chemisches Praktikum absolvieren. Hierzu gibt es an vielen Universitäten eine sehr gute praktische Ausbildung, die bei genauer Betrachtung aber häufig das Problem aufweist, dass die Studierenden, die Chemie nicht als Studienhauptfach belegt haben, die Bedeutung eines chemischen Praktikums für ihr Studienfach nicht erkennen können. Auch an der Justus-Liebig-Universität in Gießen haben Evaluierungen dieses Problem deutlich gemacht. Zu viele Studierende haben (nach erfolgreicher Beendigung des Praktikums!) nach unserem Eindruck den Sinn des chemischen Praktikums für ihre Ausbildung angezweifelt. Nicht ganz unerwartet haben hingegen Studierende höherer Semester im Gegensatz dazu wiederum geäußert, dass das Praktikum doch wichtige Grundlagen für die spätere Ausbildung vermitteln würde. Diese Problematik hat in Gießen zu der Erkenntnis geführt, dass das chemische Praktikum einer grundsätzlichen Überarbeitung bedürfe. Das Ergebnis dieser Überarbeitung ist das vorliegende Praktikumsbuch. Hier haben wir versucht, die chemischen Experimente, die Sie im Rahmen Ihres Praktikums durchführen werden, deutlich klarer in Zusammenhang mit Ihren Studienfächern zu bringen. Praktische Beispiele aus Ihren Hauptfächern und/oder dem Alltag sollen Ihnen helfen, die Bedeutung der durchzuführenden Versuche für Ihr zukünftiges Studium besser erkennen zu können. Folge- und Vertiefungspraktika aus z. B. der Biochemie oder der Physiologie bauen auf Ihren hier erworbenen Kenntnissen auf. Auch das erstmalige Erlernen wissenschaftlicher Arbeitstechniken wird für Viele von Ihnen später sehr wichtig sein. Das Praktikum entsprechend umzugestalten hat sehr viel Arbeit und Zeit gekostet. Wir hoffen daher als Autoren dieses Buchs, dass Sie, wenn Sie dieses Praktikum erfolgreich absolviert haben, auch dessen Sinn und Bedeutung erkennen werden. Besonders freuen würden wir uns, wenn Sie dann später auch bewusst die in diesem Praktikum gewonnenen Erkenntnisse/Fertigkeiten anwenden werden. Wenn wir es dann vielleicht auch noch geschafft haben sollten, dass Sie Spaß an der Laborarbeit bekommen haben, dann kann eigentlich in Ihrem Studium nichts mehr schief gehen.

Ein Praktikumsbuch und das zugehörige Praktikum entstehen nicht ohne umfangreiche Vorarbeiten. Das hier vorliegende Praktikum basiert auf dem an der Justus-Liebig-Universität in Gießen seit vielen Jahren durchgeführten chemischen Grund-Praktikum. Wir möchten uns an dieser Stelle daher bei der großen Zahl von Assistenten/innen und den Studierenden sowie für die Unterstützung durch die Justus-Liebig-Universität Gießen bedanken. Von den zahlreichen Assistentinnen und Assistenten, deren Feedback für uns sehr wichtig war, sollen hier stellvertretend Frau Dipl.-Chem. Melanie Jopp, Frau Dipl.-Chem. Tamara Neu und Frau Dipl.-Chem. Sandra Kisslinger genannt werden, die in den letzten Jahren intensiv an der Verbesserung des chemischen Praktikums an der Justus-Liebig-Universität in Gießen beteiligt waren. Ebenso ein Dank an die zahlreichen Lehramtsstudierenden, die neue Experimente für das Praktikum ausgearbeitet und „getestet" haben. Auch bei den vielen Studierenden, die durch konstruktive Kritik zur Überarbeitung des Praktikums mit beigetragen haben, möchten wir uns bedanken. Beim Pearson-Verlag bedanken wir uns für die gute Zusammenarbeit und dass wir ein solches Praktikumsbuch genau nach unseren Vorstellungen erstellen konnten.

Zum Schluss dieses Vorworts möchten wir Ihnen noch ein erfolgreiches Praktikum wünschen. Denken Sie ruhig öfter einmal an den Spruch: „Da stimmt die Chemie", denn dann läuft es bestimmt gut.

Richard Göttlich, Parham Rooshenas und Siegfried Schindler

Einleitung

1

ÜBERBLICK

LERNZIELE

Sie sollten nach Bearbeitung dieses Kapitels

- erkannt haben, welche Probleme beim wissenschaftlichen Experimentieren auftreten können.
- die Grundprinzipien verstanden haben, wie wissenschaftliche Versuche korrekt durchzuführen sind.
- die Bedeutung von sogenannten „Blindproben" verstanden haben.
- Kenntnis über die Untersuchung von Abhängigkeiten in wissenschaftlichen Experimenten erhalten haben.
- das Konzept der Fehleranalyse im Zusammenhang mit den signifikanten Ziffern bei der Messgenauigkeit von Experimenten so weit verstanden haben, dass Sie dieses auch praktisch anwenden können.
- die Regeln wissenschaftlichen Arbeitens kennen.

Herzlich willkommen im chemischen Praktikum

1.1

Das deutsche Wort „Begreifen" drückt sehr gut aus, wie wir Dinge wirklich verstehen lernen, nämlich durch das Anfassen und das Spielen / Arbeiten mit den Dingen. Die Naturwissenschaften sind experimentelle Wissenschaften und hier reicht es nicht aus, nur theoretisch etwas zu erlernen. Um Chemie zu verstehen, sollte man einmal selbst Experimente durchführen. Nicht nur um theoretisches Wissen zu festigen, sondern auch um zu begreifen, was wir aus einem Experiment lernen können und warum es erfolgreich war oder vielleicht nicht das erwartete Ergebnis erbrachte. Die Autoren Richard Göttlich, Parham Rooshenas und Siegfried Schindler unterrichten an der Justus-Liebig-Universität in Gießen und können dem Namensgeber der Universität Justus Liebig nur Recht geben, dass für das Verständnis der Chemie Experimente vorgeführt (Experimentalvorlesung) aber vor allem auch im Praktikum Experimente selbst durchgeführt werden sollten. Die folgenden Kapitel beschreiben eine Vielzahl von Versuchen, die häufig in Verbindung mit Ihrem eigentlichen Studienfach stehen, sodass Sie das erlernte Wissen hier gleich unmittelbar weiter anwenden können. In vielen Studiengängen folgt auf die Chemie die Ausbildung in der

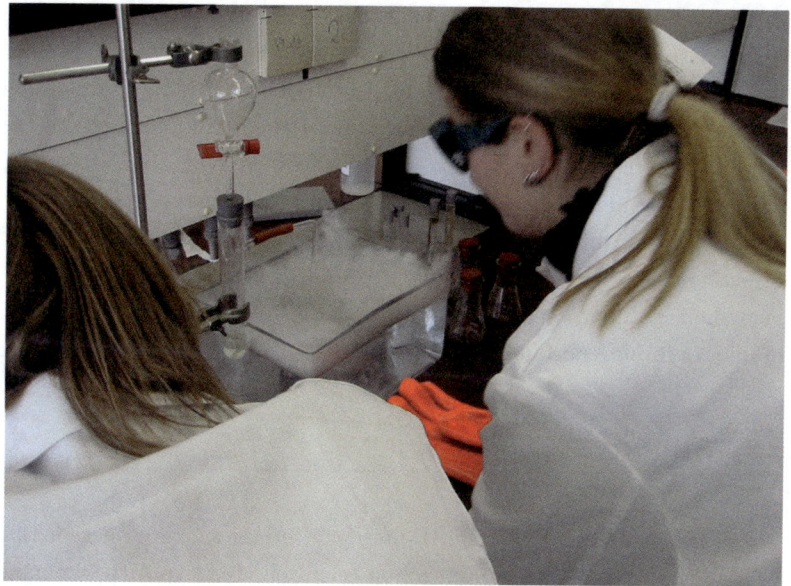

Abbildung 1.1: Im Labor

Biochemie, die auf den Grundlagen der Chemie aufbaut. Sie werden gleichfalls Experimente mit Alltagshintergrund durchführen. Die Autoren hoffen, dass Sie das chemische Praktikum nicht nur als ein notwendiges Übel Ihres Studiengangs betrachten, sondern vielleicht Freude am Experimentieren entwickeln, welche die Grundlage jeder guten wissenschaftlichen Arbeit ist.

Ziel des Praktikums 1.2

Ziel des Praktikums ist es, Ihnen die Grundlagen des wissenschaftlichen Experimentierens nahe zu bringen. Sie sollen lernen, wie Experimente vorbereitet, durchgeführt und nachbereitet werden, hierzu gehört in gleicher Weise der sachgerechte Umgang mit Laborgeräten und Chemikalien. Weiterhin erlernen Sie im Labor häufig benötigte Arbeitstechniken. Auch wenn Sie später nicht alle Methoden 1:1 übernehmen werden, so sind doch viele Dinge vergleichbar. Weiterhin sollten Sie dabei problemorientiertes Arbeiten lernen. Besondere Bedeutung hat das Erlernen der wissenschaftlichen Protokollierung von Experimenten. Nicht nur in der Chemie, sondern auch in Ihrem Studienfach werden Sie damit immer wieder konfrontiert werden. Weiterhin soll durch die praktische Tätigkeit ihr theoretisches Wissen weiter gefestigt und vertieft werden.

Zusammengefasst: Sie sollen (neben der Vertiefung Ihrer chemischen Kenntnisse) die Grundlagen der wissenschaftlichen Vorgehensweise, das wissenschaftliche Arbeiten und das wissenschaftliche Protokollieren im Rahmen Ihres Praktikums erlernen. Das Praktikumsbuch ersetzt kein Lehrbuch. In den einzelnen Kapiteln werden zwar zum Teil wichtige Aspekte kurz wiederholt aber es erfolgt hier keine vollständige Abhandlung des Stoffs, wie dies in einem Lehrbuch geschieht. Falls Sie feststellen, dass Sie Probleme haben, ein Kapitel im Praktikumsbuch zu verstehen, sollten Sie den entsprechenden Stoffinhalt unbedingt noch einmal in Ihrem Lehrbuch studieren.

Experimente   **1.3**

Ein Experiment dient in erster Linie dazu, etwas auszuprobieren. Dabei gab es in der Vergangenheit schon reichlich verrückte Experimente, die nicht immer gut ausgegangen sind. Etwas wissenschaftlicher ausgedrückt geht man bei einem Experiment zunächst erst einmal von einer Annahme, einer Theorie aus. Zum Beispiel, dass ich mir überlege, was passiert, wenn ich einen Gegenstand (vielleicht das Praktikumsbuch) in der Hand halte und ihn loslasse. Meine Erfahrung / Vermutung sagt mir, dass das Buch auf den Boden fallen wird. Ich mache das Experiment, lasse das Buch los und stelle fest: Es fällt auf den Boden. Mein Experiment hat also meine Theorie bestätigt. Auch wenn das Beispiel trivial erscheint, könnte man von hier aus noch weitere Analysen betreiben (z.B. fallen alle Bücher runter oder vielleicht nur mein Praktikumsbuch). Außerdem kommt es eventuell durchaus auch noch auf den Ort an, wo Sie Ihr Experiment durchführen. Machen Sie das Experiment bei einem sogenannten Parabelflug, bei dem Sie kurzzeitig Schwerelosigkeit erreichen, dann sieht Ihr Versuchsergebnis ganz anders aus (abgesehen davon, dass Ihnen eventuell richtig schlecht wird und Ihnen das Versuchsergebnis vollkommen gleichgültig sein wird).

Auch wenn das Beispiel aus der Physik stammt, bleiben wir vielleicht noch einen kleinen Moment bei einem ganz ähnlichen Versuch. Eine ganze Weile lang hat man sich darüber gestritten, ob ein Bleigewicht gegenüber einer Vogelfeder aus gleicher Höhe schneller oder gleich schnell fällt. Aristoteles war jedenfalls der Ansicht, dass ein schwerer Stein schneller fällt als ein leichter Stein. Aristoteles hat jedoch keine Experimente gemacht, und dem großen Aristoteles wagte man 2000 Jahre lang nicht zu widersprechen. Erst Galileo Galilei bewies im 17. Jahrhundert, dass dies falsch ist. Interessanterweise führte Galilei hierzu aber

„nur" ein Gedankenexperiment durch, in dem er die beiden Steine in Gedanken zusammenband. Hätte Aristoteles recht gehabt, dann müsste der kleine Stein den größeren Stein abbremsen und der größere Stein den kleineren Stein beschleunigen. Die Geschwindigkeit sollte also zwischen der Geschwindigkeit des großen und des kleinen Steins liegen. Andererseits sind die zusammengebundenen Steine schwerer als der große Stein und müssten daher schneller fallen als der große Stein. Dieser Widerspruch kann erst gelöst werden, wenn man annimmt, dass die Fallgeschwindigkeit eines Körpers unabhängig von seinem Gewicht ist. Auch eine Vogelfeder fällt genau so schnell zu Boden wie ein Bleigewicht, nur stimmt dies nicht mit unserer Alltagserfahrung überein, da wir in unserer Atmosphäre den Luftwiderstand nicht vergessen dürfen. Praktisch wurde das Experiment dann 1971 von dem Astronauten David Scott vor laufender Kamera auf dem Mond durchgeführt: eine Feder und ein vierzigmal schwererer Hammer trafen dabei gleichzeitig auf dem Boden auf. Obwohl im Voraus bekannt, sei das Resultat doch beruhigend gewesen, hieß es später im NASA-Report über die Apollo-15-Mission. Schließlich habe die Heimreise entscheidend von der Gültigkeit der mit dem Experiment verbundenen Theorie abgehangen (zitiert aus „Das Buch der verrückten Experimente" von Reto U. Schneider, C. Bertelsmann Verlag, München 2004).

Die kurze Einführung sollte zeigen, dass es gar nicht so einfach ist, Experimente korrekt zu planen, durchzuführen oder richtig zu interpretieren. Experimente oder Studien zur Medikamentenwirksamkeit oder Ernährung sind z. B. extrem schwierig aufgrund einer großen Zahl von Faktoren, die das Experiment beeinflussen können (genannt werden sollen hier nur der Placebo-Effekt und Wechselwirkungen von Stoffen). Experimente können auch überraschende Ergebnisse zeigen, mit denen Sie eventuell überhaupt nicht gerechnet haben. Zum Beispiel hat eine Freundin von Ihnen Kopfschmerzen. Sie nimmt eine Kopfschmerztablette. Auch das ist ein Experiment (Sie würden es vermutlich nicht so bezeichnen) von dem Sie erwarten, dass Sie den Ausgang kennen. Die junge Dame nimmt eine Substanz und nach einer hoffentlich möglichst kurzen Zeit sollten die Kopfschmerzen verschwinden, damit Sie endlich gemeinsam ausgehen können. Leider verläuft das Experiment anders als gedacht, denn nach kurzer Zeit wird Ihre Freundin einfach ohnmächtig und landet schließlich in der Notaufnahme. Jetzt gibt es viele Fragen, warum das „Experiment" nicht so abgelaufen ist, wie Sie es erwartet haben. Hat sie die Tablette mit den Herztabletten (Digitalis) für ihre Oma verwechselt, die ebenfalls in Ihrer Handtasche waren? Oder hat sie dieses Schmerzmittel bislang noch nicht genommen und reagiert mit einer

Unverträglichkeitsreaktion? Oder Verschwörungstheorie: Ihre Freundin ist Superagentin und ihre Tabletten wurden vergiftet? Alles schon da gewesen und in einem solchen Fall ist es oft nicht einfach, die richtigen Entscheidungen zu treffen, da schnelle Hilfe erforderlich ist. Gut, Ihre Freundin ist wieder gesund und es hat sich herausgestellt, dass es nur ein Schwächeanfall war, da Sie den ganzen Tag nichts gegessen hatte. Die Schmerztablette hatte hier ursächlich nichts mit der Ohnmacht zu tun. Sie wäre auch ohne die Tablette umgefallen.

Auch bei den chemischen Reaktionen werden Sie, wie viele Andere in der Chemie vor Ihnen, durchaus so manche Überraschung erleben. Es soll sich rot färben und es färbt sich grün. „Verflixt!!! Warum tut es das?" Auch hier gibt es leider wieder, wie oben angesprochen, viele Möglichkeiten. Um nur Einige zu nennen: Sie haben etwas falsch gemacht, Fehler in der Versuchsvorschrift, Chemikalien wurden vertauscht, eingesetzte Mengen waren nicht korrekt … Auch hier ist es erforderlich genau und kritisch zu überprüfen wo das Problem liegen könnte.

Diese Beschreibung soll Sie hier vor allem darauf aufmerksam machen, dass Sie nicht ohne Nachdenken experimentieren sollten. Sie haben nichts davon, wenn Sie einfach ein Experiment nach der Beschreibung „5 Tropfen von dem einen Zeugs plus 10 Tropfen von dem anderen Zeugs gibt eine rote Farbe" durchführen. Dabei lernen Sie absolut nichts. Überlegen Sie sich vorher, was Sie tun und warum Sie es tun.

In diesem Zusammenhang sollte noch ein Konflikt zwischen den berühmten Chemikern Justus Liebig und seinem Freund Friedrich Wöh-

Abbildung 1.2: Elementaranalyse zu Liebigs Zeiten

Abbildung 1.3: Knallsäure (links) und die isomere Cyansäure (rechts). Es liegen mesomere Strukturen vor (hier nicht gezeigt)

ler erwähnt werden. Beide untersuchten eine vermeintlich identische chemische Verbindung mit der chemischen Summenformel HCNO. Zu diesem Zeitpunkt konnte man chemische Stoffe eigentlich nur durch die sogenannte Elementaranalyse charakterisieren. Hierbei wurde die zu untersuchende Probe verbrannt und ihr Anteil an Kohlenstoff, Wasserstoff und Stickstoff bestimmt (▶ Abbildung 1.2).

Allerdings explodierte die Verbindung bei Liebig schon fast einfach beim Anschauen, während sich der Stoff in den Händen von Wöhler dagegen als absolut stabil erwies. Liebig beschuldigte Wöhler daraufhin vorschnell einer unsauberen (falschen) Analyse. Genauere Untersuchungen der beiden Chemiker führten dann aber dazu, dass sie das Prinzip der Isomerie erkannten: Stoffe können die gleiche Summenformel aber eine unterschiedliche Strukturformel und damit natürlich vollkommen andere Eigenschaften haben. Bei den genannten Chemikalien (▶ Abbildung 1.3) handelte es sich um Knallsäure oder auch Fulminsäure genannt (Liebig) und die isomere Cyansäure (Wöhler).

Experimente / Versuche korrekt durchführen

1.4

Experimente müssen korrekt durchgeführt und auch entsprechend protokolliert werden (zum Protokoll mehr im 2. Kapitel). Ein sehr interessantes Beispiel hierzu stammt aus der Gerichtsmedizin. Marie Lafarge wurde 1840 verurteilt für die Ermordung ihres Mannes mit Arsenik (Arsenoxid As_2O_3). „Arsen" war lange Zeit beliebt für Giftmorde. Üblicherweise wurde Arsenik verwendet, ein Gift welches bei „richtiger" Anwendung nur sehr schlecht nachweisbar war. Reines elementares, metallisches Arsen ist hingegen nur schwach giftig. Erst ein von James Marsh entwickeltes Analyseverfahren, die dann nach ihm benannte „Marshsche Probe", ermöglichte den sicheren Nachweis von Arsen. Mit der Marshschen Probe wurde auch das Gift bei der Ermordung des Ehemannes von Marie Lafarge nachgewiesen. Es war das erste Gerichtsverfahren, bei dem das Urteil auf einem chemischen Beweis beruhte. Mordanschläge mit Arsenik gingen daraufhin mit der Zeit deutlich zurück. Im Prozess gegen Marie Lafarge hätten jedoch beinahe Analysefehler zum Freispruch der Angeklagten führen können. Falsch durchgeführte Untersuchungen (auf die interessanten Details soll hier allerdings nicht näher eingegangen werden) konnten nämlich zunächst Arsen nicht nachweisen. Erst die korrekte Durchführung der Marshschen Probe zeigte eindeutig, dass Arsenik im Leichnam von Charles Lafarge in tödlicher Menge vorhanden war. Wichtig war bei diesen Untersuchungen, dass das Gift an den richtigen Stellen im Körper gesucht werden musste (fälschlicherweise glaubte man, es im Magen finden zu müssen). Außerdem musste ausgeschlossen werden, dass das Arsen nicht aus anderen Quellen, z. B. der Friedhofserde stammte. Insbesondere schwerwiegende Fehler bei den Analysen führten dazu, dass einige Jahrzehnte später Marie Besnard, trotz des dringenden Verdachts, dass sie zwölf Giftmorde zu verantworten habe, in einem mehrjährigen Verfahren 1961 frei gesprochen wurde.

Das Beispiel soll zeigen, wie wichtig es ist, Experimente richtig durchzuführen, relevante Proben zu verwenden (sowie die Probenvorbereitung ordentlich durchzuführen) und alles schließlich auch noch korrekt zu protokollieren. Weiterhin ist es notwendig, mögliche Fehler oder Probleme bei den Versuchen und / oder Analysen zu erkennen und diese dann auch beim Experiment zu vermeiden. Eichung und Genauigkeit der Messgeräte sind hierbei nicht von weniger großer Bedeutung. Häufig unterschätzt wird oft die Durchführung von sogenannten Blindproben. Hier gibt es verschiedene Arten der Blindproben. Dies soll noch einmal am Beispiel des Arsennachweises kurz erläutert werden. Wenn alle anderen relevanten, gerade angesprochenen Punkte bereits angemessen berücksichtigt wurden und es jetzt tatsächlich nur noch um die Untersuchung einer einzigen Probe (z. B. Knochenmaterial des Toten) auf Arsen ginge, müsste der Analytiker zumindest die folgenden Experimente mit der Marshschen Probe durchführen:

a) Die Marshsche Probe mit einer arsenhaltigen Substanz (z. B. Arsenik, dessen Menge genau bekannt ist). Dies dient der Überprüfung, ob die Analyse überhaupt korrekt durchgeführt wird und alles funktioniert. Wird hier kein Arsen gefunden, ist klar, dass man die Analyse nicht richtig durchgeführt hat oder Chemikalien oder Gerätschaften nicht brauchbar sind (die Untersuchung der eigentlichen Probe ist dann natürlich vollkommen sinnlos). Dies war bei den ersten Untersuchungen im Prozess gegen Marie Lafarge der Fall.

b) Untersuchung der eigentlichen Probe auf Arsen. Egal wie das Ergebnis ausgeht, bevor man hier eine Aussage treffen darf, muss zumindest noch eine dritte oder vierte Blindprobe durchgeführt werden (c und d).

c) Durchführung der Marshschen Probe ohne eine arsenhaltige Substanz. Diese Probe müsste jetzt negativ verlaufen. Zeigt sie dagegen einen positiven Nachweis auf Arsen, sind mit großer Wahrscheinlichkeit die eingesetzten Chemikalien oder Gerätschaften mit Arsen-Verbindungen kontaminiert (oder sie enthält eine Antimonverbindung, die genau so reagiert). Wäre dies der Fall, dann würde (ohne diese zusätzliche Überprüfung) damit ein positiver Nachweis bei der Untersuchung der eigentlichen Probe möglicherweise zur Verurteilung eines Unschuldigen führen. Sie wissen ja dann nicht, ob in Ihrer eigentlichen Probe Arsen war oder nicht.

d) Wird bei der Untersuchung der eigentlichen Probe kein Arsen nachgewiesen, ist dies leider auch noch kein eindeutiger Nachweis dafür, dass in der Probe wirklich kein Arsen ist. Störungen durch andere Chemikalien können z. B. den Nachweis verhindern. Auch dies lässt sich leicht ausschließen. Hierzu wird zu der eigentlichen Probe etwas Arsenik hinzugefügt und die Marshsche Probe erneut durchgeführt. Ergibt sich jetzt trotz des zugefügten Arseniks immer noch ein negatives Ergebnis weiß man, dass hier Störungen des Nachweises vorliegen. Wird jetzt im Experiment hingegen eindeutig Arsen nachgewiesen, kann man sich relativ sicher sein, alles richtig gemacht zu haben.

e) Wichtig ist noch, dass Sie die Nachweisgrenzen Ihrer Untersuchungsmethoden kennen. Die Marshsche Probe würde Ihnen nichts nützen, wenn Sie damit nicht kleine Mengen an Arsenverbindungen nachweisen können. Ihre Blindprobe A sollte daher auch nur mit ungefähr den Mengen einer Arsenverbindung durchgeführt werden, die Sie bei einer Arsenvergiftung erwarten würden.

Auch Sie werden eventuell in Ihrem Studienfach vergleichbare Untersuchungen durchführen müssen, bei denen Sie eine Vielzahl von Fehlern machen könnten. Zum Beispiel waren zum Zeitpunkt des Schreibens des Buches gerade aktuell:

März 2009: Ermittler jagten im Rahmen einer Mordserie ein Phantom. Nach dem Mord an einer Polizistin wurde DNA sichergestellt, die auf eine Frau als Täterin hindeutete. Diese Verdächtige erwies sich offensichtlich als hochgefährlich, denn ihre DNA-Spuren tauchten an zahlreichen sehr unterschiedlichen Verbrechensschauplätzen auf. Leider zeigte sich dann, dass die Wattestäbchen für die DNA-Proben kontaminiert waren. Und so stellte sich schließlich heraus, dass die meistgesuchte Frau und vermeintliche Super-Verbrecherin, eine vollkommen unschuldige ältere Frau war, die als Arbeiterin in einem Verpackungsbetrieb für die Wattestäbchen gearbeitet hatte.

August 2010: Die Untersuchung der tragischen Todesfälle mehrere Säuglinge in der Uniklinik Mainz durch verschmutzte Infusionslösungen. Nach massiven Anschuldigungen des in der entsprechenden Abteilung arbeitenden Personals (angeblich mangelnde Hygiene) konnte dieses entlastet werden, da nachgewiesen wurde, dass die Verunreinigung durch einen Haarriss in der Infusionsflasche möglich geworden war.

Gute Gründe also, die Planung und Durchführung von Experimenten im Labor gründlich zu üben! Dies tun Sie bei den hier im Praktikumsbuch beschriebenen Versuchen. Ein chemisches Praktikum gibt es also nicht, wie einige wenige unterstellen könnten, weil es ein paar Professoren gibt, die Spaß daran finden Sie zur Arbeit in einem Labor zu zwingen, sondern eben weil Sie aus den genannten Gründen lernen sollen, wissenschaftlich zu experimentieren und/oder Ergebnisse von Experimenten kritisch würdigen zu können.

„Last but not least": Wenn erst einmal etwas Falsches in die Welt gesetzt wurde, ist es sehr schwierig es zu korrigieren. So hält sich hartnäckig das „Wissen" bei Eltern, dass Spinat gut für die Kinder sei, da er so viel „Eisen" enthalte. Leider vollkommen falsch. Hier wurde vor vielen Jahren einmal ein falsches Analyseergebnis veröffentlicht. Spinat ist bestimmt nicht ungesund, enthält jedoch so gut wie keine Eisenverbindungen.

Angemerkt werden muss hier noch, dass Experimente natürlich nicht nur aus Analysen bestehen. Sie werden auch verschiedene Stoffe (Produkte) aus anderen Stoffen (Edukte oder Ausgangsstoffe) herstellen. Diese Experimente werden als Synthesen bezeichnet. Hier lernen Sie zum Beispiel wie Chemikalien miteinander reagieren können. Zwar werden diese Experimente im Reagenzglas oder im Reaktionskolben durchgeführt, doch viele dieser Reaktionen finden auch in Ihrem Körper statt. Zum Beispiel sind Fette chemisch gesehen Ester aus dem mehrwertigen Alkohol Glycerin und den Fettsäuren. Esterbildung und Esterspaltung (Reaktionen, die Sie im Praktikum durchführen) sind daher ganz wichtige biologische Reaktionen.

Abhängigkeiten 1.5

Experimente beschäftigen sich oft damit, dass untersucht wird, wie etwas von etwas anderem abhängt. Diese Art von Versuchen sollten Sie bereits in der Physik kennengelernt haben. Auch in der Chemie ist diese

Vorgehensweise wichtig. Um dies zu konkretisieren, sollen hier noch einmal einige veranschaulichende Beispiele gezeigt werden:

Ein Standard-Experiment zu Beginn in der Physik ist die Untersuchung der Auslenkung einer Feder mit unterschiedlichen Gewichten. Dabei findet man erwartungsgemäß, dass je größer das Gewicht ist (größere Kraft wirkt auf die Feder), eine umso stärkere Auslenkung (Δl) der Feder erfolgt. Die Auslenkung der Feder ist also proportional zur Kraft (ΔF). Man erhält so das Hookesche Gesetz:

$$\Delta l \sim \Delta F \tag{1.1}$$

Um ein Gleichheitszeichen verwenden zu können, benötigen wir noch eine Konstante, die beschreibt, wie die Veränderung erfolgt (z. B. vierfache Kraft führt zur doppelten Auslenkung). Die Konstanten bekommen dann meist einen eigenen Namen, hier ist es die Federkonstante (D):

$$\Delta F = D \times \Delta l \text{ oder } D = \Delta F / \Delta l \tag{1.2}$$

Sehr gut ist es bei solchen Untersuchungen, die Abhängigkeiten graphisch zu betrachten. Dies ist nicht nur enorm hilfreich für das bessere Verständnis des Geschehens, sondern kann eben auch zu ganz neuen Entdeckungen führen. So wurde in der Vergangenheit das Verhalten von Gasen intensiv untersucht und die Ergebnisse dieser Experimente führten zu vielen wichtigen Erkenntnissen über die Materie. Hier soll allerdings nur eines dieser Ergebnisse etwas genauer beschrieben werden. Die Beobachtungen waren zunächst einfach: das Volumen eines Gases (der Druck wird nicht geändert) verringert sich, wenn die Temperatur erniedrigt wird. Und natürlich gilt in gleicher Weise, dass das Volumen größer wird, wenn die Temperatur steigt. Diese Experimente haben Sie alle schon selbst durchgeführt. Ein heißer Autoreifen wird nach starker Abkühlung platter, da die Luft weniger Volumen einnimmt. Deutlicher ist das an einem Luftballon zu erkennen, der in der Wärme gefüllt wurde und dann abgekühlt wird. Bei diesen Beispielen wird allerdings der Druck nicht konstant gehalten! Eine Auftragung eines korrekt durchgeführten wissenschaftlichen Experiments (unter Konstanthaltung des Drucks) würde also wie in ▶ Abbildung 1.4 gezeigt aussehen.

Auch hier haben wir wieder wie beim Hookeschen Gesetz eine Proportionalität (V ist proportional zu T). Wir wollen Sie dabei aber auf eine interessante Beobachtung aufmerksam machen, die Ihnen zeigt, dass selbst aus einem recht einfachen Experiment wichtige Erkenntnisse gewonnen werden können. Mit einem normalen Gas (also ein reales Gas

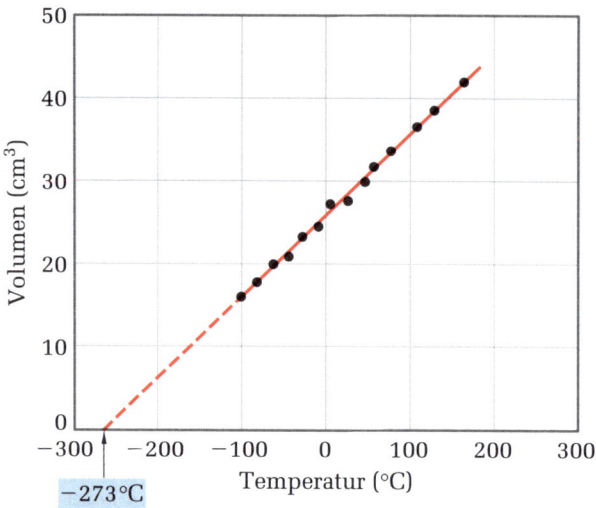

Abbildung 1.4: Auftragung des Gasvolumens gegen die Temperatur bei konstantem Druck (Charlesches Gesetz). Die gestrichelte Linie ist eine Extrapolation zu Temperaturen, bei denen die Substanz nicht mehr gasförmig ist.
Aus: Brown, T. L., LeMay, H. E. & Bursten, E. B. (2007)

wie z. B. Stickstoff oder Sauerstoff) könnten wir die Volumenänderung mit der Temperatur über einen großen Temperaturbereich untersuchen. Irgendwann bekämen wir allerdings das Problem, dass das Gas zur Flüssigkeit würde (Stickstoff wird bei −195,8 °C flüssig und bei −210,1 °C sogar fest). Unser Experiment würde also bei diesen niedrigen Temperaturen keine sinnvollen Ergebnisse für Gase liefern können. Brillantes Denken war aber auch hier wieder die Idee eines Gedankenexperiments. Was würde passieren, wenn wir ein sogenanntes ideales Gas hätten (ein Gas, welches gleichgültig wie tief wir es abkühlen nicht flüssig oder fest werden würde)? Was passiert ist ganz einfach über unsere Graphik zu analysieren. Eine sogenannte Extrapolation unserer Geraden führt von einem bestimmten Gasvolumen bis zum „Nullvolumen". Das Nullvolumen (kleiner als Nichts kann es ja nicht werden) entspricht damit einer Temperatur von −273,15 °C. Das ist der absolute Nullpunkt. Kälter kann es nicht werden. Aufbauend auf einem fast trivial zu nennenden Experiment sind wir hier auf ein ganz wichtiges physikalisches Ergebnis gekommen, dass es einen absoluten Nullpunkt gibt. Das dieser Wert der absolute Nullpunkt ist lässt sich auch noch anders zeigen, soll aber hier nicht weiter diskutiert werden. Informationen hierzu finden Sie in den Lehrbüchern zur Chemie und zur Physik (Arbeitsgebiet der Physikalischen Chemie). Ausgehend vom absoluten Nullpunkt leitet sich die wissenschaftliche Temperaturskala ab. Hier wird die Temperatur in Kelvin gemessen. Die Temperatur von $-273,15\,°C$ entsprechen in dieser neuen Skala 0 Kelvin bzw. 0 K.

Solche Experimente haben also zu unserem gegenwärtigen wissenschaftlichen Verständnis unserer Welt geführt. Bei den Experimenten in unserem Praktikum werden Sie vermutlich zwar leider keine neuen bahnbrechenden Entdeckungen machen, aber vielleicht dann doch viel besser verstehen können, wie man überhaupt zu solchen Entdeckungen gekommen ist. Und ja, ganz wichtig: Die richtig guten Wissenschafter haben auch erst einmal die bekannten Experimente wiederholt (und geübt), bevor sie sich mit neuen Versuchen beschäftig haben.

In den folgenden Kapiteln werden Sie sich immer wieder auch mit solchen „Abhängigkeiten" beschäftigen dürfen. Auch über wichtige Konstanten werden Sie wiederholt „stolpern". Ganz wichtig in der Chemie ist die Gleichgewichtskonstante und das Massenwirkungsgesetz, mit dem Sie sich im 3. Kapitel genauer beschäftigen werden.

> **Achtung:** Konstanten drücken zwar aus, dass hier etwas konstant ist, allerdings können sie unterschiedliche Werte annehmen, wenn die äußeren Bedingungen verändert werden. Gleichgewichtskonstanten sind ebenfalls abhängig von äußeren Bedingungen wie z. B. von der Temperatur oder dem Druck (siehe Kapitel 3).

Messgenauigkeit   1.6

Wenn Sie etwas kochen oder backen, dann müssen Sie hierzu nicht die analytische Waage aus dem Labor verwenden. Beim Abwiegen von Mehl mit der Küchenwaage kommt es sicherlich nicht auf die Differenz von ein paar Gramm an. Ein Koch oder eine Köchin, die auf ein Milligramm genau (oder noch genauer) abwiegen wollen, machen sich wahrscheinlich lächerlich und schaffen damit sicherlich auch kein besseres Produkt. Auch im Labor kann es vorkommen, dass man es nicht ganz so genau nehmen muss. Meistens findet man dann Angaben wie beim Kochen. Statt eines „Teelöffels" Salz heißt es dann vielleicht in der Anleitung „eine Spatelspitze" Kochsalz. In vielen Fällen will und muss man aber sehr genau arbeiten. Zum Beispiel, wenn ich Analysen durchführen möchte oder Abhängigkeiten von Größen, wie im vorangegangenen Abschnitt beschrieben, untersuchen möchte. Hierzu benötige ich als allererstes das richtige Handwerkszeug. Dazu gehört für den Chemiker zweifelsfrei eine exakt messende Waage. Selbst beim Kuchenbacken würde wohl kaum jemand auf die Idee kommen, das Mehl mit einer Badezimmerwaage abzuwiegen. Obwohl man beim Backen nicht „so genau" sein muss, wäre die Badezimmerwaage dann doch wieder zu ungenau. Wichtig ist dann natürlich, dass die Waage in Ordnung ist, also korrekt arbeitet und die Wägung richtig ist. Dies muss in regelmäßigen Abständen überprüft werden. Man nennt dies „die Waage eichen/kalibrieren". In unserem Labor können wir diese Überprüfungen selbst machen, arbeiten Sie später dagegen in einem Analyselabor oder in der Diagnostik, dann gibt es genaue Vorschriften für die Überprüfung Ihrer Messgeräte. Oft wird das Gerät, wie z. B. Ihre Waage, dann von einer externen Aufsichtsbehörde überprüft und mit einer Plakette versehen. Trotzdem sollten Sie sich immer selbst noch versichern, dass Ihr Messgerät auch in Ordnung ist!

Alle Ihre Messgeräte arbeiten mit einer gewissen Genauigkeit, die angegeben sein muss. Das ist sehr wichtig! Eine einfache Waage könnte z. B. die Angabe $\pm 0{,}2\,g$ haben. Das heißt, Ihre Waage hat einen Fehler von $0{,}2\,g$. Wiegen Sie mit dieser Waage einen Gegenstand, der eine exakte Masse von $2{,}000\,g$ hätte, dann würde Ihre Waage zwar eventuell auch $2{,}0\,g$ anzeigen, Sie könnten aber auch die Werte 1,8; 1,9; 2,1 und $2{,}2\,g$ angezeigt bekommen. Wenn Ihnen diese Genauigkeit ausreicht, dann ist alles in Ordnung. Wenn Sie aber für Ihre Arbeit einen genaueren Wert brauchen, dann ist diese Waage für Ihre Messung ungeeignet.

Sehr eng mit der Genauigkeit Ihrer Messgeräte ist die Fehlerabschätzung verbunden. Für eine genaue Fehleranalyse wird auf die Lehrbücher der Physik verwiesen. Auch auf das hochkomplexe Thema der statistischen Auswertung kann hier nicht eingegangen werden und wird bei den im Buch beschriebenen Versuchen auch nicht benötigt. Sowohl die Fehleranalyse als auch die statistische Datenauswertung sind allerdings wichtige Grundlagen für die Auswertung vieler Messverfahren und / oder Untersuchungen. Ganz wichtig für jeden Versuch ist aber erst einmal eine Abschätzung des zu erwartenden Fehlers. Dies erfordert keine komplizierten Berechnungen vermeidet aber, dass Sie vollkommen unsinnige Daten für Ihre Arbeit verwenden oder später eventuell sogar publizieren würden. Die Vorgehensweise basiert auf den sogenannten signifikanten Ziffern und soll hier nur an einem einfachen Beispiel illustriert werden. Detaillierte Beschreibungen finden Sie in vielen Lehrbüchern.

Bei Messungen werden grundsätzlich Fehler (unabhängig davon, wie

> Wiederholen Sie noch einmal in einem Lehrbuch das Kapitel über signifikante Ziffern und Messfehler. Für die Durchführung von korrekten Messungen ist dies enorm wichtig. Leider werden die hier zu beachtenden Regeln heutzutage oft nicht beachtet, mit zum Teil tödlichen Konsequenzen.

genau Sie arbeiten) gemacht und daher muss man sich IMMER Gedanken über die Größe der Fehler machen. Hat man keine zusätzlichen Angaben (wie z. B. die angegebene Abweichung bei der oben beschriebenen Waage), dann geht man bei einem angegebenen Messwert (bei wissenschaftlichen Untersuchungen) davon aus, dass der Fehler dieser Größe um ± 1 der letzten angegebenen Stelle differiert. Ein Wägung von 0,156 g sagt uns also, dass mit der Unsicherheit der letzten Stelle (0,156 ± 0,001 g), die wirkliche Masse der Probe im Bereich von 0,155 und 0,157 liegen muss. An einem Beispiel soll die Bedeutung dieser Angaben illustriert werden:

Urin ist in erster Näherung Wasser. 1 Liter Urin zeigt daher auf der Waage analog zum Wasser ca. 1 kg an. Genauer betrachtet ist im Urin aber so Einiges gelöst und mit einer etwas genaueren Waage sollte man diese Differenz auch bestimmen können. In der Medizin interessiert man sich eher für die Dichte des Urins. Früher wurde das „spezifische Gewicht" gemessen, indem die Dichte der Urinprobe durch die Dichte von Wasser bei 4,00 °C (diese beträgt 1,00 g/mL) geteilt wurde. Der vermeintliche Vorteil dieser Angabe ist, dass das Ergebnis dimensionslos wird. Je nach Quelle liegt die Dichte der Urinprobe eines Gesunden etwa im Bereich von 1,001 und 1,030 g/mL. Ist der gemessene Wert Ihrer Urinprobe deutlich über 1,030 g/mL könnte dies ein Hinweis auf eine ernste Erkrankung sein. Nehmen wir an, dass Sie sich einer medizinischen Untersuchung unterziehen mussten (z.B. für die Ausbildung zum Tauchlehrer) und das Ergebnis ergab einen alarmierenden Wert von 1,040 g/mL für das spezifische Gewicht Ihrer Urinprobe. Panik bricht bei Ihnen aus, auch wenn Sie der Arzt erst einmal beruhigt. Trotzdem werden Sie sofort zu weiteren Untersuchungen ins Krankenhaus überwiesen, wo nach einer geraumen Zeit Entwarnung gegeben werden kann. Der Messwert war also nicht korrekt. Wie konnte das passieren? Dichtemessung beim Urin kann auf verschiedene Arten (heute oft Teststreifen) erfolgen. Schließen wir einmal alle möglichen Fehler aus, die hier sowieso auftreten können: Urinprobe im Labor vertauscht, Temperatureffekt auf die Laborgeräte missachtet (siehe Kapitel 3) oder die Problematik, dass es gar keine so genaue Angaben gibt, in welchem Bereich nun die gesunde Urinprobe liegen sollte (welche Daten hat der Arzt verwendet?). Kein einziger dieser Fehler wurde gemacht. Im Gegenteil, man hatte sich sogar besondere Mühe im Labor gegeben, eine exakte Messung durchzuführen und es wurden mit einer Pipette exakt 10,0 mL Urin abgemessen und gewogen. Auf der Waage zeigte dieses Urinvolumen 10,4 g an. Daraus folgt für die Dichte eben der gefundene Wert von 1,04 g/mL. Wie sieht es jetzt mit dem Fehler bei der Rechnung aus. 10,0 mL heißt wie oben erläutert, dass der wirkliche Wert aber auch im Extremfall bei 9,9 oder bei 10,1 mL liegen könnte (Abweichung der Pipette wurde mit 0,1 mL angegeben) und die gemessene Masse bei 10,3 oder bei 10,5 g (Abweichung der Waage wurde mit 0,1 g angegeben). Wir müssen also auch den maximalen möglichen

Fehler für die Dichte betrachten. Hierzu schauen wir uns die beiden möglichen Extremfälle, einmal bei $10,3 : 10,1 = 1,02\,g/mL$ und einmal bei $10,5 : 9,9 = 1,06\,g/mL$, genauer an. Aus dem Ergebnis ist ganz klar zu erkennen, dass Ihr Untersuchungsergebnis korrekterweise mit dem Fehlerbereich angegeben werden müsste, nämlich mit $1,04 \pm 0,02\,g/mL$. Damit ist klar, dass die Wahrscheinlichkeit sehr groß ist, dass Ihr Urinwert in Ordnung ist. Da die Messdaten aber einen solchen großen Messfehler aufweisen, wäre dann sicherheitshalber tatsächlich eine weitere (andere) Untersuchung notwendig.

Bei dem hier gezeigten Beispiel waren die Mengen, mit denen gearbeitet wurde im Vergleich zur Abweichung der Messgeräte zu klein. Eine Abweichung von $0,1\,mL$ bei einer Gesamtmenge von $10,0\,mL$ ist ganz schön viel (1 %). Bei einer Untersuchung mit einer größeren Menge, z. B. $50,0\,mL$ würde sich die Abweichung (hier dann 0,2 %) nicht mehr so stark auswirken. Alternativ könnten genauere Messgeräte mit geringeren Abweichungen von z. B. 0,01 eingesetzt werden.

> **Achtung:** Es nutzt wenig, wenn Sie nur einen Parameter in der Messung genauer bestimmen können. Das Ergebnis einer Rechnung mit den Messdaten richtet sich immer nach dem Messwert mit der kleinsten Zahl an signifikanten Ziffern.

Wenn Sie z. B. das Volumen einer Probe nicht genauer als $\pm\,0,1\,mL$ bestimmen können, dann verhilft Ihnen auch keine noch so genaue Waage zu einer wesentlich exakteren Dichtebestimmung. Probieren Sie es an dem obigen Beispiel aus: Das Volumen der Probe ist wieder $10,0\,mL$. Mit der Masse $10,4\,g$ berechneten wir für die Dichte der Probe $1,04 \pm 0,02\,g/mL$. Jetzt verwenden wir eine genauere Waage und erhalten für die Masse $10,40\,g$. Die Dichte berechnet sich aus den maximalen Fehlern dann einmal zu 1,05 und einmal zu $1,02\,g/mL$. Also trotz der besseren und teureren Waage keine wirkliche Verbesserung. Auch die noch genauere Waage, die Ihnen die Masse mit $10,400\,g$ angibt, ändert daran wenig.

Die Dichte von Flüssigkeiten kann auch im normalen Alltag interessant sein. So unterscheiden sich „normale" Limonaden von den „Light"-Produkten durch ihre Dichte. Eine Konsequenz davon ist, dass man die Getränke unterscheiden kann, indem man sie (in der Dose) in ein Gefäß mit Wasser gibt. Limonade mit hohem Zuckergehalt sinkt (größere Dichte) während die Light-Produkte (geringere Dichte) schwimmen.

Ethische Gesichtspunkte und gute wissenschaftliche Praxis **1.7**

In einem Chemie-Grundpraktikum haben ethische Gesichtspunkte bei Ihren Experimenten normalerweise noch keine Bedeutung. Anders wird dies, wenn Sie später im Rahmen von Untersuchungen in Ihren Studiengängen Versuchsreihen mit Tieren oder Menschen planen. Dafür gibt es aus gutem Grund sehr genaue Richtlinien. Insbesondere hierbei ist es extrem wichtig, dass Sie Ihre Versuche sehr genau planen und mögliche Fehlerquellen (vor den Experimenten!) ausschließen. Dies verhindert, dass Sie unnötige oder gefährliche Versuche durchführen.

Wichtig für das chemische Grundpraktikum sowie für alle weiteren Untersuchungen, die Sie durchführen werden, ist allerdings die gute wissenschaftliche Praxis. Hier gilt, dass Redlichkeit der Wissenschaftler / innen die Grundvoraussetzung für die wissenschaftliche Arbeit ist. Das bedeutet, dass Betrug in der Wissenschaft ein absolutes Tabu ist! Sie müssen also Ihr Experiment beschreiben, wie es verlaufen ist und etwa nicht so, wie es vielleicht in der Versuchsvorschrift angegeben wurde oder ein Kommilitone von Ihnen beschrieben hat. Absolut verboten ist auch das Manipulieren von Messdaten. Daten müssen genau so angegeben werden, wie Sie erhalten wurden. Alles, wozu Sie die Messdaten verwenden, muss dokumentiert werden. Sie dürfen keine Daten erfinden oder vorhandene Daten fälschen.

Die Redlichkeit der Wissenschaftler / innen ist durch kein Regelwerk zu ersetzen. Sie müssen dies persönlich verinnerlicht haben! Anderseits kann, wie in anderen Lebensbereichen auch, Fehlverhalten in der wissenschaftlichen Praxis durch die Vorgabe von Rahmenbedingungen zwar nicht grundsätzlich verhindert, aber doch eingeschränkt werden. Ausführliche Informationen hierzu gibt es z.B. bei der Deutschen Forschungsgemeinschaft (DFG), die hierzu Empfehlungen herausgegeben hat (Vorschläge zur Sicherung guter wissenschaftlicher Praxis, Bonn 1997), sowie der Hochschulrektorenkonferenz (Zum Umgang mit wissenschaftlichen Fehlverhalten in den Hochschulen, Empfehlung des 185. Plenums der Hochschulrektorenkonferenz vom 6. Juli 1998, Beiträge zu Hochschulpolitik 1998). Solche Regelwerke finden sich inzwischen meist auch an fast allen Hochschulen. In den letzten Jahren hat es wiederholt schweres Fehlverhalten von Wissenschaftlern und Wissenschaftlerinnen gegeben. Bislang ist die Zahl dieser Fälle aber noch gering. Aktuell scheinen insbesondere die Lebenswissenschaften etwas anfälliger zu sein, da hier neben Ruhm und Ehre oft auch immense Geldmittel für die Forschung im Raum stehen. Einen der größten Fälschungsskandale in diesem Bereich hat vermutlich Hwang Woo-suk verursacht. Dieser Wissenschaftler hatte mit seinen gefälschten Arbeiten im Bereich der Stammzellenforschung unter anderem auch das Titelblatt der renommierten Zeitschrift Science geschmückt (siehe zum Skandal z.B. den Artikel in der Zeitschrift Science, Vol 311, 2006, Seite 1695). Im Jahr 2009 wurde er zu einer zweijährigen Gefängnisstrafe auf Bewährung verurteilt. In der Physik hatten die Datenfälschungen des Physikers Jan Hendrik Schön für einen großen Skandal gesorgt (siehe z. B. Artikel hierzu in Physics Today, November 2002, Seite 15).

Betrug ist ein Tabu in der Wissenschaft. Fehlverhalten wird auch im Praktikum geahndet. Offensichtlicher Betrug, z. B. die Versuchsbeschreibung eines Experiments, welches Sie überhaupt nicht durchgeführt haben (und hier vorgeben es tatsächlich durchgeführt zu haben), führt zum Ausschluss aus dem Praktikum! Betrug ist kein Kavaliersdelikt und führt bereits an vielen Universitäten zur Exmatrikulation. Eine große Zahl US-amerikanischer Universitäten verpflichtet ihre Studierenden zu einem Ehrenkodex (hier werden z. B. durchaus Klausuren OHNE Aufsicht geschrieben und für die Studierenden ist es absolut undenkbar, hier zu betrügen!).

> **Achtung:** Gute wissenschaftliche Praxis sollte für Sie selbstverständlich sein.

Übungsaufgaben

1. Sie haben eine Temperatur von $0\,°C$ gemessen. Geben Sie den Wert in Kelvin an.

2. Sie haben das Volumen dreier Proben gemessen mit dem Ergebnis: $9,1\,mL$, $9,335\,mL$ und $6,25\,mL$. Geben Sie das Durchschnittsvolumen der drei Proben an (signifikante Ziffern beachten!).

3. Auf wie viele signifikante Stellen sind die folgenden Werte angegeben? a) 6000 b) 605 c) 0,06

4. Bestimmen Sie den größtmöglichen Fehler, den Sie machen können, wenn Sie die folgenden beiden Messdaten miteinander multiplizieren müssten. Auf wie viele Stellen müssen Sie Ihr Ergebnis korrekt angeben? $23{,}376\,cm \times 0{,}3\,cm$.

Auf der Companion-Website zum Buch finden Sie unter http://www.pearson-studium.de die folgenden zusätzlichen Materialien zu diesem Kapitel:
- Video: Marshsche Probe
- Lösungen zu den Aufgaben

Sicherheit und Protokollierung der Versuche

2

ÜBERBLICK

LERNZIELE

Sie sollten nach Bearbeitung dieses Kapitels

- die grundsätzlichen Sicherheitsregeln für die Arbeit in einem chemischen Laboratorium kennen.
- Kenntnis darüber haben, wie Sie sich auf die Arbeit mit Gefahrenstoffen vorbereiten müssen.
- das Prinzip der Vermeidung von Unfällen verinnerlicht haben.
- den richtigen Umgang mit Handschuhen im Labor verstanden haben.
- die Bedeutung des sauberen und sicheren Arbeitens im Labor kennengelernt haben.
- die Möglichkeiten der Abfallvermeidung und der richtigen Abfallentsorgung verstanden haben.
- die wichtigsten Grundregeln bei Unfällen kennen.
- den Hintergrund und die Bedeutung der Protokollierung der Versuche verstanden haben.

Sicherheit im chemischen Labor **2.1**

In einem chemischen Labor gibt es ebenso wie in anderen Arbeitsbereichen viele Vorschriften und Regeln, die zum einen der Sicherheit für Sie selbst und andere wichtig sind, zum Anderen aber auch für die erfolgreiche Durchführung der Arbeit im Labor selbst notwendig sind. Dabei denkt man natürlich zunächst einmal an die Gefahstoffe, mit denen man umgehen muss. Der richtige Umgang mit solchen Stoffen kann erlernt werden und es kann leicht gezeigt werden, dass chemische Laboratorien sehr sichere Arbeitsplätze sind, wenn die notwendigen Arbeitstechniken korrekt praktiziert werden. Unfälle können fast immer auf unsachgemäßen (oder fahrlässigen) Umgang mit Gefahrstoffen zurückgeführt werden und hätten bei Einhaltung der Sicherheitsrichtlinien meistens vermieden werden können.

Hat man den richtigen Umgang mit Gefahrstoffen und die entsprechenden Arbeitstechniken erlernt, geschehen nur noch sehr selten Unfälle. Unsachgemäßer Umgang mit Chemikalien im Alltag führt dagegen immer wieder zu schweren Unfällen, zum Beispiel die im Kapitel 5 angesprochene Vergiftungsgefahr mit Chlorgas. Die hier im Buch beschriebenen Versuche sind erprobt und die Gefahren sind überschaubar.

Sie arbeiten überwiegend nicht mit hochgiftigen oder hochexplosiven Stoffen. Für den sicheren Umgang mit solchen Stoffen sind ein spezielles Training und viel Erfahrung notwendig. Doch auch die weniger gefährlichen Stoffe erfordern einen sachgemäßen Umgang. Oft wird dies unterschätzt und es kommt auch hier immer wieder zu vermeidbaren Unfällen. Als Beispiele seien der Umgang mit brennbaren Flüssigkeiten wie Alkohol und Benzin genannt. Nicht nur die vielen „Grillexperten", die jedes Jahr aufs Neue versuchen die Holzkohle damit schneller zu entzünden, sondern auch die Verwendung offener Flammen im Labor (z.B. Bunsenbrenner) neben brennbaren Lösungsmitteln führt immer

> **Achtung:** Sicherheitsbelehrungen durch den Praktikumsleiter und Sicherheitsbeauftragten sind obligatorisch.

Für die Arbeit in chemischen Laboratorien gibt es genaue, teils gesetzlich vorgeschriebene Regelungen (z.B. die Verordnung über gefährliche Stoffe). Hier hat zum Beispiel der Bundesverband der Unfallkassen die „Regeln für Sicherheit und Gesundheitsschutz beim Umgang mit Gefahrstoffen im Hochschulbereich" sehr genau beschrieben. Da die gesetzlichen Regelungen recht häufig geändert/angepasst werden, wurden diese Vorschriften nicht in dieses Buch aufgenommen. Über die aktuellen detaillierten gesetzlichen Regelungen werden Sie im Rahmen Ihrer Sicherheitsbelehrungen informiert.

Bitte beachten Sie, dass die Praktikumsleitung und die Assistenten/innen die Laborordnung nicht dazu verwenden wollen, Sie zu schikanieren. Die gesetzlichen Regelungen sind eindeutig und die Praktikumsleitung ist verpflichtet, diese auch durchzusetzen. Wenn Sie sich nicht an diese Regeln halten (z.B. ohne Schutzbrille im Labor angetroffen werden), wird Ihnen die weitere Teilnahme am Praktikum untersagt. Die Vorschriften gelten natürlich genauso strikt für alle Personen, die ins Labor kommen, also auch für die Assistenten/innen, technischen Angestellten, Professoren und sonstige mögliche Besucher. Im Labor selbst dürfen sich nur dazu berechtigte Personen aufhalten.

> **Achtung:** Sollte bei Ihnen auch nur der Verdacht auf eine Schwangerschaft vorliegen, sollten Sie dies der Praktikumsleitung unbedingt mitteilen!

Gerade in den frühen Monaten der Schwangerschaft können bestimmte Chemikalien dem ungeborenen Kind großen Schaden zufügen. Auch wenn die Versuche in diesem Buch hier nur eine geringe Gefahrenquelle darstellen sollten Sie nach der Meinung der Autoren trotzdem sicherheitshalber nicht in einem normalen chemischen Labor arbeiten. Hier sollte es ein Alternativprogramm für Sie geben. An der Justus-Liebig-Universität in Gießen gibt es seit 2009 ein solches Programm für schwangere Studentinnen.

wieder zu schweren Verletzungen oder sogar zum Tode. Im Folgenden finden Sie wichtige Informationen, die Sie kennen sollten, damit Sie sicher im Labor arbeiten können. Ihre Gesundheit soll hier ja in keiner Weise gefährdet werden.

Grundlegende Regeln   2.2

Die Laborordnungen für Ihr jeweiliges Praktikum werden Ihnen vorgelegt und Sie müssen anschließend unterschreiben, dass Sie diese zur Kenntnis genommen haben.

Lesen Sie diese Ordnung aufmerksam durch. Sie sind angehalten, die Bestimmungen dieser Laborordnung genau zu befolgen. Bedenken Sie, dass bei Unfällen, die immer wieder im Labor vorkommen, nur dann für Sie Versicherungsschutz besteht, wenn Sie die Laborordnung, die den Vorschriften der Berufsgenossenschaft der chemischen Industrie entspricht, eingehalten haben. Bei vorsätzlich oder grob fahrlässigem Nichtbefolgen können Sie juristisch sogar für den entsprechenden Schaden haftbar gemacht werden.

> **Achtung:** Mit falschem Verhalten schaden Sie nicht nur sich selbst, sondern auch anderen.

Die wichtigste Regel ist, dass ein chemisches Labor niemals ohne Schutzbrille betreten werden darf (▶Abbildung 2.1). Auch wenn Sie Brillenträger sind, müssen Sie eine Schutzbrille tragen. Die normale Sehhilfe reicht nicht aus, insbesondere fehlen hier die Seitenschilde. Bei kleineren Brillen passt eine normale Schutzbrille über die Brille, bei größeren Sehbrillen muss eine größere Überbrille als Schutzbrille verwendet werden.

Sie müssen im Labor einen Laborkittel tragen. Dieser Kittel muss aus Baumwolle bestehen, da Baumwolle recht schwer entflammbar ist und im Gegensatz zu einem brennenden Kittel aus Kunststoff nicht in Ihre Haut hinein schmilzt. Empfehlenswert ist ein weißer Kittel, nicht um Ihren akademischen Status zu dokumentieren, sondern weil Sie hier besonders leicht erkennen können, wenn Chemikalien darauf gelangt sind. Ferner sollte Ihr Kittel vorne geknöpft sein (also kein Arztkittel), da Sie diesen dann im Falle einer Kontaminierung oder falls Ihr Kittel brennt (brennende Flüssigkeit ist auf Ihren Kittel gelangt) leichter ausziehen können. Wichtig ist noch, dass der Kittel lang genug ist und nicht nur gerade über Ihre Hüfte geht. Lange Ärmel sind ebenfalls vorgeschrieben.

Im Labor müssen Ihre Beine bedeckt sein. Also, auch wenn es vielleicht recht warm ist, sind kurze Hosen oder kurze Röcke im chemischen Labor verboten. Sie dürfen dann nicht im Labor arbeiten. Diese gesetzliche Vorschrift erlaubt keine Ausnahme. Spätestens dann, wenn Sie ein-

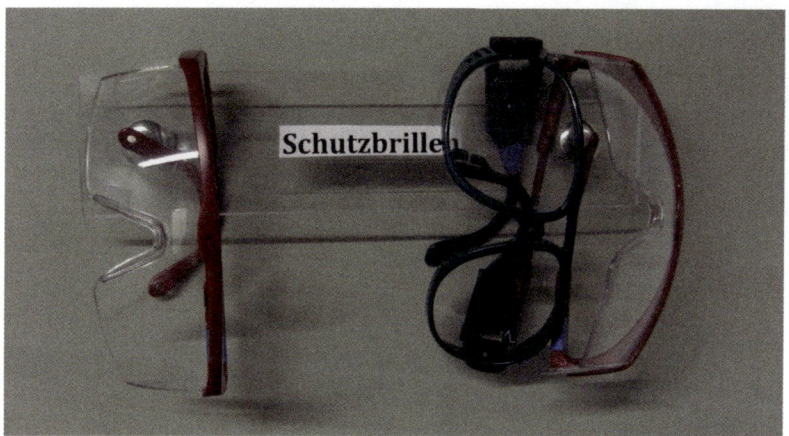

Abbildung 2.1: Niemals ohne Schutzbrille ins Labor

mal einen Tropfen konzentrierter Säure auf dem Bein hatten, wissen Sie, warum dies eine vernünftige Regel ist. Aus dem gleichen Grund sind auch nur geschlossene Schuhe im Labor erlaubt. Sandalen und andere offene Schuhe dürfen nicht getragen werden. Eine grundsätzliche Empfehlung ist, sich Laborkleidung in den Spind zu legen und diese dann vor der Laborarbeit anzuziehen. Falls dann doch einmal Chemikalien auf Ihre Kleidung kommen, können Sie diese dann auch ohne Probleme wechseln. Falls Sie Chemikalien auf Ihre Kleidung bekommen sollten, melden Sie dies Ihren jeweiligen Assistenten/innen. Insbesondere im Sommer ist die Laborkleidung zusätzlich zu empfehlen, da Sie dann nicht den ganzen Tag lange Hosen und geschlossene Schuhen tragen müssen.

Essen, Trinken und Rauchen sind im Labor absolut verboten. Dies bedarf sicherlich keiner weiteren Erläuterung.

Die Verwendung von Mobiltelefonen in den Laborräumen ist untersagt.

Bevor Sie Ihre Versuche durchführen, müssen Sie auf jeden Fall die gesamte Versuchsvorschrift und die dazugehörigen Informationen gelesen und verstanden haben! Sie dürfen definitiv nicht in einem chemischen Labor arbeiten, wenn Sie nicht wissen, was Sie genau tun sollen und mit welchen Substanzen Sie experimentieren werden. In diesem Fall sind Sie nicht nur eine Gefahr für sich selbst, sondern auch für andere Personen, die sich mit Ihnen im Labor aufhalten. Achten Sie vor allem auf Angaben, dass bestimmte Versuche nur im Abzug durchgeführt werden dürfen. Auch diese Vorgabe ist strikt einzuhalten.

Arbeiten mit Gefahrstoffen

Abbildung 2.2: Altes Symbol (oben) und neues Symbol (unten)

Neben dem Erkennen und dem richtigen Umgang mit allgemeinen Gefahrenpotentialen im Labor erlernen Sie auch den Umgang mit Gefahrstoffen. Daher müssen Sie sich über die Eigenschaften und den Umgang mit den Gefahrstoffen, mit denen Sie bei Ihren Experimenten zu tun haben VOR DEN VERSUCHEN informieren.

Gefahrstoffe im Sinne der Vorschriften sind gefährliche Stoffe oder Zubereitungen, die eine oder mehrere der folgenden Eigenschaften besitzen: explosionsgefährlich, brandfördernd, hochentzündlich, leichtentzündlich, entzündlich, sehr giftig, giftig, mindergiftig, ätzend, sensibilisierend, krebserzeugend, erbgutverändernd, fortpflanzungsgefährdend, chronisch schädigend und/oder umweltgefährlich.

Diese Eigenschaften des Gefahrstoffes sind den Gefahrensymbolen (▶Abbildung 2.2) zu entnehmen; dazu gehören Gefahrenhinweise („R-Sätze") und Sicherheitsratschläge („S-Sätze"). Bereits kleine Gefäße müssen mit den Gefahrensymbolen versehen sein, größere Gefäße zusätzlich mit den R- und S-Sätzen.

Da auch hier immer wieder Änderungen erfolgen, wurden diese R- und S-Sätze nicht in dieses Buch aufgenommen. Listen der aktuellen R- und S-Sätze werden Ihnen im Rahmen des Praktikums zugänglich gemacht. Entweder erhalten Sie hier auch gleichzeitig die Angaben zu Ihren in den Versuchen einzusetzenden Chemikalien oder alternativ müssen Sie sich diese Daten selbst heraussuchen. Die besonderen Gefahren und Sicherheitsratschläge gemäß den R- und S-Sätzen sind als Bestandteil der Versuchsvorschriften verbindlich. Die Praktikumsanleitung und die Versuchsvorschriften gelten daher als Betriebsanweisung.

Seit dem 1. Juni 2007 ist eine EU-Chemikalienverordnung in Kraft getreten, die das bisherige Chemikalienrecht der einzelnen Mitgliedstaaten vereinfachen und harmonisieren soll. Diese sogenannte REACH-Verordnung (REACH = **R**egistration, **E**valuation, **A**uthorisation and Restriction of **Ch**emicals) regelt damit die Registrierung, Bewertung, Zulassung und Beschränkung von Chemikalien.

Weiterhin wurde von der EU beschlossen, dass ab 2010 ein global harmonisiertes System (GHS = Globally Harmonized System of Classification, Labeling and Packaging of Chemicals) zur Einstufung und Kennzeichnung von Chemikalien (auch auf Verpackungen und Sicherheitsdatenblättern) in Europa umgesetzt werden soll. Sehr positiv dabei ist, dass es durch die universal gültige Einstufungsmethode mit einheitlichen Gefahren-Piktogrammen und Texten, einfacher sein sollte, Gefahren zu erkennen

Achtung: Detaillierte und aktuelle Informationen zu diesem Thema erhalten Sie vor der Durchführung Ihres Praktikums.

und die menschliche Gesundheit sowie die Umwelt bei der Herstellung, dem Transport und der Verwendung von Gefahrstoffen besser schützen zu können. Leider führt eine solche Umstellung zu einer Vielzahl von Änderungen bestehender bekannter Kennzeichnungsmethoden. So werden die neuen Kennzeichnungsmethoden in Zukunft verwendet (derzeit sind wir noch in einer Übergangsphase, das heißt, Sie finden sowohl noch die alten, als auch schon die neuen Kennzeichnungsmethoden):

Es gibt neue Gefahrensymbole mit ihren Gefahrenbezeichnungen (Gefahrenpiktogramme mit einem Signalwort. Die R-Sätze werden durch die H-Sätze (Hazard Statements) und die S-Sätze durch die P-Sätze (Precautionary Statements) ersetzt.

Alles furchtbar gefährlich? Unfälle vermeiden   2.4

Sie brauchen absolut keine Angst vor der Laborarbeit oder den Chemikalien zu haben. Arbeiten Sie nach den vorgegebenen Praktikumsregeln, so besteht fast keine Gefährdung. Sie können dies mit dem Autofahren vergleichen. Wie das Autofahren müssen Sie auch die Arbeit im Labor erlernen. Mit der Zeit werden Sie sicherer und eventuell machen Sie dann auch noch weitere Führerscheine in Ihren Spezialgebieten (Flugschein, Segelschein etc.). Das sind dann Ihre fortgeschrittenen Laborpraktika. Unfälle im Straßenverkehr ereignen sich ebenfalls fast nur, weil eine oder mehrere Personen die Regeln nicht eingehalten haben, z.B. das Überfahren einer rot geschalteten Ampel. Entsprechend verursachen Sie einen Unfall im Labor (und gefährden sich und andere), wenn Sie mit leicht entzündlichen Flüssigkeiten und einer offenen Flamme arbeiten. Ein Feuer oder eine Explosion sind dann absehbar.

Wie beim Autofahren sollten Sie im Labor vorausschauend arbeiten, um Gefahren rechtzeitig erkennen zu können (und damit Sie natürlich auch entsprechend reagieren können). Dabei geht es oft nicht einmal um die oben angesprochenen Gefahrstoffe. Sieht man z.B. das bei einer elektrischen Verkabelung eines Geräts die Isolierung zerstört ist, dann arbeitet man vernünftigerweise nicht damit, sondern meldet es, um ein intaktes Ersatzgerät zu erhalten. Hier sind einige Gefahren genannt, die immer wieder zu eigentlich vermeidbaren Unfällen führen:

Abstellen von Gegenständen wie Taschen oder Gerätschaften, die im Weg stehen und als Stolperfalle Personen zu Fall bringen, führen oftmals zu schweren Verletzungen. Besonders schlechte Abstellplätze sind hier Treppen oder gar die Notausgänge.

Arbeiten mit defekten Geräten: Entweder sind es elektrische Geräte, die wie oben beschrieben aufgrund eines Defekts zu einem Stromschlag führen können oder Gerätschaften, die z. B. durch Bruch scharfe oder spitze Kanten aufweisen können.

Glasgeräte sind fast immer die gefährlichsten Geräte, mit denen Sie im Labor arbeiten. Glas wird hier regelmäßig in Bezug auf sein Gefahrenpotential unterschätzt. Glas ist ein hervorragendes Material für Laborgeräte, die aus verschiedenen Glassorten hergestellt werden. Genauso wie im Haushalt bricht Glas aber sehr leicht und kann Ihnen über seine scharfen Kanten leichte bis sehr schwere Verletzungen zufügen. Schieben und drücken Sie daher keinesfalls Ihre Glasgeräte ohne hier Vorsorge zu ergreifen. Ein Glasrohr wird z. B. in einen durchbohrten Stopfen so eingeführt, dass man es anfeuchtet (damit es weniger Widerstand entgegensetzt) und beide Seiten mit jeweils einem Handtuch gesichert sind. Das heißt, Sie halten mit dem Handtuch die eine Seite und drücken unter Drehung mit dem Handtuch auf der anderen Seite den Glasstab in den Stopfen hinein. Bricht das Glasrohr hierbei (geschieht oft), dann bricht der Glasstab in das Handtuch und dringt nicht in Ihre Hand ein.

Seien Sie noch aus einem anderen Grund vorsichtig beim Arbeiten mit Glasgeräten. Heißes Glas sieht aus wie kaltes Glas (▶ Abbildung 2.3). Den Unterschied merken Sie allerdings oft erst dann, wenn Sie z. B. den heißen Erlenmeyerkolben in die Hand genommen haben. Wenn Sie diesen dann vor Schmerz von sich werfen, kontaminieren Sie augenblicklich sich und andere mit dem heißen Gefäßinhalt und können sich und andere dabei noch zusätzlich verbrühen.

Injektionsnadeln werden nicht nur im medizinischen Bereich, sondern auch in chemischen Laboratorien verwendet. In den hier beschriebenen Versuchen benutzen Sie keine Injektionsnadeln. Da die Verwendung von Injektionsnadeln allerdings regelmäßig (und fast immer absolut vermeidbar) zu Unfällen führt, wird auf deren Gefahrenpotenzial hier eigens hingewiesen. Injektionsnadeln werden nie von Handschuhen aufgehalten! Bevor Sie mit Injektionsnadeln arbeiten, müssen Sie sich daher genau über die entsprechenden Vorschriften im Umgang mit Injektionsnadeln informieren. Absolutes Tabu ist zum Beispiel, solche Nadeln einfach in den Hausmüll zu werfen (Sie gefährden damit unmittelbar das Reinigungspersonal!). Für benutzte Nadeln gibt es spezielle Abfallbehälter.

Abbildung 2.3: Heißes Glas beim Glasbläser

Handschuhe **2.5**

Je nach durchzuführenden Versuchen müssen möglicherweise spezielle, zusätzliche Sicherheitsmaßnahmen ergriffen werden. So gibt es
neben speziell für die Labore angepassten Sicherheitsvorkehrungen einige ergänzende Maßregeln, um sich selbst besser schützen zu können.
Rechnet man etwa mit der Möglichkeit, dass das Reaktionsgefäß explo-
dieren könnte, wird man nicht nur eine Schutzbrille, sondern einen Ge-
sichtsschutz tragen. Für die in diesem Buch beschriebenen Versuche ist
dies nicht notwendig. Erforderlich sind hier lediglich die angegebenen
Schutzvorrichtungen (Schutzbrille und Laborkittel) und die Durchführung einer Vielzahl von Versuchen im Abzug. Bei einigen wenigen Versuchen kann die Verwendung von Handschuhen angeraten sein (▶ Abbildung 2.4). Da es in Bezug auf den Einsatz von Handschuhen immer
wieder sehr viele Missverständnisse gibt, sollen hierzu einige wichtige
Informationen gegeben werden.

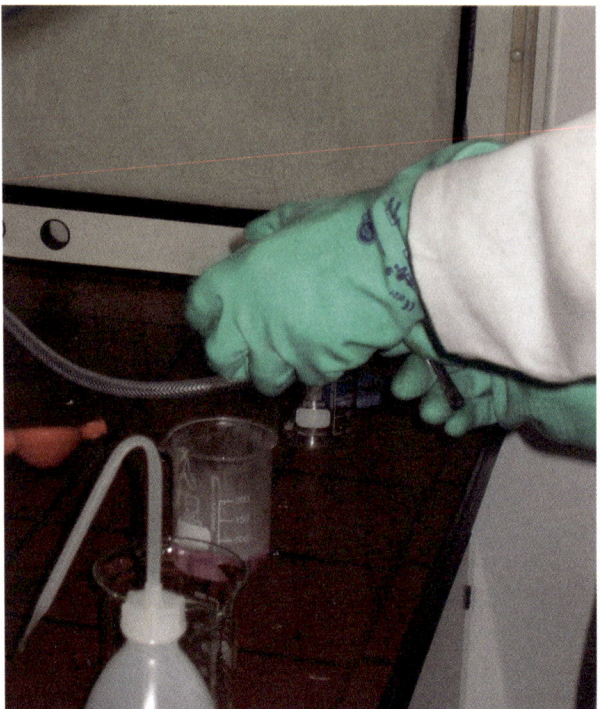

Abbildung 2.4: Arbeiten mit Handschuhen

Handschuhe können Sie vor dem Hautkontakt mit Chemikalien schützen. Eigentlich sollen Sie im Labor so arbeiten, dass Sie auch ohne Handschuhe keinen Kontakt mit Gefahrstoffen haben. Sind Sie in Kontakt mit Chemikalien geraten, haben Sie nicht sauber gearbeitet (siehe Abschnitt 2.6) oder es ist ein Unfall geschehen (Chemikalie wurde verschüttet, etc.). Die Erfahrung zeigt leider, dass viele Studierende beim Tragen von Handschuhen erkennbar sorgloser (oberflächlicher) mit Chemikalien umgehen, da Sie glauben nun entsprechend geschützt zu sein. Dies trifft häufig nicht zu und dann wird u. U. die gesamte Umgebung vermeidbar mit Chemikalien kontaminiert.

Denken Sie nicht, dass Sie besonders sicher sind, wenn Sie bei allen Versuchen Handschuhe tragen! In einigen Experimenten sind die Chemikalien absolut harmlos, so arbeiten Sie unter anderem auch mit Chemikalien, die sie in der Küche verwenden. Wir nehmen jedenfalls nicht an, dass Sie in Ihrer Küche mit Handschuhen arbeiten. Auch Chemiker/innen arbeiten im Labor nicht den ganzen Tag mit Handschuhen, obwohl Sie oft mit wesentlich gefährlicheren Substanzen arbeiten, als Sie bei Ihren Versuchen. Sie verwenden die Handschuhe nur dann, wenn es die Versuche wirklich erfordern.

Ganz wichtig ist, dass Sie sich darüber bewusst werden, dass es nicht *das* Paar Handschuhe gibt, welches Sie vor allen Gefahren, die von Chemikalien ausgehen können, schützt. Es gibt eine große Anzahl von verschiedenen Handschuhen für unterschiedliche Tätigkeiten. Alle Handschuhe sind mehr oder weniger durchlässig für Substanzen von außen. Die Ihnen bekannten Latex-Handschuhe schützen Sie sicherlich sehr gut im medizinischen Bereich, wo Sie mit Körperflüssigkeiten zu tun haben, die Sie gefährden könnten. Im chemischen Labor sind Latex-Handschuhe allerdings nur sehr eingeschränkt geeignet. Arbeiten Sie mit wässrigen Lösungen, dann sind Sie auch hier recht gut geschützt. Gegenüber organischen Lösungsmitteln dagegen sind Sie damit so gut wie überhaupt nicht geschützt, da die Durchbruchszeiten für diese Substanzen maximal bei wenigen Minuten liegen. Das heißt die Chemikalie, die auf Ihren Handschuh gekommen ist, dringt in dieser Zeit zu Ihrer Haut vor (trotz des Handschuhs!) und kontaminiert so Ihre Haut. Daher gibt es eine große Zahl an Spezialhandschuhen. Recht gut geeignet für die normale Laborarbeit sind „normale" Haushaltshandschuhe, die Sie wesentlich besser schützen als die genannten Latexhandschuhe. Ein Problem bei der Verwendung dieser Handschuhe ist, dass Sie weniger gut mit Ihren Geräten arbeiten können und einem dann leichter etwas aus der Hand fällt (mit der Folge, dass dann erst recht eine Kontamination von Personen oder des Arbeitsplatzes verursacht wird). Je besser die Handschuhe, desto schlechter lässt sich meist damit arbeiten. Nutzen Sie daher die angegebenen Handschuhe nur dann, wenn es wirklich notwendig ist, diese zur zusätzlichen Sicherheit zu tragen.

Ein Problem ist auch, dass Sie es normalerweise nicht gleich spüren, wenn Chemikalien durch Ihren Handschuh an Ihre Haut gelangen, weil der Handschuh nicht geeignet ist oder gar beschädigt ist. So kann eventuell eine Chemikalie über Stunden Kontakt mit Ihrer Haut haben. Ohne Handschuhe sind wir meistens sensibel genug, sofort zu bemerken, dass wir etwas auf die Hand bekommen haben und können die Chemikalie abwaschen.

Die besten Handschuhe nützen nichts, wenn Sie damit nicht richtig umgehen können. Tragen Sie Latex-Handschuhe, werden diese so ausgezogen, dass Sie die kontaminierte Seite quasi einrollen (hier geschieht das ja fast schon automatisch). Dann werden die Handschuhe entsorgt, da es sich normalerweise um Einweghandschuhe handelt. Der Grund ist einfach: Ohne sich zu kontaminieren, können Sie die Handschuhe nicht wiederverwenden. Der Versuch, an dieser Stelle zu sparen ist also gefährlich. Bitte aus diesem Grund aber auch nicht unnötigerweise Handschuhe verwenden. Unnötige Kosten und Abfallvermeidung müssen hier

Achtung: Lernen Sie den richtigen Umgang mit Handschuhen! *(siehe auch Video auf der Website)*

sicherlich nicht weiter begründet werden. Bei anderen Handschuhen ist darauf zu achten, dass man nicht die eine Hand aus dem Handschuh nimmt und dann mit der ungeschützten Hand den Handschuh der anderen Hand abzieht (leider immer wieder zu beobachten). Damit kontaminieren Sie sich natürlich ganz sicher.

Das größte Problem mit den Handschuhen ist jedoch, dass die Träger/innen ganz schnell vergessen, dass Sie Handschuhe tragen, die eventuell kontaminiert sind. Das heißt, es wird alles Mögliche damit angefasst, wie z.B. Türklinken, Laborgeräte, Computer-Tastaturen, Bücher oder Stifte. Hinterher fasst man entweder selbst oder andere Personen diese ungeschützt mit bloßen Händen wieder an. Richtig verantwortungslos wird es, wenn Sie damit aus dem Labor gehen und z.B. dann mit den Handschuhen Ihr Handy bedienen. Damit kontaminieren Sie sich später beim Telefonieren und Sie haben wahrscheinlich auch die Tasche kontaminiert, in der sich das Handy befindet. In der Vergangenheit wurden Experimente mit Farbstoffen durchgeführt, um zu demonstrieren, wie schnell und wie umfangreich eine Kontamination von Chemikalien aus dem Labor getragen wird und wo diese dann überfall gefunden wurden. Die gleiche Problematik gilt natürlich auch für die Arbeiten in medizinischen Labors mit Krankheitserregern. So etwas ist extrem besorgniserregend und vor allem vermeidbar!

Nach den hier im Kapitel beschriebenen Problemen mit dem Tragen von Handschuhen sollte Ihnen hoffentlich auch klar sein, dass Sie auch nach dem Ablegen der Handschuhe Ihre Hände gründlich waschen sollten. Und natürlich nicht so, dass Sie mit den Handschuhen aus dem Labor zu einem Waschbecken gehen und dabei alles kontaminieren.

Sauberes und sicheres Arbeiten 2.6

Sauberes Arbeiten ist sowohl für Ihre Sicherheit als auch für die Sicherheit anderer Personen innerhalb und außerhalb des Labors äußerst wichtig. Ein Punkt wurde gerade im Kapitel 2.5 besprochen, dass Sie nicht mit Handschuhen andere Dinge anfassen, die mit Ihrem Experiment nichts zu tun haben, wie z.B. eine Türklinke oder ein Buch. Die Handschuhe müssen dazu vorher ausgezogen werden und entweder entsorgt oder auf einen Platz gelegt werden, wo sie nichts kontaminieren können (also zum Beispiel keinesfalls auf einen Schreibtisch etc.). Absolut unmöglich ist es, wenn sich Personen mit Handschuhen an Kaffeeautomaten zu schaffen machen. In die gleiche Kategorie fällt auch, dass Sie keine „Wanderungen" im Laborkittel unternehmen dürfen. Der Laborkittel dient der Arbeit im Labor und nicht für den Gang in die Mensa oder in die Bibliothek. Auch wenn Sie vielleicht gerne zeigen möchten, dass Sie gerade im Praktikum arbeiten oder den Laborkittel kurz als Mantel für draußen verwenden wollen, dürfen Sie dies nicht. Denn der Labormantel kann mit Chemikalien in Berührung gekommen sein und andere Personen sollen dadurch nicht kontaminiert werden. Es gehört zu Ihrer Verantwortung, Personen, die dies tun, anzusprechen und zu belehren.

Sauberes Arbeiten ist im Labor unerlässlich. Daher ist es grundsätzlich zu vermeiden, Chemikalien zu verschütten oder Chemikalienflaschen zu verunreinigen. Passiert es Ihnen dennoch einmal, dass Sie Chemikalien verschüttet haben, dann machen Sie den Platz umgehend sauber. Falls Sie sich unsicher sind, wie Sie dabei vorzugehen haben, fragen Sie Ihre Assistenten. Nichts zu unternehmen ist nicht nur unfair, sondern auch verantwortungslos. Achten Sie darauf, Chemikalienflaschen nach dem Gebrauch sofort wieder zu verschließen, damit die Stopfen nicht vertauscht werden. Entnehmen Sie nur die Mengen, die Sie für Ihre Versuche benötigen, und stellen Sie die Vorratsflaschen an ihren Standort zurück. Falls Sie doch einmal zuviel entnommen haben, entsorgen Sie die Chemikalie sachgemäß, geben Sie sie jedoch nicht mehr in das Vorratsgefäß zurück. Entnehmen Sie Chemikalien nur mit einem sauberen Spatel oder einer sauberen Pipette. Werden die Vorratschemikalien verunreinigt, dann besteht nur noch eine geringe Wahrscheinlichkeit, dass Ihre Versuche wie geplant verlaufen. Sie müssen zwar Ihre Versuche protokollieren (siehe Kapitel 2.9), doch sollten Sie dabei darauf achten, dass Ihre Unterlagen nicht auf dem Labortisch mit den Chemikalien der Versuche kontaminiert werden.

Entsorgung der Abfälle 2.7

Leider lassen sich experimentelle Arbeiten nicht durchführen, ohne dass Abfälle erzeugt werden. Es ist naheliegend, dass versucht werden muss, diese Abfälle in jedem Fall aus Gründen des Umweltschutzes (und damit auch immer zum Schutz unserer Mitmenschen) so gering wie nur möglich zu halten. In den vergangenen Jahrzehnten haben sich auch im Laboratorium viele Dinge in dieser Beziehung verbessert. Zum Beispiel wurde der Wasserverbrauch (und damit auch die Abwassermenge) durch den Einsatz von Membranpumpen und stationären Kühlaggregaten erheblich verringert. Manches haben Sie aber auch sprichwörtlich selbst in der Hand. Zum Beispiel würde der übermäßige und unnötige Einsatz von Einweghandschuhen zu einem riesigen Abfallberg führen. Unvorsichtiger, nachlässiger Umgang mit Glasgeräten führt zu einem Berg an Glasmüll. Zu beachten ist dabei allerdings in vielen Fällen auch, dass manchmal die Verwendung von Einweggerätschaften umweltfreundlicher sein kann, als die aufwendige Reinigung von Mehrweggeräten. Dies kann je nach der Anwendung für die gleichen Gerätschaften unterschiedlich sein.

Die Entsorgung von Chemikalien ist komplizierter. Hier erhalten Sie wiederum Angaben zur Entsorgung über die Assistenten in den Vorbesprechungen und Seminaren zum Praktikum. Schwierig ist oft die Entscheidung, ob Substanzen einfach über das Abwasser (oder den Abfalleimer) entsorgt werden dürfen oder in speziellen Behältern gesammelt werden müssen. Dabei ist nicht nur die Chemikalie entscheidend (eine Zuckerprobe dürfen Sie natürlich in den normalen Müll geben), sondern eventuell auch deren Konzentration. Eine stark verdünnte Salzsäure ist ungefährlich und darf (in kleinen Mengen!) ins Abwasser geleitet werden, konzentrierte Salzsäure hingegen nicht. Haben Sie eine kleine Menge (z. B. 1 mL) konzentrierter Salzsäure, so können Sie diese verdünnen und auch entsorgen. Bei größeren Mengen konzentrierter Salzsäure geht dies natürlich nicht mehr. Sind Sie sich über die Entsorgung einer Chemikalie unsicher, fragen Sie Ihre Assistenten. Wenig sinnvoll ist es, einfach alles in den Abfluss zu gießen (dies ist aus gutem Grund absolut verboten). Allerdings umgekehrt alle Substanzen aus Ihren Versuchen in die Sammelbehälter zu entsorgen, aus der Sorge etwas falsch zu machen, ist nicht nur unvernünftig, sondern auch stark belastend für die Umwelt. Die Chemikalienabfälle müssen nämlich als Sondermüll entsorgt werden und kommen so entweder in eine spezielle Müllverbrennungsanlage oder sogar auf eine Sondermülldeponie.

Erste Hilfe   **2.8**

Trotz aller Vorsichtsmassnahmen können Unfälle passieren. Auch ohne menschliches Versagen kann etwas schiefgehen. Ein elektrischer Defekt in einem Gerät kann zum Beispiel einen Brand in einem Labor auslösen. Gleichgültig was passiert, Sie sollten auch hier gut vorbereitet sein. Auf jeden Fall sollten Sie wissen, wo sich die Notausgänge in Ihrem Labor befinden. In einem Labor im Erdgeschoss oder falls Fluchtbalkone vorhanden sind, lässt sich das Labor notfalls durch die Fenster verlassen. Ist dies nicht der Fall, sollten Sie für einen Gefahrenfall die Fluchtwege kennen, und Sie sollten auch wissen, wo der nächstgelegene Feuerlöscher zu finden ist. Sie dürfen ihn aber nur benutzen, wenn Sie auch wissen, wie er bedient wird. Ansonsten bringen Sie sich unnötig in Gefahr. Überhaupt ist dies eine der wichtigsten Grundlagen bei der Ersten Hilfe: Selbstschutz geht vor! Es nützt niemandem, wenn Sie sich bei dem Versuch Hilfe zu leisten, schwer verletzen oder sogar ums Leben kommen. Bevor Sie etwas tun (oder versuchen zu tun) sollten Sie unbedingt Andere informieren, um die Rettungskette in Gang zu setzen. Oftmals arbeiten Sie in einem großen Praktikum auch mit Personen zusammen, die z. B. bei der Feuerwehr oder im Rettungsdienst tätig sind. Im Praktikum haben Sie natürlich die Assistenten/innen die bei einem Unfall die Koordination übernehmen werden. Auf jeden Fall muss im Ernstfall die Notrufnummer 112 (Rettungsdienst und Feuerwehr) angerufen werden. Ganz wichtig ist, dass Sie koordinieren, dass Personen da sind, die die Feuerwehr und/oder den Rettungsdienst zum Unfallort führen können. Es ist schon des Öfteren in großen Chemieinstituten geschehen, dass die Feuerwehr planlos durch ein Gebäude geirrt ist und verzweifelt den Brandort gesucht hat. Dabei vergehen wertvolle Minuten, die oftmals zwischen einem kleinen Unfall und einer Katastrophe entscheiden können.

Weiterhin sind Sie angehalten, sich über den Aufbewahrungsort des nächstliegenden Verbandskastens zu informieren. Auch die Handhabung der Augendusche und der Löschbrause müssen Sie beherrschen.

Beim Auftreten gefährlicher Situationen wie z. B. Feuer oder dem Freiwerden giftiger Chemikalien gilt immer, Ruhe bewahren. Überstürztes und unüberlegtes Handeln vergrößert meistens nur die Gefahr. Gefährdete Personen sind zu warnen und gegebenenfalls zum Verlassen der Räume aufzufordern. Immer sind die Assistenten zu benachrichtigen.

Auch bei kleineren Unfällen sind Ihre Assistenten/innen über dessen Verlauf zu informieren.

In Deutschland, Österreich und der Schweiz sind wir gesetzlich dazu verpflichtet, bei einem Unfall oder in einer entsprechenden Notfallsituation Erste Hilfe zu leisten. Häufig könnte mit geringen Kenntnissen Leben gerettet werden, da gerade den Ersthelfern nach einem Unfall eine entscheidende Bedeutung in der Rettungskette zukommt. Während Sie im chemischen Praktikum höchstwahrscheinlich keine Erste Hilfe leisten müssen, kann es Ihnen durchaus bei der Anfahrt zum Labor passieren.

> **Achtung:** Ein Erste-Hilfe-Kurs ist sinnvoll und kann bei Organisationen wie z.B. dem Roten Kreuz absolviert werden.

Protokollierung der Versuche   2.9

Eine sehr unbeliebte Tätigkeit ist das Protokollieren der durchgeführten Versuche. Gerade die richtige Protokollführung ist außerordentlich wichtig für jede wissenschaftliche Labortätigkeit. Die wissenschaftliche

Protokollierung Ihrer Versuche sollten Sie daher so früh wie möglich umfassend erlernen. Leider versteht mancher erst in den höheren Semestern die Bedeutung der korrekten Protokollführung. Bei der späteren Analyse, wer zum Beispiel eine bestimmte Substanz erstmals synthetisiert hat, haben Versuchsprotokolle in Laborbüchern schon sehr oft eine große Bedeutung gehabt. Hier geht es meist weniger um die Eitelkeiten einzelner Personen (tut es oft zwar auch) aber fast immer sind in solchen Fällen riesige Geldsummen in Spiel, wenn es z. B. um die Patentierung von Substanzen im Pharmabereich geht. Bei pharmakologischen oder medizinischen Studien kann es dann wiederum vorkommen, dass wegen ungenauer Protokollführung Menschen zu Schaden kommen. Zugegebenermaßen wird dies kaum bei der Protokollierung Ihrer Versuche in diesem Praktikum passieren, doch Sie sollen hier bereits lernen, möglichst gut ein genaues Versuchprotokoll anzufertigen. Wenn Sie sich daran gewöhnt haben, fällt Ihnen dies später nicht mehr so schwer und Sie werden auch nicht in eine der oben genannten Situationen kommen. Außerdem kommt es tatsächlich häufiger vor (es ist wirklich so, fragen Sie einmal ältere Kommilitonen/innen), dass Sie noch einmal etwas nachschlagen wollen/müssen. Ein schlecht geführtes Protokoll, was Sie dann nicht mehr nachvollziehen können, hilft Ihnen dann gar nichts.

Was muss in einem wissenschaftlichen Versuchprotokoll stehen? Im Folgenden finden Sie hierzu einige relevante Anmerkungen. Außerdem erhalten Sie Informationen von Ihren Assistenten/innen. Oftmals bekommen Sie im Praktikum als Hilfe auch ein Musterprotokoll an die Hand, an dem Sie sich orientieren können.

Ganz wichtig ist, dass Ihr Protokoll ein Datum und Ihren Namen enthält. Oftmals sind Sie oder Ihre Gruppe auch einem bestimmten Assistenten oder einer Assistentin zugeordnet. Dann geben Sie auch diesen Namen an und Ihre Gruppennummer. Als Nächstes folgt eine Überschrift mit dem Thema des Praktikumstags. Im Protokoll selbst muss kurz gesagt alles stehen, was Sie gemacht haben, die Ergebnisse Ihrer Versuche und die Auswertung/Diskussion der Ergebnisse Ihrer Experimente. Das Ganze muss so beschrieben sein, dass Sie das Experiment mit Ihren Angaben in vielleicht fünf Jahren noch einmal durchführen könnten. Besser ausgedrückt, auch eine Person, die dieses Praktikum nicht mit Ihnen durchgeführt hat, sollte mithilfe Ihres Protokolls die Versuche wiederholen können und auch zu den gleichen Ergebnissen gelangen. Dies erfordert eine entsprechende Ausarbeitung Ihres Protokolls.

Zunächst wird in einem kurzen Theorieteil beschrieben, was der Hintergrund des Versuchs ist und auch die Aufgabenstellung präzisiert. Dann folgt die Versuchsbeschreibung. Hier reicht es nicht zu schreiben:

"Der Versuch wurde wie im Skript beschrieben durchgeführt." Einem Leser ohne Skript hilft das nicht. Die Versuchsbeschreibung muss daher korrekt wiedergegeben werden. Protokolle werden in ganzen Sätzen geschrieben, also ausformuliert und nicht nur in einzelnen Stichworten.

Als Nächstes müssen die Beobachtungen, die Ergebnisse der Versuche notiert werden. Achtung: Es wird nur das beschrieben, was auch tatsächlich während des Versuchs gemacht und beobachtet wurde (also z. B. Farbänderungen, Wärmeentwicklung, pH-Wert, Messwerte etc.). Bei einigen Versuchen empfiehlt sich die Wiedergabe der Beobachtungen in tabellarischer Form (z. B. bei Messwertreihen). Wichtig ist auch, dass eventuell auftretende Schwierigkeiten bzw. unerwartete Beobachtungen registriert werden! Versuchsprotokolle werden üblicherweise in unpersönlicher Formulierung in der Vergangenheitsform geschrieben. Zum Beispiel schreibt man nicht: „Ich habe eine gelbe Lösung gesehen", sondern „Die Lösung färbte sich gelb".

Im dritten Teil des Protokolls beschreiben Sie die Auswertung Ihrer Versuche. Hier sind kurze, klare und präzise Erklärungen der beobachteten Phänomene mit Angabe der relevanten Reaktionsgleichungen gefordert. Wichtig ist hier auch die Diskussion und Begründung von evtl. aufgetretenen Schwierigkeiten (warum hat das Experiment nicht geklappt oder hat ein unerwartetes Ergebnis geliefert). Auswertungen von Messreihen (Berechnungen und Erstellen von Graphen) müssen hier aufgeführt werden. Bei sich wiederholenden Berechnungen genügt normalerweise eine Beispielrechnung. Eventuell ist eine Fehlerbetrachtung und/oder Analyse notwendig. Messdaten, auch in Berechnungen und in graphischen Darstellungen sind immer mit den richtigen Dimensionen anzugeben. Als Abschluss des Versuchsprotokolls ist in einigen Fällen eine kurze Zusammenfassung des endgültigen Ergebnisses der Experimente sicherlich sinnvoll.

Auf der Companion-Website zum Buch finden Sie unter http://www.pearson-studium.de die folgenden zusätzlichen Materialien zu diesem Kapitel:

- Video: Richtiger Umgang mit Handschuhen

Stoffmengen, Konzentrationen, MWG und Kinetik

3

ÜBERBLICK

LERNZIELE

Sie sollten nach Bearbeitung dieses Kapitels

- den Begriff der Stoffmenge (Mol) verstanden haben und damit auch rechnen können.
- verschiedene Definitionen der Konzentration kennen und Rechnungen/Umrechnungen damit durchführen können; Lösungen mit vorgegebenen Konzentrationen im Labor herstellen können.
- das Massenwirkungsgesetz (MWG) für chemische Reaktionen aufstellen können.
- die Löslichkeit von festen Stoffen in der Theorie und Praxis verstanden haben.
- den Einfluss der Konzentration auf die Geschwindigkeit chemischer Reaktionen erkennen können.

Konzentrationen **3.1**

Achtung: Eine Mischung aus 40 mL Ethanol und 60 mL Wasser ergibt aufgrund einer Volumenkontraktion deutlich weniger als 100 mL. Daher werden genau 40 mL Ethanol in einem 100 mL Messkolben100 mL-Messkolben vorgegeben und es wird bis zur Eichmarke mit Wasser aufgefüllt (*siehe Video auf der Website*).

Der Begriff der **Konzentration** ist Ihnen bereits aus dem Alltag bekannt und spielt sicherlich auch in Ihrem jeweiligen Studienfach eine große Rolle. Allerdings gibt es verschiedene Konzentrationsangaben, die Sie kennen sollten, damit Sie diese berechnen und/oder umrechnen können. Einige Beispiele finden Sie in den folgenden Abschnitten.

Volumenprozente werden z. B. für alkoholische Lösungen verwendet. „Hochprozentiges" wie z. B. Schnaps enthält mindestens 40 (Volumen-) Prozent Alkohol (Ethanol), d. h., 40 mL Alkohol sind in 100 mL des Schnapses enthalten. Gewichtsprozente findet man dagegen als Konzentrationsangaben, z. B. für die Zuckermenge in Limonaden (ca. 10–12 g Zucker in 100 g der Limonade!) oder die in Mineralwasser enthaltenen Salze. Neben Prozentangaben kennen Sie natürlich noch die Angabe in Promille und die für sehr kleine Mengen verwendete Angabe in ppm (*parts per million*).

Achtung: Die im hier vorliegenden Buch verwendeten Mol-Massen sind auf zwei Stellen hinter dem Komma gerundet.

In der Chemie hat es sich als sinnvoll erwiesen, Konzentrationen in mol/L anzugeben. Die SI-Einheit für die Stoffmenge ist das **Mol** (Einheit für die Stoffmenge ist „Mol", als Symbol wird „mol" verwendet). Ein mol eines Stoffes besteht aus genau so vielen Teilchen, wie Atome in 12 Gramm des Kohlenstoff-Isotops $^{12}_{6}C$ enthalten sind. 1 Mol entspricht $6,022142 \times 10^{23}$ Teilchen. Diese Zahl wird Avogadro-Zahl genannt (Symbol N_A). Mol-Massen erhalten Sie entweder aus dem Periodensystem oder aus entsprechenden Tabellen. So enthält z. B. eine 0,1 mol/L-Kochsalzlösung 5,84 g Kochsalz in einem Liter Lösung, da die Mol-Masse von NaCl sich aus der Summe der Mol-Massen von Na und Cl ergibt (22,99 g + 35,45 g = 58,44 g).

Die Konzentrationsangabe in mol/L wurde früher als Molarität bezeichnet, abgekürzt mit M. Der Begriff der Molarität soll aber nach IUPAC (International Union of Pure and Applied Chemistry – die Institution, die verbindliche Empfehlungen zur Nomenklatur in der Chemie herausgibt) nicht mehr verwendet werden. Häufig finden Sie aber noch solche Konzentrationsangaben in der Literatur. So bezeichnete man z. B. eine Kochsalzlösung mit einer Konzentration von c (NaCl) = 0,1 mol/L einfach als eine 0,1 M NaCl-Lösung. Bei Berechnungen sollten Sie immer die Konzentrationen mit der Einheit mol/L versehen, da dies die empfohlene Einheit ist und Ihnen bei den Umrechnungen hilft (und somit auch Fehler vermieden werden). Die früher verbreitete Konzentrationsangabe „Normalität" wird heute nicht mehr verwendet.

Machen Sie sich klar, dass z. B. bei einer 0,1 mol/L NaCl-Lösung nicht einfach 5,84 g NaCl (entspricht 0,1 mol NaCl) in einem Liter Wasser aufgelöst werden dürfen, sondern dass sich 5,84 g NaCl in genau 1 Liter der Kochsalzlösung befinden. Erreicht wird dies, indem Sie 5,84 g NaCl in einen 1 Liter-Messkolben geben, der dann zunächst nur etwa bis zur Hälfte mit Wasser aufgefüllt wird. Nachdem das Natriumchlorid durch Schütteln gelöst wurde, füllt man den Messkolben exakt bis zur Eichmarke auf und erhält so die gewünschte 0,1 mol/L Kochsalz-Lösung *(siehe Video auf der Website)*.

Achtung: Da eckige Klammern auch in der Komplexchemie (siehe Kapitel 6) zur Beschreibung von komplexen chemischen Einheiten verwendet werden, besteht hier Verwechslungsgefahr. Daher sollten die Konzentrationen dort mit c angegeben werden.

Konzentrationen werden beim chemischen Rechnen (z. B. im Massenwirkungsgesetz) häufig als variable Größen verwendet. Die Konzentra-

ANWENDUNGEN

In der Medizin kommen Sie z. B. mit der so genannten „physiologischen Kochsalzlösung" in Berührung. Hier haben Sie dann auch sofort mit den oben aufgeführten unterschiedlichen Konzentrationsangaben zu tun. Der Ausdruck „physiologische Kochsalzlösung" ist zwar verbreitet, jedoch nicht korrekt und sollte durch den Begriff „isotonische Kochsalzlösung" ersetzt werden. Isotonische Getränke kennen Sie aus der Werbung. Die Gesellschaft für Ernährung e. V. erachtet diese übrigens als unnötig für den Breitensportler. Der Deutsche Sportbund empfiehlt die Apfelsaftschorle als optimales isotonisches Getränk.

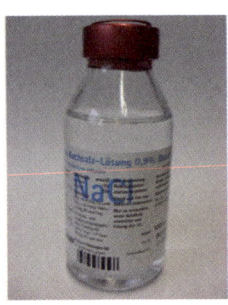

Abbildung 3.1: Isotonische Kochsalzlösung

VERSUCH 1

Herstellung einer isotonischen Kochsalzlösung

Eine isotonische Kochsalzlösung (▶Abbildung 3.1) enthält 0,9 (Gewichts-)Prozent Natriumchlorid. Berechnen Sie die Mengen, die Sie zur Herstellung von 20 mL einer solchen Lösung benötigen. Wiegen Sie die entsprechende Menge ab und stellen Sie die 20 mL der isotonischen Kochsalzlösung in einem 50 mL-Becherglas her.

tion einer Substanz X wird dann meistens mit c_x, $c(X)$ oder $[X]$ abgekürzt. **Konzentrationsangaben einer Substanz in eckigen Klammern beziehen sich immer auf Konzentrationen in mol/L.**

Achtung: Lassen Sie sich die Bedienung der Waage von ihrem Assistenten erklären und wiegen Sie ERST das leere Becherglas, stellen Sie die Waage anschließend auf Null und wiegen DANN Ihre Menge NaCl ab. Schalten Sie die Waage nach der Benutzung aus!

Wie viel Gramm NaCl haben Sie abgewogen? Wie hoch ist die Konzentration (in mol/L) an NaCl? Sie haben in diesem Experiment die Konzentration natürlich nur recht ungenau eingestellt. Solch eine Lösung ließe sich aber zu Hause z. B. durchaus für eine Nasenspülung oder als Nasentropfen verwenden. Soll die Lösung aber z. B. für die Verabreichung von Medikamenten verwendet werden muss die Konzentration jedoch wie oben beschrieben exakt eingestellt *werden (siehe Video auf der Website).* Extrem wichtig ist dann auch, dass sowohl das NaCl als auch das eingesetzte Wasser rein sind (siehe folgenden Abschnitt). Im Krankenhaus bzw. bei medizinischen Anwendungen muss die isotonische Kochsalzlösung steril sein.

Reinheit von Stoffen　　　　3.2

Abbildung 3.2: Erlenmeyerkolben mit Aufsatz für die Iod-Sublimation

Bei allen Stoffen, die in der Medizin, der Ernährung oder im Labor verwendet werden, ist es von besonderer Bedeutung, dass die Inhaltsstoffe und deren Menge (bzw. Konzentration) korrekt angegeben sind. Darüber hinaus müssen diese Stoffe einem vorgegebenen Reinheitsanspruch genügen. Stoffe, sowie deren Verunreinigungen, werden durch qualitative und quantitative Analysen bestimmt. Um die Reinheit der eingesetzten Stoffe zu erhöhen, werden diese oftmals aufwendigen Reinigungsverfahren unterworfen (z. B. Umkristallisationen bei Feststoffen oder Destillationen bei Flüssigkeiten). Sehr reine Stoffe kann man leicht erhalten, wenn der zu reinigende Stoff sublimiert werden kann, d. h., er

VERSUCH 2

■ **Sublimation von Iod**

Füllen Sie eine Spatelspitze festes Iod in einen Weithals-Erlenmeyerkolben. Entsprechend ▶ Abbildung 3.2 verschließen Sie den Kolben locker mit einem Gummiaufsatzstück, durch dessen Öffnung ein Reagenzglas geschoben wurde. Falls nötig, können Sie das Reagenzglas mit etwas Wasser anfeuchten, um das Hineinschieben zu erleichtern. **Achtung: Schieben Sie das Reagenzglas nicht mit Gewalt durch** **die Öffnung, um das Zerbrechen und Verletzungen zu vermeiden!** Das Reagenzglas soll nicht zu knapp über dem Boden des Erlenmeyerkolbens stecken. Es wird etwas mehr als bis zur Hälfte mit kaltem Wasser gefüllt. Auf einem Dreifuß mit Drahtnetz wird der Kolben **vorsichtig** mit der Bunsenbrennerflamme erhitzt (Bunsenbrenner auf Sparflamme stellen). Was beobachten Sie? Erklären Sie dieses Phänomen.

geht beim Erwärmen vom Festzustand (ohne zu schmelzen) sofort in den gasförmigen Zustand über. Abkühlen führt dann wieder zum Übergang in den Festzustand. Falls die Verunreinigungen selbst nicht sublimieren, lässt sich so oftmals ein sehr reines Produkt erhalten. Ein typisches Beispiel für eine solche Reinigung durch Sublimation lässt sich gut mit Iod demonstrieren. Iod-Verbindungen sind in der Medizin und in der Ernährung von herausragender Bedeutung. Elementares Iod war in alkoholischer Lösung (Iod-Tinktur) lange Zeit als Desinfektionsmittel bei Wunden das Mittel der Wahl.

Achtung: Bitte führen Sie diesen Versuch nur im Abzug durch! Lassen Sie sich den Gebrauch des Bunsenbrenners erklären *(siehe Video auf der Website).*

Löslichkeit von Stoffen   3.3

Neben dem Wissen über Konzentrationen ist es nicht weniger wichtig zu wissen, wie gut ein Stoff überhaupt in einem Medium löslich ist. Für einen Taucher ist es z.B. lebenswichtig, Kenntnisse darüber zu haben, wie gut sich die Luft in seinem Blut unter Wasser löst (unter Wasser bei größeren Tiefen, damit auch unter höherem Druck, löst sich mehr Luft in seinem Blut). Taucht er zu schnell auf, dann ist der Stickstoff der Luft nicht mehr löslich genug und es bilden sich Gasbläschen, die im schlimmsten Fall zum Tode führen können.

Wir wollen uns im Folgenden aber mehr mit der Löslichkeit von Feststoffen (hier Salze) in Wasser beschäftigen. Sie alle wissen, dass es Salze gibt, die recht gut in Wasser löslich sind (z. B. das Natriumchlorid) und andere Stoffe (z. B. Kalk = Calciumcarbonat) sich dagegen nur sehr wenig oder gar nicht lösen. In der Chemie lässt sich das recht einfach über das Löslichkeitsprodukt beschreiben. Das Löslichkeitsprodukt ergibt sich aus dem allgemein sehr wichtigen Massenwirkungsgesetz (MWG). Jede chemische Reaktion kann als Gleichgewichtsreaktion beschrieben werden. Reagiert z. B. A mit B zu den Stoffen C und B, dann lässt sich die folgende Gleichung aufstellen:

$$aA + bB \rightleftharpoons cC + dD$$

> **Achtung:** K ist zwar eine Konstante aber nur bei einer konstanten Temperatur und bei konstantem Druck! Das heißt, dass K bei z. B. unterschiedlichen Temperaturen auch andere Werte aufweist. Daher ist es wichtig auf diese Parameter zu achten und sie ebenfalls konstant zu halten.

In der Gleichung stellen a, b, c und d die Anzahl der Mole dar, die bei der Reaktion miteinander reagieren (sie werden stöchiometrische Koeffizienten genannt). Das Massenwirkungsgesetz besagt nun, dass das Verhältnis des Produkts der Konzentrationen der Produkte dividiert durch das Produkt der Konzentrationen der Edukte einer Konstanten K entspricht, der Gleichgewichtskonstanten.

$$K = \frac{[C]^c [D]^d}{[A]^a [B]^b}$$

Ist K sehr groß, liegt das Gleichgewicht für die chemische Reaktion auf der rechten Seite der Gleichung. Ist K dagegen sehr klein, liegt das Gleichgewicht auf der linken Seite.

Im Folgenden soll anhand eines Beispiels die Vorgehensweise der Bestimmung von Löslichkeiten dargelegt werden. Silberchlorid, AgCl, ist schlecht löslich und entsteht beispielsweise beim Nachweis von Chlorid- oder Silberionen in der analytischen Chemie. Das Salz Silberchlorid zerfällt daher in Wasser entsprechend der folgenden Gleichung nur zu einem sehr kleinen Teil in Silber- und Chloridionen (s = *solid* und aq = *aqueous*):

$$AgCl_{(s)} \rightleftharpoons Ag^+_{(aq)} + Cl^-_{(aq)}$$

Haben wir eine gesättigte Lösung vorliegen, können wir das Massenwirkungsgesetz anwenden. Von einer gesättigten Lösung sprechen wir dann, wenn wir einen Teil des Salzes als ungelösten Bodensatz vorliegen haben (▶Abbildung 3.3). Liegt eine gesättigte Lösung vor, dann haben Sie die maximale Konzentration der Ionen in der Lösung erreicht. Das MWG lautet dann für die gesättigte Silberchloridlösung:

Abbildung 3.3: Gesättigte Kochsalzlösung

ANWENDUNGEN

Wenn Sie Kochsalz in Wasser geben, so löst sich dies eine ganze Weile lang vollständig auf. Irgendwann jedoch erreichen Sie den Moment, wo nicht mehr alles Kochsalz gelöst werden kann; es setzt sich am Boden ab. Jetzt liegt eine gesättigte Lösung vor (Abbildung 3.3).

$$K = \frac{[Ag^+][Cl^-]}{[AgCl]}$$

Die Konzentration des Silberchlorids als Feststoff im Nenner ändert sich in einer gesättigten Lösung ja nicht und bleibt konstant. Diese Konstante wird daher mit in die Gleichgewichtskonstante hinein genommen und man erhält:

$$K_L = [Ag^+][Cl^-]$$

Diese neue Konstante wird als Löslichkeitsprodukt bezeichnet. Das aus einer Tabelle entnommene Löslichkeitsprodukt (K_L) für AgCl beträgt:

$$K_L = 1,7 \times 10^{-10} \ \text{mol}^2/\text{L}^2 \ (\text{AgCl bei } 25\,^\circ\text{C})$$

Wie groß sind nun die Konzentrationen der sich in Lösung befindlichen Silber- und Chloridionen? Da wir hier eine reine Silberchloridlösung vor uns haben, gilt, dass die Konzentration der beiden Ionen-Sorten gleich sein muss. Damit ergibt sich für die Löslichkeit:

$$[Ag^+] = [Cl^-] = \sqrt{1,7 \times 10^{-10} \ \text{mol}^2/\text{L}^2} = 1,3 \times 10^{-5} \ \text{mol}/\text{L}$$

Dies ist zugleich die Löslichkeit des Silberchlorids in Wasser. Daraus erfahren wir dann auch nach einer kurzen Rechnung, wie viel Gramm Silberchlorid wir tatsächlich bei 25 °C in einem Liter Wasser auflösen können. Da $1,3 \times 10^{-5}$ mol/L aufgelöst werden können, ergibt sich mit der Mol-Masse von 143,32 g/mol für AgCl, dass nur

$$1{,}3 \times 10^{-5} \text{ mol} \times 143{,}32 \text{ g/mol} = 1{,}86 \times 10^{-3} \text{ g}$$

bzw. 1,86 mg AgCl in einem Liter Wasser gelöst werden können.

Geringe Löslichkeiten spielen in der analytischen Chemie bei den sogenannten Fällungsreaktionen eine große Rolle, wie z. B. bei dem oben angeführten Nachweis auf Silber- oder Chloridionen (siehe Kapitel 8). Andere typische Fällungsreaktionen sind z. B. die Fällung von Sulfaten, Sulfiden oder Carbonaten. So reagiert eine Lösung von Bariumnitrat entsprechend der folgenden Gleichung mit Schwefelsäure (der senkrechte Pfeil ↓ kennzeichnet das Ausfallen einer Substanz aus der Lösung als Feststoff):

$$Ba(NO_3)_2 + H_2SO_4 \rightarrow BaSO_4 \downarrow + 2\ HNO_3$$

Wichtige Löslichkeitsprodukte finden Sie in Tabellen in Lehrbüchern. Daraus können Sie dann (analog zum Beispiel mit AgCl) ermitteln, ob oder wie gut ein Stoff unter gegebenen Bedingungen löslich ist. Wie bei allen Gleichgewichtskonstanten hängt das Löslichkeitsprodukt natürlich von der Temperatur ab (d. h., die meisten Salze lösen sich in der Wärme besser als in der Kälte).

> **Achtung:** Werden zusätzliche Ionen in Lösung hinzugefügt, dann verändern sich auch die Löslichkeiten. Beispielsweise kann sich nur weniger Silberchlorid in einer Natriumchloridlösung lösen, da hier bereits die Chloridionenkonzentration in der Gleichung für K_L deutlich größer ist.

VERSUCH 3

■ **Fällung schwer löslicher Sulfate; Untersuchung der Löslichkeit der Erdalkalisulfate CaSO$_4$ und BaSO$_4$ (Löslichkeitsprodukt)**

a. Füllen Sie in ein Reagenzglas ca. 1 mL Calciumchloridlösung (c = 0,2 mol/L). Geben Sie zu dieser Lösung 1 mL verdünnte H$_2$SO$_4$. Was beobachten Sie? Geben Sie eine Reaktionsgleichung an.

b. Geben sie nun in ein Reagenzglas 1 mL Bariumchloridlösung und geben Sie wiederum 1 mL verdünnte H$_2$SO$_4$ zu. Was beobachten Sie? Geben Sie eine Reaktionsgleichung an.

Geben Sie nun zu Ihrer Lösung aus a erst ein wenig konz. CaCl$_2$-Lösung, anschließend letztere im Überschuss zu. Was beobachten Sie? Vergleichen Sie die Löslichkeitsprodukte von CaSO$_4$ und BaSO$_4$, geben Sie an, ob es sich um ein hohes oder ein niedriges Löslichkeitsprodukt handelt und vergleichen Sie ihre Erkenntnis mit den Literaturangaben.

Ein interessantes Beispiel ist das Bariumsulfat. Bariumverbindungen sind für den Menschen recht giftig und sollten nicht in unseren Organismus gelangen. Trotzdem kann bedenkenlos Bariumsulfat als Kontrastmittel für Röntgenuntersuchungen des Magen-Darm-Traktes eingesetzt werden. Es ist unter diesen Bedingungen so gut wie unlöslich und kann daher vom Organismus nicht aufgenommen werden.

Sulfide stellen zusammen mit den Oxiden eine große Gruppe von Mineralien dar. Neben dem Eisenoxid (z. B. Fe_2O_3) finden Sie z. B. als Eisen-Schwefelverbindung Pyrit (FeS), was Sie sicherlich schon einmal unter seinem bekannteren Namen Katzengold kennengelernt haben. Im Labor kann man solche schwer löslichen Sulfide durch Umsetzung löslicher Metallsalze mit Schwefelwasserstoff erhalten. Z. B. wird entsprechend der folgenden Gleichung (in schwach saurer Lösung) CdS ausgefällt:

Abbildung 3.4: Gefälltes Cadmiumsulfid

$$CdSO_4 + H_2S \rightarrow CdS \downarrow + 2\ H_2SO_4$$

Cadmiumsulfid hat eine intensive gelbe Farbe (▶Abbildung 3.4) und wurde daher in der Vergangenheit gerne als Farbpigment verwendet. Aufgrund der Toxizität von Cadmiumverbindungen wird es heute für solche Anwendungen nicht mehr eingesetzt.

Da Schwefelwasserstoff (H_2S) ein giftiges Gas ist, welches fürchterlich nach faulen Eiern stinkt, arbeiten Sie im folgenden Versuch mit dem

VERSUCH 4

■ **Sulfidfällung von Zink-, Kupfer- und Mangan-Ionen (Löslichkeitsprodukt)**

Stellen Sie sich eine Sulfidlösung selbst her, indem Sie ein ca. fingernagelgroßes Plättchen Natriumsulfid in ein Reagenzglas geben und diese zu einem Drittel mit demineralisiertem Wasser füllen. Warten Sie, bis sich das Plättchen völlig aufgelöst hat (gut durchmischen). Geben Sie nun in je ein sauberes Reagenzglas jeweils ca. 1 mL $CuSO_4$-Lösung, 1 mL $ZnSO_4$-Lösung bzw. 1 mL $MnSO_4$-Lösung. Geben Sie anschließend ca. 1–2 mL ihrer Natriumsulfid-Lösung in jedes Reagenzglas. Was beobachten Sie? Geben Sie je eine Reaktionsgleichung an. Wodurch unterscheiden sich die gefällten Sulfide? Wozu kann es nützlich sein, solche Fällungsreaktionen durchzuführen? **Achtung: Führen Sie diesen Versuch nur im Abzug durch!**

sehr gut löslichen Salz Natriumsulfid (Na_2S), welches Ihnen die für die Fällung notwendigen Sulfid-Ionen ebenfalls liefert.

Oxalsäure ($C_2H_2O_4$) ist eine organische Säure (die einfachste Dicarbonsäure) mit der folgenden chemischen Strukturformel:

$$H\text{-}O\text{-}C(=O)\text{-}C(=O)\text{-}O\text{-}H$$

Sie ist verantwortlich für den sauren Geschmack von Rhabarber, Sauerampfer und Sauerklee. Das schwer lösliche Calciumoxalat, welches Sie im folgenden Versuch herstellen, ist einer der Hauptbestandteile von Nierensteinen.

Nichtlösliche Stoffe können durch chemische Reaktionen zu anderen Stoffen werden, die dann in Lösung gehen können. Ein schönes Beispiel dafür ist das Auflösen von Calciumcarbonat. Calciumcarbonat (= Kalkstein oder Marmor) ist in Wasser fast überhaupt nicht löslich. In der Natur wird es langsam durch die Reaktion mit Regenwasser und dem in der Atmosphäre enthaltenem Kohlendioxid entsprechend der folgenden Gleichung zum Calciumhydrogencarbonat aufgelöst:

$$CaCO_3 + H_2O + CO_2 \rightleftharpoons Ca(HCO_3)_2$$

In Lösung liegen jetzt also Calcium- und Hydrogencarbonationen vor. Schauen Sie einmal auf das Etikett einer Mineralwasserflasche und suchen Sie die Konzentration dieser Ionen. Die Calciumionen sind wichtig für uns (unter anderem für den Knochenaufbau) und gelangen z.B. in dieser Form in unseren Körper. Wasser, welches sehr viel Calciumhydrogencarbonat enthält, bezeichnet man als hartes Wasser (temporäre Wasserhärte).

VERSUCH 5

■ **Fällung von Calciumoxalat (Löslichkeitsprodukt)**

Füllen Sie in ein Reagenzglas ca. 1 mL Calciumchloridlösung (c = 0,2 mol/L). Säuern Sie die Lösung mit 1 mL verdünntem HCl an und geben Sie anschließend 1 mL Ammoniumoxalat-Lösung hinzu. Was beobachten Sie? Geben Sie eine Reaktionsgleichung an.

VERSUCH 6

Umsetzung von Kohlendioxid im Kalkwasser

Ein Reagenzglas wird mit 1–2 mL Kalkwasser gefüllt. Die Lösung sollte klar sein. Anschließend geben Sie ein wenig Mineralwasser hinzu. Was beobachten Sie?

Nun geben Sie Mineralwasser im Überschuss hinzu. Was beobachten Sie jetzt?

Geben Sie die Reaktionsgleichungen für die beobachteten Vorgänge an und benennen Sie die Calciumverbindungen.

Erwärmen Sie das Reagenzglas mit der Lösung *vorsichtig* mit dem Bunsenbrenner. Achten Sie darauf, dass nicht zu viel Wasser verdampft. Was beobachten Sie? Erklären Sie das Phänomen.

Die bislang besprochenen Reaktionen bezogen sich auf Gleichgewichtsreaktionen, die sich durch das Massenwirkungsgesetz gut beschreiben lassen. Diesen Teil der Chemie bezeichnet man als Thermodynamik. Hier geht es darum, ob eine chemische Reaktion überhaupt freiwillig ablaufen kann oder nicht und ob sie vollständig oder nur zum Teil abläuft. Beschrieben werden diese Reaktionen durch die Gleichgewichtskonstanten sowie durch die Enthalpie und die Entropie. Sie erhalten aus diesen Angaben aber keinerlei Informationen darüber, wie schnell eine chemische Reaktion abläuft. Informationen über die Geschwindigkeiten (und über den Mechanismus) von chemischen Reaktionen bekommen Sie über die Kinetik. Experimentell bestimmte oder berechnete Aktivierungsparameter (wie beispielsweise die Aktivierungsenergie) und Geschwindigkeitskonstanten geben Ihnen hier die entsprechenden Hinweise. Die Geschwindigkeit chemischer Reaktionen ist wiederum abhängig von vielen Parametern, z. B. von der Temperatur, dem Druck und vor allem auch von den Konzentrationen der beteiligten Reaktionspartner. Im folgenden Versuch lernen Sie den Einfluss der Konzentrationen auf die Geschwindigkeit der sogenannten „Clock Reaction" (Iod-Uhr) kennen. Hier laufen gleich mehrere etwas kompliziertere Redoxreaktionen ab, die Sie genauer erst im Kapitel 5 kennenlernen werden.

VERSUCH 7

■ Iod-Stärke „Clock-Reaction" – Iod-Uhr (Landoltsche Zeitreaktion)

Stellen Sie aus **Lösung 1** (KIO$_3$-Lösung; c = 0,02 mol/L), **Lösung 2** (Na$_2$SO$_3$-Lösung; c = 0,005 mol/L) und **Lösung 3** (Stärkelösung; c = 2 %) folgende Lösungen her:

Messen Sie mithilfe ihrer 10 mL-Messpipette nacheinander 50 mL **Lösung 2** sowie 5 mL **Lösung 3** ab. Geben Sie diese beiden Lösungen zusammen in einen 100 mL Erlenmeyerkolben. Wiederholen Sie das Ganze ein weiteres Mal, sodass Sie zwei Erlenmeyerkolben mit dieser Lösung vor sich haben.

Messen Sie anschließend mithilfe ihrer 10 mL Messpipette nacheinander die angegebenen Mengen **Lösung 1** sowie die angegebene Menge Wasser ab und geben

Sie diese in je einen neuen, unbenutzten 100 mL Erlenmeyerkolben:

a. 6 mL Lösung 1 + 44 mL Wasser
b. 25 mL Lösung 1 + 25 mL Wasser

Geben Sie nun die **Lösung a** rasch zu Ihrer Mischung aus **Lösung 2 und Lösung 3** (oben). Rühren Sie kurz gut mit Ihrem Glasstab und starten Sie gleichzeitig Ihre Stoppuhr (Armbanduhr mit Sekundenzeiger oder Handy). Warten Sie bis zum Farbumschlag und stoppen Sie die Zeit. Wiederholen Sie den Versuch mit **Lösung b**. Was beobachten Sie? Erklären Sie das Phänomen. Warum heißt diese Reaktion „Clock-Reaction"?

Zunächst wird das Iodat-Ion (Kalium- oder Natriumiodat finden Sie übrigens im „Jodierten Speisesalz") zum Iodid reduziert:

$$IO_3^- + 3\ SO_3^{2-} \rightarrow I^- + 3\ SO_4^{2-}$$

In der Folge reagiert das gebildete Iodid mit dem noch im Überschuss vorhandenen Iodat zu elementarem Iod:

$$IO_3^- + 5\ I^- + 6\ H^+ \rightarrow 3\ I_2 + 3\ H_2O$$

Solange aber noch Sulfit-Ionen in Lösung sind, wird das gebildete Iod sofort wieder zum Iodid reduziert (sehr schnelle Reaktion – es ist daher in Anwesenheit von SO$_3^{2-}$ nahezu kein I$_2$ in der Lösung).

$$SO_3^{2-} + I_2 + H_2O \rightarrow 2\ I^- + SO_4^{2-} + 2\ H^+$$

Erst wenn alles Sulfit verbraucht ist, kann sich freies Iod bilden, welches mit Stärke einen intensiv blau gefärbten (in hoher Konzentration wirkt es schwarz) Einlagerungskomplex bildet. Diese Farbreaktion wird daher auch zum Nachweis von Stärke verwendet (*siehe Kapitel 16*).

Übungsaufgaben

1. Sie sollen $500\,mL$ einer $0,5\,mol/L$ konzentrierten Glucoselösung herstellen. Wie viel Gramm Glucose müssen Sie abwiegen? Glucose hat die Summenformel $C_6H_{12}O_6$.
2. Auf einem $1\,L$-Messkolben im Labor steht, dass hier 5 Gramm Natriumsulfat (Na_2SO_4 = Glaubersalz) in einem Liter der Lösung sind. Welche Konzentration hat diese Lösung in mol/L?
3. Wie viel Natriumionen enthält ein Liter einer $0,1\,mol/L$ Natriumsulfatlösung?
4. Auf Ihrem Mineralwasseretikett finden Sie die Angabe Calcium (Ca^{2+}) 110 ppm. Wie viel Gramm Calciumionen haben Sie dann hier in einem Liter Mineralwasser?
5. Formulieren Sie die Gleichung für das Löslichkeitsprodukt von Natriumsulfat.

Auf der Companion-Website zum Buch finden Sie unter http://www.pearson-studium.de die folgenden zusätzlichen Materialien zu diesem Kapitel:

- Fotos der Laborgeräte
- Videos: Mischung von Ethanol mit Wasser; Einstellung einer exakten Konzentration einer NaCl-Lösung; Bedienung des Bunsenbrenners
- Lösungen zu den Aufgaben

Säuren, Basen, Salze und Puffer

4

ÜBERBLICK

Hintergrund   **4.1**

Säuren und Basen sind in allen Bereichen unseres Lebens vertreten. Zum Beispiel spielen die Magensäure, der pH-Wert des Blutes, oder der Citratzyklus bei biologischen Prozessen eine wichtige Rolle. Doch auch im Alltag begegnen uns Säuren und Basen, z.B. als Säuerungsmittel in Lebensmitteln (Phosphorsäure in Cola, Citronensäure z.B. in Limonaden oder Essigsäure für Salatsaucen) und natürlich in verschiedenen Putzmitteln und Haushaltsreinigern.

Für das Verständnis der Grundlagen der Säure/Base-Reaktionen müssen Sie die Definition der Konzentration in der Chemie und das Massenwirkungsgesetz kennen. Hiermit haben Sie sich bereits im Kapitel 3 beschäftigt. Lesen Sie hierzu eventuell noch einmal die entsprechenden Abschnitte in einem Lehrbuch nach. Bei den praktischen Arbeiten spielt die Messgenauigkeit eine große Rolle, z. B. für pH-Messungen. Trotzdem Sie hier im Praktikum noch nicht so exakt arbeiten müssen (es sind vorbereitende Übungen), sollten Sie sich klar machen, wie genau Sie bei Ihren jeweiligen Experimenten arbeiten müssen und welche Fehler Ihnen unterlaufen können (siehe auch Messgenauigkeit im Kapitel 1). Zu berücksichtigen sind hierbei beispielsweise, wie genau Ihre Waage arbeitet, ob Ihre Glasgeräte (Messkolben, Messpipette) geeicht sind, wie rein Ihre Ausgangsmaterialien sind etc. Gerade den Einfluss der Temperatur dürfen Sie nicht übersehen, denn das Volumen ist temperaturabhängig und Ihre Messgeräte sind üblicherweise auf 20,0 oder 25,0 °C geeicht. Arbeiten Sie z. B. an einem sehr heißen Tag im Labor (unter Umständen können hier fast 40 °C vorliegen) würden Sie, falls Sie die Temperatur nicht berücksichtigen, einen Konzentrationsfehler verursachen, der entscheidende Konsequenzen für Ihre Anwendung haben kann. Machen Sie sich klar, dass auch der pH-Wert temperaturabhängig ist! Sie werden sicherlich in Ihrem weiteren Studium (Biochemie) oder später im Berufsleben noch mit Pufferlösungen arbeiten müssen. Dafür ist es wichtig, diese grundlegenden Konzepte gut verstanden zu haben.

In der Analytik, z. B. der medizinischen Diagnostik, ist es unabdingbar, dass die verwendeten Geräte geeicht sind. Diese Überprüfungen, dass also eine Waage tatsächlich die gewogene Masse präzise anzeigt oder ein Messkolben tatsächlich auch das aufgedruckte Volumen aufnimmt, sind daher notwendig und müssen in regelmäßigen Abständen durchgeführt werden.

> **Achtung:** Im Praktikum misslingt Ihnen „nur" Ihr Experiment, falls Sie mit ungeeigneten Geräten arbeiten. In Ihren späteren wissenschaftlichen Untersuchungen und/oder Ihren Analysen im Berufsalltag **müssen** Sie überprüfen, ob Ihre Messmethode und Ihre Messgeräte für die Untersuchungen wirklich geeignet sind und die Messutensilien geeicht sind. So sollte z. B. für eine Blutuntersuchung nur eine entsprechend genaue und geeichte Pipette eingesetzt werden.

Definition von Säuren und Basen 4.2

Es gibt verschiedene Definitionen von Säuren und Basen in der Chemie. Geschmacksproben, um festzustellen, ob ein Stoff sauer (Säure) oder seifig (Base oder Lauge) schmeckt, sollten und dürfen nicht mehr im Labor durchgeführt werden.

Heute bezeichnet man Moleküle oder Ionen, die in der Lage sind, Protonen (H^+) abzugeben als Protonendonatoren oder **Säuren**. Moleküle oder Ionen, die in der Lage sind, Protonen anzulagern, bezeichnet man als Protonenakzeptoren oder **Basen** (Säure/Base-Definition nach Brønsted).

Schreibt man diese Reaktionen als Gleichgewichtsreaktionen, so erkennt man, dass die Säure HA unter Protonenabgabe in ein Anion A^- übergeht, das seinerseits in der Lage ist, ein Proton aufzunehmen und nach der Definition eine Base darstellt. Eine Base B geht unter Protonenaufnahme in das Kation HB^+ über, das ein Proton abgeben kann und nach der Definition eine Säure ist. Die Säure HA und ihre deprotonierte Form A^- bezeichnet man daher als **korrespondierendes oder auch konjugiertes Säure-Base-Paar**. Auch die Base B und ihre protonierte Form HB^+ bezeichnet man als korrespondierendes bzw. konjugiertes Säure-Base-Paar. Da bei Protonenübertragungen keine freien Protonen auftreten (dies entspräche im Fall von Wasserstoff einem „nackten" Atomkern), kann eine Säure nur in Gegenwart einer Base ihre Protonen abgeben. Bei einer Säure-Base-Reaktion sind also immer zwei konjugierte Säure-Basen-Paare beteiligt.

Abbildung 4.1: Zitronen: definitiv saurer Geschmack

Die Dissoziation einer Säure in Wasser (Protolyse) ist ebenfalls eine Säure-Base-Reaktion. Das H_2O-Molekül nimmt bei dieser Reaktion ein Proton auf und wirkt daher als Base:

$$HA + H_2O \rightleftharpoons A^- + H_3O^+$$

Bei der Reaktion einer Base in Wasser gibt das H_2O-Molekül ein Proton ab und wirkt daher als Säure:

$$B + H_2O \rightleftharpoons HB^+ + OH^-$$

Die Eigenschaft des Wassers, je nach Reaktionspartner als Säure wie auch als Base wirken zu können, hat ihre Ursache darin, dass Wasser Bestandteil zweier korrespondierender Säure-Base-Paare ist: H_3O^+/H_2O und H_2O/OH^-. Diese Eigenschaft, die außer Wasser auch andere Moleküle (z. B. Aminosäuren oder Alkohole) oder Ionen (z. B. $H_2PO_4^-$) besitzen, bezeichnet man als amphoteren Charakter. Die Substanzen, die diese Eigenschaften besitzen, bezeichnet man als Ampholyte.

Säuren- und Basenstärke

4.3

Säuren, die während der Protolyse ihr acides Proton vollständig an Wasser abgeben, bezeichnet man als starke Säuren. Hier liegt das Gleichgewicht fast vollständig auf der rechten Seite. Ihre korrespondierenden Basen sind naturgemäß sehr schwache Basen.

Basen, die dem Wasser ein Proton entreißen können und dabei vollständig in die protonierte Form übergehen, bezeichnet man als starke Basen. Hier liegt das Gleichgewicht ebenfalls fast vollständig auf der rechten Seite. Ihre protonierten Formen sind naturgemäß sehr schwache Säuren.

Achtung: Beachten Sie, dass die Begriffe stark oder schwach relative Begriffe sind. So ist z. B. Wasser gegenüber Schwefelsäure eine schwächere Säure aber gegenüber Ammoniak eine deutlich stärkere Säure. Im Übrigen sind Säure/Base-Reaktionen nicht nur auf das Lösungsmittel Wasser beschränkt.

Säuren bzw. Basen, bei denen die eben genannten Vorgänge nicht vollständig, sondern mehr oder weniger unvollständig ablaufen, bezeichnet man als schwache Säuren bzw. Basen. Bei schwachen Säuren bzw. Basen stellt sich ein Gleichgewicht ein, welches sehr weit auf der linken Seite liegt.

Anwendung des MWG auf die Reaktionen von Säuren und Basen

Für den Gleichgewichtszustand der Säuredissoziation von HA in H_2O lautet das Massenwirkungsgesetz (MWG):

$$K = \frac{[H_3O^+] \cdot [A^-]}{[HA] \cdot [H_2O]} \quad (MWG)$$

Bei großer Verdünnung ist die Konzentration des Wassers im Vergleich zu den anderen auftretenden Konzentrationen sehr hoch und sie verändert sich im Verlauf der Dissoziation nur gering. In guter Näherung kann man demnach für große Verdünnungen die H_2O-Konzentration als konstant ansehen und in die Gleichgewichtskonstante mit einbeziehen. Die neue Konstante K_S (oft auch wegen des englischen „acid" für Säure als K_a geschrieben) bezeichnet man als Säurekonstante. Sie nimmt für jede Säure einen charakteristischen Wert an und ist ein Maß für die Säurestärke:

$$K_S = K \cdot [H_2O] = \frac{[H_3O^+] \cdot [A^-]}{[HA]}$$

Eine entsprechende Ableitung des Massenwirkungsgesetzes für die Umsetzung einer Base führt zur Basenkonstante K_B.

Die Säuren- und Basenkonstanten werden in Tabellen als pK_S- bzw. pK_B-Werte zusammengefasst. Es gelten folgende Beziehungen:

$pK_S = -\log K_S$ und daraus: $K_S = 10^{-pK_S}$
$pK_B = -\log K_B$ und daraus: $K_B = 10^{-pK_B}$

Wiederholen Sie noch einmal den Umgang und die Rechnung mit Logarithmen. Einige einfache Umformungen finden Sie hier:

Logarithmen (Schreibweise nach DIN 1302)
Definition $x = \log_b a \quad \Leftrightarrow \quad b^x = a \quad (a, b > 0)$
Daraus folgt: $\log_b b = 1$; $\quad \log_b 1 = 0$

Rechengesetze
$\log(u \cdot v) = \log u + \log v$; $\log u^n = n \cdot \log u$

$\log \frac{u}{v} = \log u - \log v$; $\log \sqrt[n]{u} = \frac{1}{n} \cdot \log u$

Zehnerlogarithmen: $\quad \log x = \log_{10} x = \lg x$
Natürliche Logarithmen: $\log_e x = \ln x$ mit $e = 2{,}71828$.

Achtung: Leider weichen die tabellierten pK_S- und pK_B-Werte in den aktuellen Lehrbüchern zum Teil stark voneinander ab. Die Tabellen werden dabei häufig ohne Quellenangabe gedruckt, so dass nicht ersichtlich ist, woher die Daten stammen. Für die Versuche im Praktikum sollen Sie die in ▶ Tabelle 4.1. angegebenen Daten verwenden.

Starke Säuren haben einen großen K_S-Wert ($K_S > 1$) und damit einen negativen pK_S-Wert. Starke Basen haben einen großen K_B-Wert ($K_B > 1$) und damit einen negativen pK_B-Wert. Die pK_S- und pK_B-Werte ausge-

Tabelle 4.1: pK_S-und pK_B-Werte in wässriger Lösung bei 25 °C

Säure	pK_S		Base	pK_B	
HCl	−7		Cl^-	21	
H_2SO_4	−3	starke	HSO_4^-	17	sehr
HNO_3	−1,37	Säuren	NO_3^{3-}	15,37	schwache
HSO_4^-	1,96		SO_4^{2-}	12,04	Basen
H_3PO_4	2,16		$H_2PO_4^-$	11,84	
HF	3,17		F^-	10,83	
HOAc (H_3CCOOH)	4,75	schwache	OAc^-	9,25	schwache
H_2CO_3 $(H_2O + CO_2)$	6,35	Säuren	HCO_3^-	7,65	Basen
H_2S	6,99		HS^-	7,01	
HSO_3^-	7,20		SO_3^{2-}	6,80	
$H_2PO_4^-$	7,21		HPO_4^{2-}	6,79	
HCN	9,21		CN^-	4,79	
NH_4^+	9,25		NH_3	4,75	
HCO_3^-	10,33		CO_3^{2-}	3,67	
HPO_4^{2-}	12,33	sehr	PO_4^{3-}	1,67	
HS^-	12,89	schwache	S^{2-}	1,11	starke
H_2O*	14	Säuren	OH^-	0	Basen

* Die Konzentration des Wassers (55,3 mol/L) ist als Konstante im pK_S-Wert mit enthalten (ist dies nicht der Fall, so gilt $K_S = [H_3O^+] [OH^-]/[H_2O] = 10^{-15,9}$ [mol/L] (bei 25 °C).

wählter Säuren und Base sind in der folgenden Tabelle zusammenge-stellt (Daten entnommen aus Hollemann Wiberg, Lehrbuch der Anorganischen Chemie 102. Auflage, de Gruyter Verlag 2007).

Der pH-Wert   4.4

Der pH-Wert ist eine wichtige Größe, die angibt, wie sauer eine wässrige Lösung ist. Die Herleitung des pH-Werts ergibt sich aus der oben beschriebenen besonderen Eigenschaft des Wassers. Wasser unterliegt aufgrund seines amphoteren Charakters einer Eigendissoziation oder Autoprotolyse nach:

$$H_2O + H_2O \rightleftharpoons H_3O^+ + OH^-$$

Dies hat zur Folge, dass in reinem Wasser geringe, aber messbare, gleich große Konzentrationen an H_3O^+-Ionen und OH^--Ionen vorliegen. Diese Konzentrationen betragen bei 22,0 °C:

$$[H_3O^+] = [OH^-] = 10^{-7}\,mol/L$$

Mit dem MWG erhält man für das Autoprotolysegleichgewicht folgenden Ausdruck:

$$K = \frac{[H_3O^+] \cdot [OH^-]}{[H_2O]^2} \text{ und}$$
$$K_W = K \cdot [H_2O]^2 = [H_3O^+] \cdot [OH^-]$$

Auch hier wurde wieder die Konzentration des Wassers als konstant angesehen und mit der Konstante K zu der neuen Konstanten K_W (Wasserkonstante, W = Wasser/Water). Aus dieser Ableitung ergibt sich, dass in wässrigen Lösungen das Produkt der Konzentrationen von H_3O^+ und OH^- immer einen konstanten Wert ergibt, der bei 22,0 °C $K_W = 10^{-14}\,mol^2/L^2$ beträgt, und als Ionenprodukt des Wassers bezeichnet wird. Bei Säurezusatz steigt die Konzentration von H_3O^+-Ionen, sodass die Konzentration von OH^--Ionen entsprechend abnehmen muss (da K_W sich als Konstante nicht verändert). Bei Basenzusatz verringert sich die H_3O^+-Ionenkonzentration, so dass die Konzentration von OH^--Ionen entsprechend zunehmen muss. Da Rechnungen mit den H_3O^+-Ionenkonzentrationen in Lösungen den Umgang mit sehr kleinen Zahlen bedeutet, hat man eine logarithmische Größe, den pH-Wert, definiert:

$$pH = -\log [H_3O^+] \text{ und daraus } [H_3O^+] = 10^{-pH}\,mol/L$$

Analog dazu wird der pOH-Wert definiert als:

$$pOH = -\log [OH^-] \text{ und daraus } [OH^-] = 10^{-pOH}\,mol/L$$

Für reines Wasser ergibt sich damit:

$$[H_3O^+] = [OH^-] = 10^{-7}\,mol/L; \Rightarrow pH = pOH = 7 \text{ (bei } 22,0\,°C)$$
$$pK_W = -\log K_W = pH + pOH = 14$$

Wässrige Lösungen mit einem pH-Wert von 7 nennt man daher neutral ($[H_3O^+] = [OH^-]$); den pH-Wert 7 bezeichnet man als Neutralpunkt. Lösungen, deren H_3O^+-Ionenkonzentration größer ist als 10^{-7} mol/L nennt man sauer, ihr pH-Wert ist niedriger als 7. Basische Lösungen haben eine geringere H_3O^+-Ionenkonzentration als reines Wasser, ihr pH-Wert ist größer als 7 (die pH-Skala ist nur sinnvoll im Bereich von 0 bis 14; Werte darüber oder darunter sind zwar rechnerisch möglich, jedoch sachlich falsch, da pH-Wert-Berechnungen nur für verdünnte Lösungen gelten).

Die pH-Werte spielen auch im Alltag eine große Rolle. So muss z. B. ein Aquariumbesitzer neben anderen Tests regelmäßig auch den pH-Wert des Wassers im Aquarium messen, um Krankheiten oder sogar den Tod der Fische zu verhindern. Die dafür eingesetzten Teststäbchen beruhen auf den im Kapitel 4.5 beschriebenen Indikatoren. Dank preiswerter Mikroelektronik werden heutzutage pH-Messungen üblicherweise mit digitalen pH-Metern durchgeführt (▶ Abbildung 4.2).

Da starke Säuren praktisch vollständig dissoziiert sind, kann die H_3O^+-Ionenkonzentration mit der Ausgangskonzentration der Säure $[HA]_0$ gleichgesetzt werden und der pH-Wert einfach berechnet werden:

$$pH = -\log [H_3O^+] = -\log [HA]_0$$

Für starke Basen mit der Ausgangskonzentration $[B]_0$ gilt dementsprechend:

starke Basen: $\qquad pOH = -\log [OH^-] = -\log [B]_0$

Der entsprechende pH-Wert folgt dann aus der Umformung von Gleichung

$$pH = 14 - pOH$$

Da schwache Säuren oder Basen nur unvollständig mit Wasser reagieren (die $[H_3O^+]$ Konzentration entspricht hier nicht der Ausgangskonzentration der undissoziierten Säure) muss hier zur Berechnung des pH-Wertes auf das Massenwirkungsgesetz zurückgegriffen werden.

Die aus der Dissoziation der Säure hervorgegangene H_3O^+-Ionenkonzentration ist genauso groß wie die Konzentration ihres entstandenen Anions A^-. Mit $[H_3O^+] = [A^-]$ ergibt sich dann:

$$K_S = \frac{[H_3O^+]^2}{[HA]} \quad \text{und daraus}$$

$$[H_3O^+] = \sqrt{K_S \cdot [HA]}$$

$$\Rightarrow pH = \frac{1}{2}(pK_S - \log [HA])$$

VERSUCH 1

■ **Messung von pH-Werten gleich konzentrierter starker und schwacher Säuren mithilfe einer pH-Elektrode**

Messen Sie zunächst den pH-Wert des demineralisierten Wassers und notieren Sie diesen Wert. Welchen pH-Wert würden Sie erwarten und was könnte der Grund für die beobachtete Abweichung sein (falls Sie eine Abweichung von Ihrem erwarteten Wert beobachten!)?

Jeweils 20 mL (Messpipette) der 0,1 mol/L Salzsäure (HCl) werden in zwei 50 mL Bechergläser gegeben. Nun wird die Säure in einem Becherglas durch Zugabe von ... mL destilliertem Wasser (verwenden Sie eine 10 mL Messpipette) verdünnt (die für die Verdünnung benötigte Wassermenge wird Ihnen von Ihrem Assistenten vorgegeben). Anschließend werden die beiden pH-Werte (unverdünnte und verdünnte Lösung) mit der pH-Elektrode gemessen.

Ebenso wird mit der 0,1 mol/L Essigsäure verfahren.

Spülen Sie nach jeder Messung die Elektroden mithilfe der ausstehenden Spritzflaschen gründlich ab. Spülen Sie nicht in die Aufbewahrungslösung!

Anschließend müssen die Elektroden für mindestens 1 Min. in die Aufbewahrungslösung gestellt werden, bevor Sie die nächste Messung beginnen!

Stellen Sie die Versuchsergebnisse in der folgenden Tabelle zusammen. Berechnen Sie die erwarteten pH-Werte für die zwei unverdünnten und die zwei verdünnten Säuren [$pK_s(HoAc) = 4,75$] und beantworten Sie die folgenden Fragen:

a) Wie hätte man die 0,1 mol/L HCl verdünnen müssen, um eine Verdoppelung des pH-Wertes zu erhalten?

b) Wie groß ist die Säurekonzentration [in mol/L] einer Salzsäurelösung mit einem pH-Wert = 4 und einer Essigsäurelösung mit einem pH-Wert = 4. Wie groß sind die pH-Werte, wenn Sie diese Säuren um den Faktor 10 verdünnen?

Tabelle zu Versuch 1:

	Salzsäure		Essigsäure	
	0,1 mol/L	verdünnt	0,1 mol/L	verdünnt
pH-Wert berechnet				
pH-Wert gemessen				

Für schwache, kaum dissoziierte Säuren kann man näherungsweise die unbekannte Konzentration [HA] mit der Ausgangskonzentration der Säure [HA]$_0$ gleichsetzen und erhält damit dann den pH-Wert von schwachen Säuren.

Für den pOH-Wert von schwachen Basen mit der Ausgangskonzentration [B]$_0$ ergibt sich eine entsprechende Herleitung aus dem MWG. Der

VERSUCH 2

■ Messung von pH-Werten gleich konzentrierter starker und schwacher Basen mithilfe einer pH-Elektrode

Jeweils 20 mL (Messpipette) der 0,001 mol/L NaOH werden in zwei 50 mL Bechergläser gegeben. Nun wird die Base in einem Becherglas durch Zugabe von … mL destilliertem Wasser (verwenden Sie eine 10 mL Messpipette) verdünnt (verwenden Sie hier die gleiche Menge Wasser zur Verdünnung wie in Versuch 1).

Anschließend wird der pH-Wert der verdünnten wie auch der unverdünnten Lösung mit der pH-Elektrode gemessen.

In gleicher Weise wird mit der molaren Ammoniaklösung (0,001 mol/L) verfahren.

Spülen Sie nach jeder Messung die Elektroden mithilfe der ausstehenden *Spritzflaschen gründlich ab. Spülen Sie nicht in die Aufbewahrungslösung!*

Anschließend müssen die Elektroden für mindestens 1 Min. in die Aufbewahrungslösung gestellt werden, bevor Sie die nächste Messung beginnen!

Stellen Sie die Versuchsergebnisse in der folgenden Tabelle zusammen. Berechnen Sie die pH-Werte für die zwei unverdünnten und die zwei verdünnten Basen [$pK_B(NH_3)$ = 4,75] und beantworten Sie die Fragen:

a) Wie groß muss die NaOH-Konzentration einer Lösung mit einem pH von 8 sein?

b) Wie groß muss die NH_3-Konzentration einer Lösung mit einem pH von 8 sein?

Tabelle zu Versuch 2:

	Natronlauge		Ammoniaklösung	
	10^{-3} mol/L	verdünnt	10^{-3} mol/L	verdünnt
pH-Wert berechnet				
pH-Wert gemessen				

pH-Wert wird dann wieder über die entsprechende Gleichung bestimmt. Gemessen wird aber auch hier der pH-Wert und nicht der pOH-Wert der Lösung.

Indikatoren   4.5

Indikatoren sind Stoffe, die bei unterschiedlichen pH-Werten unterschiedliche Farben haben können. Die gebräuchlichen Indikatoren zur pH-Wert-Bestimmung sind organische Farbstoffe, die sich ihrerseits wie schwache Säuren oder Basen verhalten. Als Indikatoren eignen sich daher korrespondierende Säure-Base-Paare, bei denen sich die Säure von

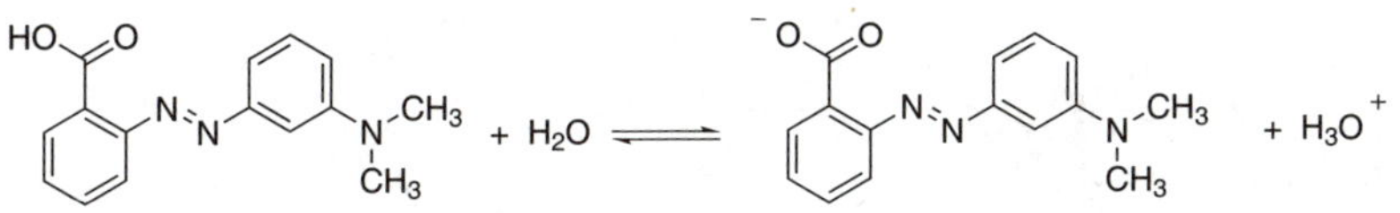

rot
Indikatorsäure

gelb
Indikatoranion

Abbildung 4.3: Der Indikator Methylrot

der Base farblich unterscheidet. Wenn wir den Indikator in der Form einer Säure (HIn) bezeichnen, so besteht abhängig vom pH-Wert das folgende Gleichgewicht:

$$HIn + H_2O \rightleftharpoons In^- + H_3O^+$$

Diese Gleichung ist identisch mit der im Abschnitt 4.2 beschriebenen Gleichung für die Säuredissoziation (anstelle der allgemeinen Säure HA wurde die Indikatorsäure HIn eingesetzt).

Eine Lösung des Indikators Methylrot z. B. hat als undissoziierte Indikatorsäure (HIn) eine rote Farbe, das korrespondierende Indikatoranion (In$^-$) dagegen ist gelb (▶Abbildung 4.3).

Da es sich um ein pH-abhängiges Gleichgewicht handelt, werden bei jeder Hydroniumionen-Konzentration, [H_3O^+], bestimmte Anteile beider Komponenten (HIn und In$^-$) vorliegen. In Lösung wird demnach die vom Indikator verursachte Farbe stets vom Verhältnis der Konzentrationen beider Komponenten abhängen.

Theoretisch kommt somit bei allmählicher pH-Wert-Änderung ein kontinuierlicher Farbwechsel zustande. Praktisch aber wird die Wirkungsweise des Indikators davon abhängen, von welchem pH-Wert an sich die Farbe des Indikators für das Auge sichtbar ändert. Wir kommen damit zu zwei Grenzwerten, jenseits derer nur noch der saure bzw. der basische Farbton dominieren. Der Bereich zwischen diesen Grenzwerten stellt somit den Umschlagbereich des Indikators dar. Er ist für jeden Indikator verschieden, jedoch für ihn spezifisch. Allgemein gilt für den Umschlagbereich eines Indikators:

$$pH \approx pK_{Ind.} \pm 1$$

Wie bereits oben beschrieben, werden pH-Wert-Messungen meist mit pH-Messelektroden durchgeführt (Abbildung 4.2). Lösungen von Indikatoren haben ihre Bedeutung für die pH-Wert-Bestimmung daher fast vollständig verloren. Nur noch Mischungen verschiedener Indikatoren

ANWENDUNGEN IM ALLTAG

Der vielleicht bekannteste Indikator ist Rotkohlsaft. Rotkohl wird in manchen Regionen Deutschlands auch als Blaukraut bezeichnet. Hintergrund dieser unterschiedlichen Bezeichnungen sind die Farbänderungen, die Rotkohl erfährt, wenn der pH-Wert geändert wird. Wird Rotkohl mit Essig zubereitet, dann ist er wirklich rot. Zubereitung ohne Essig oder sogar zusätzliche Zugabe von Natron führt zu einer blauen Farbe und rechtfertigt damit die Bezeichnung Blaukraut (▶Abbildung 4.4). Bei den im Rotkohl enthaltenen Farbstoffen handelt es sich um Anthocyane. Wird die Lösung noch sehr viel stärker basisch gemacht, verändert sich die Farbe über Grün nach Gelb, wobei allerdings der Farbstoff zerstört wird. Auch die Farben der Blüten der Garten-Hortensien werden durch den pH-Wert beeinflusst. Auf sauren Böden sind sie bläulich und auf alkalischen Böden rötlich.

Abbildung 4.4: Rotkohl und Blaukraut

(Universalindikatoren), aufgetragen auf Papierstreifen oder Kunststoffstäbchen werden für Schnelltests verwendet. Die Farben des in ▶Abbildung 4.5 gezeigten Universalindikators geben die pH-Werte von 1–11 wieder. ▶Abbildung 4.6 zeigt pH-Werte von Lösungen gebräuchlicher Stoffe.

Säure-Base-Reaktionen mit gasförmigen Produkten

4.6

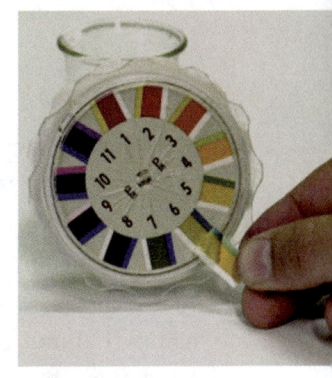

Abbildung 4.5: Universalindikator
Aus: Schmuck, C., Engels, B., Schirmeister, T. & Fink, R. (2008)

Entsprechend dem chemischen Gleichgewicht können starke Säuren (oder Basen) schwächere Säuren (oder Basen) aus ihren Salzen verdrängen. Dies geht um so besser – wiederum als Konsequenz des chemischen Gleichgewichts – wenn das Produkt gasförmig ist und so aus dem Reaktionsgemisch ausgetrieben wird. Das Produkt wird entfernt und das Gleichgewicht verschiebt sich daher um so stärker auf die Produktseite.

Leider findet diese Reaktion oft auch unerwünscht statt. So leidet in

	$[H^+]$ (M)	pH	pOH	$[OH^-]$ (M)
	$1 (1\times10^0)$	0,0	14,0	1×10^{-14}
Magensäure	1×10^{-1}	1,0	13,0	1×10^{-13}
Zitronensaft	1×10^{-2}	2,0	12,0	1×10^{-12}
Cola, Essig	1×10^{-3}	3,0	11,0	1×10^{-11}
Wein, Tomaten, Bananen	1×10^{-4}	4,0	10,0	1×10^{-10}
schwarzer Kaffee	1×10^{-5}	5,0	9,0	1×10^{-9}
Regen, Speichel	1×10^{-6}	6,0	8,0	1×10^{-8}
Milch, menschliches Blut, Tränen	1×10^{-7}	7,0	7,0	1×10^{-7}
Eiweiß, Meerwasser, Backpulver (Soda)	1×10^{-8}	8,0	6,0	1×10^{-6}
Borax	1×10^{-9}	9,0	5,0	1×10^{-5}
Magnesiummilch, Kalkwasser	1×10^{-10}	10,0	4,0	1×10^{-4}
	1×10^{-11}	11,0	3,0	1×10^{-3}
Haushaltammoniak, Haushaltsbleiche	1×10^{-12}	12,0	2,0	1×10^{-2}
0,1 M NaOH	1×10^{-13}	13,0	1,0	1×10^{-1}
	1×10^{-14}	14,0	0,0	$1 (1\times10^0)$

stärker sauer

stärker basisch

Abbildung 4.6: Beispiele für pH-Werte von Lösungen gebräuchlicher Stoffe
Aus: Brown, T.L., LeMay, H.E. & Bursten, E.B. (2007)

VERSUCH 3

■ **Freisetzen von Kohlendioxid**

Füllen Sie ein Reagenzglas zu einem Viertel mit halbkonzentrierter Salzsäure (konzentrierte Salzsäure und Wasser im Verhältnis 1:2) und geben Sie ein Stückchen Marmor (ca. eine halbe Fingernagelgröße) hinzu. Was können Sie hier beobachten? Notieren Sie Ihre Beobachtungen und formulieren Sie die zugehörige Reaktionsgleichung. Benennen Sie die korrespondierenden Säure/Base-Paare.

Abbildung 4.7: Das aus Marmor gebaute Taj Mahal wird von Abgasen angegriffen.

Achtung: Schwefelsäure kann daher nicht nur Natriumsulfat (Glaubersalz, Na_2SO_4) bilden, sondern auch das saure Salz Natriumhydrogensulfat $NaHSO_4$ (quasi halb neutralisierte Schwefelsäure), welches in Reinigungsmitteln verwendet wird (WC-Reiniger).

Indien in der Stadt Agra das berühmte Taj Mahal (▶ Abbildung 4.7) unter dem sauren Regen, der durch Abgase verursacht wird. Das Taj Mahal ist aus Marmor gebaut und die in der Atmosphäre gebildeten Säuren greifen den Marmor entsprechend Versuch 3 an.

Analoge chemische Reaktionen beobachten Sie bei vielen alltäglichen Anwendungen, z. B. beim Umgang mit Backpulver. Justus Liebig hat seine ersten Versuche zur Herstellung eines Backpulver mit Natron (Natriumhydrogencarbonat) und Salzsäure gemacht. Natron wird immer noch zur Beruhigung eines übersäuerten Magens verwendet. Dabei wird von der Magensäure (der stärkeren Salzsäure) die Kohlensäure (die schwächere Säure) aus ihrem Salz freigesetzt. Kohlensäure ist allerdings instabil und zerfällt sofort in Wasser und Kohlendioxid. Das Kohlendioxid ist auch das eigentliche Treibmittel im Backpulver.

ANWENDUNGEN IM ALLTAG

Wenn Sie eine Vitamintablette, Schmerztablette oder Brausepulver in Wasser auflösen, beobachten Sie die Freisetzung von Kohlendioxid. Neben der eigentlichen Wirksubstanz haben Sie noch eine Carbonatverbindung und eine Säure (eine feste Säure wie z. B. Citronensäure) in der Tablette oder dem Pulver. Beim Auflösen der Substanz in Wasser sprudelt es daher heftig (▶ Abb. 4.8).

Abbildung 4.8: Kohlendioxidentwicklung beim Auflösen einer Schmerztablette in Wasser

VERSUCH 4

■ **Freisetzen von Ammoniak**

Die Rundung eines Reagenzglases wird mit festem Ammoniumchlorid gefüllt. Dann wird ein NaOH-Plätzchen zugegeben (Spatel benutzen!). Das Gemisch wird nun durch Zugabe von wenigen Tropfen Wasser angefeuchtet.

Überprüfen Sie mit einem kleinen Stück angefeuchteten pH-Indikatorpapier (über die Öffnung des Reagenzglases halten) und anhand des Geruches, ob Ammoniak entweicht. *Achtung, entweichende Gase nur mit der Hand zufächeln!* Notieren Sie Ihre Beobachtungen und formulieren Sie die zugehörige Reaktionsgleichung. Benennen Sie die korrespondierenden Säure/Base-Paare.

Abbildung 4.9: Ein „Amerikaner" – mit Hirschhornsalz gebacken

Neutralisationsreaktionen   **4.7**

Reagieren Säuren mit Basen, so nennt man dies Neutralisationsreaktionen. Dabei bildet sich Wasser und ein Salz. Zum Beispiel wird aus gleichen Mengen gleich konzentrierter Salzsäure und Natronlauge eine Kochsalzlösung entsprechend der folgenden Gleichung:

$$HCl + NaOH \rightarrow NaCl + H_2O$$

Sind ungleiche Mengen verwendet worden, dann liegt noch Säure oder Base im Überschuss vor und entsprechend reagiert die Lösung sauer oder basisch. Hier erfolgte dann die Neutralisation nur zum Teil. Eine Umsetzung gleicher Menge Säure mit Base bedeutet allerdings nicht automatisch, dass sich ein pH-Wert von 7 einstellt (siehe Abschnitt 4.8 Puffer). Neutralisationsreaktionen spielen in unserem Körper, in der Biologie allgemein und im Alltag eine große Rolle.

Neutralisationsreaktionen sind auch in der analytischen Chemie wichtig. Habe ich beispielsweise eine Probe einer Salzsäurelösung, deren Konzentration ich nicht kenne, so ist diese durch eine sogenannte Titration zu bestimmen. Dazu nehme ich eine genau abgemessene Menge der Probe und neutralisiere die darin enthaltene Salzsäure mit einer Natronlauge, deren exakte Konzentration ich kenne. Die Natronlauge wird mit einer Bürette zugegeben, die mir erlaubt, die zugegebene Menge genau abzulesen. Das Ende der Titration (Äquivalenzpunkt) ist erreicht, wenn die zugegebene

VERSUCH 5

■ **Neutralisation von Geschirrspülmitteln**

Geschirrspülmittel enthalten Soda (Natriumcarbonat), welches für die Verseifung des am Geschirr anhaftenden Fetts mitverantwortlich ist und so zur Reinigung beiträgt (die Verseifung führen Sie später in der organischen Chemie auch experimentell durch). Geben sie eine Spatelspitze des festen Geschirrspülers in ein Reagenzglas, fügen Sie 3–4 mL demineralisiertes Wasser hinzu, schütteln gut und bestimmen den pH-Wert mit einigen Tropfen Universalindikatorlösung. Anschließend geben Sie die gleiche Menge flüssigen Klarspülers tropfenweise unter ständigem Umschütteln zur mit dem Indikator versetzten Lösung des Spülmittels. Was beobachten Sie?

Der Klarspüler dient dazu, schlechter lösliche Salze (Hydrogencarbonate und Carbonate), die sich auf dem Geschirr absetzen würden, in leichter lösliche Salze umzuwandeln. Hierfür befindet sich in vielen Klarspülern Citronensäure.

ANWENDUNGEN IM ALLTAG

Jeder kennt den typischen Fischgeruch. Dieser wird durch verschiedene Amine hervorgerufen. Gibt man Zitronensaft zum Fisch, erfolgt eine Neutralisationsreaktion und es entsteht ein Salz (Citratsalz des Amins). Das Salz riecht kaum noch und der Fischgeruch wird damit fast zum Verschwinden gebracht (▶ Abb. 4.10). Die Reaktion ist vollkommen analog zur Umsetzung von Ammoniak mit Salzsäure entsprechend der folgenden chemischen Gleichung:

$$HCl + NH_3 \rightarrow NH_4Cl.$$

Abbildung 4.10: Zitrone zum gebratenen Fisch

Menge der Natronlauge der vorliegenden Salzsäure genau entspricht. Am Endpunkt erfolgt eine sprunghafte Änderung des pH-Werts, der entweder mithilfe eines Indikators oder einer pH-Elektrode bestimmt werden kann. Titrationen zur Bestimmung von Substanzen und ihres Gehalts in Lösungen werden in der analytischen Chemie nicht nur bei Säure/Base-Reaktionen durchgeführt. Auch Titrationen, die auf den Grundlagen der Redoxreaktionen oder der Komplexchemie beruhen, werden durchgeführt. Experimentell werden Sie eine Redoxtitration im nächsten Kapitel durchführen.

Salze und Puffer   4.8

Wie im Abschnitt 4.7 beschrieben, können Salze durch Neutralisationsreaktionen aus Säure und Base gebildet werden. Salze bestehen demnach aus einem Säure- und einem Basenrest. So besteht beispielsweise NaCl aus dem Säurerest Cl^- der Säure HCl und dem Basenrest Na^+ der Base NaOH. Diese Säure- bzw. Basenreste sind dafür verantwortlich, dass sich während der Dissoziation eines Salzes in Wasser der pH-Wert der Lösung ändern kann. Je nach dem Einfluss eines Salzes auf den pH-Wert seiner Lösung unterscheidet man saure, basische und neutrale Salze.

Liegen in einem Salz das Anion (Säurerest) einer starken Säure und das Kation (Basenrest) einer starken Base vor, so spricht man von einem neutralen Salz. Die bei der Dissoziation eines neutralen Salzes entstehenden Ionen haben keinen Einfluss auf den pH-Wert.

Beispiele für neutrale Salze: NaCl, KNO_3, KBr

Ein saures Salz enthält den Säurerest einer starken Säure und den Basenrest einer schwachen Base. NH_4Cl (gebildet aus der starken Säure HCl und der schwachen Base NH_3) zum Beispiel besteht aus der Säure NH_4^+ (Kationensäure, korrespondierende Säure oder Basenrest zur schwachen Base NH_3) und der Base Cl^- (korrespondierende Base oder Säurerest zur Säure HCl). Der bei der Dissoziation frei werdende Basenrest tritt nun mit H_2O-Molekülen in ein Dissoziationsgleichgewicht, wodurch H_3O^+-Ionen erzeugt werden. Der pH-Wert wird somit erniedrigt:

$$NH_4Cl \rightarrow NH_4^+ + Cl^-$$
$$NH_4^+ + H_2O \rightleftharpoons NH_3 + H_3O^+$$

ANWENDUNGEN IM ALLTAG

Salze begegnen uns im täglichen Leben in vielen Bereichen z. B. das Kochsalz zum Würzen von Speisen (denken Sie auch an die isotonische Kochsalzlösung aus Kapitel 3) oder die Pökelsalze (Natriumnitrit und Natriumnitrat), welche für die Haltbarmachung von Speisen von Bedeutung sind. Unser „normales" Speisesalz enthält oft zusätzlich Kaliumiodat und Natriumfluorid (warum?) sowie eine Rieselhilfe (Kaliumhexacyanidoferrat = gelbes Blutlaugensalz; siehe Komplexchemie).

Zur Ermittlung des pH-Wertes von Lösungen saurer Salze verwendet man die Gleichung zur pH-Wert-Berechnung für schwache Säuren unter Verwendung des pK_S-Wertes des schwach sauren Ions (hier NH_4^+).

Basische Salze enthalten den Säurerest einer schwachen Säure und den Basenrest einer starken Base. Natriumacetat ($CH_3COONa = NaOAc$) besteht aus dem Säurerest der schwachen Essigsäure (CH_3COOH) und dem Basenrest der starken Base NaOH.

Der Säurerest CH_3COO^-, also die korrespondierende Base (Anionenbase) zur schwachen Säure CH_3COOH, ist für die Veränderung des pH-Wertes während der Dissoziation verantwortlich, da infolge des eintretenden Dissoziationsgleichgewichtes OH^--Ionen erzeugt werden, der pH-Wert steigt:

$$CH_3COONa \rightarrow CH_3COO^- + Na^+$$
$$CH_3COO^- + H_2O \rightleftharpoons CH_3COOH + OH^-$$

Bei der Berechnung des pH-Wertes von Lösungen basischer Salze verwendet man die pH-Gleichung für schwache Basen unter Verwendung des pK_B-Wertes des schwach basischen Ions (hier CH_3COO^-).

Gemische von schwachen Säuren und Salzen ihrer korrespondierenden Basen (z. B. Essigsäure und Natriumacetat) sowie Gemische von schwachen Basen und Salzen ihrer korrespondierenden Säuren (z. B. Ammoniak und Ammoniumchlorid) haben die Eigenschaften, sowohl H_3O^+- als auch OH^--Ionen, die durch irgendeine Reaktion in der Lösung entstehen oder von außen zugegeben werden, weitgehend zu binden. Dadurch bleibt der pH-Wert einer solchen Lösung annähernd konstant, was für viele Reaktionen in der analytischen Chemie und für die Funktionsfähigkeit biochemischer Systeme von großer Bedeutung ist. Man nennt solche Gemische Pufferlösungen.

Beispiele für Puffergemische sind der Essigsäure-Acetat-Puffer (H_3C-$COOH/H_3CCOO^-$), der Ammoniumchlorid-Ammoniak-Puffer (NH_4^+/NH_3) und der Dihydrogenphosphat-Hydrogenphosphat-Puffer ($H_2PO_4^-/HPO_4^{2-}$). Der zuletzt genannte Phosphatpuffer spielt für biochemische Untersuchungen eine wichtige Rolle.

Betrachtet man ein allgemeines Puffergemisch aus der Säure HA (z. B. H_3CCOOH oder NH_4^+) und ihrer korrespondierenden Base A^- (z. B. H_3CCOO^- oder NH_3), so sind folgende Reaktionsgleichungen für die Wirkungsweise des Puffers verantwortlich:

$$CH_3COO^- + H_3O^+ \rightleftharpoons CH_3COOH + H_2O$$
$$\text{(allg.: } A^- + H_3O^+ \rightleftharpoons HA + H_2O, \text{ Abfangen von } H_3O^+\text{-Ionen)}$$

Achtung: Beachten Sie bei Ihren Berechnungen mit Konzentrationen, dass eine 1 mol/L NH_4Cl-Lösung zwar auch 1 mol/L an NH_4^+-Ionen konzentriert ist, aber dass z. B. eine 1 mol/L $(NH_4)_2SO_4$-Lösung natürlich 2 mol/L NH_4^+-Ionen enthält.

$$CH_3COOH + OH^- \rightleftharpoons CH_3COO^- + H_2O$$
$$\text{(allg.: } HA + OH^- \rightleftharpoons A^- + H_2O. \text{ Abfangen von } OH^-\text{-Ionen)}$$

Der pH-Wert von Pufferlösungen berechnet sich nach der Henderson-Hasselbalch-Gleichung:

$$pH = pK_S + \log \frac{[A^-]}{[HA]}$$

Machen Sie sich die Herleitung dieser Gleichung noch einmal klar (Vorlesung und/oder Lehrbuch), um zu verstehen, wie man zu dieser Gleichung kommt. Damit ersparen Sie sich nicht nur das Auswendiglernen der Formel, sondern sie können das Gelernte analog auch auf andere Gleichungen in der Chemie übertragen.

Werden die Konzentrationen der Säure und der korrespondierenden Base gleich groß gewählt, spricht man von einem äquimolaren Puffer. Der pH-Wert eines äquimolaren Puffers beträgt dann entsprechend der Henderson-Hasselbalch-Gleichung $pH = pK_S$. Je größer die Konzentrationen der Pufferkomponenten gewählt werden, desto größer ist die Kapazität des Puffers.

Der pH-Wert einer Pufferlösung, welche nach Zugabe einer bestimmten Stoffmenge an H_3O^+-Ionen ($n(H_3O^+)$) das Gesamtvolumen V_{ges} aufweist, berechnet sich dann nach:

$$pH = pK_S + \log \frac{\dfrac{n(A^-)}{V_{ges}} - \dfrac{n(H_3O^+)}{V_{ges}}}{\dfrac{n(HA)}{V_{ges}} + \dfrac{n(H_3O^+)}{V_{ges}}}$$

Man sieht, dass sich das Gesamtvolumen „wegkürzen" lässt und erhält:

$$pH = pK_S + \log \frac{n(A^-) - n(H_3O^+)}{n(HA) + n(H_3O^+)}$$

Der pH-Wert einer Pufferlösung nach Zugabe einer bestimmten Stoffmenge an (n) OH⁻-Ionen berechnet sich dann entsprechend nach:

$$pH = pK_S + \log \frac{n(A^-) + n(OH^-)}{n(HA) - n(OH^-)}$$

VERSUCH 6

■ **Wirkungsweise eines Puffers**

Ihr Assistent gibt Ihnen den pH-Wert eines Ammoniak/Ammoniumchlorid-Puffers vor. Berechnen sie die Anteile an Ammoniak (c = 0,5 mol/L Ammoniaklösung) und Ammoniumchlorid (c = 0,5 mol/L Ammoniumchloridlösung), die Sie zur Einstellung dieses pH-Wertes benötigen. Stellen Sie anschließend in einem Becherglas soviel dieser Pufferlösung mit dem vorgegebenen pH-Wert her, dass Ihre Menge zwischen 15- und 30 mL liegt. Messen Sie die benötigten mL-Mengen mit ihrer 10 mL Messpipette ab und rühren Sie anschließend gut um. Überprüfen Sie den pH-Wert abschließend im Beisein ihres Assistenten mit der pH-Elektrode.

Spülen Sie nach jeder Messung die Elektroden mithilfe der ausstehenden Spritzflaschen gründlich ab. Spülen Sie nicht in die Aufbewahrungslösung!

Anschließend müssen die Elektroden für mindestens 1 Minute in die Aufbewahrungslösung gestellt werden, bevor Sie die nächste Messung beginnen!

Stimmt der gemessene pH-Wert nicht mit dem vorgegebenen Wert ihres Assistenten überein (Fehlertoleranz: 5 %), wiederholen Sie den Versuch.

ANWENDUNGEN IM ALLTAG

Ein für uns extrem wichtiges Puffersystem ist der Blutpuffer (CO_2/HCO_3^-). Unser Blut hat einen pH-Wert von 7,4 und er darf sich nur geringfügig verändern, um gesund zu bleiben. Die Konstanz des pH-Wertes wird überwiegend durch unsere Atmung, den Kohlendioxid-Austausch, bewirkt. Die Summe aller hier daran beteiligten chemischen Reaktionen ist beachtlich (so ist ein Zinkenzym, die Carboanhydrase, notwendig, welches die reversible Umsetzung von CO_2 zu HCO_3^- bewirkt). Allerdings lassen sich bereits mit dem einfachen Verständnis Vorgänge wie z. B. die Hyperventilation erklären. Bei der Hyperventilation wird zu schnell geatmet (z. B. Aufregung vor Prüfungen) und gelöstes Kohlendioxid abgeatmet. Nachbildung erfolgt aus dem Hydrogencarbonat durch Reaktion mit den H_3O^+-Ionen. Das Blut wird basischer, der pH-Wert steigt an und eine Kaskade weiterer Reaktionen wird ausgelöst. Atmung in einen Plastikbeutel führt wieder zu einer Erhöhung des Kohlendioxidgehalts im Blut, der pH-Wert normalisiert sich und der Person geht es wieder gut.

Übungsaufgaben

1. Geben Sie die chemischen Formeln an für: Schwefelsäure, Salpetersäure, Essigsäure, Kaliumhydroxid, Calciumhydroxid und Ammonik.

2. Bestimmen Sie rechnerisch die pH-Werte für jeweils eine 0,1 mol/L konzentrierte Salzsäure und Essigsäure.

3. Welchen pH-Wert hat eine 0,1 mol/L konzentrierte Lösung des Salzes Natriumacetat?

4. Kohlendioxid wird in reines Wasser (pH = 7) eingeleitet. Bleibt der pH bei 7, wird er erhöht oder erniedrigt? Schreiben Sie die entsprechende Gleichung auf.

5. Machen Sie einmal folgendes Experiment zu Hause. Nehmen Sie den Teil eines frischen Rotkohlblatts und zerschneiden dieses in kleinere (fingernagelgroße) Stücke. Diese werden in einem Trinkglas mit frischem Leitungswasser so lange geschwenkt, bis Sie eine eindeutige Färbung des Wassers erkennen können. Füllen Sie etwa die Hälfte der Lösung (am besten ohne die Rotkohlblätter) in ein zweites Trinkglas. Stellen Sie beide Gläser auf ein weißes Blatt. Mit einem Strohhalm pusten Sie nun in das Glas ohne die Rotkohlblätter und beobachten, ob eine Farbänderung auftritt. Erklären Sie Ihre Beobachtung. Im Anschluss an Ihr Experiment können Sie die eine Lösung noch mit etwas Speiseessig und die andere Lösung mit etwas Natron versetzen. Was beobachten Sie?

Auf der Companion-Website zum Buch finden Sie unter http://www.pearson-studium.de die folgenden zusätzlichen Materialien zu diesem Kapitel:

- Fotos der Laborgeräte
- Videos: pH-Messung mit einer Elektrode und einem Indikator; Rotkohl als Indikator; Säure-Base-Titration
- Lösungen zu den Aufgaben

Redoxreaktionen: Oxidationen und Reduktionen

5

ÜBERBLICK

Hintergrund   **5.1**

Viele Reaktionen in der Natur beruhen auf Redoxvorgängen, also Oxidationen und Reduktionen. So ist z. B. die Verbrennung, wie wir sie von Kohle, Holz, Öl oder Papier kennen, eine Oxidation. Dabei werden Kohlenstoff oder seine Verbindungen in Kohlendioxid umgewandelt. Außerdem wird dabei Wärme frei (Feuer: Licht- und Wärmeenergie). Ein Feuerwerk ist vielleicht eine Oxidation in ihrer schönsten Form (▶Abbildung 5.1). Während einer normalen Verbrennung ändert der Sauerstoff seine Oxidationszahl (oder Oxidationsstufe) von 0 auf –II.

Abbildung 5.1: Oxidationen in ihrer schönsten Form beim Feuerwerk

Neben den Säure/Base-Reaktionen sind Redoxreaktionen eine weitere Gruppe von wichtigen chemischen Vorgängen. Während bei Säure/Base-Reaktionen Protonen übertragen werden, finden bei Redoxreaktionen Elektronübertragungen statt. Deshalb findet man inzwischen für Redoxreaktionen auch oft die Ausdrücke Elektronenübertragungsreaktionen oder man spricht vom Elektronentransfer. Gerade bei biochemischen Reaktionen findet man häufig, dass Redoxreaktionen mit Säure/Base-Reaktionen gekoppelt sind. Eine der wichtigsten Elektronenübertragungsreaktionen ist sicherlich unserer Atmung. Hier wird an mehreren Eisenzentren im Hämoglobin Sauerstoff reversibel gebunden. Dabei wird das Eisen(II)-Ion formal zum Eisen(III)-Ion oxidiert und der Sauerstoff zum Superoxid-Ion reduziert (siehe Kapitel 6.2). An geeigneter Stelle wird die Reaktion umgekehrt, das Eisen(III)-Ion gelangt wieder in den Ausgangszustand (Eisen(II)-Ion) und der Sauerstoff wird abgegeben. Wichtige Enzyme wie z. B. die Cytochrome sind dann in der Lage den Sauerstoff nicht nur zu binden sondern auch zu übertragen. Auch hier findet natürlich wieder eine Reihe von weiteren Redoxreaktionen statt. In gewisser Weise „verbrennt" unser Körper so die Nahrung und liefert zum einen neue Moleküle, zum anderen aber auch Energie (z. B. muss die Körpertemperatur konstant gehalten werden). In trockener Luft hat Sauerstoff einen Volumenanteil von etwa 21 %. In der Klinik wird Patienten bei Sauerstoffmangel (Hypoxie) oft zusätzlicher Sauerstoff verabreicht (▶ Abbildung 5.2).

Abbildung 5.2: Flüssiger Sauerstoff im Vorratstank zur Verdampfung und Zuleitung zur Klinik

Definition von Oxidation und Reduktion 5.2

Nach der ursprünglichen Definition bedeutet die Oxidation eine Reaktion, bei der sich eine Substanz mit Sauerstoff verbindet, z. B. bei der Verbrennung von Magnesium:

$$2\,Mg + O_2 \rightarrow 2\,MgO$$

Magnesium wurde früher in der Fotografie für das Blitzlichtpulver eingesetzt. Heute spielt die hier gezeigte Reaktion immer noch eine Rolle beim Feuerwerk.

Nach der neueren, erweiterten Definition bedeutet Oxidation die Abgabe von Elektronen. Die oxidierende Wirkung eines Oxidationsmittels besteht in dessen Elektronen entziehender Wirkung. Das Oxidationsmittel wird dabei selbst reduziert. Das Ergebnis einer Oxidation ist eine Erhöhung der Oxidationszahl (s. u.) des Atoms bzw. Ions.

Oxidationen: $\quad Na \rightarrow Na^+ + e^- \qquad\qquad Fe^{2+} \rightarrow Fe^{3+} + e^-$

Bei einer Reduktion werden gemäß dieser Definition Elektronen aufgenommen. Ein Reduktionsmittel hat die Eigenschaft, Elektronen abgeben zu können. Das Reduktionsmittel wird dabei allerdings selbst oxidiert. Während einer Reduktion erfährt das Atom bzw. Ion eine Erniedrigung der Oxidationszahl.

Reduktionen: $\quad Cl_2 + 2\,e^- \rightarrow 2\,Cl^- \qquad\qquad Fe^{3+} + e^- \rightarrow Fe^{2+}$

Schreibt man diese Reaktionsgleichungen als Gleichgewichtsreaktionen, dann erfolgt je nach Richtung der Reaktion eine Oxidation bzw. eine Reduktion:

$$Fe^{3+} + e^- \underset{\text{Oxidation}}{\overset{\text{Reduktion}}{\rightleftharpoons}} Fe^{2+}$$

Allgemein kann man schreiben:

$$\textbf{ox}\text{idierte Form} + z\,e^- \rightleftharpoons \textbf{red}\text{uzierte Form}$$

Die oxidierte Form und die reduzierte Form bilden zusammen ein korrespondierendes Redoxpaar. Ähnliches kennen Sie schon von korrespondierenden Säure-Base-Paaren (hier werden Protonen anstelle von Elektronen übertragen). Da bei einer chemischen Reaktion keine freien

Elektronen auftreten können, muss eine Oxidation, bei der Elektronen entstehen, immer mit einer Reduktion gekoppelt sein, bei der diese Elektronen aufgenommen werden. **An Redoxreaktionen sind immer zwei Redoxpaare beteiligt.**

Eine allgemeine Redoxgleichung lässt sich so beschreiben, dass man zur oxidierten Form des einen Redoxpaares die reduzierte Form des anderen Redoxpaares hinzu gibt:

$$\text{Red}_1 + \text{Ox}_2 \rightarrow \text{Ox}_1 + \text{Red}_2$$

Je stärker bei einem Redoxpaar die Tendenz der reduzierten Form ist, Elektronen abzugeben, um so schwächer ist die Tendenz der korrespondierenden oxidierten Form, Elektronen aufzunehmen. Nach dieser Tendenz sind die Redoxpaare in der sogenannte Spannungsreihe (siehe Kapitel 7) angeordnet. Je „negativer" ein Redoxpaar in der Spannungsreihe ist, umso stärker ist die reduzierende Wirkung der reduzierten Form. Je „positiver" ein Redoxpaar ist, umso stärker ist die oxidierende Wirkung der oxidierten Form. So sind z. B. die Alkalimetalle (Metalle der ersten Hauptgruppe) stark reduzierend wirkende Elemente, während z. B. Fluor außerordentlich stark oxidierend wirkt. Anhand der Spannungsreihe kann man Vorhersagen über den Verlauf von Redoxreaktionen machen (neben dieser mehr qualitativen Erklärung werden Sie im Kapitel 7 noch eine quantitative Beschreibung kennenlernen). Freiwillig laufen nur die Redoxprozesse ab, die entsprechend der Spannungsreihe zu einem positiven Potential führen.

Die Oxidationszahl oder Oxidationsstufe 5.3

Der Oxidationszustand eines Atoms in einer Verbindung kann durch eine Zahl, die sogenannte Oxidationsstufe oder Oxidationszahl ausgedrückt werden. Die Änderung dieser Oxidationszahl im Zuge einer Redoxreaktion spiegelt dann die Änderung des Oxidationszustandes (Erhöhung oder Erniedrigung) wider. Es ist daher sehr nützlich, die Oxidationszahlen der Atome der beiden an der Reaktion teilnehmenden Redoxpaare zu ermitteln. Die Kenntnis der Oxidationszahlen hilft Ihnen beim Aufstellen/Ausgleichen von Redoxgleichungen.

Die Bestimmung der Oxidationszahlen erfolgt nach den Ihnen bereits bekannten Regeln:

1. Im elementaren Zustand haben alle Elemente die Oxidationszahl 0.
2. Die Summe der Oxidationszahlen aller Atome in einer neutralen Verbindung ist 0.

3. Die Summe der Oxidationszahlen der Atome in einem Ion entspricht der Ladung des Ions.

4. Der höchste mögliche positive Wert der Oxidationszahl ist gegeben durch die Anzahl der Valenzelektronen im elementaren Zustand. Dieser Wert entspricht der Abgabe aller Valenzelektronen, so dass die nächste niedrigere Oktettschale erreicht wird.

5. Alkalimetallionen haben immer die Oxidationszahl +I.

6. Erdalkalimetallionen haben immer die Oxidationszahl +II.

7. Fluor hat als elektronegativstes aller Elemente in seinen Verbindungen immer die Oxidationszahl −I.

8. Wasserstoff hat in chemischen Verbindungen meistens die Oxidationszahl +I, nur im Hydridion hat Wasserstoff die Oxidationszahl −I.

9. Sauerstoff hat in Verbindungen meistens die Oxidationszahl −II, in Peroxiden (z. B. Na_2O_2 oder BaO_2) aber die Oxidationszahl −I.

10. Kennt man von einer Verbindung nur die Summenformel, nicht aber die Strukturformel, erhält man für Atome der gleichen Art keine individuellen, sondern nur eine, für alle gleiche, mittlere Oxidationszahl. Diese kann, im Gegensatz zu individuellen Oxidationszahlen, auch nicht ganzzahlig sein.

Achtung: Beachten Sie die Richtlinien der IUPAC!

Um Verwechslungen mit der Ionenladung zu vermeiden, schreibt man die Oxidationszahlen in römischen Ziffern über das Elementsymbol in der Summenformel. Laut der International Union of Pure and Applied Chemistry (IUPAC) sollte die Oxidationszahl in römischen Ziffern über dem jeweiligen Element in der Verbindung angegeben werden (z. B. −II für oxidischen Sauerstoff). Man findet jedoch auch häufig noch die Schreibweise in arabischen Ziffern (im Beispiel für den oxidischen Sauerstoff also −2). Entscheidend ist hierbei, dass im Unterschied zur Ladung das Vorzeichen vor die Zahl gesetzt wird.

Elementares Zinkmetall wird gerne im Korrosionschutz („verzinken") eingesetzt. Zusammen mit Kupfer bildet es eine Legierung, die als Messing bekannt ist. Zink ist recht unedel (siehe Spannungsreihe) und technisch leicht zu gewinnen. Daher eignet es sich auch sehr gut als Reduktionsmittel in der Chemie.

Mangan zeigt mit seinen Verbindungen eine beeindruckende Redoxchemie. In der Natur spielt das Manganion eine große Rolle bei der Photosynthese, da es im Photosystem II wichtige Redoxreaktionen katalysiert. Die bekannteste Verbindung des Mangans ist sicherlich das Kali-

VERSUCH 1

■ **Zink als Reduktionsmittel**

Achtung: Versuch muss im Abzug durchgeführt werden!
Geben Sie im Reagenzglas eine kleine Spatelspitze Zinkpulver zu jeweils 2 mL
a) verdünnter Salzsäure,
b) Iodwasser und
c) Bromwasser.

Notieren Sie jeweils Ihre Beobachtungen und geben Sie die Reaktionsgleichungen mit den Oxidationszahlen der einzelnen Redoxpaare an.

d) Stellen Sie eine verdünnte Kaliumpermanganatlösung her, indem Sie im Reagenzglas ca. 1 mL der ausstehenden Kaliumpermanganatlösung mit ca. 10 mL Wasser verdünnen. Entnehmen Sie dieser Lösung ca. 2–3 mL und bewahren Sie den Rest der Lösung für Versuch 3 auf. Fügen Sie der entnommenen Menge ca. 1 mL verdünnter Natronlauge sowie eine ½ Spatelspitze Zinkpulver hinzu und erhitzen Sie das Gemisch über der Bunsenbrennerflamme (*Vorsicht: alkalische Lösungen neigen zu Siedeverzügen!*).

Notieren Sie die Farbänderungen während der Reaktion und geben Sie die Reaktionsgleichung für die Entstehung des Endproduktes an. Geben Sie die Ionensorte an, die als Zwischenprodukt das Reaktionsgemisch kurzzeitig färbt.

umpermanganat ($KMnO_4$), da nur wenige Krümel davon Wasser intensiv violett färben. Solche Lösungen wurden früher dazu verwendet, den Geruch in einem Kühlschrank zu verringern. Dumm war nur, wenn ein Glas mit einer solchen Lösung umfiel. Heute wird es eingebunden (in Zeolithen) in Kunststoffbehältern (z. B. in den USA) dazu verwendet Gemüse oder Obst im Kühlschrank länger lagern zu können (▶Abbildung 5.3). Dies geschieht durch die chemische Reaktion des Kaliumpermanganats mit dem Gas Ethen (Ethylen), was beim Reifungsprozess freigesetzt wird (und welches den Reifungsprozess beschleunigt).

Kaliumpermanganat ist heute nicht mehr frei erhältlich, da es als recht starkes Oxidationsmittel von Terroristen zum Bombenbau verwendet wurde. Die im Praktikum verwendeten Lösungen sind hierfür aber nicht zu gebrauchen. Gefahr besteht für Sie hier nur insofern, als Sie Ihre Finger oder Ihre Laborkleidung braun färben können. Aus diesem Grund wurde es früher sogar als Bräunungsmittel für die Haut verwen-

Abbildung 5.3: Kaliumpermanganat im Kühlschrank

VERSUCH 2

■ Oxidationen mit Kaliumpermanganat

Verwenden Sie für diesen Versuch den Rest der Lösung von Versuch 1d (ggf. eine kleine Menge neu herstellen) und verteilen Sie diese auf drei Reagenzgläser. Führen Sie anschließend mit den drei Lösungen die beschriebenen Versuche durch.

Versuche im Abzug durchführen!

a) Geben Sie ca. 1 mL verdünnte Salzsäure und anschließend vier Spatelspitzen Natriumnitrit hinzu. Welche Beobachtung machen Sie? Geben Sie die Reaktionsgleichung an.

ACHTUNG: Bei einem Überschuss an Natriumnitrit beobachten Sie nach der eigentlichen Reaktion, dass ein braunes Gas entweicht. Um welches Gas handelt es sich? Geben Sie für die Entstehung des Gases die Reaktionsgleichung an.

b) Geben Sie ca. 1 mL konzentrierter Natronlauge (verdünnt NaOH + 1 NaOH-Plätzchen) und eine Spatelspitze Natriumnitrit hinzu und erwärmen Sie vorsichtig (*Vorsicht: alkalische Lösungen neigen zu Siedeverzügen*). Notieren Sie Ihre Beobachtungen und geben Sie die Reaktionsgleichung an.

c) Geben Sie ca. 1 mL verdünnte Schwefelsäure und 1 mL Wasserstoffperoxidlösung hinzu, notieren Sie Ihre Beobachtungen und geben Sie die Reaktionsgleichung an.

VERSUCH 3

■ Eine Oxidation mit Braunstein

Versetzen Sie unter dem Abzug im Reagenzglas eine Spatelspitze Braunstein mit ca. 2 mL konzentrierter Salzsäure und erwärmen Sie vorsichtig (*nicht kochen*; Geruch?; *VORSICHT: entweichende Gase nur mit der Hand zufächeln!*). Notieren Sie Ihre Beobachtungen und geben Sie die Reaktionsgleichung mit Angabe der Oxidationszahlen an.

Versuche im Abzug durchführen!

det. Verursacht wird das durch den bei den Redoxprozessen entstehenden Braunstein. Braunstein, MnO_2, ist ein schwächeres Oxidationsmittel als Kaliumpermanganat und wird z. B. in Batterien eingesetzt.

Disproportionierung, Synproportionierung

5.4

Es ist möglich, dass Moleküle oder Ionen ein und desselben Stoffes miteinander derart unter Elektronenübertragung in Wechselwirkung treten, dass eine Atomsorte teilweise reduziert und teilweise oxidiert wird.

Hierbei entstehen aus dem Molekül bzw. dem Ion eine Verbindung, die diese Atomsorte in höherer Oxidationsstufe enthält und eine andere Verbindung mit der Atomsorte in niedrigerer Oxidationsstufe. Diesen Typ einer Redoxreaktion bezeichnet man als **Disproportionierung:**

$$3\ MnO_4^{2-} + 4\ H^+ \rightarrow MnO_2\downarrow + 2\ MnO_4^- + 2\ H_2O$$

Die Umkehr einer solchen Reaktion nennt man **Syn- oder Komproportionierung:**

$$3\ Mn^{2+} + 2\ MnO_4^- + 4\ OH^- \rightarrow 5\ MnO_2\downarrow + 2\ H_2O$$

VERSUCH 4

- **Disproportionierung von Chlor**

Geben Sie in einem Reagenzglas zu 2 mL verdünnter Natronlauge 2 mL Chlorwasser. Teilen Sie nun die entstandene Lösung auf zwei Reagenzgläser auf. Versetzen Sie die Lösung in dem ersten Reagenzglas mit etwas verdünnter Salpetersäure und anschließend mit ein paar Tropfen Silbernitrat. Die Lösung in dem zweiten Reagenzglas versetzen Sie mit ein paar Tropfen Indigolösung.

Notieren Sie für beide Ansätze Ihre Beobachtungen und geben Sie für Teilaufgabe a. die Reaktionsgleichung an. Geben Sie außerdem die Redoxgleichung für die Reaktion von Chlor in Natronlauge an.

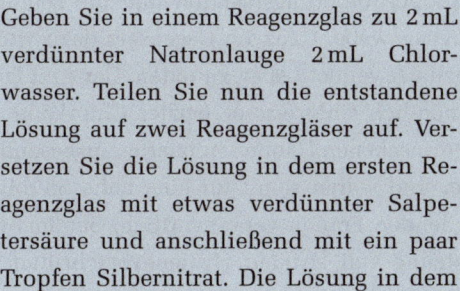

ANWENDUNGEN IM ALLTAG

Die Disproportionierung von Chlor in Wasser kennen Sie alle vom Schwimmbad her (▶ Abb. 5.4). Hier kann mit Chlorgas (heute oftmals allerdings alternativ mit Chlorverbindungen) das Wasser „sauber" gehalten werden. Auch Trinkwasser wird „gechlort", wenn Bakterien dort hineingekommen sind (Desinfektion).

Achtung:
Lebensgefahr!
Jedes Jahr gibt es immer wieder schwere Verletzungen (auch Todesfälle) aufgrund unsachgemäßen Umgangs mit Reinigungsmitteln. Mangelnde Chemiekenntnisse führen dazu, dass Personen Reinigungsmittel beliebig mischen (trotz deutlicher Warnhinweise auf den Flaschen!). Wird so z. B. Chlorreiniger (enthält üblicherweise Natriumhypochlorit) mit einem sauren Reinigungsmittel (z. B. die feste Säure Natriumhydrogensulfat im WC-Reiniger) gemischt, dann wird Chlorgas freigesetzt. Dies ist quasi die Umkehrung der Disproportionierungsreaktion von Chlor.

Abbildung 5.4: Disproportionierung von Chlor im Schwimmbad

Chlor ist ein sehr gefährliches Gas und wurde daher auch als erstes Giftgas überhaupt im 1. Weltkrieg eingesetzt. Auch mit dem Wasser in der Lunge erfolgt die Disproportionierungsreaktion und die gebildete Salzsäure zerstört das Lungengewebe. Ganz im Gegensatz dazu wurde Chlorwasser erfolgreich dazu verwendet Leben zu retten. Der Arzt Ignaz Semmelweis verwendete nämlich Chlorwasser (später Chlorkalk) zur Handdesinfektion. Mit ungewaschenen Händen infizierten insbesondere die Ärzte werdende Mütter und waren somit für eine hohe Sterblichkeitsrate unter den entbindenden Frauen verantwortlich. Semmelweis konnte nach der Durchsetzung von strikten Hygienevorschriften die Sterblichkeitsrate durch das Kindbettfieber extrem senken und wurde später als Retter der Mütter bezeichnet. Inzwischen gibt es natürlich andere Desinfektionsmittel aber Chlorkalk (Calciumhypochlorit) wird auch heute noch bei Gefahr von Seuchen verwendet.

Chlorreiniger sind in USA weit verbreitet. Das sogenannte „Bleach" wird wie der Name schon sagt auch zum Bleichen verwendet. Insbesondere in der Papierindustrie wurde lange mit Chlor gebleicht, inzwischen findet aber oft das umweltfreundlichere Wasserstoffperoxid hier seinen Einsatz.

Redoxtitrationen 5.5

Eine vollständig oder fast vollständig ablaufende Redoxreaktion kann benutzt werden, um z.B. die unbekannte Menge eines Reduktionsmittels durch Zugabe eines Oxidationsmittels so zu oxidieren, dass die dabei verbrauchte Menge des Oxidationsmittels bestimmt werden kann. Dieses Verfahren nennt man Redoxtitration. Neben solchen Redoxtitrationen gibt es auch Titrationen (wie bereits in Kapitel 3 beschrieben) in der Säure/Base-Chemie (acidimetrische Titrationen) und bei der Komplexchemie. Allgemein lassen sich mit solchen Titrationen quantitativ Stoffmengen bestimmen.

Bei einer Redoxtitration spricht man vom Erreichen des Äquivalenzpunktes, wenn äquivalente Stoffmengen von Reduktionsmittel und Oxidationsmittel zusammengegeben wurden. Welche Stoffmengen äquivalent sind, hängt dabei ganz von der Anzahl von Elektronen ab, die das jeweilige Reduktionsmittel abgeben bzw. das Oxidationsmittel aufnehmen kann. Es sind solche Stoffmengen von Reduktionsmittel und Oxidationsmittel äquivalent, die gleiche Mengen von Elektronen abgeben bzw. aufnehmen können. Bei der Ermittlung dieser äquivalenten Stoffmengen muss die zugrunde liegende Reaktionsgleichung betrachtet werden.

Da das Erreichen des Äquivalenzpunktes optisch eindeutig sichtbar sein soll, wurden bei acidimetrischen Titrationen pH-Indikatoren zugesetzt. Bei Redoxtitrationen hingegen werden Redoxindikatoren verwendet. In der Manganometrie kann die Maßlösung wegen der intensiven Eigenfärbung des MnO_4^--Ions gleichzeitig als Indikator fungieren. Schon ein geringer Überschuss gibt der Lösung eine deutliche Rosafärbung und zeigt damit das Ende der Reaktion an.

Eine solche nasschemische Analyse ist sehr genau und kann daher recht gut für die quantitative Bestimmung von Eisen(II)-Ionen verwendet werden. Z.B. ließe sich so auch (nach entsprechender Vorbereitung der Probe) der Eisengehalt in Cornflakes bestimmen (▶ Abbildung 5.5). Cornflakes enthalten recht viel Eisen (elementares Eisen = feines Eisenpulver!), zum Teil wurden Sie damit sogar angereichert („enriched").

Abbildung 5.5: Cornflakes enthalten viel Eisen.

VERSUCH 5

■ **Redoxtritration – Manganometrische Bestimmung des Eisengehalts**

Sie erhalten von Ihrem Assistenten einen 100 mL Messkolben mit einer unbekannten Menge an Fe²⁺-Ionen. Ihre Aufgabe besteht darin, nachdem Sie den Kolben mit demineralisiertem Wasser **auf genau 100 mL** aufgefüllt haben (gut durchschütteln), mithilfe einer manganometrischen Titration die Masse (in mg) an Fe²⁺ zu ermitteln. Arbeiten Sie sorgfältig, da bei einem Fehler von größer als 5 % der Versuch wiederholt werden muss.

Die für den Versuch benötigte 0,02 mol/L Permanganatlösung befindet sich in kleinen PVC-Spritzflaschen auf den Regalen. Achten Sie beim Befüllen der Bürette darauf, dass die Bürette keine Luftblasen enthält und keine Spritzer der Permanganatlösung in die Erlenmeyerkolben gelangen. Lassen Sie vor der eigentlichen Titration etwas Titerlösung aus der Bürette fließen, damit auch der Hahn keine Luft mehr enthält.

Gehen Sie sparsam mit der Titrator-Permanganat-Lösung um! Man kann auch mit einer halb gefüllten Bürette titrieren!

Pipettieren Sie nun 10 mL (Vollpipette) der zu untersuchenden Fe²⁺-Lösung in einen Titrierkolben. Geben Sie ca. 20 mL verdünnte Schwefelsäure hinzu und titrieren Sie mit 0,02 mol/L Kaliumpermanganatlösung. Das Ende der Titration erkennt man am Auftreten einer Rosafärbung, die auf den ersten Tropfen Permanganatlösung zurückzuführen ist, der nicht mehr reduziert werden kann. Legen Sie während der Titration ein weißes Blatt Papier unter den Titrierkolben, dann erkennen Sie die Rosafärbung leichter. Um sicherzugehen, wiederholen Sie die Titration noch zweimal, sollten diese Ergebnisse stark von ihrem ersten Wert abweichen, noch ein drittes Mal.

Geben Sie die Reaktionsgleichung der Redoxreaktion inklusive aller Oxidationszahlen an!

Verwenden Sie folgendes Schema zur Auswertung:

Konzentration der Permanganatlösung: c (MnO₄⁻) = _____ mol/L

Verbrauch an Permanganatlösung: V (MnO₄⁻) = _____ mL

Verbrauchte Stoffmenge Permanganat: n (MnO₄⁻) = _____ mol

Titrierte Fe²⁺-Stoffmenge: n (Fe²⁺) = _____ mol

Mol-Masse von Eisen: M(Fe) = _____ g/mol

Titrierte Masse Fe²⁺: m (Fe²⁺) = _____ mg

absoluter Fe²⁺-Gehalt im 100-mL Messkolben: m(Fe²⁺) = _____ mg

Dies lässt sich experimentell sogar mit einem Magneten nachweisen. Ob dieses Eisen allerdings vom Körper aufgenommen wird, ist bislang umstritten.

Sehr gut geeignet ist die Manganometrie auch für die quantitative Bestimmung von Wasserstoffperoxid. Eine handelsübliche 30 %ige Wasserstoffperoxidlösung zersetzt sich mit der Zeit zu Wasser und Sauerstoff. Um die wirklich vorliegende Konzentration einer Wasserstoffperoxidlösung zu ermitteln, sollte man ihren Gehalt manganometrisch bestimmen. Verdünnte Wasserstoffperoxidlösung (ca 3 %) wird immer noch als Desinfektionsmittel auf Wunden verwendet. Etwas höher konzentriert findet es sich auch in der Zahnmedizin. Hauptsächlich wird es aber als Bleichmittel in der Papierindustrie verwendet und natürlich weiterhin auch in Haarfärbemitteln. Einige von Ihnen dürften es von den Reinigungslösungen für Kontaktlinsen kennen.

Übungsaufgaben

1. Sie haben einen Chlorreiniger, der Natriumhypochlorit enthält. Sie wollen „besonders" gründlich reinigen und geben Salzsäure dazu. Was passiert? Formulieren Sie die chemische Gleichung. Welche spezielle Redoxreaktion liegt hier vor?
2. Sie wollen gerne die Eisenkonzentration in einer Blutprobe bestimmen. Da Sie die manganometrische Titration sehr gut bewältigt haben, überlegen Sie, ob Sie nicht auch Ihre Blutprobe so analysieren könnten. Warum ist das für diesen speziellen Fall offensichtlich keine so gute Idee?
3. Stellen Sie die Reaktionsgleichung für die Umsetzung von Wasserstoffperoxid mit Kaliumpermanganat auf (in einer wässrigen mit Schwefelsäure angesäuerten Lösung).
4. Geben Sie die Reaktionsgleichung an für die Reaktion von konzentrierter Salpetersäure mit metallischem Kupfer.

Auf der Companion-Website zum Buch finden Sie unter
http://www.pearson-studium.de die folgenden zusätzlichen
Materialien zu diesem Kapitel:

- Fotos der Laborgeräte
- Videos: Korrektes Befüllen eines Messkolbens, Handhabung einer Bürette
- Lösungen zu den Aufgaben

Komplexchemie (Koordinationschemie)

6

ÜBERBLICK

LERNZIELE

Sie sollten nach Bearbeitung dieses Kapitels

■ einen Metallkomplex nach der Lewis-Säure-Base-Theorie beschreiben können.

■ einfache Komplexe benennen können.

■ die besonderen Eigenschaften von Metallkomplexen beschreiben können.

■ Reaktionen und Anwendungen des gelben Blutlaugensalzes beschreiben können.

■ verstanden haben, was ein Chelatligand ist und Beispiele nennen können.

■ Beispiele für die Anwendung des Chelatliganden EDTA kennen.

■ das Grundprinzip einer Maskierungsreaktion verstanden haben.

Hintergrund

6.1

Unter chemischen Komplexverbindungen oder Koordinationsverbindungen versteht man vor allem die Metallkomplexe der Nebengruppen. Über eine recht lange Zeit hatte man den molekularen Aufbau solcher Verbindungen nicht verstanden, da diese Komplexe zum Teil recht ungewöhnliche Eigenschaften aufwiesen. Nicht ohne Grund sprach man daher von komplexen Verbindungen. Heute versteht man dagegen die Chemie von Komplexverbindungen sehr gut und Sie werden feststellen, dass diese Koordinationschemie in vielen Bereichen (z.B. sind die Metalloproteine Komplexverbindungen) von großer Bedeutung ist.

So werden z.B. Komplexbildner wie EDTA (Chelatbildner) in der Medizin eingesetzt, um Schwermetallvergiftungen zu behandeln oder gelbes Blutlaugensalz (Kaliumhexacyanidoferrat, alte Nomenklatur: Kaliumhexacyanoferrat) als Lebensmittelzusatzstoff verwendet. Auch die rote Farbe unseres Blutes wird im Atmungsprotein Hämoglobin durch einen Eisen-Porphyrin-Komplex hervorgerufen, der auch für die reversible Bindung des Sauerstoffs verantwortlich ist (desgleichen sind auch die anderen bekannten Metalloproteine Komplexverbindungen). In den Experimenten werden Sie einige dieser Verbindungen kennenlernen. Im Hinblick auf Kapitel 8 werden Kenntnisse in der Komplexchemie vorausgesetzt, da eine Vielzahl von Nachweisreaktionen in der analytischen Chemie auf Komplexbildungen beruhen.

Die Grundlagen der Komplexchemie können hier nur ganz kurz abgehandelt werden. Studieren Sie daher unbedingt vor Ihren Praktikumsversuchen das entsprechende Kapitel in Ihrem Lehrbuch. Beachten Sie auch, dass die Benennung (Nomenklatur) von Komplexverbindungen durch die IUPAC aktualisiert wurde. Hier werden bereits die „neuen" Namen verwendet. In vielen Lehrbüchern ist allerdings noch die alte Nomenklatur zu finden (Beispiel: Kaliumhexacyanoferrat gegenüber der neuen Bezeichnung Kaliumhexacyanidoferrat). Komplexe Einheiten werden in eckigen Klammern ([komplexe Einheit]) geschrieben. Passen Sie auf, dass Sie hier nicht mit der Angabe für die Konzentration (Kapitel 3) durcheinander kommen.

Metalloproteine 1. Teil $\quad$ 6.2

Ein gesunder erwachsener Mann (ca. 70 kg) hat in seinem Körper etwa 5–7 g Eisen, 3–4 g Zink und 0,1 g Kupfer. Diese Metalle liegen natürlich nicht in freier Form vor, sondern sie sind in Proteinen als Ionen gebunden. Die bekanntesten Eisenproteine sind das Hämoglobin und das Myoglobin (in den Muskeln), die beide für den Sauerstofftransport in unserem Körper verantwortlich sind. Hämoglobin enthält im Gegensatz zum Myoglobin mit einem Eisenzentrum vier Eisenzentren, die sich kooperativ verhalten. In beiden Fällen wird aber jeweils Sauerstoff aus der Luft am Eisen(II)-Ion gebunden und transportiert. Das Eisen(II)-Ion wird dabei zum Eisen(III)-Ion oxidiert, während der Sauerstoff zum Superoxid-Anion reduziert wird. Das Eisenion ist hier in einer Porphyrin-Einheit gebunden, ein wichtiger natürlicher Makrocyclus. Da hier das eigentliche Reaktionsgeschehen (die reversible Aufnahme von Sauerstoff) stattfindet, nennt man diesen Teil des Proteins das aktive Zentrum. Die Porphyrin-Einheit ist an die Proteineinheit gebunden. Die Eisen-Porphyrin-Einheit ist das Häm, das Protein das Globin (daher Hämoglobin). Die Häm-Einheit ist auch für die rote Farbe unseres Bluts wie auch des vieler Tiere verantwortlich. Die Sauerstoffbindung im Myoglobin ist in ▶ Abbildung 6.1 gezeigt.

Ebenfalls auf der Eisen-Porphyrineinheit aufgebaut sind die sogenannten Cytochrome, zum Beispiel Cytochrom P450. Hier wird der Sauerstoff nicht nur gebunden, sondern auf Substrate übertragen. Cytochrome des Typs P450 sind Eisenenzyme, sogenannte Monoxoygena-

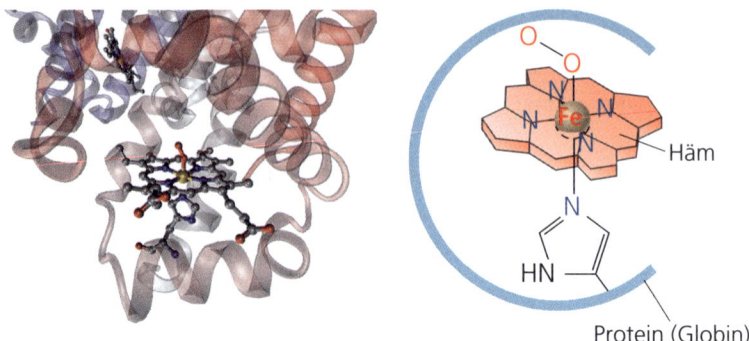

Abbildung 6.1: Sauerstoffbindung im Myoglobin und die Sauerstoffanbindung an den Hämkomplex
Aus: Schmuck, C., Engels, B., Schirmeister, T. & Fink, R. (2008)

sen, die beim Abbau (Oxidation) von organischen Verbindungen (unsere Nahrung) extrem wichtig sind.

Andere Metalloenzyme enthalten zum Beispiel Magnesium- (Chlorophyll), Cobalt- (Vitamin B_{12}) oder Kupfer-Ionen (z. B. Tyrosinasen, die unter anderem für die Bräunung unserer Haut zuständig sind) in den aktiven Zentren. Zwei wichtige Zink-Enzyme sollen hier noch genannt werden, die Carboanhydrase und die Alkoholdehydrogenase. Die Carboanhydrase spielt eine wichtige Rolle bei der Atmung, da das Enzym hier die extrem schnelle Hydratisierung von Kohlendioxid zum Hydrogencarbonat katalysiert. Ohne dieses Enzym würden wir schnell einer Mineralwasserflasche gleichen, da wir Gasbläschenbildung im Blut beobachten würden (nicht gut!). Die Alkoholdehydrogenase ist für den Abbau von Alkohol zuständig. Frauen haben normalerweise weniger Alkoholdehydrogenase in ihrem Körper als Männer und vielen Asiaten mangelt es sprichwörtlich an diesem Enzym. Das ist einer der Gründe, weshalb diese Personengruppen nach dem Genuss von bereits wenig Alkohol vergleichsweise schnell betrunken sind.

In all den genannten Metalloproteinen sind die Metall-Ionen komplex gebunden. Was ist nun aber das Besondere an der koordinativen Bindung?

Grundlagen der Komplextheorie $\quad$ **6.3**

In verschiedenen Fällen bleiben die für ein Ion charakteristischen Reaktionen ganz oder teilweise aus, wenn bestimmte andere Ionen oder Moleküle zugegen sind. Diese bilden mit dem Ion besondere chemische Verbindungen, die nicht mehr oder nur noch in geringem Maße in die Ionen oder Moleküle, aus denen sie entstanden sind, dissoziieren. Solche Verbindungen bezeichnet man als **Komplexverbindungen.** Dies klingt recht kompliziert, ist aber ganz einfach mithilfe eines Beispiels zu verstehen. Kaliumcyanid (Zyankali, KCN) zerfällt in wässriger Lösung in Kalium-Kationen und Cyanid-Anionen. Es ist für uns extrem toxisch. Gelbes Blutlaugensalz (Kaliumhexacyanidoferrat) hat die Formel $K_4[Fe(CN)_6]$. Zu erwarten wäre also, dass dieser Stoff in wässriger Lösung in Kalium-Kationen, Cyanid-Anionen und Eisen(II)-Kationen dissoziieren würde und damit ebenfalls stark toxisch wäre. Dies ist aber nicht der Fall, da das Eisen-Ion die Cyanid-Ionen extrem fest (komplex) gebunden hat und gelbes Blutlaugensalz in Lösung daher in Kalium-Kationen und ein Hexacyanidoferrat-Anion zerfällt.

Neben dem Verlust des individuellen Charakters der den Komplex aufbauenden Ionen zeigen Komplexverbindungen einige besondere Eigenschaften, die sie von den Einzel-Ionen unterscheiden.

Beispiele:

1) Komplexverbindungen besitzen in Lösung teilweise andere Farben als die einfachen Ionen (Achtung auch die einfachen Ionen sind bereits Komplexe, hydratisierte Metallkationen, mit dem Liganden Wasser):

Fe^{2+}	schwach grün	$[Fe(CN)_6]^{4-}$	gelb
Ni^{2+}	grün	$[Ni(NH_3)_6]^{2+}$	blau

2) Komplexsalze unterscheiden sich in ihrer elektrischen Leitfähigkeit von den einfachen Ionen. Wenn eine wässrige Lösung von rotem Blutlaugensalz, $K_3[Fe(CN)_6]$, die Ionen K^+, Fe^{3+} und CN^- enthalten würde, so müsste die Leitfähigkeit der Lösung ungefähr gleich der Summe der Leitfähigkeiten entsprechender Mengen der Einzelsalze KCN und $Fe(CN)_3$ sein. Dies ist nicht der Fall und man beobachtet aufgrund der verringerten Ionenzahl eine wesentlich niedrigere Leitfähigkeit.

ANWENDUNGEN

Die Komplexbindung im gelben Blutlaugensalz (Kaliumhexacyanidoferrat) ist so stark, dass es als Rieselstoff im Kochsalz verwendet wird (Achtung: Das muss natürlich nicht immer so sein! Andere Komplexe haben durchaus nur schwache komplexe Bindungen). Hier wird es als E 536 bezeichnet. Bei der Weinherstellung wird es gleichfalls verwendet.

3) Änderung des Wanderungssinns bei der Elektrolyse. In einfach gebauten Eisen(II)-Salzen wandern z. B. Fe^{2+}-Ionen zur Kathode (negativer Pol), während Fe^{2+} in $[Fe(CN)_6]^{4-}$ (Anion des gelben Blutlaugensalzes $K_4[Fe(CN)_6]$) als negativ geladenes Komplexion zur Anode (positiver Pol) wandert.

Komplexverbindungen können unterschiedlich aufgebaut werden. Hier sollen vorwiegend Komplexverbindungen behandelt werden, die durch Komplexbildung am Kation entstehen, bei denen also die Komplexbildung an Ionen eintritt, die ursprünglich als Kationen vorlagen. Während der Komplexbildung werden dabei diese Kationen oft durch Anlagerung von negativ geladenen **Liganden** in anionische Komplexe (d. h. negativ geladene Komplexe) umgewandelt.

Zunächst hat man den Aufbau von Metallkomplexen nicht verstanden, da eine eigentlich „abgesättigte" Verbindung noch weitere Reaktionen eingehen konnte. Zum Beispiel ist Kupfersulfat ($CuSO_4$) ein Salz, das aus dem Kupfer(II)-Kation und dem Sulfat-Anion aufgebaut ist. Eigentlich völlig analog zu einem anderem Salz, dem Magnesiumsulfat ($MgSO_4$). Im Gegensatz zum Magnesiumsulfat reagiert Kupfersulfat allerdings mit Ammoniak zu einer tiefblauen Verbindung (siehe Versuch 1), was zunächst sehr überraschend erscheint. Erst der Chemiker Alfred Werner (1913 Nobelpreis für Chemie) konnte eine erste Erklärung für diese Phänomene liefern. Komplexe wie der Tetramminkupfer(II)-Komplex werden daher auch heute oft noch als Werner-Komplexe bezeichnet (im Gegensatz zu den weiter unten kurz angesprochenen metallorganischen Verbindungen). Vereinfacht gesagt stehen bei den Nebengruppenelementen (auch Übergangsmetallen) die d-Orbitale für eine zusätzliche Besetzung durch Elektronen zur Verfügung. Negativ geladene Ionen oder neutrale Moleküle können hier zur Komplexbindung ein Elektronenpaar bereitstellen. Man bezeichnet diese Ionen oder Moleküle daher als Liganden. Ammoniak verfügt zum Beispiel über ein freies (ungebundenes!) Elektronpaar, welches es für eine koordinative Bindung an ein Kupfer(II)-Ion zur Verfügung stellen kann. Die mögliche Auffüllung der Orbitale bestimmt die Anzahl der Liganden. In vielen Fällen gilt die sogenannte 18-Elektronenregel (siehe unten).

Zur Komplexbildung kann also ein Metallkation, das als Zentralion fungiert, um sich herum Ionen mit abgeschlossener Elektronenschale (z. B. Cl^-, CN^-) oder neutrale Moleküle (z. B. NH_3) anlagern, wodurch es zur Bildung eines stabilen Komplexes kommt. Jeder Ligand liefert hierbei zwei Elektronen an das Zentralteilchen (der Ligand ist hier ein Elektronenpaar-Donator oder Lewis Base; das Metallkation ist der Elektronenpaarakzeptor oder die entsprechende Lewis Säure).

Die komplexchemischen Bindungen lassen sich recht gut über die Lewis Säure / Base-Theorie beschreiben. Wiederholen Sie die Grundlagen dieser Theorie daher noch einmal im Lehrbuch. Die Lewis Säure / Base-Theorie ist auch für die Erklärung einfacherer chemischer Prozesse sehr nützlich. Zum Beispiel kann so die Umsetzung von $AlCl_3$ mit einem Chloridion zu $AlCl_4$ beschrieben werden. $AlCl_3$ ist hier die Lewis-Säure und das Chloridion die Lewis-Base. Lewis-Säure-katalysierte Reaktionen sind insbesondere in der Biochemie von großer Bedeutung.

Machen Sie sich klar, dass auch Wasser ein ganz wichtiger Ligand ist. Das Sauerstoffatom im Wassermolekül verfügt über zwei freie Elektronenpaare, von denen es aber meistens nur eins für eine koordinative Bindung nutzt. Einfache Metallsalze, wie zum Beispiel das bereits erwähnte Kupfersulfat, liegen in wässriger Lösung somit bereits als Komplex vor. Metallkationen sind also nicht „nackt" in Lösung, sondern mit Wassermolekülen als Liganden komplexiert. Üblicherweise werden die Metallkationen von sechs Wassermolekülen gebunden. Die Zugabe von Ammoniak führt daher genau genommen nicht erst zu einer Komplexbildung, sondern es handelt sich um eine sogenannte Liganden-Austauschreaktion: der Ligand Wasser wird gegen den Liganden Ammoniak ausgetauscht. Der Grund dafür ist hier, dass die Bindung zwischen dem Kupfer(II)-Ion und den Ammoniak-Molekülen stärker (und damit auch energetisch günstiger) ist, als zwischen dem Kupfer(II)-Ion und den Wassermolekülen. Die entsprechenden Komplexstabilitäten lassen sich wieder über das Massenwirkungsgesetz bestimmen (siehe unten).

Die bisher vorgestellten Liganden rechnet man zu den **einzähnigen Liganden**, d.h., sie koordinieren nur über ein (Donor) -Atom an das Kation. Im Unterschied dazu haben **mehrzähnige Liganden** mehr als eine Koodinationsstelle. So ist beispielsweise Ethylendiamin (H_2N-CH_2-CH_2-NH_2) ein zweizähniger Ligand (weitere Chelatliganden lernen Sie in den folgenden Kapiteln kennen). Solche Liganden bezeichnet man auch als Chelatliganden (Chelat kommt aus dem Griechischen und bedeutet Krebsschere). Sie nehmen das Metallkation sprichwörtlich in die Zange (▶Abbildung 6.2). Es bildet sich ein Chelatring aus. Der in Abbildung 6.1 gezeigte Chelatring besteht aus 5 Ringgliedern (das Metallkation, die beiden Stickstoff- und die beiden Kohlenstoff-Atome). Sie können sich das Ethylendiamin (abgekürzt en) einfach entstanden aus zwei Ammoniakmolekülen vorstellen, die über eine -CH_2-CH_2- Einheit verbunden (verbrückt) wurden, wobei natürlich jeweils eines der

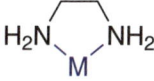

Abbildung 6.2: Ausschnitt aus einem Metallkomplex. Der zweizähnige Chelatligand Ethylendiamin (1,2-Diaminoethan, en in schwarz) nimmt das Metallkation M (blau) in die Zange (Ladungen und weitere Liganden wurden für die Übersichtlichkeit hier nicht gezeigt).

Wasserstoffatome des Ammoniakmoleküls durch die Brückeneinheit ersetzt wurde.

Die Zahl der Liganden, die ein Zentralkation binden kann, hängt von mehreren Faktoren ab. Zunächst müssen die abstoßenden Kräfte zwischen gleich geladenen Liganden schwächer sein als die Anziehungskräfte zwischen Liganden und Zentralkation. Des weiteren können sich naturgemäß nur so viele Liganden um das Zentralkation herum anordnen, wie Platz vorhanden ist. Ein dritter wichtiger Faktor für die Zahl der Liganden stellt das Bestreben des Kations dar, die Elektronenkonfiguration des nächsthöheren Edelgases zu erreichen. Die Anzahl der so in der **Koordinationssphäre** um das Kation herum anwesenden Liganden bezeichnet man als **Koordinationszahl** des Zentralkations. Sehr häufig auftretende Koordinationszahlen sind 4 und 6.

Die Gesamtzahl der freien Elektronen, die von den Liganden zur Bindungsbildung zur Verfügung gestellt werden, beträgt bei den hier angesprochenen Koordinationszahlen also 8 oder 12. Dadurch erreichen viele Übergangsmetallkationen die stabile Elektronenkonfiguration des nächsten Edelgases. Im Unterschied zu den Hauptgruppenelementen der ersten drei Perioden (Edelgaskonfiguration: s^2p^6 = 8 Valenzelektronen) ziehen die Elemente ab der vierten Periode die (insgesamt fünf) d-Orbitale der zweitäußersten Hauptschale zur Bindungsbildung („zur Valenz") heran (Edelgaskonfiguration: $s^2p^6d^{10}$ = 18 Valenzelektronen).

Da ein Ligand stets zwei Elektronen (nämlich ein Elektronenpaar) pro Bindung liefert, können Zentralatome mit einer ungeraden Anzahl an Valenzelektronen grundsätzlich nicht auf 18 Außenelektronen kommen. In einem solchen Fall „tastet" sich das Zentralatom an die Zahl 18 so nahe wie möglich heran. So sind auch Komplexe mit 17 oder 19 Außenelektronen bekannt. Solche Komplexe sind dann in der Regel etwas weniger stabil (s. „Komplexbildungskonstante").

Es gibt zwei verschiedene Zählweisen für die Elektronenkonfiguration eines Komplexes. Entweder zählt man die Gesamtanzahl der Elektronen zusammen, oder man berücksichtigt nur die Valenzelektronen. Zwei Beispiele sollen dies verdeutlichen:

1. Eisen(+II):

$$Fe^{2+} + 6\ CN^- \rightarrow [Fe(CN)_6]^{4-}$$

Sechs Cyanido-Liganden stellen 12 Elektronen zur Verfügung, Fe^{2+} besitzt 24 Elektronen, d. h.

$24e^- + 12e^- = 36e^- \equiv$ [Kr] („Krypton").

Oder: Fe^{2+} besitzt 6 Valenzelektronen, d. h.

$6e^- + 12e^- = 18e^-$.

2. Wolfram (+IV):

$W^{4+} + 8\ CN^- \rightarrow [W(CN)_8]^{4-}$

Acht Cyanido-Liganden stellen 16 Elektronen zur Verfügung, W^{4+} besitzt 70 Elektronen, d. h.

$70e^- + 16e^- = 86e^- \equiv [Rn]$ („Radon").

Oder: W^{4+} besitzt 2 Valenzelektronen, d. h.

$2e^- + 16e^- = 18e^-$.

Bei der ersten Zählweise erhält man die Elektronenkonfigurationen der Edelgase Krypton und Radon. Bei der zweiten kommt man in beiden Fällen auf 18 Valenzelektronen. Diese „18-Elektronenregel" für die Nebengruppenelemente ist das Pendant zur „Oktettregel" der Hauptgruppenelemente.·

Räumliche Anordnung (Koordinationspolyeder) und Ladung der komplexen Einheit   6.4

Fe^{2+}, Fe^{3+}, Cr^{3+} treten meistens mit Koordinationszahl 6 auf, während Cu^{2+} und Cu^+ die Koordinationszahl 4 bevorzugen. Mit der Anzahl der Liganden ist auch die Geometrie des Komplexes (Koordinationspolyeder) festgelegt, da die Liganden bestrebt sind, den gegenseitigen Abstand zu maximieren. So befinden sich die Liganden eines Zentralteilchens mit der Koordinationszahl 2 in linearer Anordnung. Die Koordinationszahl 4 führt häufig zu einer tetraedrischen Anordnung der Liganden, wobei jedoch auch eine quadratisch-planare Konfiguration der das Zentralion umgebenden Ionen bzw. Moleküle möglich ist. Bei 6 Liganden weisen die Bindungen in die Ecken eines Oktaeders.

Die **Ladung eines Komplexes** entspricht der Summe der Ladungen der ihn aufbauenden einzelnen Ionen. Ebenso wie sich die Ladung des SO_4^{2-}-Ions aus den Oxidationszahlen des Schwefels (+ VI) und der des Sauerstoffs (4·(–II)) zu –2 berechnen lässt, kann man auch die resultierende Gesamtladung von Komplexverbindungen berechnen:

Beispiele:

$$Ni^{2+} + 4\ CN^- \quad \rightarrow \quad [Ni(CN)_4]^{2-}$$
$$Fe^{2+} + 6\ CN^- \quad \rightarrow \quad [Fe(CN)_6]^{4-}$$
$$B^{3+} + 4\ F^- \quad \rightarrow \quad [BF_4]^-$$

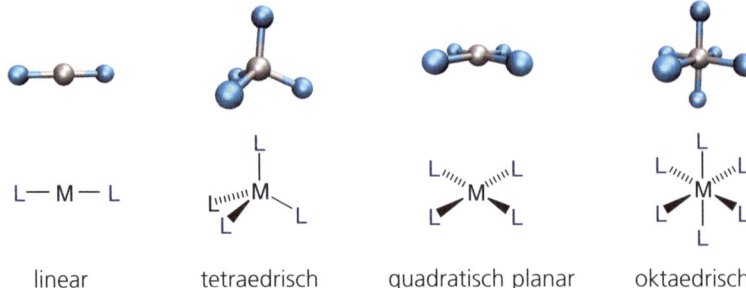

linear tetraedrisch quadratisch planar oktaedrisch

Abbildung 6.3: Beispiele für Koordinationspolyeder
Aus: Schmuck, C., Engels, B., Schirmeister, T. & Fink, R. (2008)

Neutrale Moleküle, wie H_2O, NH_3 oder CO, liefern keinen Beitrag zur Ladung des Komplexes:
Beispiel:

$$Cu^{2+} + 4\,NH_3 \quad \rightarrow \quad [Cu(NH_3)_4]^{2+}$$

Für Komplexe, die verschiedene Arten von Liganden enthalten, erhält man die resultierende Ladung entsprechend:
Beispiele:

$$Co^{3+} + 4\,NH_3 + 2NO_2^- \quad \rightarrow \quad [Co(NH_3)_4(NO_2)_2]^+$$
einfach positiv

$$Co^{3+} + 3\,NH_3 + 3NO_2^- \quad \rightarrow \quad [Co(NH_3)_3(NO_2)_3]$$
neutral

$$Co^{3+} + 2\,NH_3 + 4NO_2^- \quad \rightarrow \quad [Co(NH_3)_2(NO_2)_4]^-$$
einfach negativ

Nomenklatur von Komplexverbindungen

6.5

In der Formel eines Komplexes steht zuerst das Symbol des Zentralatoms. Darauf folgen die Liganden in alphabetischer Reihenfolge der Symbole. Hierbei ist zu beachten, dass z. B. CO als Ligand im Namen vor dem Cl als Ligand zu nennen ist (**Begründung:** Einbuchstabige Symbolzeichen (C = Kohlenstoff, O = Sauerstoff) werden zweibuchstabigen

Symbolzeichen (Cl = Chlor) vorangestellt.). *Die Formel des Komplexes wird in eckige Klammern gesetzt.*

Im Namen werden zuerst alle Liganden alphabetisch genannt und ohne Berücksichtigung ihrer Anzahl, d.h. der multiplikativen Vorsilben (wie z.B. hexa). Zum Schluss steht der Name des als Zentralatom vorliegenden Elements. In negativ geladenen Komplexen endet der Name des Zentralions auf –„at". Er wird in einigen Fällen von lateinischen Namen abgeleitet:

Silber → Argentat; Gold → Aurat; Kupfer → Cuprat; Eisen → Ferrat; Nickel → Nicolat.

Namen anionischer Liganden besitzen stets die Endung –„o". An Anionennamen, die auf –„id", –„it" oder –„at" enden, wird ein –„o" angehängt. Beispiele:

F⁻: Fluorido; Cl⁻: Chlorido; Br⁻: Bromido; I⁻: Iodido; CN⁻: Cyanido; H⁻: Hydrido; O²⁻: Oxido; OH⁻: Hydroxido; O₂²⁻: Peroxido.

Neutrale und kationische Liganden haben keine bestimmte Endung, werden jedoch in Klammern gesetzt. Beispiele sind **Aqua** (für H_2O), **Ammin** (für NH_3), **Carbonyl** (CO) und **Nitrosyl** (NO). Die Oxidationsstufe des Zentralions wird am Ende des Namens mit in Klammern gesetzten römischen Ziffern gekennzeichnet.
Beispiele:

$[Cr(NH_3)_6]Cl_3$	Hexamminchrom(III)-chlorid
$[CuCl_4(OH_2)_2]^{2-}$	Diaquatetrachloridocuprat(II)
$K[Co(CN)(CO)_2(NO)]$	Kaliumdicarbonylcyanidonitrosylcobaltat(0)

Reaktivität von Komplexen 6.6

Wie bereits zu Beginn erwähnt, unterscheiden sich Komplexe auch in ihren chemischen Reaktionen von den Komponenten, aus denen sie zusammengesetzt sind. Ag^+ bildet mit Cl^- schwer lösliches AgCl, wohingegen $[Ag(NH_3)_2]^+$ mit Chlorid-Ionen keinen Niederschlag bildet. Auch die Komplexsalze unterliegen (ähnlich den einfachen Salzen, Säuren und Basen) der Dissoziation in wässriger Lösung. Hiermit ist gemeint, dass z.B. bei einem anionischen Komplex wie $K_3[Fe(CN)_6]$ nicht nur eine Dissoziation in 3 K^+ und $[Fe(CN)_6]^{3-}$ beim Lösen auftritt, sondern dass auch das Komplexanion $[Fe(CN)_6]^{3-}$ einer Dissoziation in Ionen unterliegt. Diese sog. zweite Dissoziation der Komplexsalze zerlegt diese in die Einzelionen. Dabei ist die Dissoziation für verschiedene Komplexsalze, wie weiter oben bereits kurz erwähnt, natürlich unterschiedlich stark. Je stabiler der Komplex ist, desto weniger dissoziiert er in seine Einzelionen. So ist z. B. das oben beschriebene $[Fe(CN)_6]^{4-}$ ein extrem stabiles Anion und nicht einmal unsere Magensäure vermag, die toxische Blausäure daraus freizusetzen.

Die unterschiedliche Beständigkeit der Komplexe gegenüber Fällungsmitteln kann zur Trennung von Elementen (qualitative Analyse) genutzt werden. So gelingt z. B. der Nachweis von Cl^- neben Br^- und I^- mithilfe des $[Ag(NH_3)_2]^+$-Komplexes. NH_3 bindet an Ag^+-Ionen so fest, dass das Löslichkeitsprodukt von AgCl nicht mehr überschritten wird. AgCl lässt sich also durch Zugabe von verdünntem NH_3-Wasser auflösen. Dies gelingt bei AgBr nur noch unvollständig mit konzentriertem NH_3 und bei AgI gar nicht mehr, da deren Löslichkeitsprodukte kleiner sind. Die Beständigkeit des Diamminkomplexes des Silbers reicht hier nicht mehr aus, eine Fällung zu unterdrücken, sodass AgI sich durch Zugabe von NH_3 nicht in Lösung bringen lässt.

Es handelt sich natürlich auch bei der zweiten Dissoziation um eine Gleichgewichtsreaktion, für die das MWG gilt. Die Reaktion von „rechts" nach „links" ist die vollständige Dissoziation. Die Reaktion von „links" nach „rechts" ist die Komplexbildung (die Reaktion erfolgt natürlich in Teilreaktionen, hier ist die Gesamtreaktion gezeigt):

$$Fe^{2+} + 6\ CN^- \rightleftharpoons [Fe(CN)_6]^{4-}$$

eingesetzt in das MWG:

$$\frac{\left[[Fe(CN)_6]^{4-}\right]}{[Fe^{2+}]\cdot[CN^-]^6} = konstant = 10^{37}\ l^6\cdot mol^{-6} = K$$

Diese Konstante wird bei den Komplexsalzen als **Komplexbildungskonstante K** bezeichnet (Achtung: Die Dimension der Konstanten K kann für verschiedene Komplexsalze unterschiedlich sein!). Je größer diese Konstante ist, desto kleiner ist die Konzentration der Einzelionen in Lösung bzw. umso beständiger ist der Komplex. In diesem Beispiel ist **K** außerordentlich groß bzw. der Komplex sehr stabil, unter anderem da dieser Komplex die „Edelgaskonfiguration" (18 Außenelektronen) aufweist.

- **Darstellung des Tetraminkupfer(II)-Komplexes**

Stellen Sie sich ca. 2 mL einer Lösung her, die Cu²⁺-Ionen enthält. Diese Lösung wird mit konzentriertem Ammoniak im Über- schuss versetzt. Beobachtung (Farbe), Re- aktionsgleichung?

Darstellung von Komplexverbindungen **6.7**

Der erste in der Literatur (Alchemia 1597) beschriebene Metallkomplex war der Tetramminkupfer(II)-Komplex, der von dem Arzt und Alchemis- ten Andreas Libavius (Mitbegründer der modernen Chemie) syntheti- siert wurde. Dessen Herstellung gelingt sehr einfach aus wässrigen Lö- sungen von Kupfer(II)-Salzen und Ammoniak. Die intensiv blaue Farbe des Komplexes lässt sich auch sehr gut für den Nachweis von Kupfer(II)- Ionen in Lösung verwenden.

Wird gelbes Blutlaugensalz zu einer Kupfersulfatlösung gegeben, bil- det sich der Kupferhexacyanidoferrat(II)-Komplex, der schwer löslich ist und damit aus der Lösung ausfällt. Genau diese Reaktion wird auch beim Schönen vom Wein angewendet. Zugabe von gelbem Blutlaugen- salz zum Wein führt insbesondere zur Fällung der Kationen des Kupfers und des Eisens (die Niederschläge werden dann abfiltriert). Kupfersulfat wurde früher in großem Umfang zur Schädlingsbekämpfung und gegen Pilzerkrankungen im Weinanbau angewendet. Die Fällung der Metallio- nen mit gelbem Blutlaugensalz wurde in den 1920iger Jahren eingeführt

- **Darstellung des Kupferhexacyanidoferrat(II)-Komplexes**

Zu 2 mL der ausstehenden Kaliumhexa- cyanidoferrat(II)-Lösung (gelbes Blutlau- gensalz) wird tropfenweise 1 mL einer Kupfer(II)-sulfat-Lösung gegeben. Beob- achtung und Reaktionsgleichung?

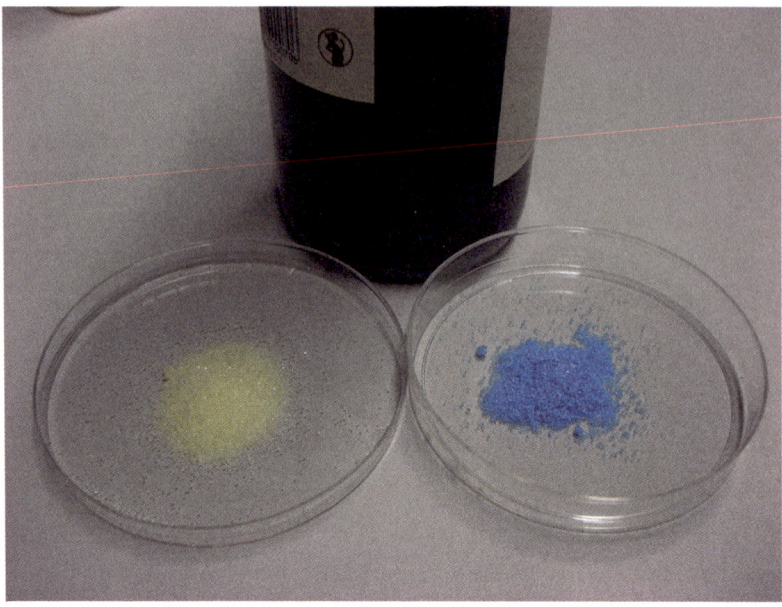

Abbildung 6.4: Welcher Zusammenhang besteht hier? Wein, gelbes Blutlaugensalz (links) und Kupfersulfat (rechts)

und ist als Blauschönung bekannt (▶Abbildung 6.4). Blauschönung, da Eisen(II)-Ionen hier das weiter unten beschriebene intensiv gefärbte Berliner Blau bilden. Der alte Name „Blutlaugensalz" leitet sich von der ursprünglichen Darstellung dieses Metallkomplexes ab, da hierfür tatsächlich Blut als ein Grundstoff eingesetzt wurde. Heute wird Blutlaugensalz selbstverständlich nicht mehr so hergestellt.

Bevor die Digitalfotografie ihren Siegeszug angetreten hat, war die Komplexchemie des Silbers extrem wichtig für die Herstellung und die Entwicklung von Filmmaterial (Kinofilme, Filme für Fotoapparate, Papierabzüge und auch Röntgenfilme). Silbersalze wie z. B. das Silberchlorid sind lichtempfindlich und bilden unter Einwirkung von Licht elementares schwarzes Silber. Ein Film wurde daher beim Belichten dunkel. Bei der Entwicklung des Films wurde dieser Effekt zunächst noch chemisch durch den Entwickler verstärkt und dann durch ein Fixierbad abgestoppt. Fixiersalz ist Natriumthiosulfat, welches das Silbersalz, welches nicht reagiert hatte, durch Komplexierung löslich machte und damit aus dem Film entfernen konnte. Heute ist die Hauptanwendung der Komplexchemie des Silbers eher eine ziemlich traurige Angelegenheit. Für die Gewinnung von Gold und Silber wird oft die sogenannte Cyanidlaugerei durchgeführt. Dabei wird Gold oder Silber durch Behandlung mit Cyanidlösungen aus dem Gestein herausgelöst (Bildung von wasserlöslichen Komplexen). Dies

VERSUCH 3

■ **Darstellung des Diamminsilber(I)chlorid-Komplexes**

Stellen Sie sich eine Lösung von ca. 1 mL her, die Chlorid-Ionen enthält. Diese Lösung wird mit verdünnter HNO_3 angesäuert und dann mit 1 mL Silbernitratlösung versetzt.

Was beobachten Sie? Geben Sie eine Reaktionsgleichung an. Jetzt wird verdünnte NH_3-Lösung im Überschuss zugegeben. Beobachtung und Reaktionsgleichung?

VERSUCH 4

■ **Darstellung des Silberhexacyanidoferrat-Komplexes**

Nehmen Sie zwei saubere Reagenzgläser und geben Sie in jedes 1 mL $AgNO_3$-Lösung. Füllen Sie nun in das erste Reagenzglas ca. 1 mL rote Blutlaugensalzlösung (Kaliumhexacyanidoferrat(III)-Lösung), in das zweite ca. 1 mL gelbe Blutlaugensalzlösung (Kaliumhexacyanidoferrat(II)-Lösung). Was beobachten Sie? Geben Sie je eine Reaktionsgleichung an.

VERSUCH 5

■ **Nachweis von Phosphorsäure in Cola**

Säuern Sie ca. 1 mL Cola mit etwa 1 mL konzentrierter HNO_3 an und versetzen Sie sie anschließend mit etwa. 1 mL Ammoniummolybdat-Lösung, $(NH_4)_2MoO_4$. Erhitzen Sie das Gemisch schwach (nicht über 80 °C). Lassen sie die Probe nach dem Erwärmen eine Weile (ca. 10 Min.) stehen. Was beobachten Sie? Geben sie eine Reaktionsgleichung an.

VERSUCH 6

■ **Darstellung des Triaquatrithiocyanatoeisen(III)-Komplexes**

Stellen Sie sich 1 mL einer Lösung her, die Fe^{3+}-Ionen enthält. Die Lösung wird tropfenweise mit Ammoniumthiocyanat-Lösung (nicht in großem Überschuss!) versetzt (die Lösung nicht verwerfen, sondern für **Versuch 7** aufbewahren!). Beobachtung, Reaktionsgleichung?

Abbildung 6.5: Künstlicher Daumen, künstliches Blut

wiederum hat aufgrund der Toxizität des Cyanids oftmals katastrophale Auswirkungen auf die Arbeiter und / oder die Umwelt.

Eine weitere Anwendung findet sich bei der Silberspiegelherstellung. Silberspiegel lösten die Quecksilberspiegel ab, bei deren Herstellung eine große Zahl der Arbeiter schwere Quecksilbervergiftungen erlitt. Ein Video über die Herstellung eines Silberspiegels können Sie bei den CWS-Inhalten finden.

Wie schon für die Kupfer- und Silberionen angedeutet ist die Komplexbildung auch sehr gut für ihre Anwendung in der analytischen Chemie geeignet. Im folgenden Versuch werden Sie einen Phosphatkomplex des Molybdäns kennenlernen mit dem Sie die Phosphorsäure in Cola-Getränken nachweisen können. Achtung: Nicht jede Cola enthält Phosphorsäure!

Wie unter 6.2 beschrieben sind Eisenverbindungen für unsere Gesundheit extrem wichtig. Das dort bereits angesprochene Hämoglobin bindet den Sauerstoff reversibel in einer komplexchemischen Redoxreaktion. Das Superoxidion ist hier ein zusätzlicher einzähniger Ligand. Die intensive rote Farbe des Blutes und auch die Unterschiede der roten Farbe, je nachdem ob das Blut viel (arterielles Blut) oder wenig (venöses Blut) Sauerstoff enthält, wird durch den Eisenkomplex hervorgerufen. Die meisten Komplexverbindungen sind intensiv gefärbt. Farblich sehr ähnlich zum Blut ist eine Lösung des Eisen(III)-Thiocyanat-Komplexes. Richtig konzentriert ist die rote Lösung mit dem Auge nicht vom echten

Farben sehen ist etwas, was in unserem Kopf stattfindet. Nur ein sehr kleiner Teil der elektromagnetischen Strahlung kann von unseren Augen wahrgenommen werden (sichtbares Licht im Bereich von etwa 400–800 nm). Problematisch ist dabei aber, dass ich bei meinem Farbempfinden nicht weiß, ob die andere Person die gleiche Empfindung hat, wenn wir z. B. einen roten Gegenstand betrachten (denken Sie auch an die Farbblindheit vieler Menschen). Ohne auf die Details eingehen zu können, dies würde den Rahmen dieses Buches sprengen (schauen Sie sich das Phänomen der Farbe einmal in den grundlegenden Büchern der Physik und der Chemie an) ist die „Entstehung" von Farben in der Chemie recht einfach zu verstehen. Es sind immer die Übergänge von Elektronen, deren Energie im Bereich vom sichtbaren Licht liegt. Wird zum Beispiel ein Elektron durch Wärme (Energiezufuhr mit dem Bunsenbrenner) von einem niedrigeren in ein höheres Energieniveau übertragen (man spricht von Anregung), kann dieses angeregte Elektron wieder in niedrigere Energieniveaus zurück „fallen" wobei Licht im sichtbaren Bereich ausgesendet wird (gilt natürlich auch für die elektromagnetische Strahlung, die nicht im sichtbaren Bereich liegt!). Man spricht hier von Emission oder bei der genaueren Analyse vom Messen eines Emissionsspektrums. Dies spielt auch eine große Rolle bei analytischen Verfahren (siehe Kapitel 8). Umgekehrt kann Licht dazu verwendet werden, Elektronen anzuregen. Man spricht dann von Absorption. Haben wir zum Beispiel eine farbige Lösung eines Stoffes, der blaugrünes Licht (ca. 500 nm) für die Elektronenanregung absorbiert, dann nimmt unser Auge nur noch den restlichen Anteil des Lichts (die Komplementärfarbe rot) wahr. Die Lösung erscheint uns daher rötlich. Da unsere Augen wie oben bereits angesprochen für die genaue Beschreibung der Farben unzuverlässig sind, werden physikalische Analysemethoden verwendet. Man misst dazu ein UV-vis-Spektrum der Lösung. Dies gibt uns exakte Angaben darüber, welches Licht absorbiert wurde (also welche Energieübergänge der Elektronen hier stattgefunden haben). Zur Messung verwendet man ein Spektralphotometer und Grundlage der Messung ist das Lambert-Beersche Gesetz. Neben der Analyse der elektronischen Übergänge lässt sich mit dieser Messmethode auch eine Konzentrationsbestimmung durchführen. Schauen Sie sich hierzu auch das Video auf der Website über die Messung eines UV-vis-Spektrums an.

VERSUCH 7

■ **Maskierung von Eisen(III)-Ionen und Nachweis von Fluorid-Ionen in der Zahnpasta**

Zu einem Teil der Lösung aus Versuch 5 wird Natriumfluorid-Lösung im Überschuss zugesetzt. Beobachtung, Reaktionsgleichung?

Nehmen Sie ca. 0,5 mL der roten Lösung von Versuch 5 und verdünnen Sie diese mit ca. etwa 6 mL Wasser. Davon geben Sie ungefähr 1 mL in ein weiteres Reagenzglas und verdünnen noch einmal mit 3 mL Wasser. Zu dieser Lösung geben Sie einen 1 cm langen Zahnpastastreifen. Das Reagenzglas wird mit einem Stopfen verschlossen und kräftig geschüttelt. Beobachtung, Reaktionsgleichung?

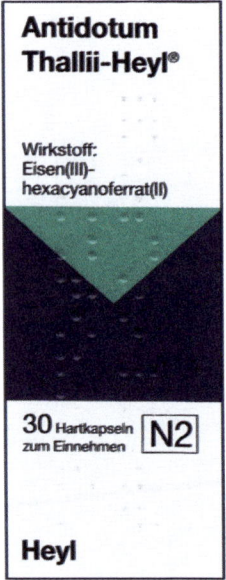

Abbildung 6.6: Berliner Blau als Antidot gegen Vergiftungen mit Thalliumverbindungen
Aus: Schmuck, C., Engels, B., Schirmeister, T. & Fink, R. (2008)

Blut zu unterscheiden. Solches „Kunstblut" wird daher gerne in Show-Experimenten eingesetzt (▶Abbildung 6.5).

Unterschiedlich starke Bindungen gibt es auch in der Komplexchemie. Genauso wie die stärkere Säure die schwächere Säure aus ihren Salzen verdrängen kann, so kann auch ein stärkerer Ligand einen schwächeren Liganden aus seinen Komplexen verdrängen. Dies wird unter anderem bei den sogenannten Maskierungsreaktionen ausgenutzt. So kann es sein, dass bei einem Nachweis auf eine Verbindung eine Farbreaktion beobachtet werden soll. Leider enthält die Lösung auch Eisen(III)- und Thiocyanat-Ionen, sodass die intensive rote Farbe des Komplexes jegliche Beobachtung unmöglich macht. Fluorid-Ionen sind aber gegenüber Eisen(III)-Ionen stärkere Liganden und verdrängen die Thiocyanatligan-

VERSUCH 8

Darstellung von Berliner Blau

Zu 1 mL einer $FeCl_3$-Lösung wird tropfenweise eine $K_4[Fe(CN)_6]$-Lösung (gelbes Blutlaugensalz) gegeben. Was beobachten Sie? Geben sie eine Reaktionsgleichung an.

den. Der gebildete neue Fluoridokomplex ist farblos und würde dann die zu beobachtende analytische Farbreaktion nicht mehr stören.

Ziemlich viel Aufsehen hat ein eigentlich recht unscheinbarer Eisenkomplex gemacht, der als Berliner Blau bekannt wurde (auch Preußisch Blau genannt – Prussian Blue im Englischen). Entdeckt wurde er durch Zufall von Diesbach und Dippel in Berlin. Bis zur Entdeckung des Berliner Blaus wurde in der Malerei kaum die Farbe Blau verwendet. Grund dafür war, dass hierfür Ultramarin verwendet werden musste, welches ähnlich kostbar wie Gold war. Erst das billig herzustellende Berliner Blau führte zu einer wahren „Blau-Explosion" in der Malerei. Es wird auch heute noch als Farbpigment verwendet, z. B. in der Kosmetik bei manchen Produkten für blaue Lidschatten. Auch unabhängig von der Farbe weist das Berliner Blau weitere interessante Eigenschaften auf. So wird sein komplexes magnetisches Verhalten intensiv erforscht, um möglicherweise neue elektronische Baumaterialien entwickeln zu können. In der Medizin wird es gegen Vergiftungen mit Thalliumsalzen (Thalliumsulfat wurde früher – heute verboten – als Rattengift verwendet) eingesetzt (▶ Abbildung 6.6).

Aus Berliner Blau wurde auch erstmals HCN (Cyanwasserstoff) dargestellt. Daher kommt der Name Blausäure. Die Säure selbst ist nämlich farblos!

VERSUCH 9

■ **Farbvergleich von Nickel(II)-Komplexen**

Nehmen Sie fünf möglichst saubere Reagenzgläser und nummerieren Sie diese von 1 bis 5 durch. Füllen Sie in jedes der Reagenzgläser *genau* 1 mL der ausstehenden Nickel(II)nitratlösung (c = 0,5 mol/L). Anschließend geben Sie der Tabelle (unten) folgend *genau* die angegebene ansteigende Menge Ethylendiaminlösung (c = 0,5 mol/L) hinzu, füllen die Reagenzgläser *genau* mit der in der Tabelle angegebenen fallenden Menge Wasser auf und mischen Sie gut. Was beobachten Sie? Geben Sie eine Reaktionsgleichung an und erklären Sie das Phänomen.

Tabelle zu Versuch 9:

Nummer des Reagenzglases	1	2	3	4	5
V(Ni^{2+}-Lösung) in mL	1	1	1	1	1
V(en-Lösung) in mL	–	1	2	3	4
V(H_2O) in mL	5	4	3	2	1

VERSUCH 10

■ **Bestimmung der Wasserhärte**

Bringen Sie von Zuhause eine Flasche (0,5–1,0 L) gewöhnlichen Leitungswassers (oder Mineralwasser) mit. Füllen sie dieses in den ausstehenden 100 mL Messkolben bis zur Eichmarke von **genau 100 mL**. Ihre Aufgabe besteht darin, mithilfe einer Komplex-Titration die Wasserhärte in °dH (Grad deutscher Härte) zu ermitteln.

Die für den Versuch benötigte EDTA Maßlösung (c = 0,01 mol / L) befindet sich in kleinen PVC-Spritzflaschen auf den Regalen. Achten Sie beim Befüllen der Bürette darauf, dass die Bürette keine Luftblasen enthält. Lassen Sie vor der eigentlichen Titration etwas Titerlösung aus der Bürette fließen, damit auch der Hahn keine Luft mehr enthält.

Füllen Sie nun den kompletten 100 mL-Messkolben des zu untersuchenden Leitungswassers in einen 300 mL-Titrierkolben und fügen Sie eine Indikatorpuffertablette hinzu. Sobald diese *vollständig* aufgelöst ist, geben Sie 1 mL konzentrierte Ammoniaklösung hinzu. Titrieren Sie tropfenweise bis zum Umschlag des Indikators. Wiederholen sie die Titration ein weiteres Mal und vergleichen Sie die Werte.

1 mL der EDTA Maßlösung entspricht bei 100 mL Wasserprobe einem Gehalt von 0,56 °dH (0,56 Grad deutscher Härte). Geben Sie je eine Reaktionsgleichung für Mg^{2+} und für Ca^{2+} an. Zeichnen Sie die Strukturformel von EDTA. Was bedeutet der Name „EDTA"? Bestimmen Sie die Konzentration an Ca^{2+} bzw. Mg^{2+}-Ionen im Leitungswasser und treffen Sie eine Aussage darüber, ob ihr mitgebrachtes Wasser hart oder weich ist. Eine Einteilung der Härtegrade können Sie der Tabelle (unten) entnehmen.

Härtegrade:

Wasser	° dH
Sehr weich	0–4
Weich	4–8
Mittelhart	8–12
Ziemlich hart	12–18
Hart	18–30
Sehr hart	30+

Ähnlich wie die oben beschriebene Reaktion von Eisen(III)-Salzen mit Thiocyanat-Ionen wird auch die Farbreaktion der Bildung von Berliner Blau als analytischer Nachweis für Eisen(III)-Ionen in Lösung benutzt.

Metallkationen katalysieren viele chemische Reaktionen und beschleunigen dabei natürlich auch oft unerwünschte Umsetzungen wie z. B. das „Schlechtwerden" von Lebensmitteln. Auch hier hilft manchmal eine entsprechende Komplexierungsreaktion. Aus diesem Grund haben Sie sicherlich alle schon einmal das Calciumsalz des EDTAs in kleinen Mengen zu sich genommen. Es wird unter der E-Nummer E-385 (Calcium-dinatrium-ethylen-diamin-tetraacetat) aufgeführt und findet sich z. B. in emulgierten Saucen (fertige Salatsaucen oder Mayonnaise, ▶ Abbildung 6.7).

Abbildung 6.7: Guten Appetit. Diese Mayonnaise enthält das Calciumsalz des EDTAs (E-385).

Bindung von Chelatliganden 6.8

Ethylendiamin ist ein Chelatligand (Abbildung 6.2) der Metallkationen wie z. B. Nickel(II)-Ionen sehr gut komplexieren kann. Die Konzentrationen der Reaktionspartner entscheiden aber auch darüber, welche Komplexe letztendlich gebildet werden. Der folgende Versuch soll Ihnen das etwas anschaulicher machen.

Ethylendiamtetraessigsäure (EDTA) und seine Natriumsalze spielen eine recht große Rolle in der Chemie und in unserem Alltag. So wird es z. B. in der Medizin / Toxikologie bei einigen Schwermetallvergiftungen eingesetzt (Chelattherapie). Das komplexierte Metallion kann dann vom Körper ausgeschieden werden. Häufig wird es auch in der Biochemie eingesetzt, um störende Metallkationen zu komplexieren (maskieren). Sein Aufbau leitet sich vom Ethylendiamin ab. Beim EDTA finden wir allerdings anstelle der Wasserstoffatome am Stickstoff vier Carboxlatgruppen der Essigsäure.

Auch im Waschpulver finden wir EDTA oder ähnliche Komplexbildner. Allerdings nicht mehr in so großen Mengen, wie das früher einmal der Fall gewesen war. EDTA hatte hier vor allem die Aufgabe die Calciumionen (insbesondere im harten Wasser) zu binden und so die Bildung unlöslicher Calciumseifen zu vermeiden. Inzwischen übernehmen aber die sogenannten Zeolithe diese Aufgaben. EDTA ist allerdings weiterhin sehr gut geeignet für die analytische Bestimmung von Calciumionen im Wasser. Diese sind vor allem für die „Härte" des Wassers verantwortlich.

Metalloproteine 2. Teil   **6.9**

Nach dem Bearbeiten dieses Kapitels sollten nun auch einige Aspekte der Chemie von Metalloproteinen etwas klarer sein. Am Beispiel des Hämoglobins soll dies hier noch etwas genauer dargelegt werden. Das Eisen(II)-Ion ist im aktiven Zentrum an den Porphyrin-Liganden über vier Stickstoff-Donoratome komplex gebunden. Dieser Komplex ist sehr stabil. Das ist wichtig, denn er soll ja über viele Zyklen in der Lage sein, Sauerstoff reversibel zu binden. Der Komplex ist neutral (der Ligand ist zweifach negativ geladen). Der Porphyrin-Ligand ist ebenfalls ein Chelatligand (wie viele Chelatringe können Sie hier finden und welche Ringgröße haben sie?), allerdings mit der Besonderheit, dass es sich um einen cyclischen Liganden handelt, einen sogenannten makrocyclischen Liganden. Weiterhin ist noch das Stickstoffatom der Aminosäure Histidin aus einer der Proteinanbindungen am Eisen koordinativ gebunden (analog zum Myoglobin, siehe Abbildung 6.1). Ebenfalls komplex gebunden wird das Sauerstoffmolekül, allerdings mit der Besonderheit, dass hier noch eine Redoxreaktion beteiligt ist. Eine unangenehme Liganden-Austauschreaktion kann auftreten, wenn wir uns in einem Raum befinden, in dem toxisches Kohlenmonoxid (CO) gebildet wird. Dies könnte zum Beispiel in einer geschlossenen Garage sein, in der der Motor eines Autos läuft. Da hier eine unzureichende Sauerstoffzufuhr die vollständig Verbrennung des Benzins verhindert bildet sich das Gas CO. Das Molekül CO ist für das Eisen(II)-Ion im Hämoglobin ein wesentlich besserer Ligand als Sauerstoff und verdrängt diesen erfolgreich. Atmet man zu lange CO ein, führt dies zum sicheren Tod. CO ist deshalb so gefährlich, da es farblos und geruchlos ist. Die Farbe des an CO gebundenen Hämoglobins unterscheidet sich im Rotton. Personen mit einer Kohlenmonoxid-Vergiftung weisen oftmals eine eher rosige Hautfarbe auf.

Die tödliche Wirkung von Cyanid beruht dagegen weniger auf einer Reaktion mit dem Sauerstofftransportprotein Hämoglobin sondern auf einer Blockade der Cytochrom-c-Oxidase, einem wichtigen Enzym in der Atmungskette. Der Tod durch eine Cyanidvergiftung erfolgt somit durch inneres Ersticken und es ist vollkommen falsch zu glauben, dass hier ein sehr rascher Tod eintritt. Minutenlange furchtbare Erstickungskrämpfe begleiten das Sterben der Opfer.

Metallkomplexe in der Medizin 6.10

Das oben bereits kurz beschriebenen EDTA (oder analoge ähnlich aufgebaute Verbindungen) ist ein Ligand, der in der in der Medizin vielfach verwendet wird. Das bekannteste Beispiel ist wahrscheinlich seine Verwendung zur Verhinderung der Blutgerinnung. So enthalten Blutentnahmeröhrchen für eine Laboruntersuchung bereits EDTA („Entfernung" der Calciumionen durch Komplexbindung). Weiterhin wird EDTA eingesetzt, um bei einer Vergiftung Schwermetallionen aus dem Körper zu entfernen.

Einfache Aminliganden werden zum Beispiel verwendet, um Kupferionen aus dem Körper zu entfernen. Bei der Wilson-Erkrankung werden Kupferionen im Körper angereichert, die in höherer Konzentration toxisch sind. Diese müssen daher durch Komplexbildung aus dem Körper ausgeschieden werden.

Vielleicht einer der wichtigsten Metallkomplexe in der Medizin ist cis-Platin. Es handelt sich dabei um einen sehr einfach aufgebauten Metallkomplex, der nur aus dem Zentralion Pt(II), zwei Chlorido- und zwei Ammoniakliganden besteht. Da es sich um einen quadratisch planaren Komplex handelt, gibt es zwei mögliche Anordnungen der Liganden, nämlich die cis- und die trans-Form (▶Abbildung 6.8). Es handelt sich dabei um geometrische Isomere. Isomerie ist eher aus der organischen Chemie bekannt, spielt aber auch in der anorganischen Chemie eine große Rolle.

Durch Zufall wurde entdeckt, dass cis-Platin ein sehr wirksames Krebsmedikament gegen Hodenkrebs ist (▶Abbildung 6.9). Die Wirkung wird durch seine Reaktion mit den DNA-Basen verursacht. Das trans-Isomer ist dagegen wenig wirksam. Der Radprofi Lance Armstrong, als mehrfacher Gewinner der Tour de France, ist sicherlich der bekannteste Patient, dessen Krebserkrankung erfolgreich mit cis-Platin behandelt wurde. Aufbauend auf diesem Komplex gibt es inzwischen auch weiter verbesserte Medikamente, vor allem auch um die mit der Behandlung verbundenen Nebenwirkungen zu verringern.

Erwähnenswert sind sicherlich auch noch Metallkomplexe mit Gold als Zentralatom. Diese Verbindungen finden Anwendung in der Rheuma-Therapie.

Nicht vergessen werden sollten auch die Metallkomplexe, die in der medizinischen Diagnostik wichtig sind. So werden zum Beispiel Technetium-Komplexe mit einer Vielzahl von verschiedenen Liganden in der Radiodiagnostik eingesetzt. Recht neu dagegen sind die Entwick-

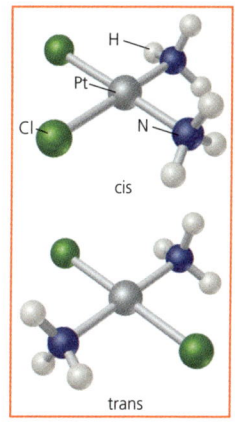

Abbildung 6.8:
Geometrische Isomere von [Pt(NH$_3$)$_2$Cl$_2$].
Aus: Schmuck, C., Engels, B., Schirmeister, T. & Fink, R. (2008)

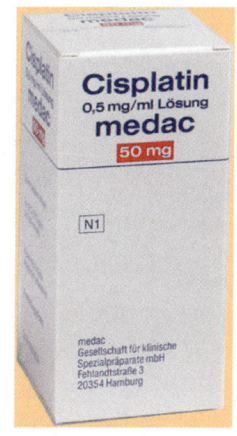

Abbildung 6.9: Das Medikament Cisplatin
Aus: Schmuck, C., Engels, B., Schirmeister, T. & Fink, R. (2008)

lungen von Metallkomplexen die zur besseren Bildqualität bei MRT-Untersuchungen (Magnetresonanztomographie) führen. Hier haben sich als Kontrastmittel insbesondere Metallkomplexe mit Gadolinium(III)-Ionen bewährt. Gadolinium ist ein f-Block-Element. Es gehört zur Gruppe der Lanthanoide. Als Liganden werden hier unter anderem mit dem EDTA verwandte Moleküle verwendet.

Metallorganische Chemie 6.11

Während einfache Metallkomplexe mit Liganden, die zum Beispiel über N, O oder S am Metallkation gebunden auch als Werner-Komplexe bezeichnet werden, werden die Komplexe mit einer Metall-Kohlenstoff-Bindung als metallorganische Verbindungen klassifiziert. Eine detaillierte Beschreibung dieses großen Teilgebiets der Chemie würde hier zu weit führen, dass allerdings metallorganische Verbindungen auch für unseren Alltag extrem wichtig sind, soll an zwei Beispielen kurz veranschaulicht werden.

Eine metallorganische Verbindung ist glücklicherweise aus unserem Alltag verbannt worden. In der Vergangenheit wurde Benzin, um seine Klopffestigkeit im Motor zu erhöhen, mit einer metallorganischen Verbindung, nämlich Tetraethylblei versetzt. Diese Verbindung kann als neutraler Bleikomplex betrachtet werden, bei dem vier Ethyl-Liganden (C_2H_5-) direkt am Bleiatom koordinativ gebunden waren. Hier handelt es sich somit um einen Metallkomplex mit einem Hauptgruppenmetall als Zentralatom. Die Verbindung ist sehr giftig. Seit dem 1. Januar 2000 gibt es nur noch bleifreies Benzin an den Tankstellen der Europäischen Union.

2001 erhielt William S. Knowles mit zwei anderen Chemikern den Nobelpreis für Chemie. Knowles war es bei der Firma Monsanto gelungen, mithilfe eines metallorganischen Komplexes den Stoff L-DOPA katalytisch in großen Mengen rein darzustellen. L-DOPA ist ein wichtiges Medikament um die Parkinson-Krankheit zu behandeln. Eine interessante Abhandlung über den Einsatz von L-DOPA finden Sie in „Zeit des Erwachens" (englischer Originaltitel Awakenings) von Oliver Sacks, (verfilmt mit Robert de Niro und Robin Williams, 1990). Die besondere Leistung von Knowles bestand darin, hier erstmalig eine enantioselektive Synthese mit einem chiralen Komplex als Katalysator in industriellem Maßstab durchgeführt zu haben. Hier spielen wiederum die unterschiedlichen Stereoisomere eine wichtige Rolle. Eine genauere Abhandlung über Isomerie, sowie die Begriffe Chiralität und Enantiomere finden Sie im Kapitel 10.

Übungsaufgaben

1. Benennen Sie den folgenden Metallkomplex: $[Co(NH_3)_5Cl]Cl_2$.
2. Begründen Sie, warum rotes Blutlaugensalz im Gegensatz zum gelben Blutlaugensalz toxisch ist.
3. Erklären Sie, warum der Kupferkomplex $[Cu(NH_3)_4]SO_4$ in wässriger Lösung mit Ethylendiamin (en) sofort zu $[Cu(en)_2]SO_4$ reagiert.
4. Geben Sie an, welche Metallkationen für die katalytische Aktivität der folgenden Enzyme verantwortlich sind: Alkoholdehydrogenase, Tyrosinase und Cytochrom c. Suchen Sie hierfür die Enzyme in einem Biochemiebuch heraus und schauen Sie sich dann die aktiven Zentren an (hier sind die Metallkomplexe zu finden).
5. Finden Sie heraus, warum EDTA oder Citronensäure (genau genommen sind es deren Salze) für die Verhinderung der Blutgerinnung eingesetzt werden.
6. Finden Sie heraus, ob Sie wirklich EDTA als Ausgangsstoff eingesetzt haben oder ob es eines seiner Salze war (wenn ja, welches?). Warum würde man eventuell ein Salz des EDTAs gegenüber dem freien EDTA bevorzugen?
7. Wie ist die deutsche Wasserhärte definiert? Was versteht man unter temporärer und permanenter Härte?

Auf der Companion-Website zum Buch finden Sie unter http://www.pearson-studium.de die folgenden zusätzlichen Materialien zu diesem Kapitel:
- Videos: Aufnahme eines UV-vis-Spektrums der Lösung eines Metallkomplexes; Herstellung eines Silberspiegels.
- Lösungen zu den Aufgaben

Elektrochemie

7

ÜBERBLICK

LERNZIELE

Sie sollten nach Bearbeitung dieses Kapitels

- den Unterschied zwischen einer Batterie und einem Akkumulator verstanden haben.
- den Aufbau eines galvanischen Elements beschreiben können.
- die Funktion einer Salzbrücke verstanden haben.
- die Wirkungsweise einer Konzentrationszelle erläutern können.
- Redoxpotentiale mithilfe der Nernstschen Gleichung berechnen und im Labor messen können.
- die chemischen Vorgänge bei einer Elektrolyse erläutern können.

Hintergrund 7.1

Abbildung 7.1: Batterien
Aus: Brown, T.L., LeMay, H.E. & Bursten, E.B. (2007)

Viele Vorgänge in der Technik, im Alltag aber auch im menschlichen Körper (und anderen Lebewesen) beruhen auf elektrochemischen Reaktionen. Aus unserem Alltag sind heute Batterien und Akkus (▶Abbildung 7.1) nicht mehr wegzudenken.

Die Unterscheidung zwischen Akkus (= Akkumulatoren) und Batterien wurde im Sprachgebrauch nie wirklich vollzogen. Diese Unterscheidung rührt eigentlich von den ablaufenden chemischen Reaktionen her. Streng genommen sind Batterien irreversible Stromlieferanten. Eine chemische Reaktion erzeugt hier den Strom und läuft so lange ab, bis ein Großteil der Ausgangsstoffe verbraucht ist. Die Batterie ist „leer" und muss entsorgt werden. In einem Akku dagegen findet ebenfalls eine chemische Reaktion statt, welche die Ausgangsstoffe verbraucht. Im Gegensatz zur Batterie lässt sich diese Reaktion jedoch umkehren und beim Laden des Akkus werden die Ausgangsstoffe wieder hergestellt, um dann erneut Strom liefern zu können. Aus diesem Grund darf man auch keinesfalls versuchen, normale Batterien „wieder aufzuladen". Abgesehen davon, dass es nicht funktioniert, besteht hier tatsächlich die Gefahr, dass die Batterie zu brennen beginnt oder sogar explodiert. Nur Akkus dürfen wieder aufgeladen werden! Der wohl am besten bekannte Akku ist die „Autobatterie" (▶Abbildung 7.2). Neuentwicklungen sind unter anderem die Lithium-Ionen-Akkus, die zum Beispiel den Strom für unsere Laptops liefern.

Die Batterie wurde von Alessandro Volta erfunden. Volta hatte bei seinen Versuchen herausgefunden, dass Zinkplatten und Kupferplatten –

immer abwechselnd getrennt durch Filze (getränkt mit Salzlösung) – Strom lieferten. Diese Volta'schen Säulen ermöglichten es erstmals, Strom ortsunabhängig zu erzeugen. Eine Anordnung, die durch chemische Reaktionen Strom liefert, nennt man galvanisches Element. Eine Batterie oder ein Akkumulator sind demnach galvanische Elemente.

Galvanisches Element 7.2

An einem Zinkblech, das in eine Cu^{2+}-Lösung eintaucht, beobachtet man die Abscheidung von metallischem Kupfer (▶Abbildung 7.3).

An der Metalloberfläche findet ein Elektronenaustausch zwischen den in der Lösung enthaltenen Cu^{2+}-Ionen und den Zinkatomen statt. Durch räumliche Trennung einer solchen Redoxreaktion in einem galvanischen Element ist es möglich, die Stärke des Elektronenaustausches zu messen oder sie zur Stromgewinnung zu nutzen. Ein galvanisches Element, das aus den Redoxpaaren Cu/Cu^{2+} und Zn/Zn^{2+} besteht, wird DANIELL-Element genannt.

Ein metallisches Blech aus Zink taucht in eine Lösung, die Zn^{2+} und NO_3^--Ionen enthält. Dadurch wird in der 1. Halbzelle (Halbelement) das Redoxpaar Zn/Zn^{2+} gebildet. Mit einem Kupferblech, das in eine $Cu(NO_3)_2$-Lösung eintaucht, erhält man in der 2. Halbzelle das Redoxpaar Cu/Cu^{2+}. Die beiden Halbzellen sind durch eine poröse Wand, oder

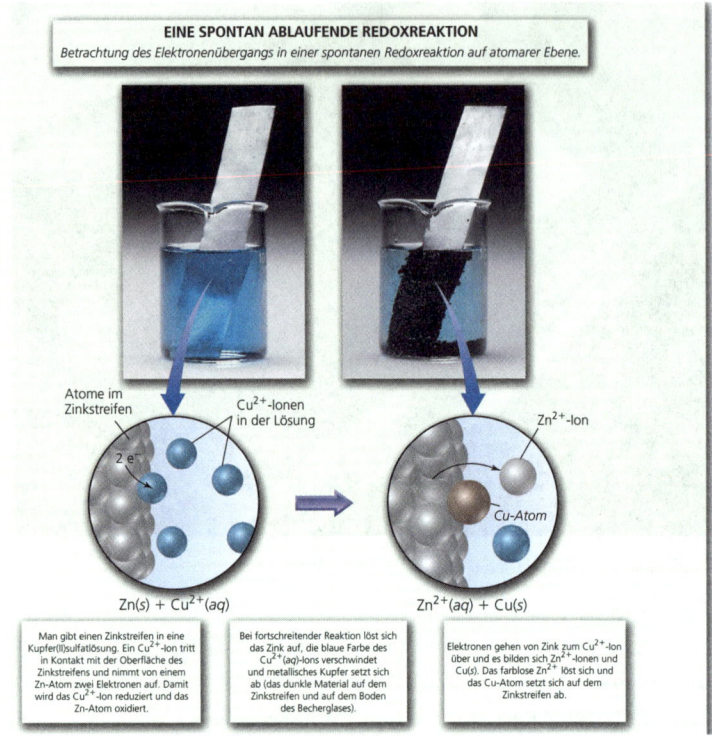

Abbildung 7.3: Ein Zinkblech in einer Kupfersalzlösung
Aus: Brown, T. L., LeMay, H. E. & Bursten, E. B. (2007)

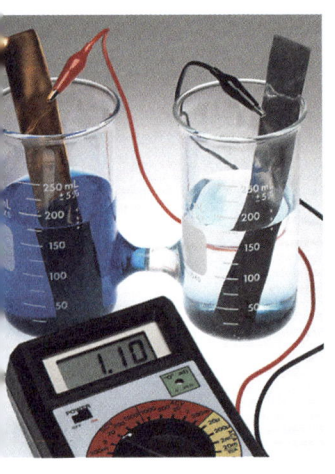

Abbildung 7.4: Das Daniell-Element mit poröser Trennwand in der Praxis
Aus: Brown, T. L., LeMay, H. E. & Bursten, E. B. (2007)

eine Salzbrücke (ein mit Natriumnitrat gefülltes U-Rohr) miteinander verbunden. Verbindet man nun die beiden Metallstäbe mit einem elektrischen Leiter, so fließen Elektronen vom Zinkstab zum Kupferstab. Ursache dafür ist eine Potentialdifferenz zwischen den beiden Elektroden. Die Spannung lässt sich mit einem Voltmeter messen (▶ Abbildung 7.4).

Die Teilreaktionen lauten:

Anodenreaktion:

$$Zn \rightarrow Zn^{2+} + 2e^- \quad \text{Redoxpaar 1}$$

Kathodenreaktion:

$$Cu^{2+} + 2e^- \rightarrow Cu \quad \text{Redoxpaar 2}$$

Gesamtreaktion:

$$Cu^{2+} + Zn \longrightarrow Cu + Zn^{2+}$$
$$\text{Reduktion } (+2e^-)$$
$$\text{Oxidation } (-2e^-)$$

$E°$ in V	Korrespondierendes Redoxpaar	Ox/Red
+2,87	$F_2(g) + 2e^- \rightleftharpoons 2F^-$	F_2/F^-
+1,51	$MnO_4^-(aq) + 8H^+(aq) + 5e^- \rightleftharpoons Mn^{2+}(aq) + 4H_2O(l)$	MnO_4^-/Mn^{2+}
+1,36	$Cl_2(g) + 2e^- \rightleftharpoons 2Cl^-(aq)$	Cl_2/Cl^-
+1,33	$Cr_2O_7^{2-}(aq) + 14H^+(aq) + 5e^- \rightleftharpoons 2Cr^{3+}(aq) + 7H_2$	$Cr_2O_7^{2-}/Cr^{3+}$
+1,23	$O_2(g) + 4H^+(aq) + 4e^- \rightleftharpoons 2H_2O(l)$	O_2/H_2O
+1,06	$Br_2(l) + 2e^- \rightleftharpoons 2Br^-(aq)$	Br_2/Br^-
+0,96	$NO_3^-(aq) + 4H^+(aq) + 3e^- \rightleftharpoons NO(g) + 2H_2O(l)$	NO_3^-/NO
+0,80	$Ag^+(aq) + e^- \rightleftharpoons Ag(s)$	Ag^+/Ag
+0,77	$Fe^{3+}(aq) + e^- \rightleftharpoons Fe^{2+}(aq)$	Fe^{3+}/Fe^{2+}
+0,68	$O_2(g) + 2H^+(aq) + 2e^- \rightleftharpoons H_2O_2(aq)$	O_2/H_2O_2
+0,59	$MnO_4^-(aq) + 2H_2O(l) + 3e^- \rightleftharpoons MnO_2(s) + 4OH^-(aq)$	MnO_4^-/MnO_2
+0,54	$I_2(s) + 2e^- \rightleftharpoons 2I^-(aq)$	I_2/I^-
+0,40	$O_2(g) + 2H_2O(l) + 4e^- \rightleftharpoons 4OH^-(aq)$	O_2/OH^-
+0,34	$Cu^{2+}(aq) + 2e^- \rightleftharpoons Cu(s)$	Cu^{2+}/Cu
0 [definiert]	$2H^+(aq) + 2e^- \rightleftharpoons H_2(g)$	H^+/H_2
−0,28	$Ni^{2+}(aq) + 2e^- \rightleftharpoons Ni(s)$	Ni^{2+}/Ni
−0,44	$Fe^{2+}(aq) + 2e^- \rightleftharpoons Fe(s)$	Fe^{2+}/Fe
−0,76	$Zn^{2+}(aq) + 2e^- \rightleftharpoons Zn(s)$	Zn^{2+}/Zn
−0,83	$2H_2O(l) + 2e^- \rightleftharpoons H_2(g) + 2OH^-(aq)$	H_2O/H_2
−1,66	$Al^{3+}(aq) + 3e^- \rightleftharpoons Al(s)$	Al^{3+}/Al
−2,71	$Na^+(aq) + e^- \rightleftharpoons Na(s)$	Na^+/Na
−3,05	$Li^+(aq) + e^- \rightleftharpoons Li(s)$	Li^+/Li

Tabelle 7.1: Elektrochemische Spannungsreihe (Standard-Halbzellenpotenziale) einiger ausgewählter Redoxpaare (bei 25 °C in Wasser)

Das vorherrschende Bestreben des Zinks, Elektronen abzugeben, bestimmt die Richtung des Elektronenflusses. Zink ist damit „unedler" als Kupfer. Kupfer hat gegenüber dem Zink ein wesentlich positiveres Halbzellenpotential in der elektrochemischen Spannungsreihe (siehe auch Kapitel 5). In ▶ Tabelle 7.1 sind die Standard-Halbzellenpotenziale einiger ausgewählter Redoxpaare gezeigt.

Die Potentialdifferenz zwischen den beiden Halbzellen, die Spannung eines galvanischen Elementes, wird elektromotorische Kraft EMK genannt. Aufgrund der auftretenden EMK kann ein galvanisches Element elektrische Arbeit verrichten. Für das Daniell-Element ergibt sich somit entsprechend Tabelle 7.2 unter Standardbedingungen ein Potential (eine Spannung) von 1,10 V.

Die poröse Trennwand verhindert die direkte Vermischung der Lösungen, lässt aber den Ionentransport zu. Ohne diese Maßnahme würden sich die Lösungen vermischen und die Cu^{2+}-Ionen würden sich direkt an der Zinkelektrode abscheiden (entsprechend Abbildung 7.3). Somit wäre keine Spannung messbar, da die Redoxreaktion unkontrolliert abliefe. Auch mit einer undurchlässigen Wand kann man keine EMK messen. Da sich während der Reaktion in der 1. Halbzelle eine überschüssige positive Ladung aufbaut (Zn^{2+}-Ionen entstehen) und in der 2. Halbzelle eine überschüssige negative Ladung entsteht (Cu^{2+}-Ionen werden entzogen), wäre die elektrische Neutralität der Lösungen nicht mehr gewährleistet. Es kommt zum Stillstand der Reaktion. Erst durch Wanderung von NO_3^- Ionen von der 2. in die 1. Halbzelle durch das Diaphragma findet der notwendige Ladungsausgleich statt.

Die Ionenwanderung durch die poröse Trennwand ist im Vergleich zur Abscheidung der Cu^{2+}-Ionen an der Kathode ein langsamer Vorgang. Da die Abscheidung aber vom Ladungsausgleich in der Lösung abhängt wird die Abscheidungsgeschwindigkeit von der Diffusion der NO_3^--Ionen durch die poröse Trennwand bestimmt. Dieses Diffusionsproblem kann zu Abweichungen der experimentell gemessenen Werte gegenüber den berechneten Werten führen.

Dagegen kann man Diffusionserscheinungen mithilfe einer sogenannten Salzbrücke weitgehend ausschließen. Unter einer Salzbrücke versteht man ein mit Elektrolytlösung in hoher Konzentration (z. B. $NaNO_3$) gefülltes U-Rohr. Die Öffnungen dieses U-Rohres sind mit durchlässigem Material (zum Beispiel Stopfen aus Filterpapier) versehen. Die Halbzellen sind nun voneinander getrennt und nur über diese Salzbrücke miteinander verbunden. Während der Reaktion übernehmen nun die Ionen der Salzbrücke die Funktion des Ladungsausgleiches. Na^+-Ionen wandern in die 2. Halbzelle, NO_3^--Ionen in die 1. Halbzelle. ▶ Abbildung 7.5 zeigt einen solchen Aufbau.

An ein derartiges galvanisches Element kann nun ein elektrischer Verbraucher angeschlossen werden. So wird z. B. eine Leuchtdiode zum Leuchten gebracht. „Zieht" der Verbraucher aber zuviel Strom, wie z. B. eine Glühlampe, „bricht" der Stromkreis zusammen, da der Ionenfluss für die Übertragung der Elektronen dann nicht mehr schnell genug erfolgen kann. Das Daniell-Element ist eine früh entwickelte Batterie, die allerdings klare Nachteile im täglichen Gebrauch aufweist. Sie wäre z. B.

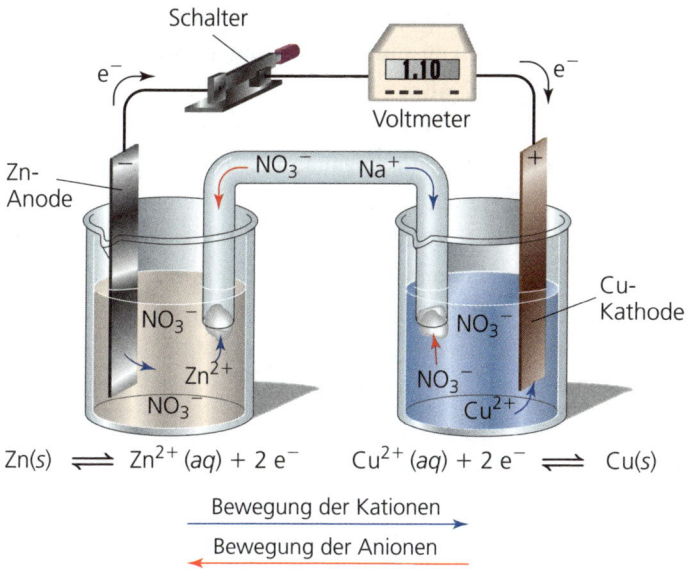

Abbildung 7.5: Das Daniell-Element
Aus: Brown, T.L., LeMay, H.E. & Bursten, E.B. (2007)

nicht wirklich gut für eine Taschenlampe oder den Einbau in elektronischen Geräten geeignet. Daher wurden im Laufe der Zeit viele unterschiedliche Batterietypen entwickelt, in denen die Flüssigkeiten, die Elektrolytlösungen durch feste Elektrolyte ersetzt wurden, sogenannte Trockenbatterien. Eine Ausnahme stellt allerdings immer noch die oben erwähnte Autobatterie dar. Hier wird verdünnte Schwefelsäure (Batteriesäure, ca. 38 %ige H_2SO_4) als Elektrolyt verwendet.

Berechnung von Redoxpotentialen und der EMK 7.3

Die elektromotorische Kraft (EMK) ist eine messbare Potentialdifferenz (ΔE) und berechnet sich aus der Differenz der Redoxpotentiale (E) der beiden Halbzellen nach:

$$EMK = \Delta E = E_{rechts} - E_{links}$$

Hierbei sollte das galvanische Element (der Übersicht halber) so aufgebaut sein, dass die Elektronen von der linken Halbzelle über den metallischen Leiter in die rechte Halbzelle fließen. Die Einzelpotentiale (E) lassen sich allerdings nicht absolut bestimmen, messbar sind nur Potentialdifferenzen. Da man lediglich Potentialdifferenzen misst, lässt sich das Problem mit den absoluten Redoxpotentialen durch Festlegung eines willkürlichen Nullpunktes umgehen. Dieser Nullpunkt wird durch das Redoxpaar H^+/H_2 festgelegt. Das Standardredoxpotential eines H^+/H_2-Halbelementes, der sogenannten Normal-Wasserstoffelektrode, abgekürzt NHE (auch Standardwasserstoffelektrode, SWE), wird per Definition gleich Null gesetzt. Unter Standardbedingungen versteht man in der Elektrochemie eine Temperatur von 25 °C, für Gaselektroden (z. B. NHE) einen Gasdruck von 1,013 bar (1 atm) und für die Lösungen eine Ionenkonzentration von 1 mol/l. Nun kann man jedes beliebige Redoxpaar in einer Halbzelle mit der (NHE) kombinieren und die entsprechenden Potentialdifferenzen messen. Unabhängig vom Elektronenfluss wird bei der Bestimmung der Redoxpotentiale die NHE immer als linke Halbzelle eingesetzt. Die gemessene Spannung entspricht dem jeweiligen Standardredoxpotential des entsprechenden Elementes, die Richtung des Elektronenflusses gibt das Vorzeichen an:

$$\Delta E = E_{rechts} - E_{links} = E_{rechts} - E_{SWE} = E_{Halbzelle} - 0 = E_{Halbzelle}$$

Die EMK als Potentialdifferenz einer freiwillig ablaufenden Redoxreaktion soll nach einer Übereinkunft nur positive Werte annehmen („1. galvanische Konvention"). Beim Aufbau eines galvanischen Elementes zur Bestimmung der EMK wird darauf geachtet, dass $E_{rechts} > E_{links}$ ist. Bei der Bestimmung der Redoxpotentiale wird, unabhängig vom freiwilligen Verlauf der Reaktion, die NHE immer links platziert. Fließen die Elektronen nun von der NHE in die rechte Halbzelle, erhält das entsprechende Redoxpaar ein positives Redoxpotential. Fließen Elektronen von der rechten Halbzelle zur SWE, erhält das Redoxpaar ein negatives Redoxpotential. Redoxpotentiale können demnach, im Gegensatz zur EMK, sowohl positive als auch negative Vorzeichen besitzen.

Da wir unsere meisten Untersuchungen nicht unter Standardbedingungen durchführen können, müssen die Konzentration der beteiligten Stoffe und die Temperatur bei der Berechnung der Potentiale gleichermaßen berücksichtigt werden. Hierfür wird die Nernstgleichung angewendet. Für die Berechnung der Halbzellenpotentiale ergibt sich aus der Nernstschen Gleichung für ein allgemeines Redoxpaar:

oxidierte Form (Ox) + ze⁻ $\rightleftharpoons$ reduzierte Form (Red)

$$E = E^\circ - \frac{RT}{zF} \cdot \ln \frac{[Red]}{[Ox]} = E^\circ + \frac{RT}{zF} \cdot \ln \frac{[Ox]}{[Red]} \qquad \text{Nernstsche Gleichung}$$

R: allgemeine Gaskonstante; $R = 8,31441 \text{ J/(K·mol)}$

F: Faraday-Konstante; $F = 96487 \text{ C/mol}$

T: absolute Temperatur in K

z: Anzahl der bei einem Reaktionsschritt übertragenen Elektronen

[Ox],[Red]:Konzentrationen der Partner des Redoxpaares

E°:   Standardhalbzellenpotential

Häufig verwendet man auch die vereinfachte Form der Nernstschen Gleichung:

$$E = E° + \frac{0,059 \text{ V}}{z} \cdot \log \frac{[Ox]}{[Red]} \quad (T = 25\,°C)$$

Der Ausdruck 0,059 V enthält die Gaskonstante, die Faraday-Konstante sowie den Umrechnungsfaktor von **ln** auf **lg**. Weiterhin enthält der Faktor die Temperatur von $T = 25\,°C$ (298,15 K), d.h., dass diese Form der Nernstschen Gleichung nur bei **dieser** Temperatur Gültigkeit besitzt.

Da Konzentrationen von Feststoffen nicht variabel sind, werden sie als konstante Größen in das Standardhalbzellenpotential mit einbezogen. Für Berechnungen von Halbzellenpotentialen kann man die Konzentration von Feststoffen gleich Eins setzen. Für das Cu/Cu^{2+}-Redoxpaar gilt demnach:

$$Cu^{2+} + 2e^- \rightleftharpoons Cu$$

$$E = E° + \frac{RT}{2F} \cdot \ln\left[Cu^{2+}\right]$$

Zur Bestimmung der EMK mithilfe der Nernstschen Gleichung betrachtet man ein allgemeines galvanisches Element mit folgenden Redoxpaaren:

Linke Halbzelle: $Ox_L + ze^- \rightleftharpoons Red_L$

Rechte Halbzelle: $Ox_R + ze^- \rightleftharpoons Red_R$

Gesamtreaktion: $Ox_R + Red_L \rightarrow Red_R + Ox_L$
                        (freiwillig ablaufende Reaktion)

Aus $EMK = E_{rechts} - E_{links}$ berechnet sich die EMK nach:

$$EMK = E°_R - E°_L + \frac{RT}{zF} \cdot \ln \frac{[Ox_R] \cdot [Red_L]}{[Red_R] \cdot [Ox_L]}$$

$$EMK = EMK° + \frac{RT}{zF} \cdot \ln \frac{[Ox_R] \cdot [Red_L]}{[Red_R] \cdot [Ox_L]}$$

Nernstsche Gleichung für die EMK

Für das Beispiel des Daniell-Elements gilt für die EMK:

$$EMK = EMK° + \frac{RT}{2F} \cdot \ln \frac{[Cu^{2+}]}{[Zn^{2+}]} \left(= EMK° - \frac{RT}{2F} \cdot \ln \frac{[Zn^{2+}]}{[Cu^{2+}]} \right)$$

Galvanische Elemente lassen sich ebenso durch ihr Zellsymbol vereinfacht ausdrücken. Dabei „liest" man den Aufbau eines galvanischen Elementes „von links nach rechts" ab. Für das Daniell-Element lautet das Zellsymbol

Zn / ZnSO$_4$ (x mol/l) // CuSO$_4$ (x mol/l) / Cu

Ein einfacher Schrägstrich symbolisiert eine Phasengrenze, der doppelte Schrägstrich die Trennung der beiden Halbzellen (durch ein Diaphragma oder eine Salzbrücke).

Die EMK von Konzentrationsketten ___ 7.4

In einem galvanischen Element müssen zur Messung einer EMK nicht immer Halbzellen unterschiedlicher Redoxsysteme vorliegen. Da das Halbzellenpotential E von der Konzentration des in der Halbzelle befindlichen Elektrolyten abhängt, lässt sich auch zwischen gleichen Halbzellen mit verschiedener Konzentration eine Potentialdifferenz, also eine EMK messen. Solche galvanischen Elemente nennt man Konzentrationsketten. Je größer der Quotient der Elektrolytkonzentrationen zweier Halbzellen einer Konzentrationskette, desto größer die gemessene EMK. Am Beispiel einer Cu/[Cu^{2+}]$_{niedrig}$//[Cu^{2+}]$_{hoch}$/Cu Konzentrationskette soll das erläutert werden:

Anodenreaktion:
Cu $\rightarrow$ Cu^{2+} + 2e$^-$ Redoxpaar 1: Cu/[Cu^{2+}]$_{niedrig}$

Kathodenreaktion:
Cu^{2+} + 2e$^-$ $\rightarrow$ Cu   Redoxpaar 2: Cu/[Cu^{2+}]$_{hoch}$

Gesamtreaktion:
Cu^{2+} + Cu $\rightarrow$ Cu + Cu^{2+}

Der Strom liefernde Prozess besteht darin, dass die Halbzelle mit der geringeren Konzentration ([Cu^{2+}]$_{niedrig}$) zur Anode wird und Elektronen liefert. Kupfer geht an der Elektrode, in Form von Kupferkationen, in

Lösung. Die Konzentration an Metallkationen wird also in dieser Halbzelle allmählich erhöht. Die Halbzelle mit der höheren Konzentration ($[Cu^{2+}]_{hoch}$) wird zur Kathode. An ihr scheiden sich die Metallkationen als elementares Cu ab, Elektronen werden also verbraucht. Das führt zu einer Verringerung der Metallkationenkonzentration in der Lösung. Eine reine Konzentrationskette (gleiches Redoxsystem in beiden Halbzellen) liefert keinen Strom mehr, wenn beide Konzentrationen identisch sind. Die Nernstsche Gleichung für diese Konzentrationskette lautet:

$$EMK = E^{\circ}_R - E^{\circ}_L + \frac{RT}{zF} \cdot \ln \frac{[Ox]_R \cdot [Red]_L}{[Red]_R \cdot [Ox]_L}$$

$$EMK = E^{\circ}_{Cu} - E^{\circ}_{Cu} + \frac{RT}{2F} \cdot \ln \frac{[Cu^{2+}]_{hoch} \cdot [Cu]}{[Cu] \cdot [Cu^{2+}]_{niedrig}}$$

Da für beide Halbzellen die Standardhalbzellenpotentiale **E°** gleich groß sind und die Konzentrationen für das elementare Cu aus den oben schon erwähnten Gründen wegfallen (Konzentrationen von Feststoffen werden gleich eins gesetzt), ergibt sich folgender einfacher Ausdruck:

$$EMK = \frac{RT}{2F} \cdot \ln \frac{[Cu^{2+}]_{hoch}}{[Cu^{2+}]_{niedrig}} = \frac{0{,}059 \text{ V}}{2} \cdot \log \frac{[Cu^{2+}]_{hoch}}{[Cu^{2+}]_{niedrig}}$$

Bestimmung der Gleichgewichtskonstanten K aus der Standard-EMK 7.5

Nach dem Massenwirkungsgesetz (siehe 3. Kapitel) ist die Gleichgewichtskonstante für eine allgemeine Redoxreaktion:

$$K = \frac{[Ox_L] \cdot [Red_R]}{[Red_L] \cdot [Ox_R]}$$

Was bedeutet das chemische Gleichgewicht für die EMK einer Redoxreaktion? Nach Erreichen des chemischen Gleichgewichtes verlaufen Hin- und Rückreaktion gleich schnell. Dies bedeutet, dass die gemessene EMK gleich Null ist. Man sagt, das galvanische Element ist „ausgebrannt" (die Batterie ist leer). Eingesetzt in die Nernstsche Gleichung für die EMK, erhält man eine Beziehung zwischen der EMK und der Gleichgewichtskonstanten K:

$$EMK_{Gleichgewicht} = 0 = EMK^{\circ} - \frac{RT}{zF} \cdot \ln K$$

Für die Gleichgewichtskonstante lässt sich nun folgende einfache Beziehung ableiten:

für EMK = 0 $\Rightarrow K = e^{\left(\frac{zF}{RT} EMK^{\circ}\right)}$

VERSUCH 1

■ **Aufbau einer Konzentrationszelle**

Aufbau der Apparatur

Die Apparatur besteht aus zwei kleinen Bechergläsern, zwei Elektroden, einer Salzbrücke, einer Halterung für die Elektroden sowie einem Digitalmillivoltmeter (siehe Skizze ▶Abb. 7.6 und Bild auf der Website).

Herstellung der Salzbrücke:

Als Salzbrücke dient ein U-Rohr, das mit 2 mol/L KNO_3 so gut wie möglich gefüllt wird. Zum Verschließen der Enden der Salzbrücke nimmt man jeweils einen etwa 1,5 cm breiten Streifen Filterpapier und rollt ihn eng zu einem Röllchen zusammen. Das Röllchen wird mit der 2 mol/L KNO_3- Lösung getränkt und sollte dann stramm in ein Ende des U-Rohres passen. Vor dem Einsetzen des ersten Filterpapierstöpsels wird das bereits gut gefüllte U-Rohr so geneigt, dass die Elektrolytlösung den Teil des Rohres, der zuerst verschlossen werden soll, vollkommen bis zum Überlaufen ausfüllt.

Danach wird das U-Rohr von der anderen Seite her vollständig mit Lösung gefüllt und dort ebenfalls ein vorher mit KNO_3-Lösung befeuchteter Stöpsel eingedreht. Die fertige Salzbrücke darf keine großen Luftblasen enthalten (dies unterbricht sonst den Ionentransport). Zwischen den Versuchen, wenn die Salzbrücke nicht benutzt wird, wird sie gefüllt und vor dem Austrocknen geschützt aufbewahrt. Dazu werden die Enden mit den Filterpapierverschlüssen mit destilliertem Wasser abgespült. Die Salzbrücke wird dann in das Haltebrettchen (siehe Skizze!) so eingehängt, dass ihre Enden in Bechergläser mit 2 mol/L KNO_3-Lösung eintauchen.

Aufbau der Elektroden

Als metallischer Teil der Elektroden dienen schmale Blechstreifen, die mit einem Ende in Krokodilklemmen eingeklemmt werden. An diesen Krokodilklemmen befinden sich Metallstifte, die jeweils durch einen durchbohrten Gummistopfen geschoben werden können. Dadurch sind die Elektroden in der Höhe verstellbar. Das obere Ende des Metallstiftes muss mithilfe einer weiteren Krokodilklemme mit dem entsprechenden, richtigen Eingang des

Messinstrumentes verbunden werden. Der Gummistopfen wird in einen Schlitz eines Haltebrettchens gesteckt. Das Haltebrettchen hat vier Schlitze, die paarweise angeordnet sind, sodass die Salzbrücke jeweils durch zwei zusammengehörige Langlöcher passt und damit zwei darunter befindliche Bechergläser verbinden kann.

Durchführung des Experiments

In zwei 50 mL-Bechergläser pipettiert man genau jeweils 30 mL einer 0,1 mol/L $CuSO_4$-haltigen Lösung.

Nach dem Eintauchen der Cu-Elektroden und der Salzbrücke beobachtet man die Zellspannung mit dem Digitalvoltmeter. Der Wert sollte nahe bei Null liegen (warum?). Ist dies nicht der Fall, sind häufig die Cu-Elektroden korrodiert. Man reinigt sie durch kurzes Eintauchen in halbkonzentrierte Salpetersäure (*Abzug!*) in einem kleinen Becherglas und spült sie danach mit demineralisiertem Wasser gründlich ab. Die Anzeige am Voltmeter sollte etwa ½ Minute konstant bleiben und nicht mehr als etwa + oder − 1 mV betragen. Hierzu schal-

tet man das Messgerät mehrfach kurzzeitig an, liest ab und schaltet wieder aus. Das Messgerät nicht längere Zeit eingeschaltet lassen! Warum sollte das Messgerät nicht längere Zeit eingeschaltet bleiben?

Für den Versuch wird $[Cu^{2+}]_+$ konstant gehalten und $[Cu^{2+}]_-$ verringert. Aus dem linken der beiden Bechergläser werden nun x mL herauspipettiert (der Wert wird Ihnen vom Assistenten mitgeteilt) und durch exakt (Pipette!) dieselbe Menge an 0,5 mol/L Na_2SO_4-Lösung ersetzt; anschließend wird umgerührt. Man misst die Zellspannung erneut und liest nach Einstellung konstanter Werte ab.

Die ursprüngliche Konzentration war 0,1 mol/L Cu^{2+}. Nach Entnahme von x mL und Auffüllen auf das ursprüngliche Volumen beträgt die Konzentration jetzt ____ mol/l.

Der Faktor $\log \dfrac{[Cu^{2+}]_+}{[Cu^{2+}]_-}$ beträgt _____ .

Der Erwartungswert für die Zellspannung der Konzentrationszelle ist daher ____ mV, gemessen wurden ____ mV.

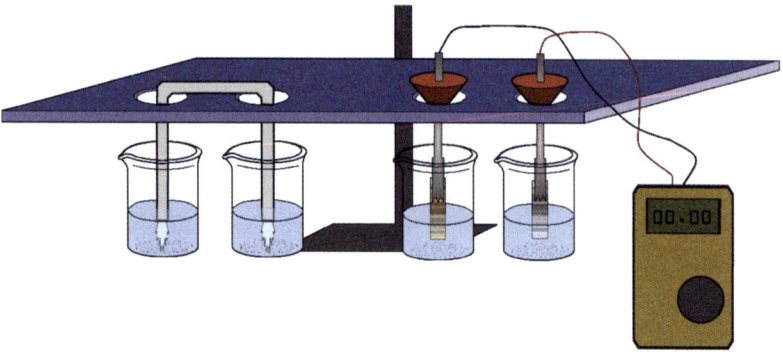

Abbildung 7.6: Versuchsaufbau

VERSUCH 2

■ **Bestimmung der EMK eines Daniell-Elements (Zn/ZnSO$_4$//CuSO$_4$/Cu)**

Ersetzen Sie die linke Halbzelle der Apparatur in Versuch 1 durch eine Zn/ZnSO$_4$-Halbzelle, indem Sie etwa 30 mL der ausstehenden 0,1 mol/L ZnSO$_4$-Lösung in ein 50 mL-Becherglas geben. Ein schmaler Streifen Zinkblech dient als metallischer Teil der Elektrode. Das Zinkblech muss gereinigt werden, bevor es in die ZnSO$_4$-Lösung getaucht wird. Dazu wird es an einem Ende 1 bis 2 cm tief in halb konzentrierte Salzsäure (konzentrierte HCl und demineralisiertes Wasser im Verhältnis 1:1) getaucht. Sofort nach dem Eintauchen muss das Blech herausgenommen und mit demineralisiertem Wasser abgespült werden, da das Zinkblech sonst schwarz und für den Versuch unbrauchbar wird. An der Salzbrücke, die bei vorherigen Messungen

mit beiden Seiten in CuSO$_4$-Lösung eingetaucht war, wird an der linken Seite der Filterpapierstopfen erneuert. Das Einsetzen des Verschlusses erfolgt, wie vorher beschrieben. Nach dem Zusammenbau des galvanischen Elementes wird kurz gewartet (etwa 2 Minuten) und dann die Spannung gemessen. Abgelesen wird, sobald der Messwert für einige Sekunden stabil bleibt. Das Messgerät wird dann auch hier sofort wieder ausgeschaltet. Geben Sie die Reaktionsgleichungen der Halbzellen, der Gesamtreaktion sowie die gemessene und berechneten EMK-Werte an. Wie lange würde eine Spannung messbar sein, bzw. wann würde die Reaktion zum Erliegen kommen?

Wie bereits unter 7.1 beschrieben, kann ein galvanisches Element durch zwei unterschiedliche Metalle und einen Elektrolyten erzeugt werden. Ein Potential, eine Spannung, lässt sich daher sogar messen, wenn man seine Hände auf zwei unterschiedliche Metallplatten legt und den Strom-

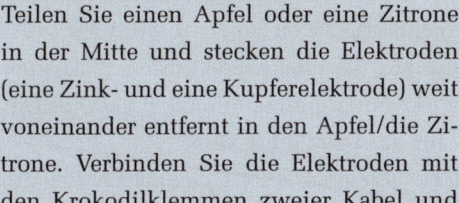

VERSUCH 3

■ **Strom aus Früchten**

Teilen Sie einen Apfel oder eine Zitrone in der Mitte und stecken die Elektroden (eine Zink- und eine Kupferelektrode) weit voneinander entfernt in den Apfel/die Zitrone. Verbinden Sie die Elektroden mit den Krokodilklemmen zweier Kabel und die anderen Enden der Krokodilklemmen mit dem Voltmeter. Was beobachten Sie? Gibt es einen Unterschied zwischen einer evtl. gemessenen Spannung von Äpfeln und Zitronen? Warum?

kreis mit einem Voltmeter schließt. Die Feuchte unserer Hände stellt hier den Elektrolyten dar. (▶Abbildung 7.7)

Somit lässt sich ein einfaches Daniell-Element durch die Kombination von einem Zinkblech und einem Kupferblech auch die Elektrolytvariation etwas anders konstruieren. Bekannt sind hier zum Beispiel Cola-Batterien (hier dient die Cola als Elektrolyt) oder die Kartoffel- bzw. Zitronen-Batterie. Natürlich lässt sich auch anderes Obst oder Gemüse hierfür verwenden (Ausprobieren! Aber das Obst danach nicht mehr essen! Warum?).

Abbildung 7.7: Hände haben Potential

Versuchen Sie mit einer solchen Obst-Batterie allerdings auch einen elektrischen Verbraucher zu betreiben, z. B. eine kleine Glühlampe, bricht Ihre Spannung sofort zusammen. Warum? Erst das Zusammenschalten mehrerer solcher Batterien erlaubt Ihnen einen ganz schwachen elektrischen Verbraucher, z. B. eine Leuchtdiode (oder eine kleine Digitaluhr) zu betreiben.

Prinzipiell lässt sich jede Redoxreaktion für die Konstruktion eines galvanisches Elements heranziehen. Sicherlich eines der interessantesten Systeme ist die mit Wasserstoff betriebene Brennstoffzelle. Hier wird Wasserstoff mit Sauerstoff nicht einfach verbrannt (Knallgasreaktion) sondern die Reaktion wird elektrochemisch durchgeführt. „Verbrennungsprodukt" ist natürlich auch hier wieder nur Wasser. Leider lässt sich Wasserstoff bislang nicht in großen Mengen erhalten, ohne dazu richtig viel Energie aus anderen Quellen (Kohlekraftwerke, Atomkraftwerke, etc.) einzusetzen. Ein weiteres Problem sind die Membranmaterialien der Zellen in der Brennstoffzelle.

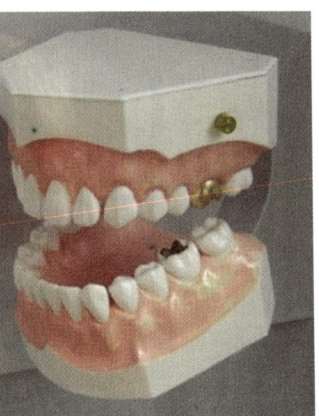

Abbildung 7.8: Eine Zahnbatterie macht wenig Freude.

Unser Mund beziehungsweise unsere Zunge reagieren sehr empfindlich bereits auf recht geringe Ströme. Haben wir Zahnfüllungen aus Metall empfinden wir ein unangenehmes Gefühl, zum Beispiel wenn wir aus Versehen mit der Schokolade auch etwas Aluminiumfolie in den Mund bekommen haben. Amalgame sind Quecksilberlegierungen, die bereits seit etwas über 200 Jahren in der Zahnmedizin als Füllmaterial eingesetzt werden. Enge Nachbarschaft zu einer Goldfüllung (▶Abbildung 7.8) wirkt sich negativ aus, da hier wiederum ein Lokalelement ausgebildet wird. Dies bewirkt unter anderem, dass auch Quecksilberionen gebildet werden, die für uns recht giftig sind.

Während ein galvanisches Element durch chemische Reaktionen Strom liefert, wird bei der Elektrolyse Strom umgekehrt dazu benutzt, chemische Reaktionen zu bewirken. Strom ist hier der „chemische Reaktionspartner".

Die Normalpotentiale der elektrochemischen Spannungsreihe werden wie oben beschrieben (Abschnitt 7.3) gegenüber der Normalwasserstoffelektrode (NHE) bestimmt. Allerdings kann man das Normalpotential auch mithilfe eines anders aufgebauten galvanischen Elements bestimmen.

VERSUCH 4

■ Elektrolyse

Tauchen Sie ein Zinkblech zur Hälfte in eine ammoniakalische Kupfersulfatlösung (Becherglas). Erwartungsgemäß sollten Sie die Abscheidung von metallischem Kupfer auf dem Blech beobachten können. Zur Umkehrung der Reaktion verwenden Sie eine Lösung aus Zinksulfat und Ammoniumchlorid, in die Sie ein Kupferblech und ein Zinkblech einbringen, die mit einer Batterie über Krokodilklemmen verbunden werden. ACHTUNG: Verwenden Sie hier nicht zwei Bechergläser, die durch eine Salzbrücke getrennt sind, und verwenden Sie auch nicht das Messgerät, sondern eine Batterie! Achten Sie darauf, dass sich die beiden Elektroden auf *keinen Fall* berühren (***Kurzschluss!***).

Wie müssen die Pole der Batterie geschaltet sein, damit sich ein Zinküberzug auf dem Kupferblech bildet und was geschieht, wenn man die Batterie umpolt?

ANWENDUNGEN

Derartige Elektrolysen nennt man in der Technik galvanisieren und die in Ihrem Versuch verwendete Zinksulfat/Ammoniumchloridlösung ist daher die Galvanisierlösung. Viele Gegenstände aus Ihrem Alltag wurden galvanisiert. So lässt sich zum Beispiel auf diese Weise einfacher Kupfer- oder Nickelschmuck versilbern oder vergolden. Das heißt, der Gegenstand wird mit einer sehr dünnen Schicht des edleren Metalls überzogen. Bevor Autos vorwiegend aus Kunststoff gebaut wurden, erhielt man den gesamten Chromzierrat der Straßenkarossen durch einen Galvanisierprozess.

VERSUCH 5

- **Bestimmung des Normalpotentials einer Ag/Ag$^+$-Halbzelle mithilfe des galvanischen Elements Cu/CuSO$_4$//AgNO$_3$/Ag**

An der Salzbrücke, die bei den vorherigen Messungen mit beiden Seiten in CuSO$_4$-Lösung eingetaucht war, wird an einer Seite der Filterpapierstopfen erneuert. Die Seite der Salzbrücke mit dem neuen Stopfen wird auf der Seite der Ag/AgNO$_3$-Halbzelle verwendet. Etwa 30 mL der ausstehenden 0,1 mol/L AgNO$_3$/0,4 mol/L KNO$_3$-Lösung wird in ein 50 mL Becherglas gegeben. Ein schmaler Streifen Silberblech dient als metallischer Teil der Elektrode. Das Silberblech wird an einem Ende auf 1 bis 2 cm Länge mit konzentrierter Salpetersäure und gut mit destilliertem Wasser abgespült, bevor es in die AgNO$_3$-Lösung getaucht wird. Als zweite Halbzelle des galvanischen Elementes wird eine Cu/CuSO$_4$-Elektrode benutzt, deren Potential durch Verdünnen der Kupfersulfatlösung verändert wird. Es werden genau 30 mL der 0,1 mol/L CuSO$_4$/0,4 mol/L Na$_2$SO$_4$-Lösung in ein 50 mL-Becherglas gegeben. Als Metall dient wiederum ein etwa 1 cm breiter Streifen Kupferblech, der an einem Ende mit halbkonzentrierter Salpetersäure (siehe oben) gereinigt wird.

Nach dem Zusammenbau des galvanischen Elementes wird kurz gewartet (etwa 2 Minuten) und dann die Spannung gemessen. Das Messgerät wird dann sofort wieder ausgeschaltet. Nach weiteren 2 Minuten wird erneut kurz gemessen. Es können so mehrere Messungen gemacht werden. Der Messwert sollte nicht zu stark schwanken (1 bis 2 mV). Es kann ein Mittelwert gebildet werden, der auf ganze Millivolt gerundet wird.

Nun wird die Konzentration der Cu^{2+}-Lösung stufenweise herabgesetzt. Es werden 20 mL (d.h. 2/3) der Lösung herauspipettiert und durch exakt 20 mL 0,5 mol/L Na_2SO_4-Lösung ersetzt, anschließend wird umgerührt. Man misst die Zellspannung erneut und nach Einstellung konstanter Werte wird abgelesen und notiert. Dieses Verdünnungsverfahren wird mit demselben Becherglas noch weitere fünfmal fortgesetzt.

Bei höheren Verdünnungen sollte man besonders darauf achten, dass das Messgerät nicht länger angeschaltet bleibt, als zur Messung unbedingt notwendig, d.h. man schaltet auf den Millivoltbereich, liest ab und schaltet das Gerät wieder aus. Wenn man das Messgerät zu lange angeschaltet lässt, fließt eine gewisse Strommenge, sodass das Elektrodenpotential beeinflusst wird.

Die Silberelektrode ist die positive Elektrode in diesem galvanischen Element. Der folgende Vorgang läuft spontan ab:

$$2\,Ag^+ + Cu \rightarrow Cu^{2+} + 2\,Ag$$

Die zugehörigen Halbzellenpotentiale sind:

$$E_{Ag} = E°(Ag/Ag^+) + 0{,}059V\,\log[Ag^+]$$
$$E_{Cu} = E°(Cu/Cu^{2+}) + 0{,}059V/2\,\log[Cu^{2+}]$$

Diese Zelle liefert eine EMK von:

$$\Delta E = E°(Ag/Ag^+) + 0.059V\,\log[Ag^+] - (E°(Cu/Cu^{2+}) + 0{,}059V/2\,\log[Cu^{2+}])$$

$$\Delta E = E°(Ag/Ag^+) - E°(Cu/Cu^{2+}) + 0{,}059V/2\,\log\frac{[Ag^+]^2}{[Cu^{2+}]}$$

Das Standardpotential $E°(Cu/Cu^{2+})$ beträgt 0,34 V.

Tragen Sie die gemessenen Spannungen in folgende Tabelle ein:

Verdünnungsschritt	keiner	1	2	3	4	5
$\dfrac{[Ag^+]^2}{[Cu^{2+}]}$	0,1					
$\dfrac{0{,}059\ V}{2}\cdot\log\dfrac{[Ag^+]^2}{[Cu^{2+}]}$						
ΔE (gemessen)						

Nun wird $(0{,}059V/2){\cdot}\log([Ag^+]^2/[Cu^{2+}])$ gegen die gemessene Spannung der galvanischen Kette aufgetragen. Der Wert des Ordinatenabschnitts $E°(Ag/Ag^+) - E°(Cu/Cu^{2+})$.

Ihr Koordinatensystem sollte wie folgt aussehen *(eigene Werte auf Millimeterpapier auftragen)*:

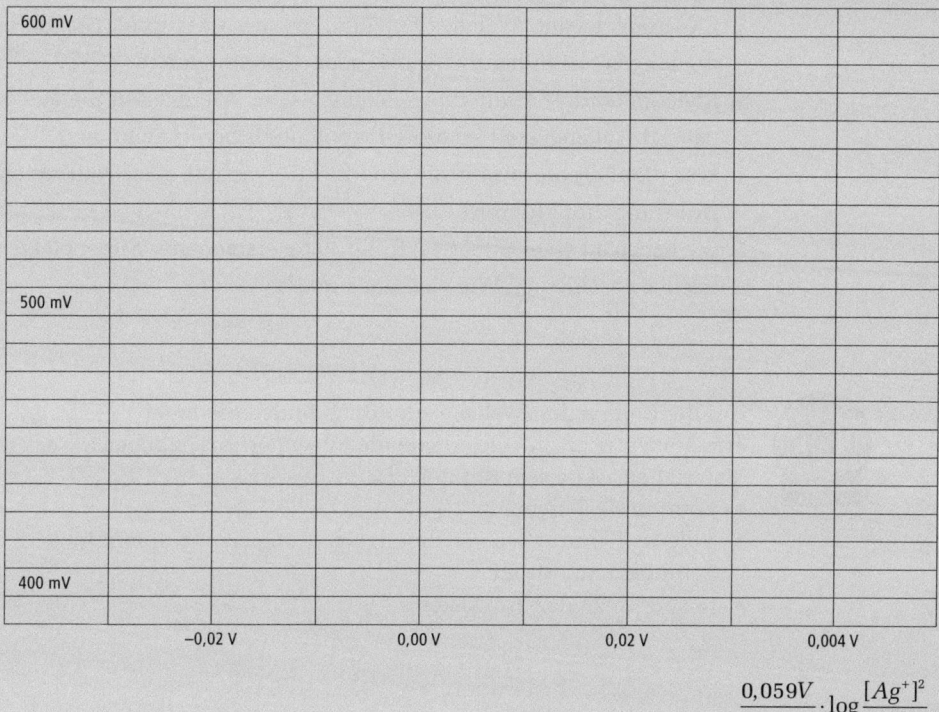

$$\frac{0{,}059V}{2} \cdot \log \frac{[Ag^+]^2}{[Cu^{2+}]}$$

Mit $E°(Cu/Cu^{2+}) = 0{,}34$ V ergibt sich für das Standardpotential der Halbzelle Ag/Ag^+: .... V. Vergleichen sie ihren ermittelten Wert mit dem Literaturwert.

Übungsaufgaben

1. Geben Sie die chemischen Gleichungen für die Reaktionen an, die in einer Autobatterie stattfinden.
2. Sie haben ein galvanisches Element mit einer Silber- und einer Nickel-Elektrode gebaut. Welches Potential erwarten Sie unter Standardbedingungen? Ist Silber die Anode oder die Kathode?
3. Redoxpotentiale können pH-abhängig sein. Wie müssen Sie eine solche pH-Abhängigkeit eines Redoxpotentials berücksichtigen?
4. Was erhalten Sie, wenn Sie eine Elektrolyse mit einer Natriumchloridlösung durchführen?
5. Sie haben an einer Silberelektrode 30,5 g elementares Silber elektrolytisch abgeschieden. Wie viel mol sind das?

Auf der Companion-Website zum Buch finden Sie unter
http://www.pearson-studium.de die folgenden zusätzlichen
Materialien zu diesem Kapitel:
- Fotos der Laborgeräte
- Videos: Elektrolytische Schnellvergoldung einer Kupfermünze; Schreiben mit Strom
- Lösungen zu den Aufgaben

Kationen- und Anionenanalyse

8

ÜBERBLICK

Hintergrund   8.1

In der analytischen Chemie (Analytik vom griechischen: analyein = auflösen) wird etwas systematisch untersucht, eine Analyse durchgeführt. Hier wird ein Stoff auf seine Bestandteile genau untersucht. Dabei kann es sich um einfache Verbindungen handeln (z. B. ob ein weißes Pulver Kochsalz ist oder nicht) aber auch Stoffe, die aus vielen Einzelkomponenten zusammengesetzt sind (z. B. Kaffee) bis hin zu komplexen Biomolekülen.

Die analytische Chemie wird in qualitative Analyse und quantitative Analyse sowie instrumentelle Analytik eingeteilt, aber auch in anorganische analytische Chemie und organische analytische Chemie. Die Analytik ist ein eigenständiger Bereich der Chemie. Kaum ein chemischer Bereich ist ohne die analytische Chemie denkbar, da viele Experimente auf analytischen Methoden beruhen – bis hin zu Messungen, bei denen die Probe nicht einmal zur Verfügung steht (z. B. Spektralanalyse des Lichts von anderen Sternen, die Lichtjahre entfernt sind). Die Strukturanalyse von Reinstoffen wird oft nicht der analytischen Chemie, sondern mehr den Materialwissenschaften (Werkstoffwissenschaften) zugerechnet (z. B. die Analyse der Zusammensetzungen von Legierungen).

Fortschritte in der analytischen Chemie ermöglichen oftmals erst Erkenntnisse in anderen Wissensgebieten und können sogar gesellschaftliche Veränderungen auslösen und beeinflussen. So wurde das heute übliche Umweltbewusstsein erst dann in weiten Kreisen der Bevölkerung verankert, als Messungen kleiner Spuren von Schadstoffen (Spurenanalyse) in vielen Bereichen durchgeführt werden konnten. Neben der Entwicklung neuer oder verbesserter Aufschluss-, Trenn- und Messmethoden beschäftigt sich die analytische Chemie auch mit der Qualitätssicherung von Analysenverfahren.

Fachgebiete, die sich mit der Analytischen Chemie befassen, sind zum Beispiel die Lebensmittelchemie, Bioanalytik, Umweltanalytik, Klinische Chemie und Toxikologie.

In diesen Bereichen sind folgende Hauptaufgaben der Analytik von mehr oder weniger großer Bedeutung:

1. Bestimmung des Reinheitsgrades eines Stoffes oder eines Stoffgemisches.

2. Zusammensetzung von Stoffgemischen und Identifikation von Stoffen durch Nachweisreaktionen (z.B. Anionennachweise und Kationennachweise wie unten beschrieben, ggf. mit vorausgehendem Kationentrennungsgang).

3. Spurenanalytik (Bestimmung geringer Konzentrationen eines Stoffes)

4. Bestimmung der chemischen Formel (als Summenformel oder Strukturformel).

5. Bestimmung physikalischer Eigenschaften wie Löslichkeit, Dampfdruck, Schmelzpunkt, Siedepunkt, Flammpunkt etc.

6. Entwicklung von Geräten und Methoden zur Bestimmung der oben genannten Eigenschaften.

Bereits früher war es von großer Bedeutung in der Chemie, selbst Spuren vorhandener Stoffe noch nachweisen zu können. Das bereits im ersten Kapitel beschriebene Beispiel des Arsens zeigt diese Bedeutung im Hinblick auf die Kriminalistik: Die Marshsche Probe ist eine analytische Nachweisreaktion in der Chemie und wurde in der Gerichtsmedizin erfolgreich eingesetzt. Ein modernes Beispiel ist der Kampf gegen Doping im Sport. Hier musste und konnte die Analytik verbessert werden, um die verbotenen Doping-Substanzen erfolgreich nachweisen zu können.

Die instrumentelle Analytik hat in den letzten Jahrzehnten extreme Fortschritte gemacht. Heute lassen sich viele Proben qualitativ und quantitativ mit modernen Analysemethoden wie zum Beispiel der Massenspektrometrie untersuchen.

Der zeitliche Rahmen des Praktikums erlaubt nicht die Anwendung aufwendiger physikalisch-chemischer Analyseverfahren. Solche Methoden werden Sie aber in Ihren Studienfächern in der Folge kennenlernen. Trotz der modernen Analysemethoden sind auch die länger bekannten analytischen Verfahren nicht veraltet. Der Entwicklung von neuen apparativen Methoden geht sehr häufig die Untersuchung verschiedener Vorgänge und Reaktionen voraus. Dabei bedient man sich meist der sog. „Nasschemie". Dies sind in der Regel spezifische Nachweisreaktionen,

---

ANWENDUNGEN

Sehr interessant ist zudem, dass die Geräteentwicklung oft auch die Entwicklung von Untersuchungsmethoden in völlig anderen Bereichen vorangetrieben oder sogar erst ermöglicht hat. So sind inzwischen NMR-Techniken (NMR = Nuclear Magnetic Resonance) Standard-Untersuchungsmethoden für die Analyse organischer Moleküle. Auf diesen Grundlagen sind auch die MRT-Untersuchungsgeräte (MRT = Magnetresonanztomographie) für die medizinische Diagnostik entwickelt worden. Alle diese Untersuchungen lassen sich über die Prinzipien der Kernspinresonanz erklären. Nicht zu vergessen ist dabei die parallele Entwicklung von Kontrastmitteln für MRT-Untersuchungen. Hier werden z. B. Metallkomplexe des Gadoliniums eingesetzt.

deren Entwicklung und Ursprung zum Teil bereits im Mittelalter begann. Auch die Untersuchung komplex zusammengesetzter Stoffsysteme erfordert meist eine Auftrennung und nasschemische Analyse einiger der darin enthaltenen Komponenten. Zum Beispiel ist heute bekannt, dass Kaffee aus ungefähr 1000 Stoffen zusammengesetzt ist. Geht es in der Analyse etwa darum, zu überprüfen, ob überhaupt ein bestimmter Stoff in der zu analysierenden Substanz enthalten ist, dann ist oftmals eine nasschemische Analyse schneller, als ein Nachweis über ein Messgerät. Im Folgenden werden Sie daher einige recht einfache Analysen, Nachweisreaktionen für einige wichtige Anionen und Kationen, kennenlernen. Diese Nachweisreaktionen sind auch als Vorproben oder Einzelnachweise bekannt.

Trennungsgang 8.2

Zur Analytik gehört neben den spezifischen Nachweisreaktionen für die verschiedenen Stoffe auch die Trennung von Stoffgemischen unbekannter Zusammensetzung. Dafür wurden sog. Trennungsgänge entwickelt.

Unter einem Trennungsgang versteht man in der analytischen Chemie eine methodische Vorschrift, bei der eine unbekannte gelöste Substanz mithilfe spezieller Reagenzien in einzelne Stoffgruppen getrennt wird (▶ siehe Abbildung 8.1). Man erreicht das durch selektives Überführen in schwer lösliche Niederschläge, die dann abgetrennt werden

Abbildung 8.1: Nasschemischer Kationentrennungsgang

können. Die überstehende Lösung wird auf die nächste Gruppe geprüft. Die so erhaltenen Gruppen, die nach ihren Fällungsreagenzien benannt sind, werden dann weiter aufgearbeitet, bis schließlich mithilfe spezifischer Nachweisreaktionen Aussagen über die qualitative Zusammensetzung der Probe gemacht werden können. Der klassische Kationentrennungsgang beruht in erster Linie auf dem Löslichkeitsprodukt (siehe Kapitel 3) der jeweiligen Chloride, Sulfide und Oxide. Da das Löslichkeitsprodukt stark pH-abhängig ist, kann man eine zusätzliche Trennung erreichen.

Eine Analysenlösung wird mit einem Fällungsreagenz versetzt. Dieses Fällungsreagenz bildet mit einigen Ionen schwer lösliche Verbindungen, welche nun durch Filtration abgetrennt werden können. Die in dem Filterkuchen enthaltenen Kationen können jetzt weiter aufgearbeitet und analysiert werden. Die noch in der Lösung verbliebenen Kationen werden mit einem weiteren Fällungsmittel versetzt, um so eine weitere Gruppe schwer löslicher Verbindungen abzutrennen. Dieser Vorgang wird mit allen bekannten Fällungsmitteln durchgeführt, bis sich nur noch leicht lösliche Kationen in der Lösung befinden. Eine umfangreiche Fällung lässt sich mit Schwefelwasserstoff durchführen (siehe auch Kapitel 3). Der Gestank nach faulen Eiern hat daher früher oft in den Anfängerpraktika die Laborluft verpestet. Schwefelwasserstoff kann auch im Quellwasser vorkommen. Diese Brunnen werden Faulbrunnen genannt. Ein Brunnen mit einem sehr hohen H_2S-Gehalt befindet sich in Weilbach in der Nähe des Frankfurter Flughafens (▶ Abbildung 8.2).

Erst vor Kurzem hat man neben dem Stickstoffmonoxid und dem Kohlenmonoxid auch den Schwefelwasserstoff als eine interessante Verbindung für die Medizin entdeckt. Zum Zeitpunkt der Herausgabe dieses Buches wurden zum Beispiel Untersuchungen durchgeführt, wie gut H_2S geeignet ist, Patienten ins künstliche Koma zu versetzen. Es wird aufschlussreich sein, zu erfahren, bei welchen biochemischen Prozessen H_2S eine Rolle spielt.

Abbildung 8.2: Faulbrunnen in Weilbach (die weißen Ablagerungen sind elementarer Schwefel)

Je nach verwendetem Fällungsmittel und pH-Wert lassen sich die Kationen in verschiedene Gruppen ausfällen:

Fällungsmittel	Gruppe	Kationen
HCl-Lösung	HCl-Gruppe	Ag^+, Pb^{2+}, …
H_2S-Lösung	H_2S-Gruppe	Cu^{2+}, Sb^{3+}, Bi^{3+}, Sn^{2+}, …
$(NH_4)_2S$-Lösung	$(NH_4)_2S$-Gruppe	Ni^{2+}, Co^{2+}, Fe^{2+}, Mn^{2+}, …

Da ein solcher Trennungsgang einen großen Zeitaufwand zur Folge hat, ist seine Durchführung im Rahmen dieses Praktikums nicht möglich. Wir beschränken uns daher nur auf einige Einzelnachweise.

Kationennachweis durch Flammenfärbung

8.3

Anregung von Elektronen führt wie bereits im Kapitel 6 über die Komplexchemie angesprochen zu dem Phänomen Farbe. Werden Elektronen durch Wärme (Bunsenbrenner oder bei der Verbrennung einer Substanz) angeregt gelangen sie so in höhere Energiezustände. Beim „Zurückfallen" auf niedrigere Energieniveaus geben sie die so aufgenommene Energie in Form von Licht charakteristischer Wellenlänge wieder ab.

$$\text{Metallion} + \text{Energie} \rightarrow \{\text{angeregter Zustand}\}^* \rightarrow \text{Metallion} + h \bullet \nu$$

Genaue Spektralanalysen zeigten, dass jedes Element ein charakteristisches Linienspektrum aufweist und so sehr genau detektiert werden kann. Darauf aufbauend gibt es daher heute genaue Messgeräte für die Analyse einzelner Elemente in einer zu untersuchenden Probe. Einige Elemente zeigen aber bereits eine sehr deutliche Flammenfärbung (▶ Abbildung 8.3), so dass diese Elemente sich einfach über die Flammenfarbe nachweisen lassen.

Abbildung 8.3: Flammenfarben

Insbesondere die Salze der Alkali- und Erdalkalimetalle zeigen solche schönen Effekte und werden daher gerne auch in Feuerwerkskörpern verwendet (z. B. Strontiumnitrat für eine rote und Bariumnitrat für eine grüne Flamme).

ANWENDUNGEN

Wie man die Flammenfärbung im praktischen Leben anwenden kann, zeigte der Chemiker R. W. Wood. Er pflegte sein Essen in einer kleinen Pariser Pension einzunehmen. Als es Geflügel gab, bestreute er zum Erstaunen seiner Tischnachbarn die Knochenreste auf den Tellern mit einem weißen Pulver. Am nächsten Tag hatte er einen kleinen Spiritusbrenner mitgebracht und tropfte etwas von der Suppe in die Flamme. Als sie sich rot färbte, nickte er befriedigt mit dem Kopf. „Das dachte ich mir" erläuterte er den verwunderten Pensionsgästen, „ich wollte nur wissen, ob die Knochen nochmals zur Suppe kommen. Darum habe ich sie gestern mit Lithiumchlorid bestreut…" (aus: Römpp/Raaf. Chemische Experimente die gelingen, Kosmos Verlag 1976).

VERSUCH 1

■ **Flammenfärbung**

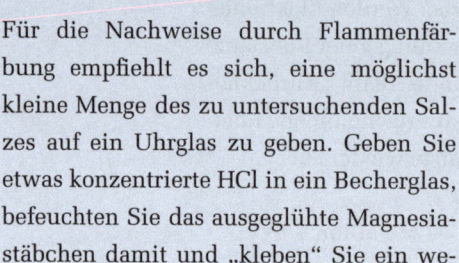

Für die Nachweise durch Flammenfärbung empfiehlt es sich, eine möglichst kleine Menge des zu untersuchenden Salzes auf ein Uhrglas zu geben. Geben Sie etwas konzentrierte HCl in ein Becherglas, befeuchten Sie das ausgeglühte Magnesiastäbchen damit und „kleben" Sie ein wenig Substanz daran.

ACHTUNG! Da bei dieser Vorgehensweise immer etwas HCl verdampft, darf auf diese Weise ausschließlich in den Abzügen gearbeitet werden!

Natrium

Bringen Sie ein Magnesiastäbchen in die innere, helle Zone einer Bunsenbrennerflamme und glühen Sie es, bis keine Flammfärbung mehr sichtbar ist. Bringen Sie das Stäbchen im Anschluss in eine kleine Menge einer festen, natriumhaltigen Verbindung (z.B. NaCl), danach wieder in die Flamme. Welche Färbung der Flamme beobachten Sie? Beurteilen Sie die Leuchtdauer und Intensität der Flamme?

Lithium

Verfahren Sie, wie bei natriumhaltigen Verbindungen beschrieben, unter Verwendung eines lithiumhaltigen Salzes. Welche Färbung der Flamme beobachten Sie? Beurteilen Sie die Leuchtdauer und Intensität der Flamme?

VERSUCH 2

■ **Nachweis von Kupfer(II)-Ionen**

a) Versetzen Sie 1 mL der zu analysierenden Lösung (in diesem Fall Kupfersulfatlösung) mit konzentriertem Ammoniak im Überschuss. Was beobachten Sie (Farbe etc.)? Wie lautet die Reaktionsgleichung?

Geben Sie anschließend in dieselbe Analysenlösung konzentrierte Salzsäure im Überschuss. Was beobachten Sie (Farbe etc.)? Geben Sie auch hier wieder die Reaktionsgleichung an.

b) Versetzen Sie ca. 1 mL Ihrer Analysenlösung mit ca. 1 mL Kaliumiodid-Lösung. Was beobachten Sie und wie lautet die Reaktionsgleichung?

Erhitzen Sie das Gemisch im Anschluss eine Minute zum Sieden. Was beobachten Sie hier?

Kationennachweis durch Fällungs- und/oder Farbreaktionen

8.4

Einige der folgenden Farbreaktionen haben Sie schon in vorangegangenen Kapiteln kennengelernt. Hier dienen sie als Nachweisreaktionen.

Im Komplexchemie-Kapitel haben Sie bereits das Berliner Blau kennengelernt. Anstelle des Nachweises mit Thiocyanat-Ionen lassen sich Eisen(III)-Ionen auch mit gelben Blutlaugensalz als Berliner Blau nachweisen. Liegt das Eisensalz aber als Fe(II)-Salz vor funktioniert der Nachweis so nicht. Entweder muss das Fe(II) zu Fe(III) oxidiert werden oder

VERSUCH 3

■ **Nachweis von Eisen(III)-Ionen**

a) Versetzen Sie ca. 1 mL der zu analysierenden Lösung (in diesem Fall FeCl$_3$-Lösung) mit Ammoniumthiocyanat-Lösung (nicht zu großen Überschuss verwenden). Was beobachten Sie (Farbe etc.)? Wie lautet die Reaktionsgleichung?

Geben Sie anschließend Natriumfluorid-Lösung im Überschuss zu. Was beobachten Sie (Farbe etc.)? Geben Sie auch hier wieder die Reaktionsgleichung an.

b) Versetzen Sie ca. 1 mL Ihrer Analysenlösung mit ca. 1 mL Kaliumiodid-Lösung. Was beobachten Sie und wie lautet die Reaktionsgleichung?

Erhitzen Sie das Gemisch im Anschluss eine Minute zum Sieden. Was beobachten Sie hier?

VERSUCH 4

■ **Nachweis von Eisen(II)-Ionen**

Stellen Sie sich selbst eine Analysenlösung her, die Eisen(II)-Ionen enthält. Zu ca. 2 mL dieser Lösung geben Sie tropfenweise eine Lösung von Kaliumhexacyanidoferrat(III) (rotes Blutlaugensalz) zu.

Was beobachten Sie (Farbe etc.)? Geben Sie auch hier wieder die Reaktionsgleichung an.

VERSUCH 5

- **Nachweis von Nickel(II)-Ionen**

a) Versetzen Sie ca. 1 mL Ihrer Analysenlösung (NiSO$_4$-Lösung) mit konzentriertem Ammoniak im Überschuss.
Was beobachten Sie? Geben Sie die Reaktionsgleichung an.
Anschließend geben Sie in dieselbe Analysenlösung konzentrierte HCl im Überschuss zu.
Was beobachten Sie? Wie lautet die Reaktionsgleichung?

b) Versetzen Sie ca. 1 mL Ihrer Analysenlösung mit ca. 1 mL Dimethylglyoxim-Lösung. Die Analysenlösung muss neutral sein. Sie darf keinesfalls stark sauer sein (pH-Kontrolle!).
Was beobachten Sie? Geben Sie die Strukturformel des Komplexes an.

es muss wie im Versuch 4 rotes Blutlaugensalz als spezifisches Reagens eingesetzt werden.

Lange wurde vermutet, dass es sich hier um eine andere blaue Verbindung als Berliner-Blau handelt. Der Farbstoff wurde als Turnbulls-Blau bezeichnet. Inzwischen weiß man allerdings, dass Turnbulls- Blau identisch mit Berliner- Blau ist und sich nur durch seine Herstellung unterscheidet.

Nickel ist ein Metall, welches eine breite Anwendung findet. Zum Beispiel enthalten es viele Münzen oder auch Schmuck. Dies ist problematisch für alle, die unter einer sogenannten Nickelallergie leiden. Oftmals ist bei einem Gegenstand, zum Beispiel einer Münze, nicht zu erkennen, ob er Nickel enthält oder nicht. Das Auflösen einer kleinen Probe dieses Gegenstands und die anschließende Umsetzung der Analysenlösung mit Dimethylglyoxim zeigen recht eindeutig, ob Nickel vorhanden ist.

Anionennachweise   8.5

Mineralwasser enthält, wie der Name schon sagt, Mineralien. Mineralien sind Salze, die vom Wasser aus dem Gestein/Erde gelöst wurden.

So enthält Mineralwasser zum Beispiel Natrium-, Calcium- und Magnesiumsalze. Als Anionen finden wir hier vorwiegend Chlorid, Hydrogencarbonat und Sulfat. Analytische Laboratorien bestimmen den Gehalt der Mineralstoffe (Anionen und Kationen) und Sie finden die Ergebnisse dieser Untersuchungen auf dem Etikett Ihres Mineralwassers (▶Abbildung 8.4).

in mg/l. Diese Werte sind durch laufende Kontrollen bestätigt.

Kationen:

Natrium (Na^+)	30,0
Kalium (K^+)	11,7
Magnesium (Mg^{2+})	48,0
Calcium (Ca^{2+})	380,0

Anionen:

Fluorid (F^-)	1,1
Chlorid (Cl^-)	41,0
Sulfat (SO_4^{2-})	502,0
Hydrogenc. (HCO_3^-)	787,0

Abbildung 8.4: Ausschnitt aus dem Etikett einer Mineralwasserflasche

VERSUCH 6

■ **Chlorid-Nachweis**

Stellen Sie sich eine Analysenlösung selbst her, die das entsprechende Ion enthält (z.B. aus Kochsalz). Säuern Sie die Probe mit verdünnter Salpetersäure an und prüfen den pH-Wert. Geben Sie dann ca. 1 mL Silbernitratlösung dazu. Was beobachten Sie? Geben Sie die Reaktionsgleichung an.

Geben Sie jetzt verdünnte Ammoniaklösung im Überschuss hinzu. Was ist passiert? Geben Sie wieder die Reaktionsgleichung an.

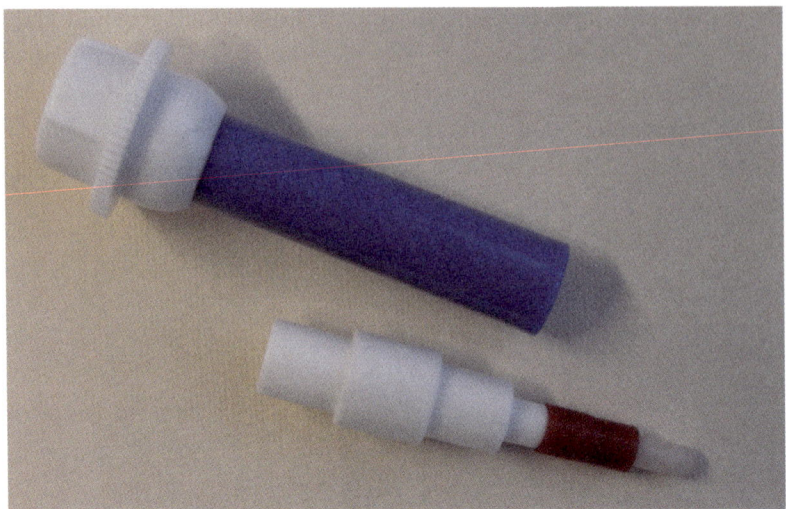

Abbildung 8.5: Höllenstein enthält festes Silbernitrat.

Das für den Chloridnachweis verwendete Silbernitrat fand früher Verwendung als sogenannter Höllenstein, zur Entfernung von Warzen (▶Abbildung 8.5). Verdünnte $AgNO_3$-Lösungen wurden bis vor wenigen Jahren neu geborenen Kindern in die Augen getropft, um eine Gonoblennorrhoe (eitrige Bindehautentzündung) zu verhindern, die zur Erblindung führen kann.

Ein Carbonat- oder ein Hydrogencarbonatnachweis erfolgt über die Freisetzung von Kohlendioxid. Mithilfe einer stärkeren Säure wird die schwächere Kohlensäure aus ihren Salzen vertrieben. Kohlensäure ist nicht stabil und zerfällt sofort in Kohlendioxid und Wasser. Das freiwerdende Kohlendioxid kann dann erneut als schwer lösliches Bariumcarbonat gefällt werden.

Ein Gärröhrchen wird, wie der Name schon sagt, bei der alkoholischen Gärung verwendet. Aufgesetzt auf einen Glasballon kann man die Gärung (Gasblasen) des Mosts zum Wein hier sehr gut beobachten. Das Gärröhrchen verhindert außerdem durch seinen Flüssigkeitsverschluss das Eindringen von Schmutz und Bakterien (warum darf ich bei der Weinherstellung den Behälter nicht einfach zuschrauben?). Bei der alkoholischen Gärung füllt man das Gärröhrchen nur mit Wasser, nicht mit Bariumhydroxidlösung! Bariumhydroxidlösung ist giftig und dient nur dem Nachweis von Kohlendioxid im Labor.

Natriumsulfat ist auch als Glaubersalz bekannt und nach dem Chemiker Johann Rudolph Glauber benannt. Es dient als Abführmittel. Bariumsulfat ist extrem schwer löslich. Es hat ein sehr kleines Löslichkeitspro-

VERSUCH 7

■ **Carbonat-Nachweis**

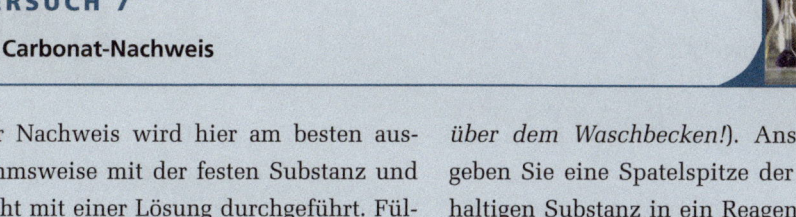

Der Nachweis wird hier am besten ausnahmsweise mit der festen Substanz und nicht mit einer Lösung durchgeführt. Füllen Sie zunächst vorsichtig ein Gärröhrchen (in einem Stopfen) mit Bariumhydroxidlösung und achten Sie darauf, dass Ihnen die Lösung beim Befüllen nicht vollständig unten herausläuft (über einem Becherglas oder Ähnlichem arbeiten, *NICHT* *über dem Waschbecken!*). Anschließend geben Sie eine Spatelspitze der carbonathaltigen Substanz in ein Reagenzglas und übergießen diese mit wenig (ca. 1–2 mL) konzentrierter HCl. Setzen Sie *sofort* danach das befüllte Gärröhrchen auf das Reagenzglas. Was beobachten Sie? Geben Sie eine Reaktionsgleichung an.

VERSUCH 8

■ **Sulfat-Nachweis**

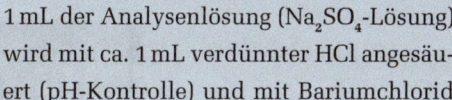

1 mL der Analysenlösung (Na$_2$SO$_4$-Lösung) wird mit ca. 1 mL verdünnter HCl angesäuert (pH-Kontrolle) und mit Bariumchlorid versetzt. Was beobachten Sie? Geben Sie die Reaktionsgleichung an.

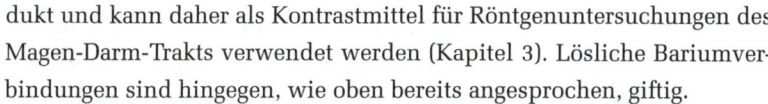

dukt und kann daher als Kontrastmittel für Röntgenuntersuchungen des Magen-Darm-Trakts verwendet werden (Kapitel 3). Lösliche Bariumverbindungen sind hingegen, wie oben bereits angesprochen, giftig.

Nitrat-Ionen sollten eigentlich nur in sehr geringer Menge in ihrem Mineralwasser sein. Es kann durch nitratreiche Böden (zum Beispiel durch Überdüngung) ins Wasser gekommen sein. Der korrekte Nachweis erfordert ein wenig Geschicklichkeit.

Nachdem Sie Ihre Versuche 1–9 beendet haben, dürfen Sie noch ein interessantes Abschlussexperiment durchführen: die Analyse einer unbekannten Substanz. Diese erhalten Sie von Ihrem Assistenten oder Ihrer Assistentin. Hier sollen Sie mit den gerade erlernten Methoden bestimmen, um was für eine Substanz es sich handelt.

VERSUCH 9

■ **Nitrat-Nachweis**

Führen sie diesen Versuch im Abzug durch! Stellen Sie sich eine wässrige Lösung von Eisen(II)sulfat her, indem sie eine Spatelspitze $FeSO_4$ in ca. 5 mL **kaltem** Wasser lösen. 1 mL der Analysenlösung (KNO_3) wird mit 1–2 mL verdünnter H_2SO_4 angesäuert (pH-Kontrolle!!!) und danach mit der frisch zubereiteten $FeSO_4$-Lösung versetzt. Jetzt lässt man vorsichtig 1–2 mL konzentrierte Schwefelsäure (p. A. im Abzug) (*Vorsicht, ätzend*! **Konzentrierte Schwefelsäure entwickelt große Wärmemengen beim Vermischen mit Wasser und neigt dann zum Verspritzen!!**) tropfenweise an der inneren Wand des schräg gehaltenen Reagenzglases herunterlaufen. Die Schwefelsäure sammelt sich wegen ihrer höheren Dichte in einer Schicht unter der wässrigen Lösung an. An der Berührungsfläche der beiden Flüssigkeitsschichten bildet sich ein violetter bis brauner Ring.

Geben Sie die **zwei** Reaktionsgleichungen an, die für die Entstehung des braunen Ringes verantwortlich sind.

Üben Sie diesen Nachweis mehrfach, bis er Ihnen wirklich gelingt. Der häufigste Fehler liegt im Vermischen der Analysenlösung mit der konzentrierten Schwefelsäure.

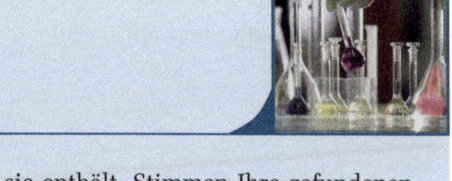

VERSUCH 10

■ **Analyse einer unbekannten Substanz**

Sie erhalten ein Ihnen unbekanntes Salz. Wiederholen Sie mit dieser Probe die Vorversuche, die Sie in den Versuchen 1–9 kennengelernt haben, und finden sie heraus, welches Kation und welches Anion sie enthält. Stimmen Ihre gefundenen Ionen nicht mit denen Ihres Assistenten überein, wiederholen Sie den Versuch. Achten sie darauf, das zu untersuchende Salz nicht zu verunreinigen.

Bereits im 1. Kapitel dieses Buches haben Sie etwas über die korrekte Durchführung von Experimenten erfahren. Insbesondere bei den hier beschriebenen analytischen Versuchen gibt es eine große Zahl von Fehlermöglichkeiten. Hier sollen nur die mögliche Verunreinigung der Reagenzien und Störreaktionen als Beispiele genannt werden. Umso wichtiger sind daher bei analytischen Untersuchungen die im Kapitel 1 beschriebenen Blindproben.

Übungsaufgaben

1. Warum müssen Sie bei vielen Ihrer Analysen die Probenlösung eigentlich ansäuern?
2. Wie heißen die Produkte, die entstehen, wenn Schwefelwasserstoff mit Metallkationen in Lösung reagiert?
3. Bei der Überprüfung Ihres destillierten (entmineralisierten) Wassers vor einer Analyse beobachten Sie, dass dieses mit Silbernitratlösung einen weißen Niederschlag gibt, der sich in Ammoniaklösung wieder auflöst. Worum handelt es sich und was sagt Ihnen dieses Ergebnis?
4. Sie haben ein Mineral gefunden, welches wie Gold aussieht. Es handelt sich aber um Pyrit (Eisensulfid), welches auch als Katzengold bezeichnet wird. Was geschieht, wenn Sie Pyrit mit Salzsäure umsetzen?
5. Was ist Königswasser?

Auf der Companion-Website zum Buch finden Sie unter
http://www.pearson-studium.de die folgenden zusätzlichen
Materialien zu diesem Kapitel:

- Fotos der Laborgeräte
- Videos: Flammenfarbe einer Lithiumverbindung; eine Fällungs-
  reaktion mit H_2S und korrekte Durchführung der Nitrat-Ring-Probe
- Lösungen zu den Aufgaben

Trennung organischer Verbindungen

9

ÜBERBLICK

LERNZIELE

Sie sollten nach Bearbeitung dieses Kapitels

- die wichtigsten Methoden der Trennung von Stoffgemischen kennen.
- die physikalischen Hintergründe der Trennmethoden verstehen.
- mit den für die Trennung benötigten Geräten umgehen können.
- anhand eines Trennproblems entscheiden können, welche Methodik angewandt werden kann.

Die Chemie beschäftigt sich mit der Untersuchung von Substanzen und Substanzgemischen. Insbesondere in Anwendungen hat man es häufig mit Substanzgemischen zu tun. Dabei ist es oft nahezu unmöglich, einzelne Bestandteile des Gemisches direkt in der Mischung zu identifizieren, hierfür muss die Mischung erst in ihre Einzelsubstanzen getrennt werden. In der Medizin wollen Sie z. B. einen Test auf Inhaltsstoffe des Urins oder des Blutes durchführen, sei es um eine Diagnose zu untermauern oder um Drogen oder Doping-Mittel nachzuweisen (womit wir eher in der Gerichtsmedizin wären). Auch hierbei werden die genommenen Proben erst aufgearbeitet und viele der enthaltenen (störenden) Substanzen dabei abgetrennt. Für die Trennung macht man sich die unterschiedlichen physikalische Eigenschaften wie Löslichkeit, Schmelz- und Siedepunkt oder Polarität der unterschiedlichen Substanzen zunutze. Die wichtigsten Trennmethoden werden im Folgenden besprochen, wobei diese Methoden nicht spezifisch für die organische Chemie sind, es handelt sich vielmehr um generelle Trennmethoden in der Chemie.

Löslichkeit 9.1

Sie haben bereits in früheren Kapiteln gelernt, dass anorganische Salze unterschiedlich gut in Wasser löslich sind und dies beim Nachweis von bestimmten Ionen ausgenutzt. Auch organische Verbindungen kann man aufgrund ihrer Löslichkeit unterscheiden und diese Eigenschaft zur Trennung einer gut löslichen von einer schlecht löslichen Verbindung nutzen. Wir werden uns dieses Prinzip der Trennung von Substanzgemischen im Folgenden genauer ansehen.

ANWENDUNGEN

Ein typisches Beispiel ist Aspirin (Acetylsalicylsäure, ▶ Abbildung 9.1). Die Verbindung enthält eine Carbonsäure-Gruppe. In neutraler wässriger Lösung (oder im Basischen) liegt diese deprotoniert als Carboxylation vor. Da Ionen sich meist gut in Wasser lösen, löst sich auch Acetylsalicylsäure in Wasser. Im Magen herrschen jedoch saure Bedingungen. Bei der Magensäure handelt es sich um wässrige Salzsäure, 0,1mol/L – 0,01mol/L, das entspricht einem pH-Wert von 1–2 (nach ausgiebigen Mahlzeiten kann es zu einer Erhöhung des pH-Wertes kommen, bedingt durch Verdünnung sowie die Puffer-Wirkung einiger Nahrungsmittel). In saurem Milieu wird das Carboxylat jedoch protoniert als Carbonsäure vorliegen. Dadurch ist der Wirkstoff kein Ion mehr und löst sich folglich schlechter. Daher kann die bei der Aufnahme gelöste Acetylsalicylsäure im Magen wieder ausfallen. Hierbei können kleine Acetylsalicylsäure-Kristalle gebildet werden, die die Magenwand verletzen können.

saure Bedingungen

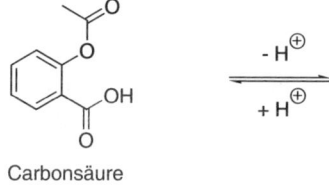

Carbonsäure

schlechter löslich

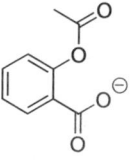

neutrale und alkalische Bedingungen

Carboxylat

besser löslich

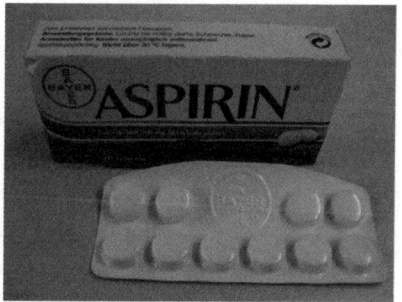

Abb. 9.1: pH-abhängige Löslichkeit von Aspirin (Acetylsalicylsäure) in wässrigen Lösungen

ANWENDUNGEN

Bei der Bearbeitung von Lebensmitteln werden einzelne Bestandteile „aus dem Lebensmittel gelöst", was man auch als Extraktion bezeichnet. So wird Kaffee entkoffeiniert, indem man (z.B. mit superkritischem Kohlendioxid) das Koffein herauslöst. Zu Hause extrahieren wir dann das Kaffeepulver (oder die Teeblätter) mit heißem Wasser und entfernen den Rückstand durch Filtration. Bei der Herstellung von Käse werden die Milchproteine mithilfe von Enzymen so modifiziert, dass sie ausfallen und abgetrennt werden können. Zurück bleibt nur noch die Molke.

9.1.1   Lösungsmitteleigenschaften

Wenn man sich die Löslichkeit als Eigenschaft zur Trennung zunutze machen möchte, muss man sich zunächst mit den Eigenschaften unterschiedlicher Lösungsmittel auseinandersetzen. Die wichtigste Eigenschaft eines Lösungsmittels ist die Polarität. Wichtig für die Polarität ist eine ungleiche Ladungsverteilung im Molekül. Sie tritt auf, wenn Elemente unterschiedlicher Elektronegativität miteinander verbunden sind. Je größer die Differenz in der Elektronegativität ist, desto größer ist auch die Polarität der entsprechenden Bindung. Ist die Ladungsverteilung symmetrisch um das Molekülzentrum angeordnet, so ist die Verbindung insgesamt unpolar. Erst bei einer Ladungsasymmetrie spricht man von einer mehr oder weniger stark polaren Substanz. Drei Beispiele hierfür finden Sie in ▶Abbildung 9.2.

Das Maß für die Polarität einer Verbindung ist das Dipolmoment μ, das aus der Ladungsasymmetrie resultiert. (Man spricht bei einer Verbindung mit einem Dipolmoment auch von einem Dipol.) Das bekannteste polare Lösungsmittel ist Wasser. Die O-H-Bindung ist stark polarisiert, und der H-O-H-Winkel beträgt weniger als 180° (104,5°). Daraus ergibt sich eine Ladungsasymmetrie, und Wasser ist demnach ein Dipol (wäre der Winkel 180°, würden sich die Effekte der beiden O-H-Bindungen aufheben. Das hieraus resultierende Dipolmoment wäre Null).

Als Beispiele für extrem unpolare Lösungsmittel gelten die flüssigen Kohlenwasserstoffe wie Hexan oder Cyclohexan. Die schwache Polarisierung der C-H-Bindung wird durch die nahezu symmetrische tetraedrische Anordnung um jedes C-Atom kompensiert. Dies kann man sehr gut auch am Beispiel von Tetrachlormethan erkennen. Die C-Cl Bindungen sind hier zwar – aufgrund des Unterschiedes in der Elektronegativität zwischen Kohlenstoff und Chlor – polar, durch die tetraedrische Anordnung heben sich die vier C→Cl Dipole in der Summe jedoch auf. Folglich besitzt das Molekül insgesamt kein Dipolmoment. Beim Aceton hingegen ist die C-O Doppelbindung stark polar. Dies kann man auch mithilfe einer mesomeren Grenzformel illustrieren (Abbildung 9.2). Folglich zählt Aceton zu den polaren Lösungsmitteln.

Auch andere Eigenschaften der Verbindungen werden durch die Polarität der Moleküle bestimmt, wie zum Beispiel Schmelz- und Siedepunkte. Wasser besitzt einen sehr hohen Schmelz- und Siedepunkt im Vergleich zu Methan CH_4, obwohl beide eine vergleichbare Masse besitzen. Dies hängt damit zusammen, dass Wassermoleküle durch Wasserstoffbrücken stark miteinander vernetzt sind, während die Methanmoleküle viel schwächer (über van der Waals-Wechselwirkungen) miteinander inter-

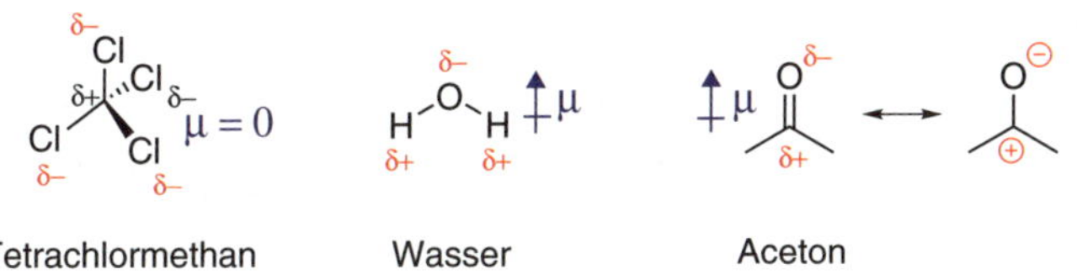

Tetrachlormethan   Wasser   Aceton

Abb. 9.2: Ladungsverteilung und Dipolmomente

agieren. Dabei gilt es immer, das gesamte Molekül zu betrachten. Während man Ethanol (mit einem kurzen Alkylrest) als polares Lösungsmittel bezeichnen würde, ist der Alkohol Decanol (mit einem langen unpolaren Alkylrest) eher unpolar und nicht beliebig mit Wasser mischbar.

Die Grenzen der Einteilung sind bei der Polarität daher nicht absolut scharf. Bei Anwendungen reicht es häufig, eine relative Einschätzung vornehmen zu können, etwa Lösungsmittel A ist deutlich polarer als Lösungsmittel B.

Neben den Wertigkeiten polar und unpolar unterteilt man Lösungsmittel auch aufgrund ihrer Fähigkeit, H-Brücken ausbilden zu können. Lösungsmittel, die dazu in der Lage sind, verfügen meist über acide (leicht deprotonierbare) Wasserstoffatome. Dies sind normalerweise Wasserstoffe, die an ein deutlich elektronegativeres Zentrum gebunden sind (z. B. an Sauerstoff oder Stickstoff; Beispiele wären Methanol, Essigsäure oder Butylamin). Solche Lösungsmittel bezeichnet man als protische Lösungsmittel, während Lösungsmittel, die keine H-Brücken ausbilden können, aprotische Lösungsmittel genannt werden. Da über H-Brücken insbesondere Anionen gut gelöst werden können, sind Salze oft in protischen Lösungsmitteln besser löslich als in aprotischen. Einige gängige Beispiele für polar-protische, polar-aprotische und unpolare Lösungsmittel finden Sie in ▶ Abbildung 9.3.

Es kommen nicht nur reine Lösungsmittel zum Einsatz, sondern auch Lösungsmittelgemische, wobei hier die resultierende Polarität genau einstellbar ist. Allerdings sind längst nicht alle Lösungsmittel in jedem Verhältnis miteinander mischbar, wofür die folgende Faustregel gilt: Gleiches mischt sich mit Gleichem. Sie können also Wasser und Ethanol unbegrenzt miteinander mischen, während es bei einer Mischung aus Wasser und Cyclohexan zur Ausbildung zweier Phasen kommt.

> **Achtung:** Polarität kann sich innerhalb einer Stoffgruppe auch ändern.

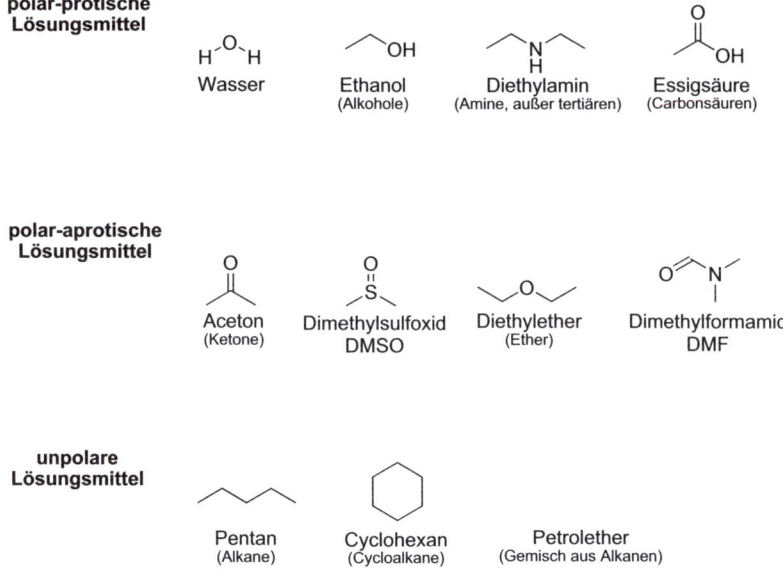

Abbildung 9.3: Einige gängige Lösungsmittel und ihre Einteilung

9.1.2 Lösungen

Um eine Aussage darüber machen zu können, ob und in welchem Maße sich zwei Verbindungen miteinander mischen, muss man die Polarität der Moleküle beziehungsweise der einzelnen funktionellen Gruppen, sowie deren Anordnung im Molekül kennen. Nach der genannten Faustregel werden polare Verbindungen oder Ionen besonders gut in polaren (protischen) Lösungsmitteln und unpolare Verbindungen gut in unpolaren Lösungsmitteln gelöst.

In organischen Molekülen ist dabei das Verhältnis zwischen den meist polaren funktionellen Gruppen und dem unpolaren Kohlenwasserstoffgerüst von Bedeutung. Überwiegt dabei der Anteil der polaren Komponenten, löst sich die Verbindung besser in polaren Lösungsmitteln, überwiegt der unpolare Rest, löst sich die Verbindung in unpolaren Lösungsmitteln.

Man unterscheidet hier auch zwischen hydrophilen (wasserliebenden) und lipophilen (fettliebenden) funktionellen Gruppen oder Kohlenwasserstoffresten. Polare funktionelle Gruppen steigern demnach die Hydrophilie einer Substanz.

ANWENDUNGEN

Bei Reinigungs- und Waschvorgängen im Alltag wenden wir das Prinzip „Gleiches mischt sich mit Gleichem" immer wieder an. So können wir beim Waschen polare (hydrophile) Verunreinigungen leicht mit Hilfe von Wasser (ebenfalls polar und protisch) ablösen. Bei unpolaren (lipophilen) Verunreinigungen – wie Fetten – wird es schwieriger. Hier werden Tenside als Hilfsmittel eingesetzt, die neben einer polaren Gruppe über einen unpolaren (lipophilen) Rest verfügen (siehe hierzu auch Kapitel 15). Hilft auch das nicht, so muss man auf unpolare Lösungsmittel wie „Reinigungsbenzin" (ein Kohlenwasserstoff) zurückgreifen. Bei der chemischen Reinigung von Textilien werden dann auch genau solche Lösungsmittel eingesetzt.

Auch die Temperatur der Lösung spielt bei der Löslichkeit eine große Rolle, wobei in der Regel (aber nicht immer) die Löslichkeit mit steigender Temperatur zunimmt. Da bei organischen Verbindungen, anders als bei anorganischen Salzen (Löslichkeitsprodukt, Anion und Kation müssen berücksichtigt werden), die Löslichkeit nur von der Konzentration einer Komponente abhängt, spricht man von einer Sättigungskonzentration dieser Komponente, die stark temperaturabhängig ist. Oberhalb dieser Sättigungskonzentration ist die Lösung in Bezug auf diese Komponente übersättigt. Meist löst man eine Verbindung unter Erwärmen und kühlt danach ab. Sinkt die Temperatur unter einen bestimmten Wert ab, wird die Sättigungskonzentration überschritten. Die Verbindung kann nun aus der Lösung auskristallisieren, sie muss dies aber nicht. Eine Verbindung kristallisiert nur dann aus, wenn Kristallkeime vorhanden sind. Diese können spontan in der Lösung entstehen oder von außen als Impfkristall zugegeben werden. Man kann auch durch Reiben mit einem Glasstab an der Innenwand des Gefäßes oder durch Verunreinigungen aktive Oberflächen schaffen, an welchen sich Kristalle abscheiden können.

9.1.3 Mischbarkeit von Flüssigkeiten

Die Löslichkeit einer Reihe organischer Stoffgruppen kann durch Zugabe von Reagenzien verändert werden. So lösen sich Ionen generell besser in Wasser als neutrale Moleküle. Dies wird z. B. beim Abtrennen von

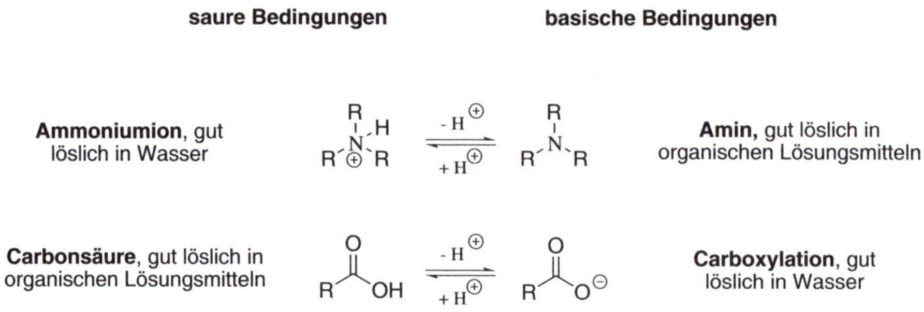

saure Bedingungen basische Bedingungen

Ammoniumion, gut
löslich in Wasser

$$R-\overset{\oplus}{\underset{R}{N}}\overset{R}{\underset{}{\overset{|}{}}}-H \quad \underset{+H^{\oplus}}{\overset{-H^{\oplus}}{\rightleftharpoons}} \quad R-\overset{R}{\underset{R}{N}}$$

Amin, gut löslich in
organischen Lösungsmitteln

Carbonsäure, gut löslich in
organischen Lösungsmitteln

$$R-\overset{O}{\overset{\|}{C}}-OH \quad \underset{+H^{\oplus}}{\overset{-H^{\oplus}}{\rightleftharpoons}} \quad R-\overset{O}{\overset{\|}{C}}-O^{\ominus}$$

Carboxylation, gut
löslich in Wasser

Abb. 9.4: pH-abhängige Löslichkeit von Aminen und Carbonsäuren

Aminen aus Gemischen deutlich. Wäscht man die organische Mischung mit einer verdünnten Säure, so wird das Amin zum Ammoniumion protoniert (▶Abbildung 9.4). Dieses Kation löst sich meist gut in Wasser, sodass es in der wässrigen Phase vorliegt. In dieser kann es durch Zusatz von einer Base wieder deprotoniert werden, wobei die Löslichkeit in Wasser herabgesetzt wird, das Amin scheidet sich ab. Ganz analog kann mit Carbonsäuren verfahren werden (wobei diese im alkalischen zu Carboxylaten deprotoniert werden können).

Bevor Sie beginnen, mit organischen Verbindungen zu experimentieren, müssen Sie sich unbedingt informieren, wo sich im Laboratorium die Entsorgungsbehälter für organische Abfälle befinden und wie Sie die verwendeten Gerätschaften hinterher spülen sollen. In den meisten Laboratorien stehen hierfür Spritzflaschen mit Aceton und/oder Ethanol bereit.

Zusätzlich sind fast alle organischen Lösungsmittel leicht entzündlich und flüchtig. Sie müssen daher unbedingt Zündquellen beim Arbeiten mit Lösungsmitteln vermeiden und unter dem Abzug arbeiten.

Die Kenntnis, wo der nächste Feuerlöscher, die Notdusche und die Fluchtwege sind, sollten Sie bereits aus den vorangegangen Versuchstagen haben.

VERSUCH 1

■ Qualitative Bestimmung der Löslichkeit unterschiedlich
polarer Verbindungen in Wasser und in Cyclohexan

Geräte:	Chemikalien:
14 Reagenzgläser	Cyclohexan
Reagenzglasständer	Wasser
Messpipette	Ethanol
Peleusball	1-Pentanol
1-Pentanol	
Ethylenglycol	
Eisessig	

Durchführung:

In jeweils sieben Reagenzgläser füllt man
3 mL Wasser beziehungsweise Cyclohexan
ein. Sodann wird jeweils 1 mL der folgenden Verbindungen einerseits zum Wasser,
andererseits zum Cyclohexan gegeben (zu
jedem Reagenzglas nur eine Verbindung geben!!! Bringen Sie die Reagenzgläser nicht
durcheinander, Sie müssen hinterher noch
wissen welche Substanzen sich in welchem Reagenzglas befinden!!!): Ethanol,
1-Pentanol, Ethylenglykol (1,2-Ethandiol),
Eisessig (konzentrierte Essigsäure), Essigsäureethylester, Aceton und 3-Pentanon.

Dann schüttelt man jede Probe kurz durch
und stellt anschließend fest, ob ein ho-
mogenes Gemisch (die Substanz hat sich
gelöst) entstanden ist oder ob sich zwei
Phasen (die Substanz hat sich nicht gelöst)
gebildet haben. Bei den Substanzen, bei
denen Sie eine Löslichkeit/Mischbarkeit
notiert haben, geben Sie erneut 1 mL der
jeweiligen Verbindung zu und beobachten
Sie das Resultat nach erneutem Schütteln.

Fassen Sie in einer Tabelle zusammen,
in welchem der beiden Lösungsmittel sich
die jeweilige Substanz gut löst (nach 1 und
2 mL Zugabe gelöst) bzw. mäßig gut löst
(nach 1 mL Zugabe Lösung, bei Zugabe des
2 mL keine vollständige Löslichkeit mehr).
Zeichnen Sie die Strukturformeln der jeweiligen Substanzen: Teilen Sie diese
dann anhand des Aufbaus in polar protische, polar aprotische und unpolare Verbindungen ein. Begründen Sie dies kurz
und vergleichen Sie Ihre Überlegungen
mit den experimentellen Ergebnissen.

Wenn sich ein Bestandteil einer Mischung gut in einem polaren Lösungsmittel löst, die übrigen Bestandteile hingegen nicht, so kann man die Mischung in einer Kombination aus polarem und unpolarem Lösungsmittel
aufnehmen (z. B. Wasser und Ether). Diese beiden Lösungsmittel mischen sich nicht, sodass man zwei getrennte flüssige Phasen erhält (ähnlich wie Wasser und Öl). In unserem Beispiel hat sich dann im polaren
(protischen) Wasser der polare Bestandteil der ursprünglichen Mischung
gelöst, während sich die unpolaren Anteile im unpolaren Lösungsmittel
wiederfinden werden.

ANWENDUNGEN

Die Eigenschaften eines Stoffes, insbesondere auch seine Polarität, ist entscheidend dafür, wo er sich „bevorzugt aufhält" und ob er bestimmte Orte überhaupt erreichen kann. Dies ist von grundlegender Bedeutung für die Umweltwissenschaften (z. B. wo reichern sich Schadstoffe an und wie gelangen sie dahin?) wie auch für die Ernährungswissenschaften und die Medizin. In der Pharmakologie werden Sie sich z. B. mit der Frage beschäftigen, ob ein Wirkstoff in eine Zelle gelangen kann. Hierfür muss er die Zellmembran passieren, die im Inneren lipophil ist, an ihren beiden Außenseiten jedoch hydrophil (▶ Abbildung 9.5). Damit ein Wirkstoff diese Barriere überwinden kann (ohne einen Transportmechanismus zu nutzen), sollte er ausreichend lipophil sein, um vom extrazellulären Bereich ins Innere der Membran gelangen zu können. Ist er allerdings zu lipophil, so besteht das Risiko, dass er diesen Bereich nicht mehr verlässt und nicht (oder kaum) in den intrazellulären Bereich vordringt.

Für die Aufnahme von Aminen ist daher ein leicht basisches Milieu günstig, während für Carbonsäuren ein leicht saures Milieu förderlich ist (vergleiche Abbildung 9.5).

Auch für die Frage der Darreichungsform eines Wirkstoffes spielen die Polarität und andere Eigenschaften der Verbindung eine entscheidende Rolle. Beispielhaft seien hier die Frage der Wasserlöslichkeit sowie (eventuell unerwünschte) Wechselwirkungen mit der Magensäure bei oraler Verabreichung genannt. Es ist daher bereits bei der Wirkstoffentwicklung von Bedeutung, die Eigenschaften des potentiellen Wirkstoffs richtig einzuschätzen.

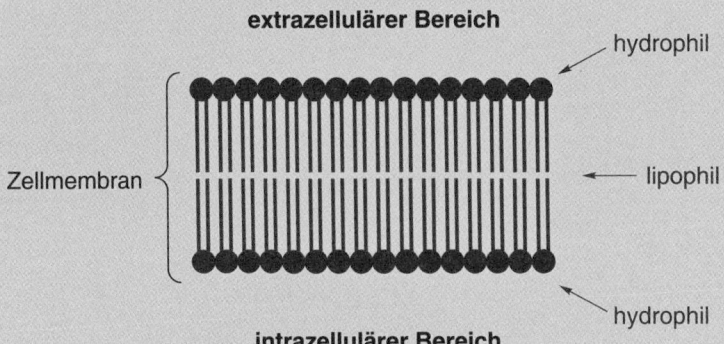

Abbildung 9.5: Zellmembran (schematisch)

Anmerkung: In der Realität gelingt diese Trennung nie vollständig, sodass ein Teil der polaren Substanz noch im unpolaren Lösungsmittel gelöst ist und umgekehrt. Man muss daher den Vorgang mehrmals wiederholen. Die genaue Verteilung der Substanzen auf die beiden Phasen wird durch den Nernstschen Verteilungssatz beschrieben.

Eine Trennung wäre damit prinzipiell erreicht, allerdings muss man die beiden nicht mischbaren flüssigen Phasen nun noch voneinander trennen. Dies geschieht unter Zuhilfenahme eines Scheidetrichters (▶ Abbildung 9.6).

> **Achtung:** Dichte (ϱ, gesprochen rho) ist definiert als Masse pro Volumen. 1 mL (Volumenangabe) Wasser „wiegt" unter Standardbedingungen 1 g, die Dichte von Wasser ist daher 1 (Angabe in g/mL).

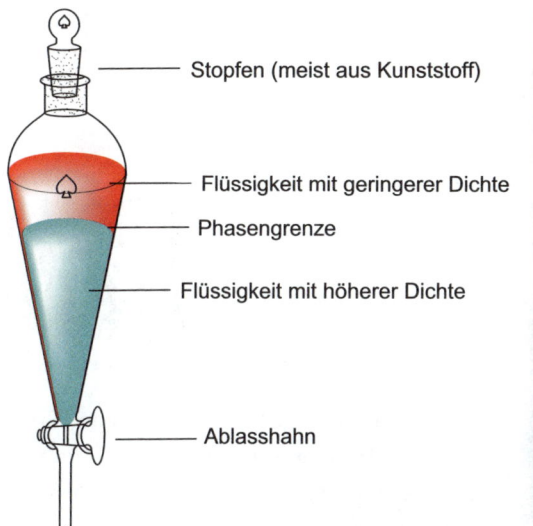

Stopfen (meist aus Kunststoff)

Flüssigkeit mit geringerer Dichte

Phasengrenze

Flüssigkeit mit höherer Dichte

Ablasshahn

Abbildung 9.6: Scheidetrichter, schematisch und „real"

Die Flüssigkeit höherer Dichte (in unserem Beispiel vermutlich die wässrige Lösung) ist dabei die untere Phase. Sie kann durch Öffnen des Hahns abgelassen (und aufgefangen) werden. Die obere Phase kann danach in einen anderen Behälter überführt werden.

ANWENDUNGEN

Körper, die eine höhere Dichte als eine Flüssigkeit haben „gehen darin unter", solche mit geringerer Dichte schwimmen. In wässrigen Salzlösungen (die eine höhere Dichte als reines Wasser haben) sollte das Schwimmen daher leichter fallen. Ein Beispiel hierfür ist das Tote Meer. Dieses hat weder einen „Abfluss" noch eine direkte Verbindung zu anderen Meeren, es handelt sich daher eher um einen „Binnensee". Allerdings verdunstet jährlich sehr viel Wasser, was eine gesättigte Salzlösung zurücklässt. In dieser gehen Sie – auch ohne Schwimmkenntnisse – nicht unter. Der Grund dafür ist die höhere Dichte der Salzlösung (verglichen mit der von reinem Wasser), die letztlich höher ist als die Ihres Körpers.

VERSUCH 2

■ Säure-Base-Trennung

Geräte:	Chemikalien:
Scheidetrichter mit Stopfen	Triethylamin in Toluol
Bechergläser	Propionsäure in Toluol
Natronlauge (1 mol/L)	
Natronlauge (2 mol/L)	
Salzsäure (1 mol/L)	
Salzsäure (2 mol/L)	

Achtung

Lassen Sie sich die Funktion des Scheidetrichters vor dem Einsatz von Ihrem Assistenten erläutern und sehen Sie sich den Übungsfilm auf der Website an.

Durchführung:

Im Praktikum steht eine Triethylamin-Lösung in Toluol aus. Geben Sie 20 mL dieser Lösung in einen Scheidetrichter und versetzen Sie sie vorsichtig mit 50 mL 1 mol/L Salzsäure. Durchmischen Sie die beiden Phasen zunächst vorsichtig, dann kräftiger, wobei Sie regelmäßig „belüften" müssen (den Hahn bei umgedrehtem Scheidetrichter öffnen, um einen Überdruck zu vermeiden). Sobald sich die Phasen wieder getrennt haben, lassen Sie die untere wässrige Phase (eine Lösung) in ein Becherglas ab. Versetzen Sie diese mit 50 mL 2 mol/L Natronlauge, Beobachtung?

Wiederholen Sie den Versuch mit einer Propionsäure-Lösung in Toluol und zunächst 1 mol/L Natronlauge, die Sie nach dem Abtrennen mit 2 mol/L Salzsäure versetzen.

Beschreiben und begründen Sie Ihre Beobachtungen.

VERSUCH 3

- **Ätherische Öle aus Kümmel**

Geräte:	Chemikalien:
Becherglas	Kümmel
Glasstab	Ethanol
Pasteurpipette	
Filterpapier	
Reagenzglas	

Durchführung:

Geben Sie etwas (ca. ¼ Teelöffel) Kümmel in das Becherglas und fügen Sie 10 mL Ethanol hinzu. Nun zerdrücken/verreiben Sie mit dem Glasstab die Kümmelkörner. Danach lassen Sie die Suspension „absitzen" und dekantieren die überstehende (klare) Flüssigkeit in ein Reagenzglas.

Entnehmen Sie mit der Pipette etwas von der Flüssigkeit, geben Sie einen Tropfen auf ein Stück Filterpapier und lassen Sie das Ethanol verdampfen. Wiederholen Sie den Vorgang ca. 5-mal (immer an derselben Stelle des Papiers) und achten Sie darauf, ob Sie nach dem Verdampfen des Lösungsmittels Rückstände und/oder einen Geruch an der Stelle feststellen können.

Versetzen Sie die verbliebene ethanolische Lösung in Ihrem Reagenzglas mit Wasser (Beobachtung).

Die Dichte von Wasser ($\varrho = 1{,}0\,\text{g/mL}$) ist nicht immer größer als die von organischen Lösungsmitteln. Dichlormethan ($\varrho = 1{,}3\,\text{g/mL}$) oder Chloroform ($\varrho = 1{,}49\,\text{g/mL}$) haben z. B. eine deutlich größere Dichte als Wasser (die organische Phase wäre in diesen Fällen die untere). Auch gelöste Substanzen beeinflussen die Dichte. Eine wässrige Kochsalzlösung hat z. B. eine größere Dichte als reines Wasser.

Sie sollten im Zweifel immer prüfen, ob die (vermutete) wässrige Phase auch wirklich die wässrige Phase ist. Erfahrene Chemiker heben die (vermeintlich) nicht benötigte Phase auf, bis sie sicher sind, keinen Fehler gemacht zu haben.

9.1.4   Extraktion von Feststoffen

Auch aus Feststoffen können mit geeigneten Lösungsmitteln gezielt einzelne oder mehrere Substanzen „herausgelöst" werden. Dafür ist es notwendig, dass der Feststoff über eine ausreichend große Oberfläche verfügt (man muss ihn ggf. mithilfe eines Mörsers noch zerkleinern), sodass das Lösungsmittel „überall hinkommt".

Kümmel enthält u. a. zahlreiche ätherische Öle, die für den charakteristischen Geruch verantwortlich sind. Die Hauptbestandteile des Kümmelöls sind Carvon (50–60 %) und Limonen (30–45 %) (▶ Abbildung 9.7).[1] Diese Verbindungen sind typische Vertreter der Gruppe der Terpene (hier Monoterpene), sie werden im Organismus aus Isopren-Einheiten (2-Methyl-1,3-Butadien) aufgebaut. Carvon und Limonen verfügen über keine besonders hydrophilen Gruppen und lösen sich demzufolge gut in organischen Lösungsmitteln, sodass sie sich beim Zerdrücken der Kümmelkörner im Ethanol lösen. Nach dem Verdampfen des Ethanols bleiben die ätherischen Öle auf dem Filterpapier zurück, Sie können dies u. a. am Geruch erkennen. Da sich die ätherischen Öle nicht in Wasser lösen, sollten Sie beim Verdünnen der ethanolischen Lösung mit Wasser eine „Trübung" erkennen. Dies ist eine Emulsion der ätherischen Öle in Ihrer Ethanol/Wasser-Mischung.

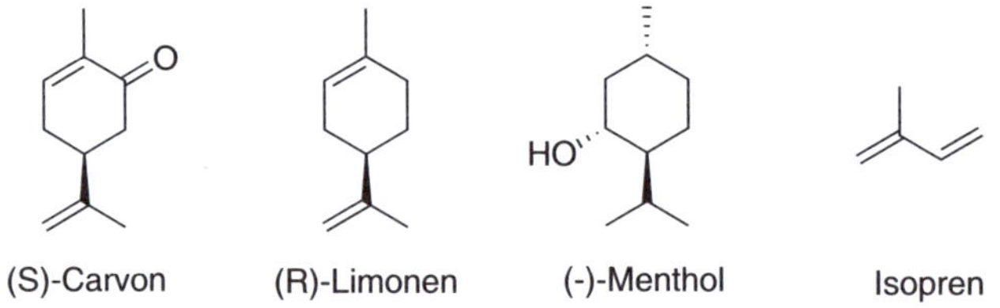

(S)-Carvon   (R)-Limonen   (-)-Menthol   Isopren

Abbildung 9.7: Terpene und Isopren

Beim Zeichnen von organischen Strukturen sollten Sie unbedingt darauf achten, die korrekten Regeln einzuhalten. Sonst kann es Ihnen passieren, dass eine Struktur in einer Prüfung als falsch gekennzeichnet wird, obwohl Sie eigentlich „das Richtige" meinten. Dies ist in ▶ Abbildung 9.8 illustriert. Sie können entweder eine vollständige Darstellungsart wählen (A), bei der alle Bindungen gezeichnet werden. Diese Darstellungsart ist allerdings zeitraubend und

---

1   Römpp Online

die einzelnen C-H- Bindungen nicht mehr gezeichnet werden. Allerdings ist auch diese Schreibweise bei größeren Molekülen zeitraubend und unübersichtlich. Daher wird meist die vereinfachte Schreibweise C angewandt. Hier entspricht jede Ecke und jeder Endpunkt einem Kohlenstoff. Die in dieser Darstellungsart „fehlenden" Wasserstoffe müssen „im Kopf" ergänzt werden. Da Kohlenstoff immer 4-bindig ist, steht ein „Endpunkt" für eine CH_3-Gruppe.

Falsch ist daher die Darstellung D. Da jeder Endpunkt entsprechend der Konvention eine Methyl-Gruppe darstellt, wäre D nicht Butan, sondern 2,2,3,3,4,4,5,5-Octamethylhexan. Ebenfalls falsch ist die Darstellung E. Auf den ersten Blick sieht sie ähnlich aus wie C. Wenn Sie allerdings einen Kohlenstoff ausschreiben, dann müssen Sie auch immer alle seine Bindungen angeben, wie in den Darstellungsarten A und B.

In diesem Buch wird fast ausschließlich die Darstellungsart C gewählt. Es ist stark anzuraten, diese auch in Prüfungen zu verwenden, da Sie dadurch sehr viel Zeit sparen können.

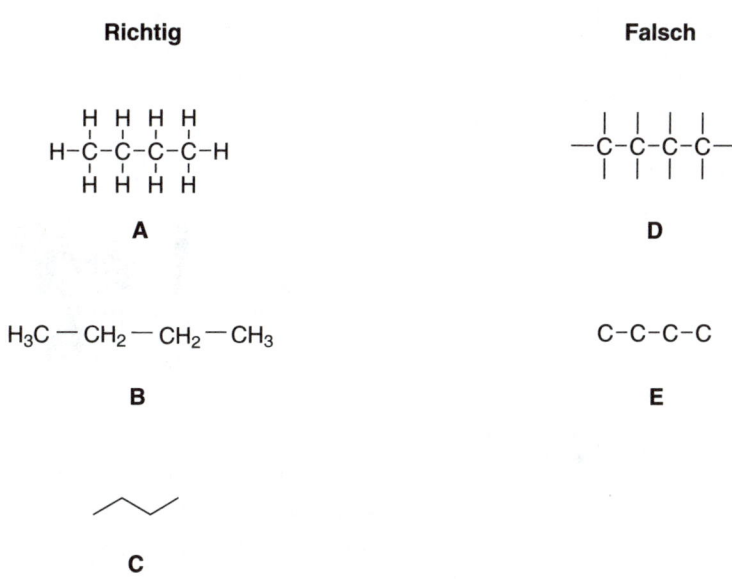

Abbildung 9.8: Korrekte und falsche Schreibweisen organischer Strukturen am Beispiel von Butan

ANWENDUNGEN

Viele der gängigen Duftstoffe sind lipophile Substanzen, wie die betrachteten Terpene. Sie lösen sich daher schlecht in Wasser. Wasser scheidet daher als Lösungsmittel für „Duftwasser" wie Parfüm weitgehend aus. Hier werden entweder ethanolische Lösungen (ca. 80 %iger Alkohol) eingesetzt, oder eine Lösung in Öl. Die Verwendung von Ethanol als Lösungsmittel hat dabei zusätzlich antiseptische Wirkung, wer möchte schon ein Parfüm auftragen, das Keime enthält?

Was wir als „gut riechend" empfinden, ist vermutlich sowohl eine sehr individuelle Wahrnehmung als auch gesellschaftlich geprägt (also anerzogen).

Paprikapulver enthält u. a. den Farbstoff Capsanthin (▶ Abbildung 9.9), der zur Gruppe der Xantophylle (sauerstoffhaltige Carotinoide) zählt und sich gut in lipophilen Lösungsmitteln löst.

Capsanthin

Abbildung 9.9: Farbstoff aus Paprika

VERSUCH 4

- **Extraktion von Paprikapulver**

Geräte:	Chemikalien:
2 Erlenmeyerkolben	Paprikapulver
Trichter	Speiseöl
Filterpapier	

Durchführung:

In einen Erlenmeyerkolben geben Sie einen Teelöffel Paprikapulver und versetzen dieses mit 20 mL Speiseöl. Schwenken Sie diese Mischung einige Minuten (Beobachtung?). Das Öl wird nun durch Filtration (in den zweiten Erlenmeyerkolben) vom Paprikapulver getrennt (Beobachtung?).

Capsanthin ist unter der Nummer E160c als Lebensmittelfarbstoff in der EU zugelassen, studieren Sie einmal ihre Lebensmittelverpackungen auf Angaben der Inhaltsstoffe. Bei Fleisch- und Fischkonserven könnten Sie fündig werden. Es empfiehlt sich ohnehin, darauf zu achten, was alles in unseren Lebensmitteln steckt.

Keine Sorge, die Struktur müssen Sie sicherlich nicht kennen, Sie könnten aber an dem langen System aus konjugierten Doppelbindungen erkennen, dass es sich hierbei vermutlich um einen Farbstoff handelt.

9.1.5 Filtration und Kristallisation

Die sicherlich einfachste Methode, Substanzen mit unterschiedlicher Löslichkeit zu trennen ist es, einen unlöslichen Feststoff von einer Lösung zu trennen. Hierfür bedarf es „lediglich" der Filtration, wobei abhängig von der Viskosität des Lösungsmittels und der Lösungsmittelmenge der Filtrations-Vorgang recht zeitintensiv sein kann.

Komplizierter wird es, wenn eine Substanz nicht nahezu völlig unlöslich ist, sondern ihre Löslichkeit stark von der Temperatur abhängt (siehe Abschnitt: Lösungen, oben). Diese Temperaturabhängigkeit der Löslichkeit und das Auskristallisieren beim Abkühlen wollen wir bei der folgenden Trennung ausnutzen.

Seesand ist in kaltem und in heißem Wasser unlöslich, Acetylsalicylsäure ist in kaltem Wasser schwerlöslich, in heißem Wasser jedoch gut löslich. Der Farbstoff löst sich auch in kaltem Wasser. Im Versuch stellt man eine in der Hitze gesättigte Lösung von Acetylsalicylsäure in Wasser her, woraufhin der unlösliche Sand durch Filtration abgetrennt werden kann. Durch Abkühlen der wässrigen Lösung kristallisiert man die Acetylsalicylsäure aus, der Farbstoff verbleibt in der Mutterlauge.

Allgemein stellt man beim Umkristallisieren eine bei einer bestimmten Temperatur gesättigte Lösung her, die beim Abkühlen Kristalle abscheidet. Dabei ist es im Prinzip gleichgültig, ob eine in der Siedehitze gesättigte Lösung auf Raumtemperatur, oder eine bei Raumtemperatur gesättigte Lösung auf z. B. −20 °C abgekühlt wird. Wichtig ist dabei ein langsames Abkühlen, damit die Kristalle langsam wachsen können und es nicht zu Einlagerungen anderer Substanzen kommt.

VERSUCH 5

■ Filtration und Kristallisation

Geräte:	Chemikalien:
Rückflusskühler	Mischung aus Acetylsalicyl-säure, Seesand und Natrium-indigotrisulfonat
Rundkolben	Wasser
Heizrührer, Rührstäbchen	
Ölbad, Stativmaterial	
Trichter, 2 Faltenfilter	
2 Erlenmeyerkolben	
Eisbad	

Durchführung:

Ca. 3 g eines Gemisches aus Acetylsalicyl-säure/Seesand/Natriumindigotrisulfonat werden in einem Rundkolben mit Rühr-stäbchen gegeben und mit etwas Wasser unter Rückfluss erhitzt (Ölbad). Durch den Rückflusskühler wird in kleinen Por-tionen so viel Wasser gegeben, bis in der Siedehitze alle *löslichen* Bestandteile in Lösung gegangen sind (nur der Seesand ist unlöslich). Die Lösung wird heiß filt-riert (Trichter, Faltenfilter, Erlenmeyerkol-ben, ggf. den Trichter mit Filter im Tro-ckenschrank vorwärmen). Man lässt das Filtrat langsam abkühlen (zum Schluss mit Eiswasser kühlen). Die ausgefallene Acetylsalicylsäure wird über den zweiten Faltenfilter abgetrennt und mit wenig Eis-wasser (eiskaltes Wasser) gewaschen (Be-obachtungen).

Wenn der Seesand abgetrennt wird, kühlt die Lösung dabei bereits ab, was zum vorzeitigen Auskristallisieren größerer Mengen Acetylsalicylsäure führen kann. Abhilfe schafft entweder ein vorgewärmter Trichter oder man gibt in der Siedehitze etwas mehr Wasser zu, sodass die Kristallisation aus dieser „verdünnteren" Lösung erst bei tieferer Temperatur erfolgt.

Siedepunkte 9.2

Eine weitere Methode, einzelne Substanzen aus Substanzgemischen ab-zutrennen, ist die Ausnutzung von unterschiedlichen Siedepunkten. Das Grundprinzip dieser Methode haben Sie sicherlich schon einmal „am eigenen Leib" erfahren. Wenn Sie im Sommer im Meer schwimmen ge-hen und sich hinterher zusammen mit Ihrer (nassen) Badekleidung am Strand in die Sonne legen, trocknen Sie und Ihre Kleidung recht rasch. Das Wasser verdunstet (da es einen vergleichsweise geringen Siedepunkt hat) während eine Salzkruste zurückbleibt (das Salz hat offensichtlich einen deutlich höheren Siedepunkt). Ähnliche „Salzrückstände" bilden sich auch auf Kleidungsstücken, in denen man beim Sport lange und viel geschwitzt hat (denn auch Schweiß ist eine Salzlösung). Offenbar gelingt es leicht, Substanzen mit so deutlich unterschiedlichem Siedepunkt voneinander zu trennen.

Für eine Anwendung dieses Trennverfahrens in der Chemie muss der Vorgang allerdings beschleunigt werden (die Zeit bis zum langsamen Verdampfen bei Raumtemperatur hat man meist nicht, wir müssen daher die Mischung zum Sieden erhitzen) und es kann durchaus sein, dass man den Stoff mit geringerem Siedepunkt isolieren möchte, wir benötigen also eine Methode ihn aus der Gasphase wieder auszukondensieren, wofür eine Kühlung notwendig ist. Auf diese Art erhält man z.B. destilliertes Wasser. Zusätzlich sollten wir (ähnlich wie bei den Löslichkeiten) eine Vorstellung vom Wert des jeweiligen Siedepunktes haben:

Der Siedepunkt einer Verbindung hängt von ihrer molaren Masse ab (je höher die Masse, desto höher der Siedepunkt) und von den im Molekül vorhandenen Stoffgruppen. Deutlich Siedepunkt erhöhend sind dabei Gruppen, die Wasserstoff-Brücken ausbilden können, da diese die Teilchen „zusammenhalten". In der Chemie nutzt man unterschiedliche Siedepunkte oft auch für die Trennung zweier Flüssigkeiten.

9.2.1 Destillation

Das Abtrennen einer Substanz aus einer Mischung basierend auf ihrem (geringeren) Siedepunkt bezeichnet man als Destillation. Vom Prinzip her erhitzt man die Mischung, bis sie siedet. Die Substanz mit dem geringeren Siedepunkt siedet dabei natürlich zuerst und geht in die Gasphase über. Diese Gasphase muss nun gekühlt werden, sodass die Substanz wieder kondensiert und aufgefangen werden kann. Im Labor wird hierfür eine Destillationsapparatur aus einzelnen Glaselementen verwendet, die über Schliffverbindungen „gasdicht" aneinandergefügt werden können. Die Kondensation des Destillats erfolgt in einem Liebigkühler, der mit fließendem Wasser gekühlt wird.

> **Achtung:** Schliffgeräte sind ausgesprochen teuer, gehen Sie daher sehr sorgfältig mit diesen Glasgeräten um.

Anmerkung: Die Trennung bei einer einfachen Destillation ist oft nicht vollständig, es wird meist ein erheblicher Anteil der höher siedenden Substanzen ebenfalls in die Gasphase übergehen. Siedediagramme geben eine Orientierung darüber, in welchem Ausmaß man mit einer einfachen Destillation die niedriger siedende Substanz anreichern kann. Um eine vollständige Trennung zu erreichen, muss man die Destillation mehrmals wiederholen, was technisch und im Labor durch den Einsatz langer Destillationskolonnen erreicht wird.

VERSUCH 6

- **Destillation von Wein**

Geräte:	Chemikalien:
Destillationsapparatur mit Schläuchen	Wein (50 mL)
Heizrührer, Rührstäbchen	Schlifffett
Hebebühne	
Ölbad, Stativmaterial	
Porzellanschale	
Kolben 100 mL, Kolben 50 mL	
Drahtklemmen	

Achtung!

Lassen Sie sich beim Aufbau der Apparatur von Ihrem Assistenten helfen und sehen Sie sich bitte den zugehörigen Übungsfilm auf der Website an.

Durchführung:

Stellen Sie den Rührer auf die Hebebühne und das Ölbad auf die Heizplatte des Rührers. Nun befüllen Sie den großen Kolben mit ca. 50 mL Wein, fügen Sie den Rührstab hinzu und spannen Sie den Kolben am Stativ ein, sodass er sich über (nicht in) dem Ölbad befindet. Befestigen Sie die Wasserschläuche am Kühler bevor Sie diesen in die Apparatur einbauen. Bauen Sie nun die restliche Apparatur zusammen mit Ihrem Assistenten auf, fetten Sie zuvor die Schliffverbindungen, sichern Sie Verbindungsstellen mit Klammern (es soll ja nichts auseinanderfallen) und spannen Sie weitere Teile (z. B. den Kühler) mithilfe einer Stativklammer vorsichtig (Spannungen führen zu Glasbruch!!) am Stativ fest

(▶Abbildung 9.10 und 9.11). Die Wasserschläuche führen dabei zu einem Wasserhahn (Zulauf) bzw. zu einem Abfluss.

Sobald die Apparatur aufgebaut ist und von Ihrem Assistenten abgenommen wurde, können Sie mit der Destillation beginnen. Als Erstes drehen Sie das Kühlwasser vorsichtig auf, Sie benötigen nur einen langsamen Wasserfluss. Hierbei müssen Sie unbedingt sicherstellen, dass die Schlauchverbindungen dicht sind (tropft später Wasser in ein heißes Ölbad kann das sehr unangenehm werden). Als Nächstes nutzen Sie die Hebebühne, um den Rührer mit Ölbad so weit anzuheben, dass der Kolben in das Ölbad eintaucht. Schalten Sie den Rührer und die Heizplatte ein und erwärmen Sie den Rotwein langsam bis zum Sieden. Nach einiger Zeit können Sie beobachten, dass im Liebigkühler ihr Destillat kondensiert, notieren Sie sich dabei die Temperatur, die das Thermometer anzeigt und behalten Sie diese im Auge, Änderungen der Temperatur sollten Sie dokumentieren.

Sobald Sie ca. 5 mL Destillat im Kolben aufgefangen haben, können Sie die Destillation abbrechen. Hierfür senken Sie das Ölbad mithilfe der Hebebühne wieder ab und schalten dann den Rührer, die Heizung und das Kühlwasser aus.

Das Destillat benötigen Sie für den folgenden Versuch (Versuch 7).

Anmerkung:

Der Versuch kann analog auch genutzt werden, um den Alkohol aus verschiedensten anderen Gemischen abzutrennen. Möglich wären z. B. Erkältungssäfte, Alko-

Pops, Aftershave oder Parfüm, jeweils mit wechselnden Ergebnissen in der Versuchskombination Versuch 6 und Versuch 7. Die unterschiedlichen Ergebnisse sollten dann auch diskutiert werden.

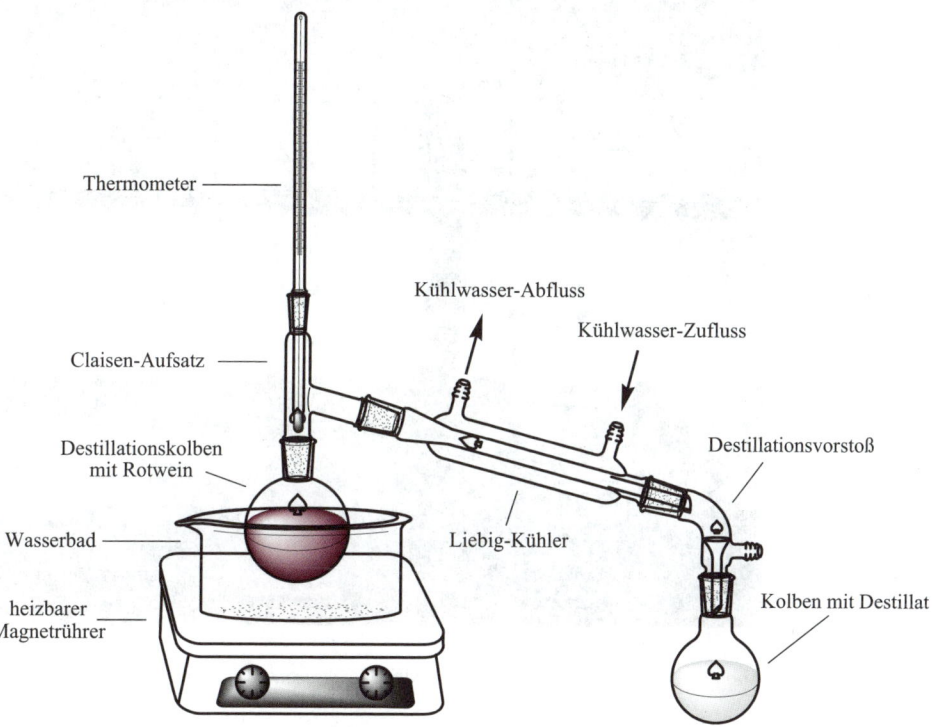

Thermometer

Kühlwasser-Abfluss

Kühlwasser-Zufluss

Claisen-Aufsatz

Destillationskolben mit Rotwein

Destillationsvorstoß

Wasserbad

Liebig-Kühler

heizbarer Magnetrührer

Kolben mit Destillat

Abbildung 9.10: Destillationsapparatur, schematisch

ANWENDUNGEN

Alle Sorten von Brandweinen werden aus verdünnten alkoholischen Lösungen durch Destillation erhalten. Auch hier ist die Trennung von Alkohol (Siedepunkt 78 °C) und Wasser (Siedepunkt 100 °C) bei einer einfachen Destillation beileibe nicht vollständig. Bei Mehrfachbränden wird der Alkoholanteil durch wiederholte Destillation erhöht. Längere Lagerung in Holzfässern (wie z. B. bei Whisky üblich) führt dann wieder zum Absinken des Alkoholanteils, da dieser auch aus geschlossenen Fässern im Laufe von Jahren verdampft.

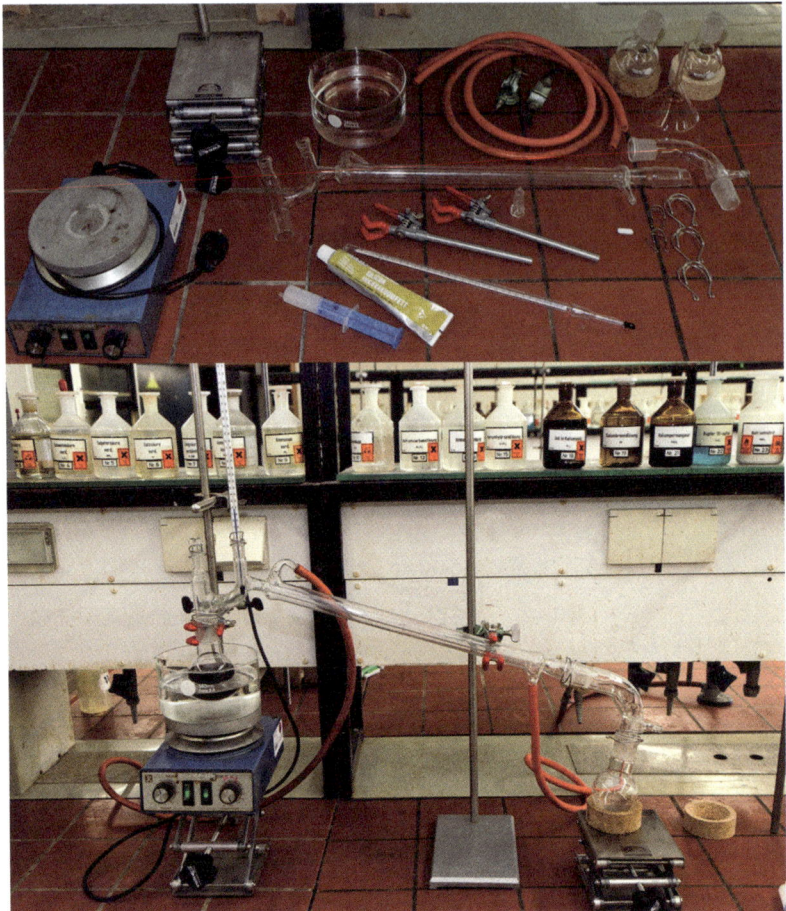

Abbildung 9.11: Einzelteile (oben) und aufgebaute Destillationsapparatur (unten)

9.2.2 Brennbarkeit von organischen Verbindungen

Beim Verbrennen von organischen Lösungsmitteln brennt meist nicht die Verbindung selber, sondern der Anteil, der in die Gasphase darüber verdampft ist. Je geringer die Menge an Teilchen in der Gasphase, desto unwahrscheinlicher ist es, dass Sie die Mischung entzünden können. Sie können das zu Hause bei der Feuerzangenbowle selber beobachten, anfangs ist der Zucker kalt und mit 54 %igem Rum fällt das Entzünden schwer. Je wärmer der Zucker jedoch wird, desto mehr Alkohol gelangt in den Gasraum und verbrennt dort im Gemisch mit Luft. Auch bei einer Kerze können Sie erkennen, dass nicht der Docht brennt, sondern das Gas „über" dem Docht.

ANWENDUNGEN

Wer an der Tankstelle einen genaueren Blick auf die Zapfsäulen wirft, wird Gefahren-hinweise finden (▶Abbildung 9.12). Dabei ist Benzin offenbar leicht entzündlich (was wir erwartet hätten), Diesel allerdings nicht. Hier liegt kein Fehler bei der Kennzeich-nung vor, sondern ein deutlicher Unterschied der Siedepunkte dieser beiden Kraftstoffe. Während Benzin Bestandteile enthält, die bei 30 °C sieden und damit viel brennbare Substanz im Gasraum über dem Kraftstoff ist, beginnen die Bestandteile von Diesel erst bei Temperaturen von 170–200 °C zu sieden.

Abbildung 9.12: Gefahrensymbole an einer Zapfsäule

VERSUCH 7

■ **Brennbarkeit von Ethanol/Wasser Mischungen**

Geräte:	Chemikalien:
3 Porzellanschalen	Ethanol
Feuerzeug	Destillat aus Versuch 6
	Wein

Durchführung:

Geben Sie jeweils ca. 5 mL der Proben in die Porzellanschalen und versuchen Sie, die Proben zu entzünden, Beobachtung? Begründen Sie Ihr Ergebnis.

Anmerkung: Dieser Versuch kann auch mit anderen Chemikalien/Substanzgemi-schen (z.B. Benzin und Diesel durchge-führt werden)

Chromatographie

Chromatographie beschreibt ganz allgemein unterschiedliche Verfahren zur Stofftrennung durch Verteilung der zu trennenden Stoffe zwischen einer ruhenden (stationären) Phase und einer darüber hinwegströmenden (mobilen) Phase. Je nach Aggregatzustand der Phasen und apparativem Aufbau unterscheidet man verschiedene chromatographische Verfahren. Bei der stationären Phase kann es sich sowohl um einen Feststoff als auch um eine Flüssigkeit handeln (die sich auf einem Trägermaterial befindet). Im ersten Fall spricht man auch von Adsorptionschromatographie, während Letzterer unter dem Begriff Verteilungschromatographie bekannt ist. Die mobile Phase hingegen besteht entweder aus einer Flüssigkeit oder einem Gas.

Die Verteilung der jeweiligen Substanzen zwischen stationärer und mobiler Phase ist spezifisch für die jeweilige Substanz und die Phasen. Sie können das prinzipiell mit der Verteilung zwischen zwei mobilen Phasen im Versuch „Säure-Base-Trennung" vergleichen. Auch hier gilt das Nernstsche Verteilungsgesetz. Dieses Gesetz beschreibt die Verteilung eines Stoffes auf zwei unterschiedliche Phasen wie ein chemisches Gleichgewicht, für das (nach dem Massenwirkungsgesetz) auch eine Gleichgewichtskonstante beschrieben werden kann (▶Abbildung 9.13). Dabei stellt sich das Gleichgewicht ständig neu ein, denn die mobile Phase „wandert" weiter, wobei die darin gelösten Verbindungen „mitgenommen" werden.

Das Prinzip der Verteilungschromatographie beruht auf dieser unterschiedlichen Verteilung der zu trennenden Stoffe zwischen der mobilen und der stationären Phase, wobei Polarität und Größe der Moleküle entscheidend sind. Polare Substanzen halten sich bevorzugt in der polaren

Verteilung des Stoffes A auf 2 Phasen als Gleichgewicht:

$$A_{(Phase\ 1)} \rightleftharpoons A_{(Phase\ 2)}$$

Gleichgewichtskonstante K (c für Konzentration):

$$K = \frac{c_{A(Phase\ 2)}}{c_{A(Phase\ 1)}}$$

Abbildung 9.13: Verteilung des Stoffes A auf 2 Phasen

ANWENDUNGEN

Schon wieder so ein theoretisches Thema, dass ich als Lebenswissenschaftler nicht benötige? Ganz im Gegenteil. Die hier beschriebenen Betrachtungen gelten prinzipiell für alle Arten der Verteilung von Substanzen auf verschiedene Bereiche/Systeme. Sofern sich ein Gleichgewicht einstellen kann (also z. B. eine Substanz von Bereich A in Bereich B gelangen kann), gilt das Nernstsche Verteilungsgesetz. Sie werden solchen Betrachtungen daher z. B. bei der Aufnahme und Verteilung von Nähr- und Wirkstoffen wieder begegnen.

Da es bislang keine allgemeine Methode gibt, einen verabreichten Wirkstoff gezielt nur zum Wirkort gelangen zu lassen, verteilen sich Pharmaka über den gesamten behandelten Organismus. Sowohl für die Berechnung der benötigten Dosis als auch für die gesamte Pharmakokinetik ist jedoch eine möglichst genaue Kenntnis der Verteilung des Wirkstoffes von entscheidender Bedeutung. Die Prinzipien, die Sie hier am Beispiel der Chromatographie erlernen, sind also auch im weiteren Verlauf Ihres Studiengangs von Bedeutung.

Phase auf, unpolare bevorzugt in der unpolaren Phase. Die Substanzen, welche sich bevorzugt in der stationären Phase aufhalten, „wandern" langsamer als solche, die sich bevorzugt in der mobilen Phase aufhalten. Die Stofftrennung erfolgt durch die Differenz der Wanderungsgeschwindigkeiten. Somit hängt die Trennung indirekt von der unterschiedlichen Polarität oder Größe der Moleküle ab.

Es sind zwei Verfahren möglich: Entweder werden stark polare stationäre Phasen mit weniger stark polaren bis unpolaren mobilen Phasen kombiniert oder man greift auf sogenannte „reversed phase" Verfahren zurück, bei denen die stationäre Phase unpolar und die mobile Phase polar ist. Welche Methode eingesetzt wird, kommt auf die zu trennenden Substanzen an. Es muss nur darauf geachtet werden, dass die Verteilung reversibel ist, d. h., es muss ein Gleichgewicht bei der Verteilung zwischen der mobilen Phase und der stationären Phase existieren. Hält sich eine Substanz durch ihre geringe Löslichkeit in der mobilen Phase nur in der stationären Phase auf, so wandert diese Substanz überhaupt nicht. „Löst" sie sich hingegen gut in der mobilen Phase und nicht in der stationären Phase, wandert sie zu schnell mit dem Laufmittel. In beiden Fällen ist die Trennwirkung gleich null. Um ein echtes Gleichgewicht zu wahren, darf in der stationären Phase die Grenzkonzentration nicht überschritten werden, da ansonsten das Problem der Übersättigung auftritt (wenn auf der stationären Phase „kein Platz" mehr ist, befinden sich Teilchen in der mobilen Phase, die eigentlich „auf die stationäre gehören"). Die mobile Phase darf auch nicht zu schnell „wandern", denn die Gleichgewichtseinstellung benötigt Zeit. „Wandert" die mobile Phase hingegen zu langsam, gewinnen unerwünschte Diffusionsphänomene immer stärkere Bedeutung, sodass die Trennungsleistung herabgesetzt wird.

Bei der Adsorptionschromatographie, welche mit einer stark polaren stationären Phase (Kieselgel, Alox) und einer schwach- bis mittelpolaren mobilen Phase durchgeführt wird, macht man sich das Phänomen zunutze, dass sich Stoffe an der Oberfläche einer festen Substanz, dem Adsorptionsmittel, anreichern. Sie „lösen" sich also nicht wirklich in der stationären Phase, da aber auch die Adsorption ein reversibler Prozess ist, gelten alle obigen Überlegungen für die Verteilungschromatographie auch für die Adsorptionschromatographie. Sie müssen für die Anwendung daher nicht zwischen diesen beiden Typen der Chromatographie unterscheiden können.

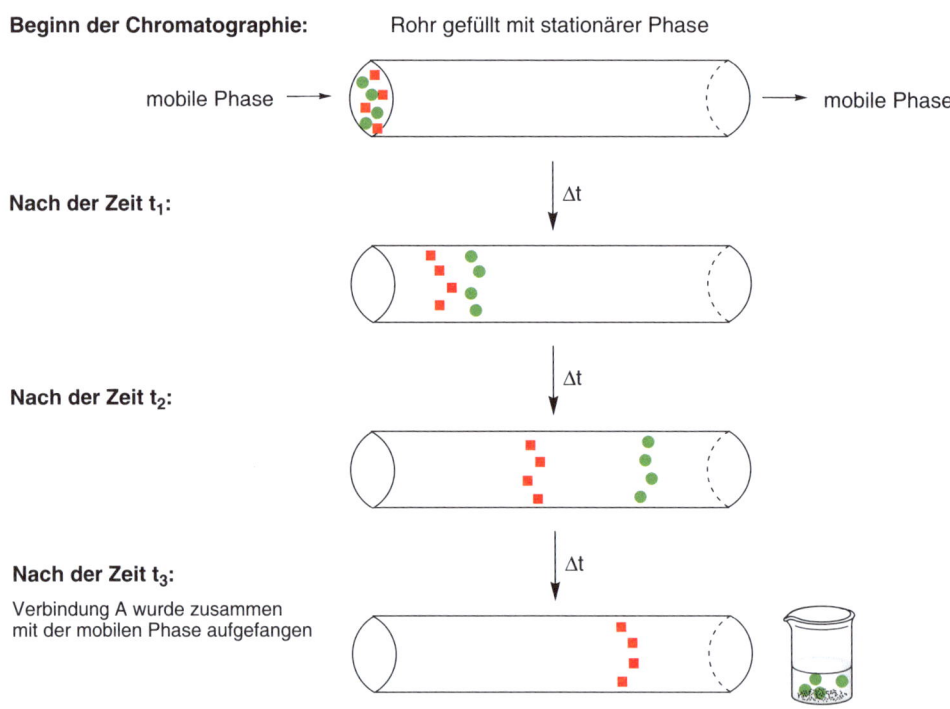

Abbildung 9.14: Schema zur Chromatographie

Das Grundprinzip der Chromatographie ist in ▶Abbildung 9.14 noch einmal erläutert. Hier können Sie erkennen, wie sich die Trennung zweier Stoffe räumlich vollzieht (die einzelnen Abbildungsteile sind zeitlich aufeinanderfolgende Momentaufnahmen).

Zu den wichtigsten Chromatographie-Arten zählen:
Papierchromatographie, Säulenchromatographie (SC), Dünnschichtchromatographie (DC), Gaschromatographie (GC), Hochleistungsflüssigkeitschromatographie (HPLC)

Papier-, Gas- und Hochleistungsflüssigkeitschromatograhie arbeiten bis auf seltene Ausnahmen nach dem Prinzip der Verteilungschromatographie. Die Adsorptionschromatographie findet vor allem in der Säulen- und Dünnschichtchromatographie Anwendung, wobei hier die Grenzen zwischen Verteilungs- und Adsorptionschromatographie je nach Beschaffenheit und Präparation des Adsorptionsmittels verwischen.

ANWENDUNGEN

Geräte für chromatographische Trennmethoden gehören zur wesentlichen Ausstattung eines analytischen Labors. Sie finden sie daher nicht nur in der Chemie, sondern auch in der medizinischen-, lebensmitteltechnischen-, biologischen- oder Bodenanalytik. Hierbei finden vor allem HPLC-Methoden (High Performance Liquid Chromatography, ▶Abbildung 9.15) und GC-Methoden (▶Abbildung 9.16) Anwendung. Oftmals sind die Methoden automatisiert, sodass die Durchführung einem Computer und Roboterarmen überlassen wird.

In Abbildung 9.15 sehen Sie die Beschaffenheit der Chromatographie-Säulen, die einem Überdruck standhalten müssen sowie ein weißes Pulver, das der stationären Phase in den Säulen entspricht. Auch kleinste Mengen können mit chromatographischen Methoden noch untersucht werden. Um Ihnen eine Vorstellung zu geben, sehen Sie in Abbildung 9.16 einen Gaschromatographen mit geöffnetem Säulenofen sowie die eigentliche Chromatographie-Säule abgebildet. Es handelt sich um eine Glaskapillare mit einem Innendurchmesser von 0,3 mm und einer Länge von 50 m. Die Innenseite der Kapillare ist mit der stationären Phase beschichtet.

Selbstverständlich lassen sich mit diesen Methoden auch größere Mengen trennen, dann benötigt man entsprechend größere Chromatographie-Säulen.

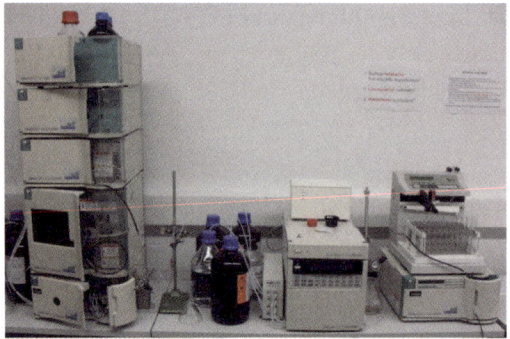
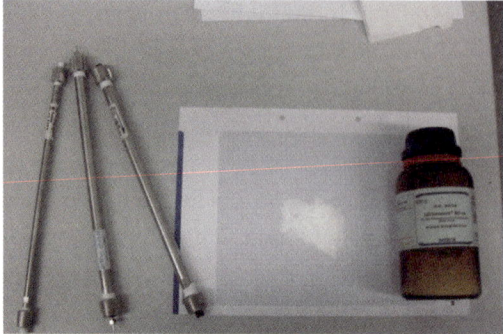

Abbildung 9.15: Eine HPLC-Anlage (links) sowie HPLC-Säulen und eine stationäre Phase (rechts)

Abbildung 9.16: Ein Gaschromatograph mit geöffnetem Säulenofen (links) und eine GC-Säule (rechts)

9.3.1 Dünnschichtchromatographie

Bei der Dünnschichtchromatographie (DC) wird die stationäre Phase (Kieselgel- oder Aluminiumoxidpulver) im unteren Drittel der Platte mit einem Startpunkt (mit Bleistift) markiert und auf diesen Startpunkt das zu untersuchende Substanzgemisch in kleinsten Mengen mit einer Kapillare aufgebracht. Anschließend wird die Platte senkrecht in die flüssige mobile Phase eingetaucht, sodass der Startpunkt gerade oberhalb der Flüssigkeitsoberfläche liegt. Man verwendet je nach Polarität der zu trennenden Stoffe verschiedene Lösungsmittel oder Lösungsmittelgemische (Ether, Petrolether, Dichlormethan). Das Laufmittel wird durch Kapillarkräfte entgegen der Schwerkraft nach oben „gezogen".

Die spezifische Oberfläche der Pulverteilchen beträgt etwa 400–600 m²
pro Gramm! Dabei ist es wichtig, dass die Gasphase mit dem Laufmittel gesättigt ist, um ein Verdunsten des Laufmittels zu minimieren (das
würde die Reproduzierbarkeit des Ergebnisses erheblich einschränken).
Zu diesem Zweck arbeitet man in einem geschlossenen Gefäß (Chroma-
tographiekammer).

Hat die Laufmittelfront den oberen Bereich der Platte erreicht, ent-
nimmt man die Platte und markiert die Strecke, die die Laufmittelfront
zurückgelegt hat (erneut ein Strich mit dem Bleistift auf der Platte). Handelt es sich bei den zu trennenden Stoffen um farblose Substanzen, so
müssen die Substanzflecken auf der Platte durch eine entsprechende
Farbreaktion entwickelt werden. Zu diesem Zweck gibt es zahlreiche
Färbereagenzien, die jeweils unterschiedliche Substanzgruppen durch
eine chemische Reaktion anzeigen.

Die Entfernung zwischen Startpunkt und Laufmittelfront (Laufmittelstrecke) sowie zwischen Startpunkt und dem Mittelpunkt eines Sub-
stanzfleckes (Substanzstrecke) wird gemessen. Das Verhältnis zwischen
Substanzstrecke und Laufmittelstrecke bezeichnet man als R_f-Wert (Retentionsfaktor), der im Bereich zwischen 0 und 1 liegen kann.

Dieser ist unter konstanten Versuchsbedingungen (Material, Temperatur etc.) reproduzierbar und für jede Substanz spezifisch (wie auch der
Schmelzpunkt und der Siedepunkt).

Da aber die Bedingungen nur schwer konstant zu halten sind, lässt
man oft parallel zum Substanzgemisch eine Eichsubstanz mit bekanntem
R_f-Wert mitlaufen, diese dient dann zur Normierung der R_f-Werte. Für
die Mehrzahl der bekannten Verbindungen kennt man R_f-Werte. Durch
Vergleich der ermittelten mit den tabellierten R_f-Werten kann man nun
die Bestandteile einer Substanzmischung identifizieren. Natürlich funktioniert so etwas nur mit sehr einfachen Mischungen, bei denen man
schon eine Vorstellung von den Bestandteilen hat.

Das Prinzip ist in ▶Abbildung 9.17 noch einmal schematisch dargestellt. Aus der Abbildung können Sie auch die R_f-Werte für die drei
Verbindungen (rot, grün und gelb) bestimmen.

Mithilfe der Dünnschichtchromatographie kann man rasch Rückschlüsse auf die Zusammensetzung einer Substanzmischung ziehen. Für
die quantitative Trennung und Isolierung reiner Verbindungen ist diese
Methode jedoch nur bedingt geeignet. Man kann zwar sehr große Karten
einsetzen und nach der Trennung die stationäre Phase, die das Produkt
enthält, abkratzen und das Produkt davon ablösen, das ist jedoch recht
aufwendig und zeitintensiv. Zugleich liefert diese Methode auch im besten Fall nur wenige Milligramm an reinen Verbindungen.

Achtung: Vermeiden Sie es, Ninhydrin auf die Haut zu bekommen. Das Reagenz wird auch die Aminosäuren und Proteine in Ihrer Haut anfärben. Die entsprechenden violetten Stellen bleiben Ihnen dann einige Tage erhalten.

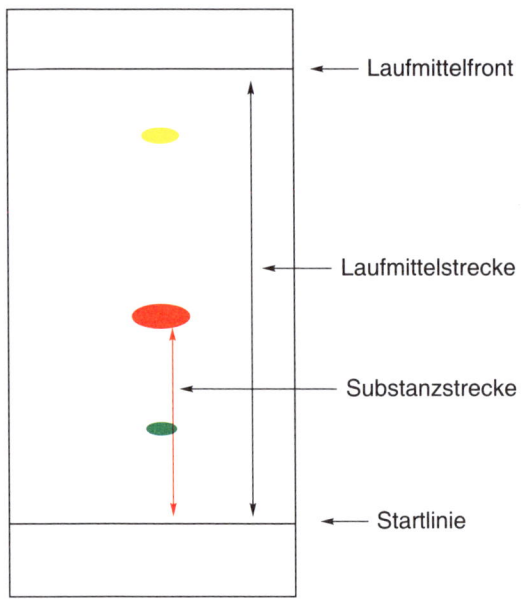

Beispiel-DC für eine Mischung aus roter, gelber und grüner Verbindung. Für jede dieser Verbindungen können Sie einen R_f-Wert (Retentionsfaktor) bestimmen.

$$R_f\text{-Wert} = \frac{\text{Substanzstrecke}}{\text{Laufmittelstrecke}}$$

Abbildung 9.17: Erläuterung zur Bestimmung der R_f-Werte

Für eine präparative chromatographische Trennung greift man daher oft auf die Säulenchromatographie zurück. Zwar ist die Trennleistung hierbei – verglichen mit der Dünnschichtchromatographie – oft niedriger, dafür können mit ausreichend großen Säulen im Labor mehrere Gramm an Produkt rein isoliert werden.

VERSUCH 8

■ Dünnschichtchromatographische Trennung eines Farbstoff-Gemisches

Geräte:	Chemikalien:
DC-Kammer	Dichlormethan
DC-Karte (Kieselgel)	tert.Butylmethylether
Kapillare	Dimethylgelb
Bleistift	Sudanrot G
	Indophenolblau

Durchführung:

Auf die Dünnschichtplatte (Karte beschichtet mit Kieselgel SiO_2 in einer Schichtdicke von 0.25 mm) zeichnet man 1–2 cm vom unteren Rand und parallel dazu mit einem weichen Bleistift sehr vorsichtig und ohne die Schicht zu verletzen eine Startlinie. Auf diese Linie tragen Sie mithilfe der Kapillare an einer Stelle (möglichst in der Mitte der Karte) die vom Assistenten erhaltene Lösung der Farbstoffe auf. Achten Sie dabei darauf, dass der Fleck nicht größer als ca. 2 mm (Durchmesser) wird und warten Sie nach dem Auftragen bis das Lösungsmittel verdampft ist. Sodann füllen Sie Ihr Laufmittel (Dichlormethan : tert.Butylmethylether 19 : 1) in die DC-Kammer (nur so hoch, dass die Startlinie Ihrer DC-Karte später nicht ins Laufmittel eintaucht). Nun stellen Sie die Karte (möglichst senkrecht und mit der Auftragelinie nach unten) in die Kammer und verschließen diese. Beobachten Sie die Laufmittelfront und entnehmen Sie die Karte bevor die Laufmittelfront das Ende der Karte erreicht hat. Markieren Sie die Laufstrecke und lassen Sie die Karte im Abzug trocknen. Bestimmen Sie die R_f-Werte der einzelnen Farbstoffe und zeichnen Sie das Ergebnis Ihres Experimentes für das Protokoll ab.

Was können Sie mit diesem Ergebnis über die Farbstoffe aussagen? Überprüfen Sie Ihre Aussage anhand der Strukturen der Farbstoffe.

VERSUCH 9

■ Dünnschichtchromatographische Trennung von α-Aminosäuren

Geräte:	Chemikalien:
DC-Kammer	Butanol
DC-Karte (Kieselgel)	Eisessig
Kapillare	Glycin
Bleistift	Valin
	Lysin
	Ninhydrin-Lösung

Durchführung:

Vom Assistenten holt man sich im Reagenzglas je 1 mL einer 0,1-prozentigen Lösung von Lysin, Glycin und Valin sowie einer Analysenlösung, die diese drei Aminosäuren enthalten kann.

Auf die Dünnschichtplatte (Karte beschichtet mit Kieselgel SiO_2 in einer Schichtdicke von 0.25 mm) zeichnet man 1–2 cm vom unteren Rand und parallel dazu mit einem weichen Bleistift sehr vorsichtig und ohne die Schicht zu verletzen in gleichem Abstand vier Punkte.

Auf diese Punkte trägt man nun sehr vorsichtig mit der Kapillare die vier Lösungen auf (zwischendurch Kapillare mit H_2O spülen nicht vergessen!). Man achte darauf, dass die Flecken nicht größer als ca. 2 mm (Durchmesser) werden, und lässt die Flecken trocknen. Sie sollten sich hierbei markieren, in welcher Reihenfolge Sie die Aminosäuren auftragen!

Die Karte wird nun senkrecht mit der Auftragestelle nach unten in die zuvor mit Fließmittel (Butanol : Eisessig : Wasser = 4:1:1) gefüllte DC-Kammer gestellt, sodass die Auftragsstelle nicht in das Lösungsmittelgemisch eintaucht, und die Kammer wird verschlossen. Ist die Laufmittelfront etwa 2 cm vom oberen Rand entfernt (nach ca. 50 min), wird die Karte entnommen und die Laufmittelfront mit einem Bleistift sofort markiert.

Man wartet, bis die DC-Karte getrocknet ist und taucht sie dann in die Ninhydrin-Lösung ein (abtropfen lassen und auf Papier ablegen, bzw. Rückseite etwas abwischen). Um die Farbflecken zu entwickeln, wird die DC-Karte noch kurz in den Trockenschrank gelegt.

Bestimmen Sie die R_f-Werte der drei Aminosäuren und geben Sie an, welche der Aminosäuren in dem unbekannten Gemisch enthalten sind.

Da unter sauren Bedingungen chromatographiert wurde, liegen die Aminosäuren in ihrer protonierten Form vor. Schreiben Sie die Formeln der Aminosäuren als Kationen auf.

Diskutieren Sie, warum man diese Reihenfolge der R_f-Werte findet.

9.3.2 Säulenchromatographie

Bei der Säulenchromatographie wird, wie bei der Dünnschichtchromatographie, als stationäre Phase meist Kieselgel verwendet. Damit die mobile Phase (das Laufmittel) sich über die stationäre Phase bewegt wird es „oben" auf die stationäre Phase aufgegeben. Es fließt nun aufgrund der Schwerkraft über die stationäre Phase und unten aus der Säule. Dabei nimmt es ggf. Substanzen mit. Das Laufmittel, das die Säule verlässt, wird in Fraktionen aufgefangen um hinterher zu kontrollieren, welche Fraktionen die gewünschten Produkte enthalten. Um diese schließlich rein zu erhalten, muss nur noch das Laufmittel (meist über Destillation) entfernt werden. Die ▶ Abbildung 9.18 zeigt Ihnen schematisch den Aufbau einer Säulenchromatographie.

Wenn Sie verschiedene Chemiker im Labor fragen, wie sie eine Chromatographiesäule vorbereiten, werden Sie zahlreiche unterschiedliche Antworten erhalten und Methoden erläutert bekommen. Jeder scheint hier seine eigene „ausgeklügelte" Variante entwickelt zu haben, auf die er/sie schwört. Allen Methoden gemeinsam ist dabei, dass die stationäre Phase keine Luftblasen enthalten darf, sowie frei von Rissen sein sollte. Beides könnte zu einer deutlichen Verschlechterung, wenn nicht sogar zum Scheitern der Trennung führen. Solange diese gemeinsamen Kriterien erfüllt sind, ist es weitgehend unerheblich, welche der vielen Methoden Sie anwenden.

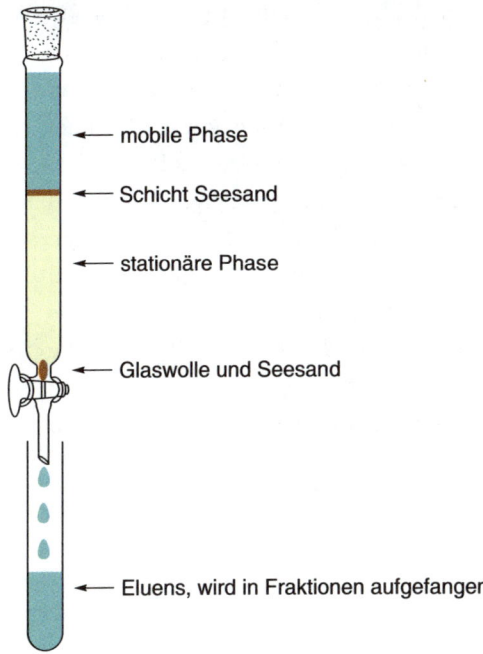

mobile Phase

Schicht Seesand

stationäre Phase

Glaswolle und Seesand

Eluens, wird in Fraktionen aufgefangen

Abbildung 9.18: Schematischer Aufbau einer Säulenchromatographie

VERSUCH 10

■ **Trennung eines Farbstoffgemisches mittels Säulenchromatographie**

Geräte:	Chemikalien:
Chromatographie-Säule	Dichlormethan
Glaswolle	*tert.*Butylmethylether
Glasstab	Dimethylgelb
Reagenzgläser	Sudanrot G
Reagenzglasständer	Indophenolblau
Pasteur-Pipette	Seesand
Becherglas	Kieselgel
Trichter	
Stativmaterial	

Achtung!

Lassen Sie sich beim Aufbau der Säulenchromatographie von Ihrem Assistenten helfen und sehen Sie sich den zugehörigen Übungsfilm auf der Website an.

Anmerkung:

Es gibt Chromatographie-Säulen, die einen Glasfilter am unteren Ende enthalten. Dieser verhindert das Austreten der stationären Phase. Sofern Sie eine solche Säule einsetzen, entfällt die Vorbereitung mit Glaswolle und Seesand. Ein Nachteil dieser Säulen ist, dass sie aufwendiger zu reinigen sind.

Durchführung:

Zunächst müssen Sie die Chromatographiesäule vorbereiten, sodass die stationäre Phase (das Kieselgel) unten nicht aus der Säule entweichen kann. Hierfür nehmen Sie ein Stück Glaswolle und drücken

dieses (bei geschlossenem Hahn) von oben in den Auslauf der Säule. Hierfür verwenden Sie den Glasstab. Die Glaswolle sollte danach fest in der Verjüngung der Säule stecken. Danach spannen Sie die Säule möglichst grade am Stativ fest. Die Höhe sollten Sie so wählen, dass sie problemlos Reagenzgläser unter die Säule stellen können. Nun geben Sie über den Trichter Seesand in die Säule, bis die Glaswolle vollständig bedeckt ist. Jetzt ist alles für das Einfüllen der stationären Phase vorbereitet.

Geben Sie ca. 50 mL Kieselgel in das Becherglas und versetzen Sie dieses mit 100 mL Ihres Laufmittels (Dichlormethan : *tert.*Butylmethylether 19 : 1). Schwenken Sie diese Mischung so, dass das Kieselgel gut aufgeschlämmt ist (ggf. mit einem Glasstab rühren) und keine Luft mehr enthält. Nun können Sie die Mischung über den Trichter in die Säule gießen. Befindet sich danach noch Kieselgel im Becherglas, können Sie es (mit weiterem Laufmittel aufgeschlämmt) hinterher schütten. Nun öffnen Sie den Hahn der Säule und lassen das Laufmittel austreten (im Becherglas auffangen), bis die stationäre Phase gerade noch mit Laufmittel bedeckt ist. Schließen Sie nun den Hahn. Die obere Schicht der stationären Phase schützen Sie, indem Sie eine Schicht von ca. 0,5 cm Seesand auftragen.

Nun ist alles für Ihre Chromatographie vorbereitet. Geben Sie 0,5 mL der Farbstoff-Mischung (erhalten Sie vom Assistenten) mithilfe der Pipette VORSICHTIG auf den Seesand. Danach lassen Sie, durch Öffnen des Hahns, die Probe langsam auf die stationäre Phase laufen. Dabei darf der Seesand trocken werden, aber nie Ihre stationäre Phase. Durch (vorsichtige) Zugabe von 1 mL Laufmittel und erneutes Ablaufen lassen des Laufmittels, bis der Seesand nicht mehr von Flüssigkeit bedeckt ist, stellen Sie sicher, dass die Probe komplett auf der stationären Phase ist. Nun geben Sie vorsichtig weiteres Laufmittel nach (Sie können jetzt die Säule auch höher mit Laufmittel füllen) und fangen unten einzelne Fraktionen in Reagenzgläsern auf.

Beachten Sie dabei, dass Sie die Reagenzgläser in der Reihenfolge abstellen, in der sie gefüllt worden sind, damit Sie später sagen können, welches Ihre 5. Fraktion etc. ist.

Nachdem der zweite Farbstoff aufgefangen worden ist, ist die Chromatographie beendet. Lassen Sie alles verbliebene Lösungsmittel in der Säule in das Becherglas laufen und entsorgen Sie hinterher das Kieselgel (nach Anweisung Ihres Assistenten) in die vorgesehenen Abfallbehälter.

In welchen Fraktionen haben Sie welchen Farbstoff aufgefangen? Was können Sie mit diesem Ergebnis über die Farbstoffe aussagen? Überprüfen Sie Ihre Aussage anhand der Strukturen der Farbstoffe.

Übungsaufgaben

1. Überprüfen Sie, ob Capsanthin wie die Monoterpene aus Isopren-Einheiten aufgebaut ist. Markieren Sie dafür in der Struktur die „Schnittstellen" zwischen den möglichen Isopren-Bausteinen.

2. Wie können Sie eine Mischung aus Isopropanol, Xylol und Benzoesäure in die drei Einzelkomponenten trennen?

3. Sie haben eine wässrige Lösung aus Tripropylammoniumpentanoat. Wie können Sie daraus Pentansäure und Tripropylamin jeweils rein erhalten?

4. Sie haben eine Mischung aus Benzoesäure, Diphenylether und Hexamethylendiamin (1,6-Diaminohexan). Diese untersuchen Sie mittels Dünnschichtchromatographie (Laufmittel Propanol: Eisessig 3:1). Welches Ergebnis erwarten Sie? (zeichnen Sie das erwartete Ergebnis und erklären Sie die unterschiedlichen R_f-Werte).

Auf der Companion-Website zum Buch finden Sie unter
http://www.pearson-studium.de die folgenden zusätzlichen
Materialien zu diesem Kapitel:
- Videos: Verwendung des Scheidetrichters, Aufbau der Destillationsapparatur, Packen von Chromatographiesäulen
- Lösungen zu den Aufgaben

Isomerie

10

ÜBERBLICK

LERNZIELE

Sie sollten nach Bearbeitung dieses Kapitels

- den Begriff der Isomerie verstanden haben.
- verschiedene Arten der Isomerie kennen und erkennen.
- Konfigurationsisomere benennen können.

Eigentlich sollten Sie aus der Vorlesung und Ihrem Lehrbuch bereits einiges über Isomerie wissen. Da die unterschiedlichen Formen der Isomerie jedoch meistens nicht zusammen behandelt werden, wird Ihnen dieses Kapitel einen Überblick über Isomerie geben und Ihnen zugleich aufzeigen, welche Bedeutung die Isomerie für Ihr Studium hat. Die Versuche in diesem Kapitel werden theoretische Versuche sein und/oder das Arbeiten mit einem Molekülbaukasten erfordern. Dabei wird vorausgesetzt, dass Sie die Grundregeln der Nomenklatur (also der Benennung) von organischen Verbindungen kennen.

Übersicht zu Isomerie   10.1

Als Isomere bezeichnet man Verbindungen mit gleicher Summenformel aber unterschiedlicher Struktur. Beispiele hierzu finden Sie in ▶Abbildung 10.1. Dabei unterscheidet man verschiedene Arten der Isomerie. Isomere können z. B. ein unterschiedliches Verknüpfungsmuster haben. Solche Verbindungen bezeichnet man als Konstitutionsisomere (Verknüpfungsisomere).

Es kann allerdings auch bei gleichem Verknüpfungsmuster zu einer unterschiedlichen räumlichen Anordnung der einzelnen Gruppen in einem Molekül kommen. Diese Art von Isomeren, die sich bei gleicher Verknüpfung in der räumlichen Anordnung ihrer Gruppen unterscheiden, nennt man Stereoisomere. Einige Stereoisomere können durch einfache Rotation um eine Einfachbindung ineinander überführt werden, diese Art von Stereoisomeren nennt man Konformationsisomere (Rotationsisomere). Lassen sich zwei Stereoisomere nicht durch Rotation um eine Einfachbindung ineinander überführen, so spricht man von Konfigurationsisomeren.

Diese letzte Gruppe der Isomere wird noch einmal in zwei Untergruppen unterteilt: Solche Konfigurationsisomere, die sich wie Bild

Konstitutionsisomere:
(Verknüpfungsisomere)

Konformationsisomere:
(Rotationsisomere)

Bsp.: C_4H_{10}

Rotation um die
markierte Bindung

Diastereomere:

Enantiomere:

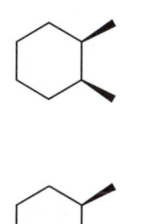

Spiegelebene

Abbildung 10.1: Beispiele für Isomere

und Spiegelbild zueinander verhalten (aber nicht deckungsgleich sind), nennt man Enantiomere, die übrigen Konfigurationsisomere bezeichnet man als Diastereomere.

Während Sie in Abbildung 10.1 jeweils Beispiele für diese Arten der Isomerie finden, soll Ihnen ▶Abbildung 10.2 eine Übersicht über die eben getroffene Einteilung geben.

Achtung: *Die hier getroffene Einteilung ist in der Realität nicht ganz so eindeutig, wie beschrieben. So gibt es durchaus Konfigurationsisomere, die zugleich auch Rotationsisomere sind. Im Rahmen Ihres weiteren lebenswissenschaftlichen Studiums werden Ihnen solche Fälle jedoch vermutlich nicht unterkommen.*

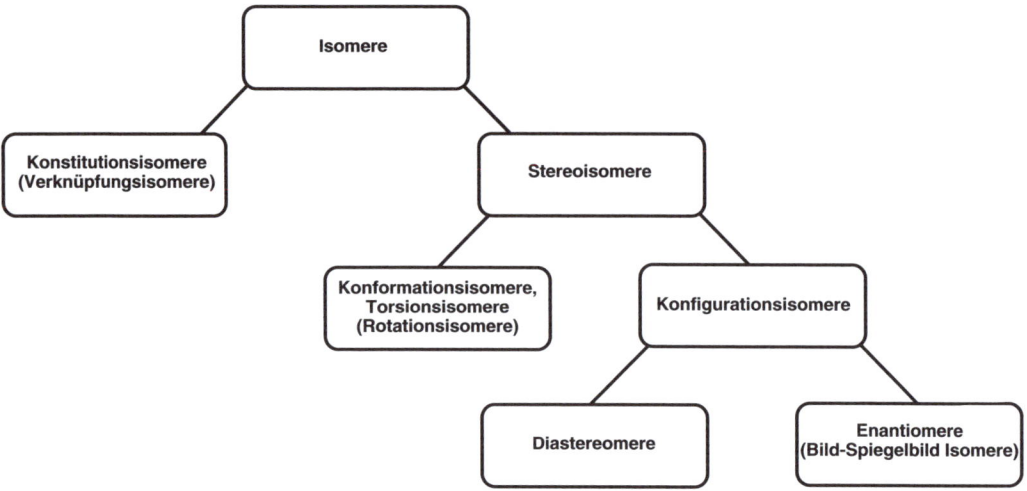

Abbildung 10.2: Übersicht über Arten der Isomerie

Klingt mal wieder sehr kompliziert, aber keine Sorge, wir werden uns in den folgenden Teilkapiteln systematisch mit diesen Formen der Isomerie auseinandersetzen und jeweils auch Beispiele betrachten, die Ihnen die Bedeutung des Themas für die Lebenswissenschaften illustrieren werden.

Konstitutionsisomere   10.2

Bei den Konstitutionsisomeren handelt es sich um Verknüpfungsisomere. Das bedeutet, dass bei gleicher Summenformel die beteiligten Atome in einer anderen Anordnung miteinander verknüpft sind. Bei kleinen Molekülen, wie Methan, Ethan und Propan, gibt es noch keine möglichen Konstitutionsisomere. Sobald die Moleküle jedoch größer werden, treten zunehmend Isomere mit deutlich unterschiedlichen Strukturen auf.

Ein einfaches Beispiel ist mit C_5H_{12} in ▶Abbildung 10.3. dargestellt. An der allgemeinen Summenformel C_nH_{2n+2} erkennt man, dass es sich um ein Molekül ohne Doppelbindungen (oder Ringe) handelt. Um alle Konstitutionsisomere mit dieser Summenformel zu bestimmen, müssen wir lediglich alle Möglichkeiten suchen, die fünf Kohlenstoffe zu verknüpfen. Dies ist in Abbildung 10.3 geschehen, wobei die jeweiligen Namen für die einzelnen Isomere mit angegeben sind.

Konstitutionsisomere haben deutlich unterschiedliche Eigenschaften, wie z.B. Siedepunkte (siehe hierzu auch Cyansäure und Isocyansäure

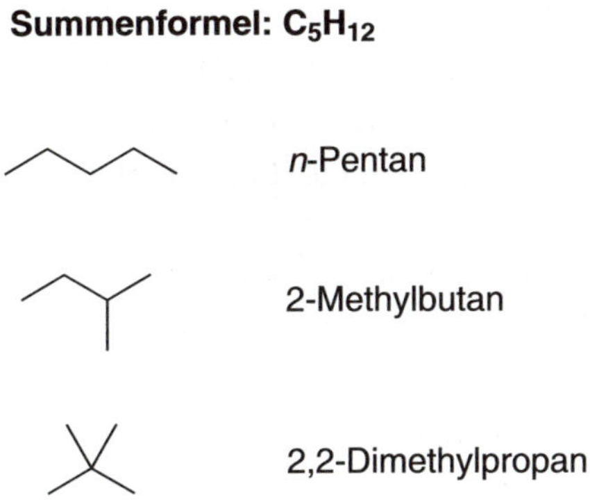

Summenformel: C$_5$H$_{12}$

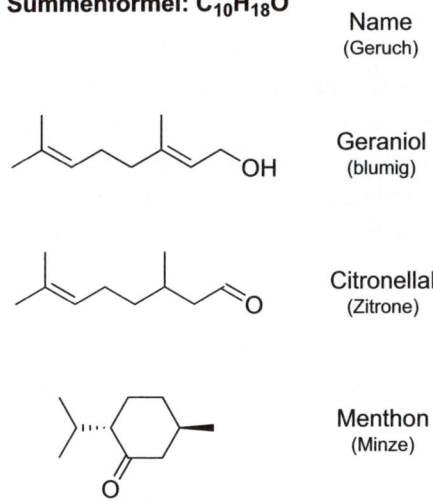

n-Pentan

2-Methylbutan

2,2-Dimethylpropan

Abbildung 10.3: Konstitutionsisomere von C$_5$H$_{12}$

in Kapitel 1.3). Zugleich können Sie auch deutlich unterschiedliche Effekte auf biologische Systeme haben. Ein Beispiel hierfür ist in ▶ Abbildung 10.4 dargestellt. Hier sind drei Monoterpene aufgeführt, die alle die gleiche Summenformel haben, die Sie jedoch einfach am Geruch unterscheiden können.

Summenformel: C$_{10}$H$_{18}$O

Name
(Geruch)

Geraniol
(blumig)

Citronellal
(Zitrone)

Menthon
(Minze)

Abbildung 10.4: Konstitutionsisomere mit unterschiedlichem Geruch

Selbstverständlich müssen Sie in der Lage sein, Konstitutionsisomere korrekt benennen zu können sowie aus den Namen jeweils das korrekte Isomer mit seiner Struktur ableiten zu können. Anderenfalls wissen Sie nicht, über welche Chemikalie mit welchen Eigenschaften gerade gesprochen wird. Als Arzt können Sie später auch nicht „aus Versehen" das falsche Isomer verabreichen. Eine gute Kenntnis der Nomenklatur von Konstitutionsisomeren ist daher unerlässlich.

Die Nomenklatur organischer Moleküle sollten Sie aus der Vorlesung oder aus Ihrem Lehrbuch bereits kennen. Zur Erinnerung noch einmal die wichtigsten Regeln in Kurzform:

1. Finde die längste Kohlenstoff-Kette im Molekül. Aus der Anzahl der C's in dieser Hauptkette erhält man den Grundnamen (C_8 wäre z. B. Octan).
2. Vergebe, an einem Ende beginnend, „Nummern" für die einzelnen C's der Hauptkette, sodass die Kohlenstoffe mit Restgruppen möglichst kleine Nummern erhalten.
3. Benenne die Restgruppen an der Hauptkette (Endung: –„yl" anstelle von –„an".
4. Kommt ein Rest mehrmals vor, so bekommt er das Präfix Di- (2-mal), Tri- (3-mal), Tetra – (4-mal) usw.
5. Name = Nr. der C's mit Resten, Restgruppen in alphabetischer Reihenfolge (Präfixe zählen nicht) gefolgt von dem Grundnamen der Hauptkette.

Bei verzweigten Alkylresten an der Hauptkette müssen Sie diese wie eine eigene Hauptkette benennen und in Klammern setzen. Alternativ hierzu werden für einige gängige verzweigte Alkylreste auch Eigennamen verwendet (siehe ▶ Abbildung 10.5).

Dieses Grundprinzip der Benennung organischer Moleküle ist allgemein anwendbar. Hinzu kommen noch das Präfix Cyclo- für cyclische Alkane sowie die Bezeichnungen für einzelne funktionelle Gruppen und Stoffgruppen. Sofern Sie Probleme mit der Nomenklatur organischer Verbindungen haben, ist dringend angeraten, diese noch einmal in einem Lehrbuch nachzuschlagen.

Komplizierter als im Beispiel in Abbildung 10.3 wird es, wenn zusätzlich Heteroatome vorhanden sind. Als Beispiel hierfür dient die Summenformel C_3H_6O (▶ Abbildung 10.6).

Die entsprechenden Moleküle enthalten ein Doppelbindungsäquivalent (also entweder eine Doppelbindung oder einen Ring). Dies kann man daran erkennen, dass die Summenformel 2 Wasserstoffe weniger enthält, als es der allgemeinen Formel C_nH_{2n+2} entspräche.

Anmerkung: *Zwei der Alkohole sind Enole und stehen damit über eine Keto-Enol-Tautomerie im Gleichgewicht mit dem entsprechenden Aldehyd/Keton.*

Restgruppe	Bezeichnung (gängig)	Bezeichnung (systematisch)
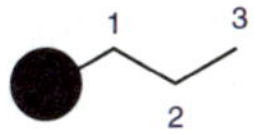	*n*-Propyl	Prop-1-yl
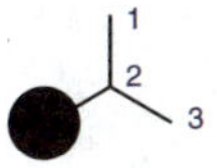	*i*-Propyl/Isopropyl	Prop-2-yl
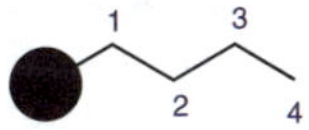	*n*-Butyl	But-1-yl
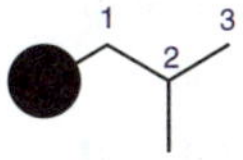	*i*-Butyl/Isobutyl	2-Methyl-prop-1-yl
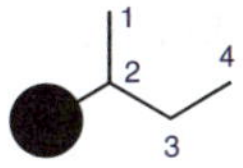	*sec.*Butyl/Sekundärbutyl	But-2-yl
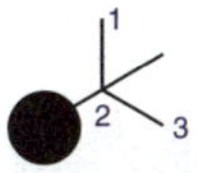	*tert.*Butyl/Tertiärbutyl	2-Methyl-prop-2-yl

(● = Hauptkette   1, 2, 3 = Nummerierung des Restes)

Abbildung 10.5: Einige verbreitete Trivialnamen für Alkylreste sowie ihre systematische Bezeichnung

Summenformel: C_3H_6O

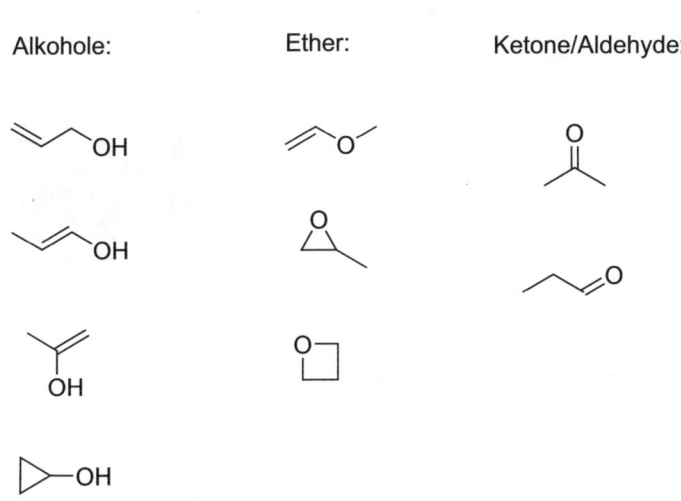

Alkohole:

Ether:

Ketone/Aldehyde:

Abbildung 10.6: Konstitutionsisomere von C_3H_6O.

Insgesamt kommen wir hier bereits auf neun unterschiedliche Konstitutionsisomere, die auch noch unterschiedliche funktionelle Gruppen enthalten. Hier ist offensichtlich, dass diese Konstitutionsisomere unterschiedliche chemische Eigenschaften haben werden.

VERSUCH 1

■ **Konstitutionsisomere von C_6H_{14}**

Geräte:
Molekülbaukasten

Durchführung:
Bauen Sie alle Konstitutionsisomere von C_6H_{14} mithilfe eines Molekülbaukastens. Zeichnen Sie zugleich die Strukturen und benennen Sie die einzelnen Verbindungen systematisch.

VERSUCH 2

■ **Alkohole der Summenformel C_4H_8O**

Durchführung:
Zeichnen Sie alle konstitutionsisomeren Alkohole der Summenformel C_4H_8O und benennen Sie die einzelnen Moleküle systematisch.

VERSUCH 3

■ **Strukturformeln**

Durchführung:
Zeichnen Sie die Strukturen der folgenden Verbindungen:

a) 4-*tert*.Butyl-3,6-dimethyl-5-prop-2-yl-octan

b) 1,4-dimethylcyclohex-1-en

c) 2,2-Dimethyl-pent-4-enal

d) 2-Chlorbutansäure

Konformationsisomere 10.3

Während Konstitutionsisomere (abgesehen von Tautomeren) nicht ineinander überführt werden können, ist dies bei Konformationsisomeren problemlos möglich. Für die Rotation um eine Einfachbindung muss zwar ein „Energieberg" überwunden werden, dieser ist jedoch bei den meisten Bindungen so klein, dass dies bei Raumtemperatur keine Hürde darstellt. Die Rotation um Einfachbindungen findet daher bei Raumtemperatur ständig statt.

Anmerkung: *Eine entsprechende Rotation um Doppelbindungen ist nicht möglich, hierfür müsste die zweite Bindung zunächst gespalten werden, was die entsprechende Bindungsenergie „kostet".*

Betrachten wir einmal als einfaches Beispiel das Ethan (▶Abbildung 10.7). Wenn wir uns die Rotationsisomere des Ethans genauer ansehen wollen, müssen wir es in eine räumliche Darstellung überführen. Dies ist z. B. die Newman-Projektion, bei der wir auf den vorderen Kohlenstoff „schauen", der dahinter liegende Kohlenstoff ist hingegen durch den vorderen verdeckt. Letzterer wird durch einen Kreis dargestellt. Bindungen, die vom hinteren Kohlenstoff ausgehen, sind erst sichtbar, sobald sie über den Kreis hinausragen.

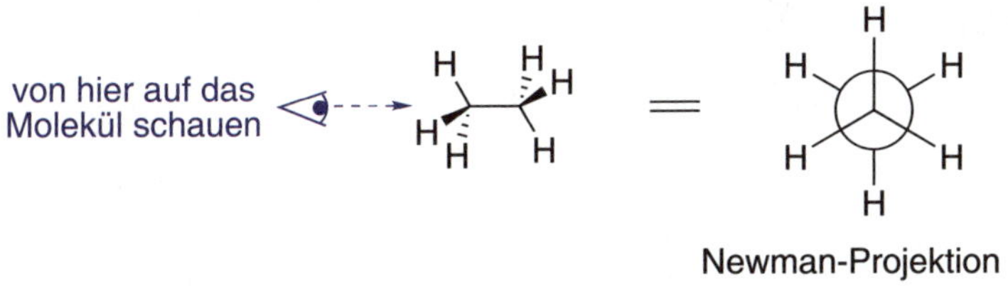

Newman-Projektion

Abbildung 10.7: Newman-Projektion von Ethan

Beginnt man nun um die C-C-Bindung zu drehen, so gelangt man zu zwei möglichen Extrema. Die C-H-Bindungen an den beiden Kohlenstoffen haben entweder einen Winkel von 0° zueinander (minimaler Winkel) oder einen von 60° (maximaler Winkel). Da sich die C-H-Bindungen „aus dem Weg" gehen wollen, ist der maximale Winkel sicherlich der günstigere Fall. Diese Konformation bezeichnet man auch als gestaffelt, während man beim Winkel von 0° von einer ekliptischen Anordnung spricht (▶Abbildung 10.8).

In der Abbildung 10.8 ist auch eine zweite Darstellungsvariante aufgeführt, die Sägebock-Projektion. Bei dieser betrachtet man das Molekül

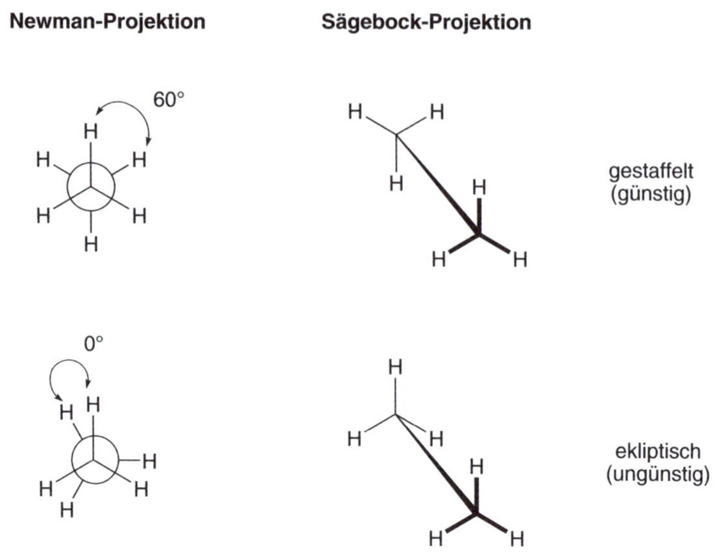

Newman-Projektion   **Sägebock-Projektion**

gestaffelt
(günstig)

ekliptisch
(ungünstig)

Abbildung 10.8: Newman- und Sägebock-Projektion von Ethan in gestaffelter und ekliptischer Anordnung

schräg von der Seite. Beide Projektionen finden Verwendung bei der Darstellung von Rotationsisomeren.

Bei Raumtemperatur findet die Rotation um die zentrale C-C Bindung im Ethan ständig statt, wie in ▶Abbildung 10.9 illustriert ist.

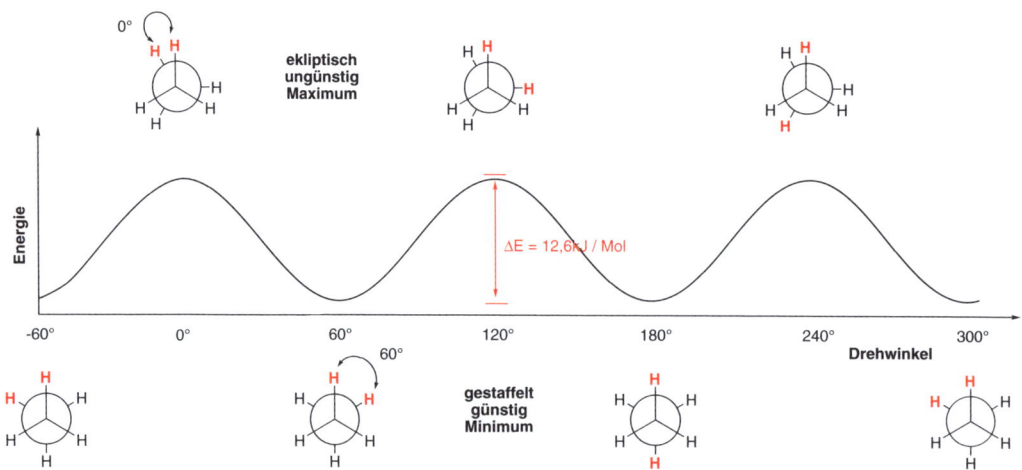

Abbildung 10.9: Energieschema für die Rotationsisomere des Ethans

Dabei werden immer wieder Energiemaxima (ekliptisch) sowie Energieminima (gestaffelt) durchlaufen. Ein Rotationsisomer abzubilden, ist daher immer nur eine Momentaufnahme.

ANWENDUNGEN

Nun könnte man geneigt sein anzunehmen, dass es für einen Lebenswissenschaftler belanglos ist, welche der vielen Rotationsisomere eines Moleküls tatsächlich bevorzugt werden, wo die Rotationen doch dauernd stattfinden. Bei großen Biomolekülen liegt jedoch meist nur ein Konformationsisomer vor, sodass das Molekül eine bestimmte räumliche Struktur hat. Es ist durchaus wichtig, diese Struktur zu kennen. Beim Denaturieren von Proteinen wird diese räumliche Struktur aufgebrochen und das Molekül nimmt eine andere Konformation ein. Hierdurch ändert sich die räumliche Struktur und ein denaturiertes Protein (z. B. ein Enzym) kann seine eigentliche Funktion nicht mehr „ausüben".

Bei größeren Molekülen gestaltet sich das Bild natürlich etwas komplizierter, prinzipiell gilt aber auch hier, dass die gestaffelte Anordnung einem Minimum entspricht.

Auch im Fall von Ringen können unterschiedliche Rotationsisomere vorliegen. Das Ringsystem, das hierbei auch in biologischen Systemen besonders wichtig ist, ist das Cyclohexan. Wir zeichnen das Cyclohexan zwar als „platten" 6-Ring, tatsächlich liegt es allerdings bevorzugt in einer drei-dimensionalen Anordnung, der Sessel-Konformation vor. Diese ist in ▶Abbildung 10.10 dargestellt.

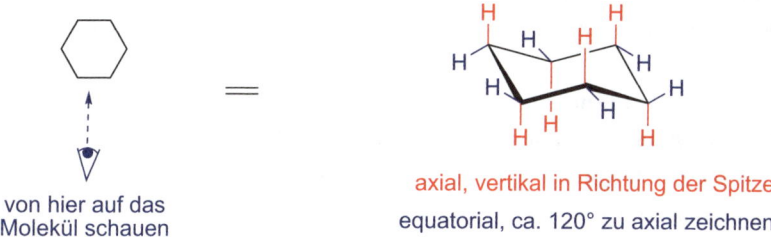

von hier auf das
Molekül schauen

axial, vertikal in Richtung der Spitze
equatorial, ca. 120° zu axial zeichnen

Abbildung 10.10: Sessel-Konformation des Cyclohexans

Anmerkung: *Sechsringe können auch in anderen Konformationen vorliegen, wie der Twist- oder der Wannen-Konformation. Auch diese können gelegentlich eine Rolle spielen, in den meisten Fällen ist jedoch nur die Sessel-Konformation von Bedeutung.*

Dabei „schauen" wir schräg seitlich auf das Cyclohexan. Jeder Kohlenstoff im 6-Ring trägt dabei noch zwei zusätzliche Substituenten (im Fall des Cyclohexans Wasserstoffe). Diese können entweder in axialer Position sein (vertikale Bindung) oder in equatorialer Position.

Wie schon beim Ethan können wir auch beim Cyclohexan um C-C Bindungen drehen. Allerdings sind wir hier durch die Ringstruktur eingeschränkt, wir dürfen keine Bindungen brechen. Für das Cyclohexan besteht z. B. die Möglichkeit, von einer Sessel-Konformation in eine andere zu wechseln (▶ Abbildung 10.11). Hierfür „drücken" Sie die obere Spitze des Sessels (das Kopfende) nach unten, die untere Spitze (das Fußende) nach oben.

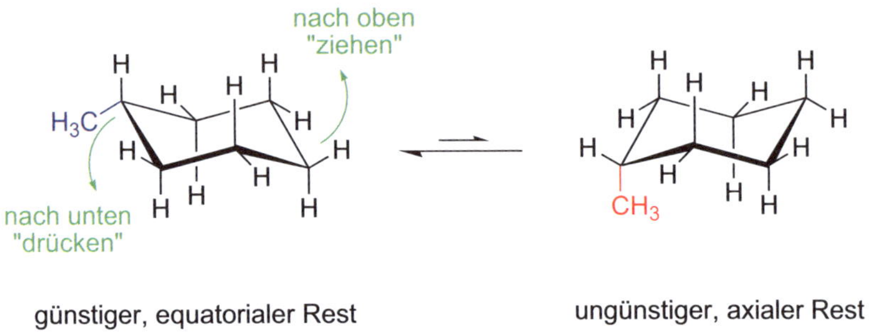

günstiger, equatorialer Rest   ungünstiger, axialer Rest

Abbildung 10.11: „Umklappen" der Sessel-Konformation

Bei dieser Überführung von einer Sessel-Konformation in die andere passiert etwas mit den Positionen der Substituenten. In dem Beispiel in Abbildung 10.11 haben wir im „linken" Sessel eine Methyl-Gruppe, die equatorial „nach unten" zeigt. Auch im zweiten (rechten) Sessel zeigt sie weiterhin nach unten, allerdings befindet sie sich nun in einer axialen Position.

Generell gilt, dass beim Umwandeln von einer Sessel-Konformation in eine andere aus ursprünglich axialen Substituenten equatoriale werden. Zugleich werden aus ursprünglich equatorial angeordneten Substituenten solche, die sich in einer axialen Position befinden.

Die beiden Sessel-Konformationen stehen miteinander im Gleichgewicht. Dabei gilt jedoch, dass große Reste (und Methyl ist sicherlich größer als ein Wasserstoff) die equatoriale Position bevorzugen. In Abbildung 10.11 ist daher die linke Konformation energetisch günstiger als die rechte, was auch durch die Gleichgewichtspfeile illustriert ist.

Damit sollten Sie in der Lage sein, Cyclohexan-Derivate in ihrer jeweils günstigsten Sessel-Konformation zu zeichnen. Sie müssen nur noch darauf achten, dass Sie beim Überführen von der „platten" Schreibweise in die Sesselkonformation keinen Fehler machen. Das Vorgehen ist jedoch ganz einfach und in ▶ Abbildung 10.12 illustriert.

VERSUCH 4

■ **Sessel-Konformationen**

Geräte:
Molekülbaukasten

Durchführung:
Bauen Sie mithilfe des Molekülbaukastens die Struktur von Methylcyclohexan in der Sessel-Konformation. Verdeutlichen

Sie sich, welche Substituenten axial und welche equatorial angeordnet sind. Wechseln Sie nun durch „Rotation" um Bindungen in die zweite Sessel-Konformation. Was ist dabei mit der Position der Substituenten geschehen?

ungünstiger, axiale Reste   günstiger, equatoriale Reste

von hier auf das
Molekül schauen

Abbildung 10.12: Cyclohexan-Derivate in der Sessel-Konformation zeichnen

In der Abbildung wollen wir ein 1,3-Dichlorcyclohexan in der günstigsten Sessel-Konformation zeichnen. Dafür nummerieren wir unsere Ring-Kohlenstoffe mit den Chlorsubstituenten (um sie hinterher wiederzufinden). Nun zeichnen wir beide Sessel und versehen die Kohlenstoffe mit derselben Nummerierung.

Nun betrachten wir das Chlor am ersten Kohlenstoff. Dieses „zeigt" in der ursprünglichen Schreibweise „auf uns zu", wenn wir „von der Seite" auf den Ring schauen also „nach oben". Im ersten (linken) Sessel ist die axiale Position die, welche „nach oben" zeigt. In dieser Position muss der Chlor-Substituent gezeichnet werden. Für das Chlor am Kohlenstoff Nr. 3 gilt die gleiche Überlegung. Im „umgeklappten" (rechten) Sessel hingegen ist die equatoriale Position am Kohlenstoff Nr. 1 die, welche

„nach oben" zeigt. In diesem Sessel gehört der Chlor-Substituent also in die equatoriale Position. Selbiges gilt für das Chlor an Kohlenstoff Nr. 3.

Da wir wissen, dass große Substituenten die equatoriale Position bevorzugen (und Cl ist definitiv größer als H), können wir leicht ableiten, dass die „rechte" Sessel-Konformation in Abbildung 10.12 die energetisch günstigere ist.

Anmerkung: *Das ist ein relativ einfaches Beispiel. Es können natürlich auch Fälle auftreten, bei denen sowohl axiale als auch equatoriale Substituenten vorliegen. Dann muss man entscheiden, welcher Substituent größer ist. Je größer der Substituent, desto ungünstiger ist eine axiale Position.*

Ein interessanter Fall tritt auf, wenn wir zwei Cyclohexan-Ringe an den Kohlenstoffen Nr. 1 und 2 miteinander verbinden. Dies kann man auf zwei unterschiedliche Arten machen (▶Abbildung 10.13). Entweder die beiden Wasserstoffe an den Kohlenstoffen zeigen in die gleiche Richtung, dann nennt man die Verbindung *cis*-Decalin oder sie weisen in entgegengesetzte Richtungen, was zum *trans*-Decalin führt.

Diese Verbindungen können wir natürlich auch in der Sessel-Konformation zeichnen. Für das *cis*-Decalin ergeben sich dabei die beiden dargestellten Konformere. Im Fall des *trans*-Decalins jedoch können wir

cis-Decalin, zwei mögliche Konformationen

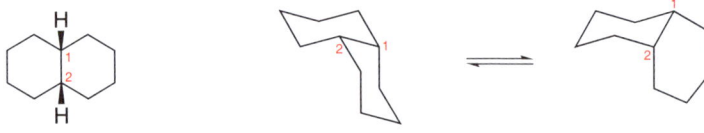

trans-Decalin, nur eine mögliche Konformation

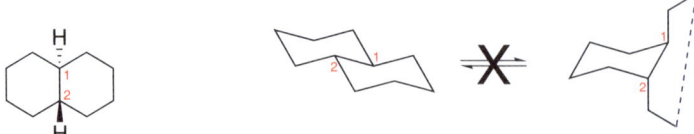

dieses Konformer ist nicht möglich,
so lange Bindungen können nicht existieren.

Abbildung 10.13: *cis*- und *trans*-Decalin

nur ein Konformer zeichnen. Beim „Umklappen" des Sessels erhalten wir zwei axiale Substituenten. Papier ist zwar geduldig, sodass man die gestrichelte Linie auch als Bindung hätte zeichnen können, dies wäre allerdings eine extrem lange Einfachbindung, wie sie in der Realität nicht vorkommt. Im Gegensatz zum *cis*-Decalin, das flexibel ist und von dem zwei energetisch gleichwertige Konformere existieren, ist das *trans*-Decalin starr, wir können kein zweites Konformer mit Sessel-Konformationen zeichnen.

Anmerkung: *Die beiden Verbindungen cis- und trans-Decalin sind Konfigurationsisomere, genauer Diastereomere. So gesehen ist deren Diskussion bereits ein Vorgriff auf das folgende Kapitel.*

ANWENDUNGEN

Die Tatsache, dass *trans*-Decalin ein starres Molekül ist, „nutzt die Natur aus". Signalstoffe, wie Hormone, haben funktionelle Gruppen in klar definierter räumlicher Anordnung, über die sie mit Rezeptoren interagieren können. Hierfür bieten sich starre Strukturen wie das *trans*-Decalin an. Tatsächlich findet sich dieses Strukturelement in Steroiden und Steroidderivaten, wie dem Cholesterin, dem Estradiol oder dem Cortison (▶ Abbildung 10.14).

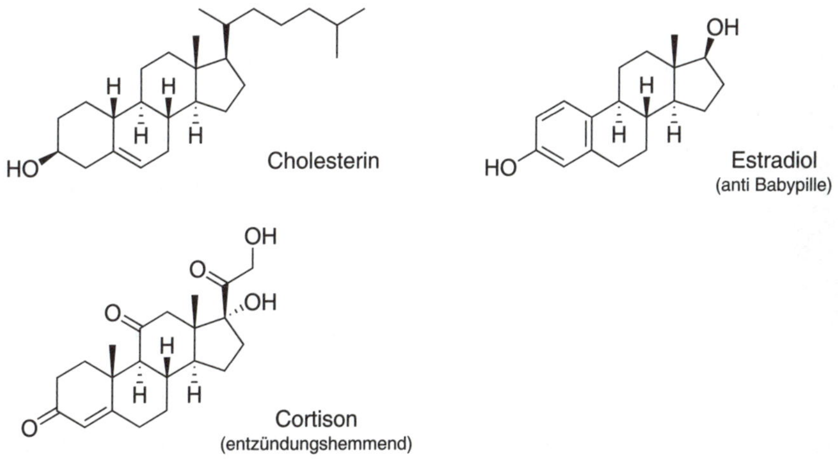

Cholesterin

Estradiol
(anti Babypille)

Cortison
(entzündungshemmend)

Abbildung 10.14: Biologisch relevante Moleküle mit starrer *trans*-Decalin Struktur

VERSUCH 5

■ Decalin

Geräte:
Molekülbaukasten

Durchführung:
Bauen Sie mithilfe des Molekülbaukastens sowohl *cis*- als auch *trans*-Decalin.

Versuchen Sie bei beiden Verbindungen die Sessel „umklappen" zu lassen, bzw. das jeweils zweite Konformer ebenfalls zu bauen. Welche Aussage können Sie über die beiden Decaline aus Ihren Untersuchungen ableiten?

Konfigurationsisomere

10.4

Konfigurationsisomere sind gewissermaßen die „verbliebenen" Isomere. Diese Isomere unterscheiden sich weder im Verknüpfungsmuster noch können sie durch Rotation um Einfachbindungen ineinander überführt werden. Dennoch handelt es sich dabei um Stereoisomere, also Verbindungen mit unterschiedlicher räumlicher Anordnung ihrer (funktionellen) Gruppen.

10.4.1 Enantiomere

Abbildung 10.15: Chiralität am Beispiel zweier Schrauben mit Rechts- bzw. Linksgewinde

Die erste Gruppe von Konfigurationsisomeren, die wir betrachten wollen, sind die Enantiomere. Zwei Verbindungen sind Enantiomere, wenn sie sich wie Bild und Spiegelbild verhalten, aber dennoch nicht deckungsgleich sind. Man spricht daher auch von Bild-Spiegelbild-Isomeren.

Im Prinzip ist uns diese Art der Isomerie bereits aus dem Alltag bekannt. Wir kennen Schrauben mit Rechtsgewinde und solche mit Linksgewinde, die offenbar nicht gleich sind, nebeneinander allerdings aussehen wie Bild und Spiegelbild (▶Abbildung 10.15).

Ein anderes Beispiel sind unsere Hände. Rechte und linke Hand verhalten sich wie Bild und Spiegelbild. Wenn wir sie übereinanderlegen, können wir sie dennoch nicht zur Deckung bekommen, sie sind offenbar nicht gleich. Dieses Phänomen nennt man daher auch Händigkeit oder Chiralität.

Moleküle, bei denen Bild und Spiegelbild nicht deckungsgleich sind, nennt man chirale Moleküle, während Moleküle, bei denen Bild und Spiegelbild deckungsgleich sind, achirale Moleküle heißen.

Von einem chiralen Molekül existieren daher zwei Isomere Formen, das „Bild" und das „Spiegelbild". Diese beiden nennt man Enantiomere. Liegt die betreffende Substanz nur in einer dieser beiden Formen vor, so bezeichnet man sie als enantiomerenrein. Liegt hingegen eine 1:1-Mischung der beiden Enantiomeren vor, so spricht man von einem Racemat.

Man unterscheidet bei Molekülen drei Typen von Chiralität: Moleküle mit axialer Chiralität (hierzu würde auch eine rechts- oder linksgängige Helix zählen, das Analogon zu den Schrauben), solche mit planarer Chiralität und zentral chirale Moleküle. Für unsere weiteren Betrachtungen in diesem Buch werden wir uns auf die letzte Gruppe beschränken. Alle weiteren Überlegungen gelten daher ausschließlich für diese Art der Chiralität.

Anmerkung: Die Frage, ob ein Molekül chiral ist, kann man auch mathematisch mithilfe der Gruppentheorie beschreiben. Die hier betrachteten zentral chiralen Moleküle gehören der Punktgruppe C_1 an.

Eine Voraussetzung für Chiralität ist ein Kohlenstoff (oder ein anderes Zentrum im Molekül) mit vier unterschiedlichen Substituenten (als Substituenten zählen hierbei auch freie Elektronenpaare). Dieses Zentrum wird auch stereogenes Zentrum genannt (die oft gehörte Bezeichnung „chirales Zentrum" ist falsch und sollte nicht verwendet werden). Einige Beispiele für solche Moleküle finden Sie in ▶ Abbildung 10.16.

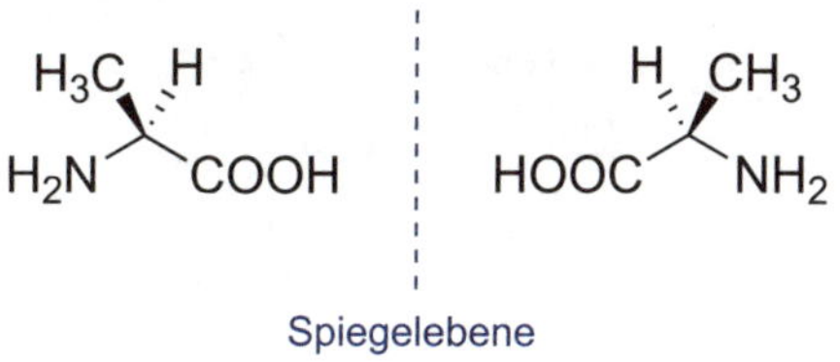

Spiegelebene

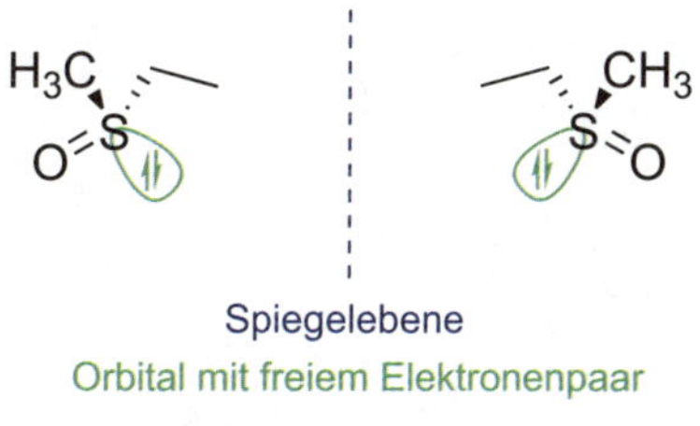

Spiegelebene
Orbital mit freiem Elektronenpaar

Abbildung 10.16: Zentral chirale Moleküle (jeweils Bild und Spiegelbild)

Anmerkung: *Beachten Sie, dass nach dieser Definition auch ein Amin mit drei verschiedenen Restgruppen chiral ist (der 4. Substituent ist das freie Elektronenpaar). In der Realität spielt diese Chiralität allerdings nur selten eine Rolle, denn die meisten Amine können bei Raumtemperatur sehr rasch invertieren. Dabei wird aus dem „Bild" das „Spiegelbild". Amine liegen daher immer als Racemat vor (sofern der Stickstoff das einzige vorhandene stereogene Zentrum darstellt).*

ANWENDUNGEN

Die Natur ist „weitgehend enantiomerenrein". Das bedeutet, dass die meisten in der Natur vorkommenden chiralen Verbindungen, wie Proteine oder Kohlenhydrate, eben nicht als Racemat vorliegen. Für einen Lebenswissenschaftler ist es daher zwingend notwendig, sich mit dem Phänomen der Chiralität intensiv auseinanderzusetzen. Insbesondere, wenn eben doch einmal das andere Enantiomer auftritt, kann es eine völlig andere Wirkung im Organismus haben.

Ein gutes Beispiel hierfür stammt wieder aus dem Bereich der Duftstoffe (▶ Abbildung 10.17). Die abgebildeten Verbindungen werden von uns, abhängig davon welches Enantiomer man wählt, sehr unterschiedlich wahrgenommen.

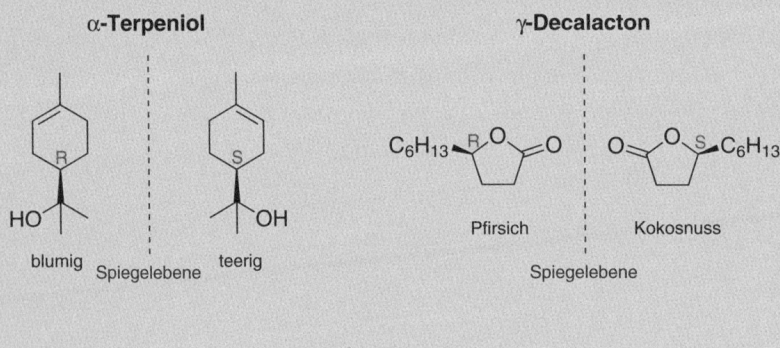

Abbildung 10.17: Enantiomere mit unterschiedlichem Duft

Zur Unterscheidung der Enantiomere sind gängige Methoden, wie die Messung der Schmelz- und Siedepunkte wie auch die meisten spektroskopischen und chromatographischen Methoden ungeeignet. Lediglich anhand des spezifischen Drehwertes (Polarimetrie, optische Aktivität) oder in der Interaktion mit anderen chiralen Molekülen können Enantiomere unterschieden werden.

Da wir nun wissen, dass es Isomere gibt, die sich wie Bild und Spiegelbild verhalten, benötigen wir noch eine Methode, diese eindeutig zu benennen. Hierfür wird normalerweise eine Nomenklatur verwendet, die von Cahn, Ingold und Prelog entwickelt wurde und daher auch CIP-System genannt wird. Da nach den CIP-Regeln die beiden Präfixe (Stereodeskriptoren) R und S verwendet werden, nennt man diese Nomenklatur auch R/S-Nomenklatur. Diese Nomenklatur wollen wir am Beispiel der beiden Enantiomere von Alanin einmal nachvollziehen (▶ Abbildung 10.18).

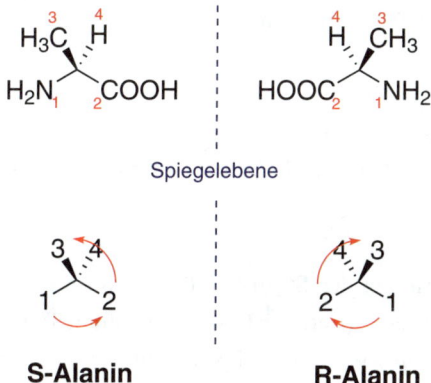

Abbildung 10.18: Bezeichnung der Enantiomere nach den CIP-Regeln

In der R/S-Nomenklatur wird jedes stereogene Zentrum in einem Molekül einzeln betrachtet und benannt. In unserem Fall einfach, denn wir haben lediglich ein stereogenes Zentrum in der Aminosäure Alanin vorliegen. Die vier unterschiedlichen Substituenten bekommen dabei Prioritäten zugeordnet. Grundlage hierfür ist die Ordnungszahl (OZ) im Periodensystem der Elemente. Je höher die Ordnungszahl, desto höher die Priorität.

In unserem Beispiel bekommt die Aminogruppe (N hat die OZ 7) die höchste Priorität 1, der Wasserstoff (OZ 1) die geringste Priorität 4. Schwieriger wird es bei der Methylgruppe und der Carboxylgruppe. In beiden Fällen ist ein Kohlenstoff an das stereogene Zentrum gebunden (OZ = 6). Dennoch sind die Substituenten natürlich unterschiedlich. Tritt ein solcher Fall auf, so betrachtet man die Gruppen (und ihre OZ), die an dem jeweiligen Kohlenstoff gebunden sind. Im Fall der Carboxylgruppe ist der Bindungspartner mit der höchsten OZ ein Sauerstoff (OZ = 8), bei der Methylgruppe „lediglich ein Wasserstoff (OZ = 1)". Die Carboxylgruppe erhält daher die Priorität 2, die Methylgruppe die Priorität 3.

Nun muss das Molekül so gedreht werden, dass der Substituent niedrigster Priorität „nach hinten" zeigt. In unserem Fall ist das der Wasserstoff und dieser zeigt bereits nach hinten.

Zur Bestimmung der Stereodeskriptoren „gehen" wir von 1 (Substituent höchster Priorität) über 2 (die Carboxylgruppe) nach 3 (die Methylgruppe). Beschreiben wir dabei eine Rechtskurve, so ist das stereogene Zentrum R-konfiguriert (R für rechts). Ist es hingegen eine Linkskurve, dann ist das stereogene Zentrum S-konfiguriert (S für sinister, lat. links).

Die Vorgehensweise (stichwortartig):
1. Ordne den Substituenten am stereogenen Zentrum Prioritäten zu (OZ im PSE).
2. „Drehe" das Molekül so, dass der Substituent mit der geringsten Priorität nach hinten zeigt.
3. Gehe von 1 über 2 nach 3, Rechtskurve = R; Linkskurve = S.

Besonders am Anfang des Studiums fällt es oft noch schwer, Moleküle gedanklich zu drehen. Hierfür ist es ratsam, einen Tetraeder zur Hand zu haben, damit einem keine Flüchtigkeitsfehler unterlaufen.

Sofern Sie über keinen Tetraeder verfügen, können Sie allerdings auch eine andere einfache Methode anwenden, die Sie sich ebenfalls anhand von Abbildung 10.18 erklären können. Vertauscht man an einem stereogenen Zentrum zwei beliebige Substituenten, so wird aus dem R-konfigurierten Zentrum ein S-konfiguriertes Zentrum (und andersherum aus S wird R). Beim Alanin in Abbildung 10.18 muss lediglich die Aminogruppe mit der Carboxylgruppe „getauscht" werden, um aus dem S-Alanin das R-Alanin zu erzeugen.

Vertauschen wir zweimal nacheinander jeweils zwei beliebige Substituenten, so haben wir aus ursprünglich z. B. einer R-Konfiguration durch das erste Vertauschen eine S-Konfiguration erzeugt und durch das zweite Vertauschen wieder das ursprüngliche Molekül mit R-Konfiguration erhalten, allerdings „gedreht". Sofern Sie die Substituenten so vertauscht haben, dass nun der Substituent niedrigster Priorität nach hinten zeigt, können Sie nach den CIP-Regeln leicht die Konfiguration des stereogenen Zentrums bestimmen. Diese Vorgehensweise, für die Sie keinen Tetraeder benötigen, ist in ▶Abbildung 10.19 noch einmal erläutert.

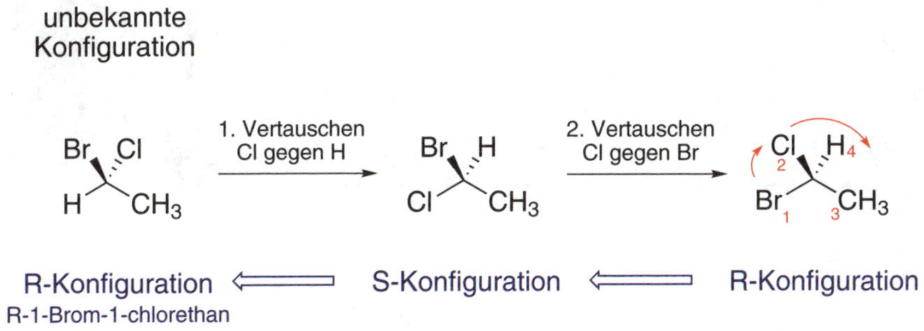

unbekannte
Konfiguration

R-Konfiguration ⟵⟶ S-Konfiguration ⟵⟶ R-Konfiguration
R-1-Brom-1-chlorethan

Abbildung 10.19: Ermittlung der Konfiguration durch „doppeltes Vertauschen"

ANWENDUNGEN

Um 1960 war der Wirkstoff Thalidomid unter dem Handelsnamen Contergan als Beruhigungs- und Schlafmittel auf dem Markt. Er wurde ausdrücklich für Schwangere empfohlen. Thalidomid verfügt über ein stereogenes Zentrum und wurde als Racemat in den Handel gebracht. Allerdings traten nach der Einnahme des Medikamentes schwere Missbildungen bei den Neugeborenen auf (Contergan-Skandal). Das Medikament wurde vom Markt genommen. Man vermutete, dass das eine Enantiomer (das S-Enantiomer) für diese Missbildungen verantwortlich war. Seitdem werden nur noch selten Racemate als Medikamente zugelassen.

In diesem speziellen Fall hätte allerdings auch die Verabreichung des reinen R-Enantiomers keinen Vorteil gebracht, denn im Körper stehen R- und S-Enantiomer über eine Keto-Enol-Tautomerie miteinander im Gleichgewicht (▶Abbildung 10.20).

Thalidomid wird heute zur Behandlung von Leprakranken eingesetzt.

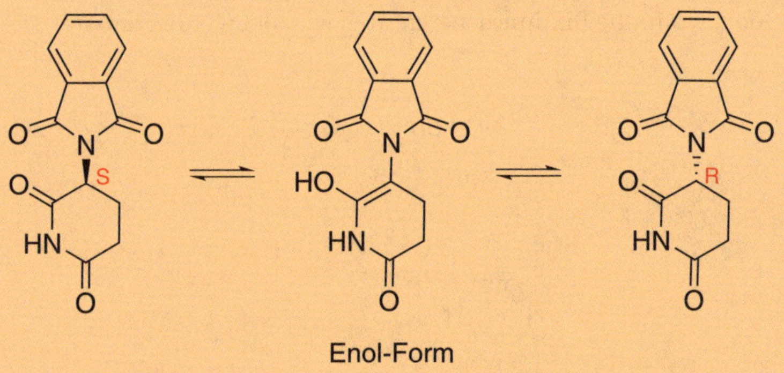

Enol-Form

Abbildung 10.20: Thalidomid, Gleichgewichtseinstellung über Keto-Enol-Tautomerie

VERSUCH 6

■ **R/S-Nomenklatur**

Durchführung:

Zeichnen Sie die folgenden Verbindungen.

– R-1-Brom-2,2-dimethylcyclopentan

– S-1-Phenylethan-1-ol

– R-2-Hydroxypropansäure

10.4.2 Diastereomere

Wenden wir uns nun der letzten Gruppe von Stereoisomeren zu, den Diastereomeren. Auch diese sind nicht durch eine Rotation um eine Einfachbindung ineinander überführbar und nicht deckungsgleich (sonst wären es gar keine Isomere). Im Gegensatz zu den Enantiomeren verhalten sich zwei diastereomere Verbindungen jedoch nicht wie Bild und Spiegelbild zueinander.

Man könnte also sagen, sie unterscheiden sich „deutlicher" voneinander, als Enantiomere das tun. Im Gegensatz zu Enantiomeren haben diastereomere Verbindungen unterschiedliche Schmelz- und Siedepunkte, sie lassen sich mittels gängiger chromatographischer Methoden voneinander trennen und können anhand von spektroskopischen Methoden voneinander unterschieden werden.

Das einfachste Beispiel für zwei diastereomere Verbindungen tritt bereits beim 2-Buten auf (▶ Abbildung 10.21). Da eine Rotation um die Doppelbindung nicht auftritt ist (hierfür müsste sie aufgebrochen werden, wofür die Bindungsenergie aufgewendet werden müsste), sind zwei

$$\text{2-Buten:} \quad H_3C-\underset{H}{C}=\underset{H}{C}-CH_3$$

$$
\begin{array}{cc}
H_3C \quad CH_3 & H_3C \quad H \\
\diagdown \quad \diagup & \diagdown \quad \diagup \\
C=C & C=C \\
\diagup \quad \diagdown & \diagup \quad \diagdown \\
H \qquad H & H \qquad CH_3
\end{array}
$$

Z-2-Buten
cis-2-Buten

E-2-Buten
trans-2-Buten

Abbildung 10.21: Z- und E-konfigurierte Alkene (*cis* und *trans*)

stereoisomere Formen möglich. In einem Fall zeigen die beiden Methylgruppen in dieselbe Richtung (relativ zur Doppelbindung), im zweiten Fall in entgegengesetzte Richtungen.

Diese beiden Isomere bezeichnet man mit Z (für zusammen) und E (für entgegengesetzt). Ebenfalls verbreitet ist die Verwendung von *cis* (anstelle von Z) und *trans* (anstelle von E). Beide Bezeichnungssysteme sind gebräuchlich, Sie müssen daher sowohl die Z/E-Nomenklatur als auch die *cis/trans*-Nomenklatur beherrschen.

Bei dieser Bezeichnung haben wir stillschweigend in Kauf genommen, dass „selbstverständlich" die relative Orientierung der Methylgruppen zueinander betrachtet wird. Hierfür existiert eine Regel. Auf beiden „Seiten" des Alkens wird jeweils der Substituent höherer Priorität (hier müssen Sie wieder die Prioritäten gemäß den CIP-Regeln festlegen) betrachtet. Diese Regelung hilft uns auch zu bestimmen, ob die in ▶ Abbildung 10.22 dargestellte Verbindung Z- oder E-konfiguriert ist.

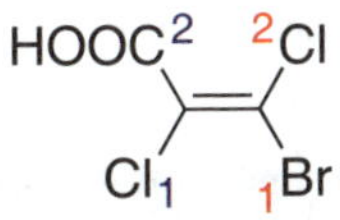

$$HOOC\overset{2}{\underset{Cl_1}{\diagdown}}\underset{Br_1}{\overset{^2Cl}{\diagup}}$$

Z-2-Brom-1,2-dichlorpropensäure

Abbildung 10.22: Bestimmung der Konfiguration eines Alkens über die Prioritäten

Die Bestimmung der Prioritäten der jeweils zwei Substituenten an jedem Kohlenstoff des Alkens ist in der Abbildung für den „linken" Kohlenstoff in blauer Farbe erfolgt, für den „rechten" Kohlenstoff in roter Farbe. Um festzustellen, ob es sich um ein Z- oder ein E-Alken handelt, müssen wir die relative Orientierung der Substituenten höchster Priorität betrachten. Dies sind in dem Beispiel „links" das Chlor und „rechts" das Brom. Sie stehen „auf derselben Seite" der Doppelbindung, sodass hier ein Z-Alken vorliegt.

ANWENDUNGEN

Diastereomere Z- und E-Alkene spielen eine wichtige Rolle in verschiedenen biologischen Systemen. Zwei Beispiele, die in späteren Kapiteln noch behandelt werden, sind die ungesättigten Fettsäuren (Kapitel 15) und die Funktion von Retinal im Sehprozess (Kapitel 11.6).

Das Auftreten von Diastereomeren ist jedoch nicht auf Alkene beschränkt. Moleküle mit mehreren stereogenen Zentren (das waren die Kohlenstoff mit 4 unterschiedlichen Substituenten) können ebenfalls in mehreren diastereomeren Formen vorliegen. Dies ist in ▶Abbildung 10.23 am Beispiel des 1-Brom-2-chlorcyclohexans illustriert.

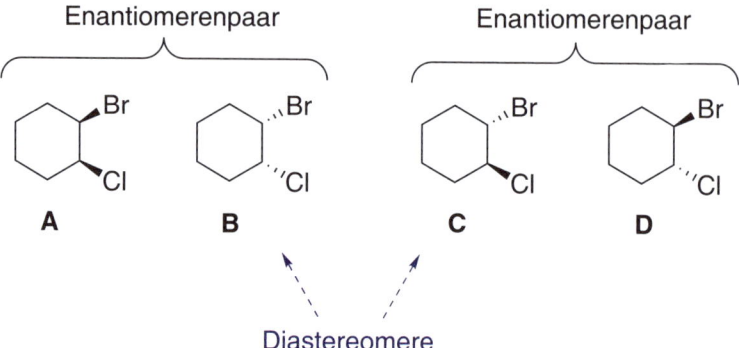

Abbildung 10.23: Konfigurationsisomere von 1-Brom-2-chlorcyclohexan

Von der Verbindung existieren insgesamt 4 Konfigurationsisomere (A-D), wobei A und B sowie C und D jeweils ein Enantiomerenpaar sind (sich also zueinander verhalten wie Bild und Spiegelbild). Anders ist das Verhältnis zwischen diesen beiden Gruppen. A und D sind offensichtlich nicht gleich. In einem Fall (A) „zeigen" beide Substituenten in dieselbe Richtung, im anderen Fall (D) in entgegengesetzte Richtungen. Da sich diese beiden Verbindungen nicht wie Bild und Spiegelbild verhalten und nicht deckungsgleich sind, sind A und D Diastereomere. Dieselbe Überlegung gilt für A und C. B und C sowie B und D.

Nun müssen wir uns wieder überlegen, wie wir diese Verbindungen benennen, um sie auch vom Namen her voneinander unterscheiden zu können (▶Abbildung 10.24).

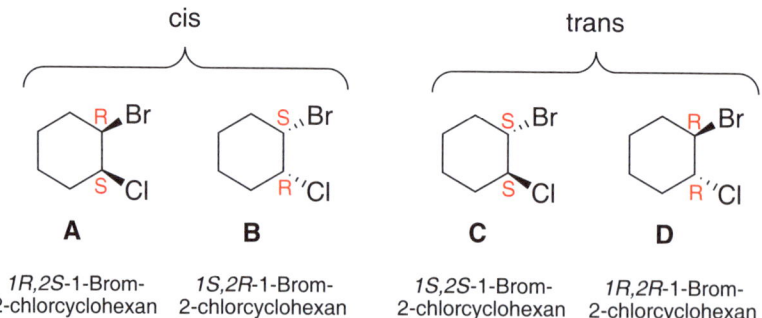

Abbildung 10.24: Benennung der Diastereomeren

Hierbei gibt es die Variante, jeweils die relative Orientierung der Substituenten zur Bezeichnung zu nutzen. Im Fall von A und B „zeigen" beide Substituenten in dieselbe Richtung, analog zu den Alkenen würde man A und B daher als *cis*-1-Brom-2-chlorcyclohexan bezeichnen, C und D sind nach dieser Überlegung *trans*-1-Brom-2-chlorcyclohexan.

Damit haben wir aber jeweils nur Bezeichnungen für Enantiomerenpaare vergeben und nicht genauer definiert, welches der jeweiligen Enantiomeren vorliegt. Zudem wird diese Art der Bezeichnung rasch unübersichtlich bei Molekülen mit sehr vielen stereogenen Zentren, wie sie in der Natur häufig vorkommen. Die vollständige und exakte Bezeichnung benutzt daher wieder die R/S-Nomenklatur, wobei wir jedes stereogene Zentrum einzeln benennen müssen. Dies ist in Abbildung 10.24 geschehen und die daraus resultierenden Namen aufgeführt. Beachten Sie dabei, dass die ermittelten Stereodeskriptoren R bzw. S jetzt jeweils noch mit der Nummer des beschriebenen stereogenen Zentrums versehen werden müssen, um Verwechslungen zu vermeiden.

Ein Sonderfall tritt auf, wenn das betrachtete Molekül symmetrisch ist, wie im Fall des 1,2-Dibromcyclohexans in ▶Abbildung 10.25.

A   **B**   **C**   **D**

meso-1,2-Dibromcyclohexan   1*S*,2*S*-1,2-Dibrom- 1*R*,2*R*-1,2-Dibrom-
                              cyclohexan   cyclohexan

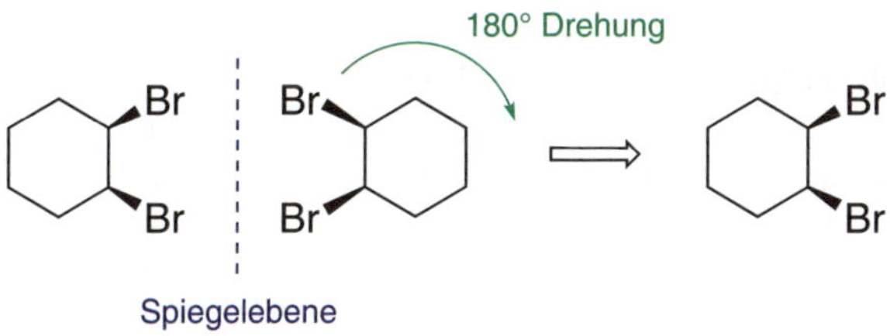

Abbildung 10.25: Meso 1,2-Dibromcyclohexan

Prinzipiell können wir hier ebenfalls wieder vier Strukturen zeichnen, allerdings sind nicht alle vier unterschiedlich. Aufgrund der Symmetrie sind die Strukturen A und B deckungsgleich. Um dies zu erkennen, müssen Sie lediglich B um 180° drehen.

Entgegen allen vorangegangenen Überlegungen enthält Struktur A zwar stereogene Zentren, sie ist dennoch deckungsgleich mit ihrem Spiegelbild (B). Struktur A ist daher achiral und diesem Sonderfall hat man eine eigene Bezeichnung gegeben. Wenn ein Molekül, das stereogene Zentren enthält, achiral ist, so nennt man dies auch die *meso*-Form. Im vorliegenden Fall wäre das dann *meso*-1,2-Dibromcyclohexan.

Anmerkung: *Tatsächlich handelt es sich bei den unteren beiden Strukturen in ▶ Abbildung 10.25 um Konformationsisomere. Dies können Sie allerdings erst erkennen, wenn Sie die Strukturen als Sessel zeichnen und dann die Rotation um 180° durchführen.*

> Viele Natur- und Wirkstoffe enthalten zahlreiche stereogene Zentren. Deren korrekte Benennung sowie eine allgemeine Kenntnis zu Konfigurationsisomeren ist für einen Lebenswissenschaftler daher eine wesentliche Kompetenz.

Übungsaufgaben

1. Zeichnen Sie die folgenden Moleküle in ihrer jeweils günstigsten Sessel-Konformation und erklären Sie jeweils Ihr Ergebnis: *cis*-1-*tert*. Butyl-2-methylcyclohexan; R,R-1-Brom-4-chlor-2,2-dimethylcyclohexan.

Auf der Companion-Website zum Buch finden Sie unter http://www.pearson-studium.de die folgenden zusätzlichen Materialien zu diesem Kapitel:
- Lösungen zu den Aufgaben

Stoffgruppen und Nachweisreaktionen

11

ÜBERBLICK

LERNZIELE

Sie sollten nach Bearbeitung dieses Kapitels

- die wichtigsten organischen Stoffgruppen kennen und erkennen können.
- die Eigenschaften der behandelten Stoffgruppen kennen.
- für einige der Stoffgruppen Nachweisreaktionen kennen, die auf deren Eigenschaften beruhen.
- organisch-chemische Redox-Reaktionen aufstellen können.

Grundsätzliches zu den Stoffgruppen 11.1

Wenn man sich mit den Eigenschaften und den Reaktivitäten von Verbindungen beschäftigt, kommt man in der organischen Chemie nicht umhin, auch die einzelnen Stoffgruppen kennen zu müssen. Für die Namen der Stoffgruppen gibt es dabei leider keine – oder nur sehr wenige – Erklärungen, Sie müssen sie einfach auswendig lernen. Es handelt sich dabei um das Grundvokabular nicht nur der organischen Chemie, sondern auch der Biochemie, der pharmazeutischen Chemie und vieler anderer Bereiche der Lebenswissenschaften. Dabei fällt in Prüfungen immer wieder auf, dass bereits die Bezeichnung der Stoffgruppen vielen Studierenden erhebliche Probleme bereitet. Wenn Sie dieses Grundvokabular allerdings nicht beherrschen, wird für Sie in ihrem zukünftigen Studium vieles, was eigentlich leicht verständlich ist, unverstanden bleiben. Einige Cremes enthalten z.B. Dimethylsulfoxid als Trägersubstanz, die Wirkstoffe in und durch die Haut transportiert. Sie behalten das leichter in Erinnerung, wenn Sie auch wissen, was Dimethylsulfoxid ist. Ebenso können Sie z.B. in der Biochemie nicht verstehen, welche Reaktion eine Esterase katalysiert, wenn Sie nicht (ohne langes Nachdenken) wissen, was ein Ester ist. Wenn Ihnen später einmal erzählt werden wird, dass Sulfon(säure)amide als Antibiotika, Antidiabetika oder Diuretika Verwendung finden, wäre es ebenfalls hilfreich zu wissen (und eine erhebliche Erleichterung beim Lernen), um welche Stoffgruppe es sich denn dabei handelt. Möglicherweise können Sie sich dann auch daran erinnern, dass Sulfonamide – aufgrund ihrer räumlichen Struktur – u.a. als Proteaseinhibitoren wirken können.

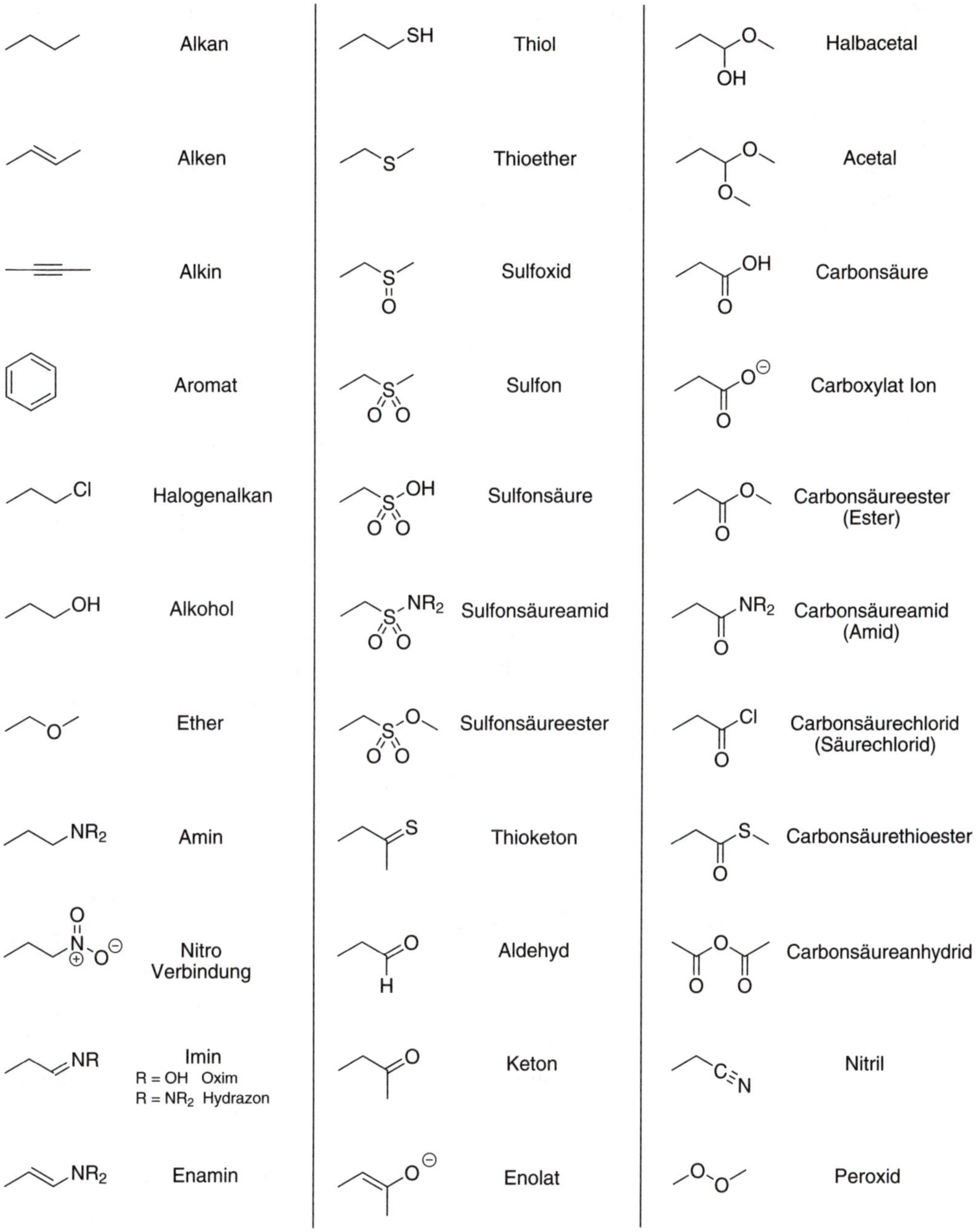

	Alkan		Thiol		Halbacetal
	Alken		Thioether		Acetal
	Alkin		Sulfoxid		Carbonsäure
	Aromat		Sulfon		Carboxylat Ion
	Halogenalkan		Sulfonsäure		Carbonsäureester (Ester)
	Alkohol		Sulfonsäureamid		Carbonsäureamid (Amid)
	Ether		Sulfonsäureester		Carbonsäurechlorid (Säurechlorid)
	Amin		Thioketon		Carbonsäurethioester
	Nitro Verbindung		Aldehyd		Carbonsäureanhydrid
	Imin R = OH Oxim R = NR$_2$ Hydrazon		Keton		Nitril
	Enamin		Enolat		Peroxid

Abbildung 11.1: Die wichtigsten Stoffgruppen der organischen Chemie (R = H oder organischer Rest)

Die Kenntnis der Stoffgruppen ist daher nicht nur für die organische Chemie, sondern auch für viele andere Fächer Ihres weiteren Studiums essentiell. Damit Sie sich mit den wichtigsten dieser Stoffgruppen vertraut machen können, sind diese in ▶Abbildung 11.1 für Sie zusammengestellt.

Achtung: Das vorliegende Buch beschreibt immer nur einige ausgewählte Beispiele chemischer Reaktionen und Mechanismen. Die Autoren setzen voraus, dass Sie eine Grundvorlesung der Chemie besucht, oder, ein entsprechendes Lehrbuch gelesen haben.

Sie kommen nicht umhin, auch die systematische Nomenklatur organischer Verbindungen zu lernen. Auch dies geht nur, wenn Sie die Stoffgruppen kennen. Hinzu kommen Trivialnamen, das sind solche, die allgemein gebräuchlich sind, aber keiner systematischen Nomenklatur entsprechen. Ein Beispiel hierfür ist „Aceton", das eigentlich 2-Propanon oder Dimethylketon genannt werden müsste. Sie müssen diese Trivialnamen tatsächlich wie Vokabeln auswendig lernen. Insbesondere beim Übergang in die Biochemie werden Sie auf ein weiteres Problem stoßen. Während in der organischen Chemie die Trivialnamen für Carbonsäuren verwendet werden, tauchen in der Biochemie die anscheinend gleichen Verbindungen unter anderem Namen auf. Die Ursache hierfür ist, dass unter physiologischen Bedingungen (pH von ca. 7) die Carbonsäuren bevorzugt deprotoniert als Carboxylate vorliegen. Die Trivialnamen in der Biochemie sind daher die der Carboxylate. Beispiele hierfür sind Essigsäure und Acetat oder Ameisensäure und Formiat. Leider müssen Sie auch hier die jeweiligen Namen auswendig lernen.

Elementaranalyse   **11.2**

Die Analyse der genauen Zusammensetzung einer Substanz (Anteil an C, H, N, O und anderen Elementen) liefert nicht nur wertvolle Hinweise zur Entschlüsselung ihrer Struktur, sondern sie ist zugleich auch eine Methode nachzuweisen, dass eine Substanz tatsächlich analysenrein vorliegt. Dies geschieht in der Chemie mithilfe der Verbrennungsanalyse. Eine exakt eingewogene Menge der Substanz wird dabei in Gegenwart eines Katalysators verbrannt und die Verbrennungsprodukte werden analysiert. Bei organischen Verbindungen sind dies meistens Wasser, Kohlendioxid und Stickoxide. Die Verbrennungsprodukte wurden ursprünglich aufgefangen (z. T. mithilfe chemischer Reaktionen) und ausgewogen. Dieses Prinzip der Elementaranalyse wurde von Justus Liebig perfektioniert, der hierfür u. a. einen 5-Kugel-Apparat entworfen hat (siehe hierzu auch Kapitel 1). Diese Entwicklung war so bedeu-

Abbildung 11.2: Anlage für die Elementaranalyse

tend, dass der 5-Kugel-Apparat noch heute Bestandteil des Logos der weltweit größten chemischen Gesellschaft, der „American Chemical Society" ist.

Die Durchführung der Elementaranalysen war sehr zeitaufwendig. Wer sich die verwendeten Apparaturen einmal ansehen möchte, kann dies im Liebigmuseum in Gießen tun. Modernere Anlagen verwenden heute chromatographische Methoden, um die Verbrennungsprodukte zu bestimmen und zu quantifizieren (▶ Abbildung 11.2).

Im Praktikum wollen wir natürlich nicht eine vollständige Elementaranalyse durchführen. Allerdings ist es oftmals schon hilfreich, wenn man nachweisen kann, dass bestimmte Elemente in einer unbekannten Substanz vorhanden sind. Diesen Nachweis wollen wir im Folgenden für Kohlenstoff und Stickstoff (letzterer muss dabei in reduzierter Form, also z. B. als Amin oder Amid vorliegen) durchführen.

Den Nachweis für Kohlendioxid kennen Sie bereits aus früheren Kapiteln (siehe auch ▶ Abbildung 11.3). Mit Wasser bildet das Gas die lösliche Kohlensäure. Letztere kann durch Laugen deprotoniert werden, sodass Carbonat entsteht. Dieses Carbonat bildet mit Barium(II)-Ionen ein schwer lösliches Salz.

Um Stickstoff in einer organischen Substanz nachzuweisen, kann man ihn in flüchtige Amine oder Ammoniak überführen. Hierfür wird wässrige Natronlauge eingesetzt, die als starke Base in der Hitze viele organische Verbindungen zersetzen kann. Zugleich können aus einer basischen wässrigen Lösung flüchtige Amine und Ammoniak durch Erwärmen vertrieben werden.

ANWENDUNGEN

Natronlauge wird genau zu diesem Zweck auch in Rohrreinigern verwendet. Ein verstopfter Abfluss ist für gewöhnlich durch Haare oder andere organische Verbindungen „blockiert". Durch Zugabe von Natronlauge werden diese zersetzt. Wer schon einmal einen Rohrreiniger eingesetzt hat, kann sich sicherlich an die (unangenehmen) Gerüche der unterschiedlichen Zersetzungsprodukte erinnern.

Dabei gibt es drei unterschiedliche Arten von Rohrreinigern im Handel. Die wässrige Natronlauge, Natriumhydroxid in fester Form sowie festes Natriumhydroxid zusammen mit Aluminium-Granulat.

Das Auflösen von Natriumhydroxid in Wasser ist ein exergonischer Prozess, sodass bei dieser Art des Rohrreinigers die Lösung heiß wird, was die Zersetzung beschleunigt. Ist zusätzlich Aluminium ein Inhaltsstoff, so löst sich dieses in Natronlauge unter Wasserstoff-Entwicklung auf (was ebenfalls eine exergonische Reaktion ist), das entstehende Gas kann dabei ebenfalls helfen, die Verstopfung zu lösen. Beim Einsatz dieses Rohrreinigers sollten Sie aber besser nicht rauchen.

Haare bestehen weitgehend aus Proteinen. Deren Peptidbindungen werden von Natronlauge hydrolysiert (vgl. hierzu Kapitel 12 und 14).

Gesamtreaktion:

$$\text{Organische Susbstanz} \xrightarrow[\text{Luft}]{\text{Verbrennung}} CO_2 + \text{weitere Produkte}$$

$$CO_2 + Ba(OH)_2 \longrightarrow H_2O + BaCO_3\downarrow$$

Teilschritte:

$$CO_2 + H_2O \longrightarrow H_2CO_3 \ (\text{Kohlensäure})$$

$$H_2CO_3 + 2\,OH^{\ominus} \longrightarrow 2\,H_2O + CO_3^{2\ominus}$$

$$CO_3^{2\ominus} + Ba^{2\oplus} \longrightarrow BaCO_3 \ (\text{Niederschlag})$$

Abbildung 11.3: Nachweis von Kohlenstoff als Kohlendioxid

VERSUCH 1

■ **Nachweis von Kohlenstoff**

Geräte:	Chemikalien:
Rundkolben	Kupfer(II)oxid
Gärröhrchen	Bariumhydroxid-Lösung
Bunsenbrenner	Glucose
Klammer zum Sichern des Röhrchens	
Stativmaterial	

Durchführung:

Geben Sie in den Rundkolben (50 mL) nacheinander 0,4 g Glucose und 2 g CuO. Auf den Kolben setzen Sie sodann das mit wenig gesättigter Bariumhydroxid-Lösung gefüllte Gärröhrchen. Achten Sie dabei darauf, dass das Röhrchen nicht zu voll ist, beim Entweichen von Gas kann es sonst zum Verspritzen der Lauge kommen. Das Gärröhrchen muss so dicht aufgesetzt und gesichert werden, dass das im Kolben entstehende Gas nur durch das Röhrchen entweichen kann. Spannen Sie den Kolben nun am Stativ fest und erhitzen Sie den Inhalt einige Minuten vorsichtig mit dem Bunsenbrenner.

Notieren Sie Ihre Beobachtungen und erklären Sie diese.

VERSUCH 2

■ **Nachweis von Stickstoff**

Geräte:	Chemikalien:
Porzellanschale	Harnstoff
Uhrglas	Tetraethylammoniumbromid
Indikatorpapier	Coffein
Wasserbad	Glucose
Pipette	4-Nitrobenzoesäure
	25 %ige NaOH

Durchführung:

Führen Sie die Untersuchung mit jeder der erhaltenen Substanzen einzeln durch.

Eine Spatelspitze der jeweiligen Analysesubstanz wird in die Porzellanschale gegeben und mit einigen Tropfen 25 %iger Natriumhydroxidlösung befeuchtet. Die Porzellanschale wird mit einem Uhrglas abgedeckt (Wölbung nach unten), an dessen Unterseite ein angefeuchteter Streifen Universalindikatorpapier befestigt ist (das angefeuchtete Indikatorpapier „klebt" an der Wölbung des Uhrglases). Das Substanzgemisch in der Porzellanschale wird dann in dem Wasserbad für einige Minuten erwärmt (90–100 °C).

Notieren Sie Ihre Beobachtungen. Welche Substanzen geben einen positiven Nachweis auf Stickstoff? Erklären Sie Ihre Ergebnisse und überlegen Sie sich, wie es mechanistisch zur Bildung der flüchtigen alkalischen Verbindungen kommen kann.

Nachweis von Alkenen   11.3

Alkene sind nicht nur die Ausgangsmaterialien für die technisch (und in der medizinischen Anwendung) wichtigen Additionspolymere, sondern sie kommen auch in Fetten vor. Ungesättigte Fettsäuren (also solche, die Alkene enthalten) sind dabei für den Menschen häufig essentiell. Näheres erfahren Sie hierzu in den Kapiteln zu Polymeren und zu Fetten. Es liefert Ihnen jedoch schon hier einen Anhaltspunkt, dass der Nachweis von Alkenen durchaus wichtig sein kann.

Da sich zwischen den beiden Kohlenstoffen des Alkens insgesamt 4 Elektronen (Doppelbindung) befinden, kann man diese Stoffgruppe als elektronenreich bezeichnen, die leicht oxidierbar ist.

Anmerkung: Diese Erklärung ist zwar leicht verständlich, doch nicht ganz zutreffend. Die zweite Bindung, die durch das Überlappen von p-Orbitalen ausgebildet wird, ist schwächer als die Erste. Dadurch liegt das bindende Orbital dieser zweiten Bindung energetisch höher und es ist leichter, Elektronen daraus „zu entfernen" (Oxidation).

Diese leichte Oxidierbarkeit ist zugleich die Grundlage für die beiden Nachweisreaktionen, die wir betrachten wollen, die Addition von Brom und die Reaktion von Alkenen mit Permanganat-Lösung (Baeyer Reagenz).

Brom reagiert mit der Doppelbindung von Alkenen in einer elektrophilen Addition. Daher ist die Entfärbung von Bromwasser (die Reaktion des Broms geht mit dem Verschwinden seiner braunen Farbe einher) ein Hinweis auf ungesättigte Verbindungen. Die beiden Bromzentren stehen dabei im Produkt immer *trans* zueinander (*trans*-Addition), sofern man das an der Struktur der Verbindung erkennen kann).

Mechanistisch wird hierbei zunächst ein π-Komplex ausgebildet, aus dem durch Abspalten eines negativ geladenen Bromid-Ions das positiv geladene cyclische Bromonium-Ion hervorgeht. Hierbei ist ein Dreiring entstanden, der nur wenig stabil ist und leicht durch ein nukleophil angreifendes Bromid geöffnet wird. Dies geschieht immer von der Rückseite des Dreiringes, was zur beobachteten *trans*-Addition führt (▶ Abbildung 11.4).

> **Achtung:** Sie sollten mit den Begriffen Stereoisomerie, Distereomer, Enantiomer, Racemat etc. vertraut sein, um dieser Diskussion folgen zu können. Lesen Sie im Zweifelsfall lieber noch einmal in Kapitel 10 nach.

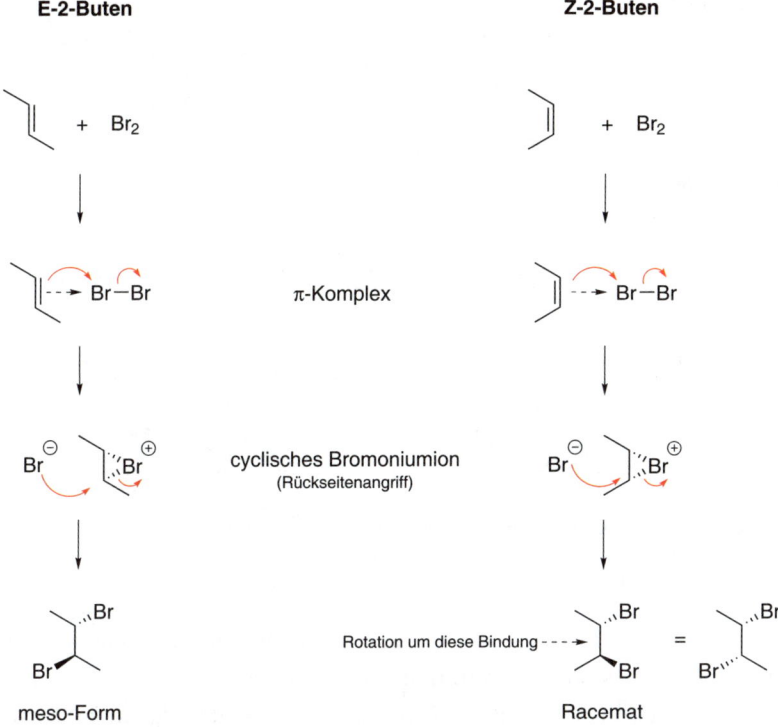

E-2-Buten   **Z-2-Buten**

π-Komplex

cyclisches Bromoniumion
(Rückseitenangriff)

meso-Form   Racemat

Rotation um diese Bindung

Abbildung 11.4: *trans*-Addition von Brom an Z- und E-Buten

Abhängig davon, ob Ihr Ausgangsalken Z- oder E-konfiguriert ist, werden zwei unterschiedliche Produkte gebildet (Diastereomere). Die stereochemische Information der Doppelbindung spiegelt sich also im Produkt wider.

Beim Beschreiben von Reaktionsmechanismen illustrieren die Pfeile immer die „Bewegung" von Elektronen. Der Pfeil beginnt also bei einem Elektronenpaar und weist auf das elektrophile Zentrum, zu dem dieses Elektronenpaar „wandert".

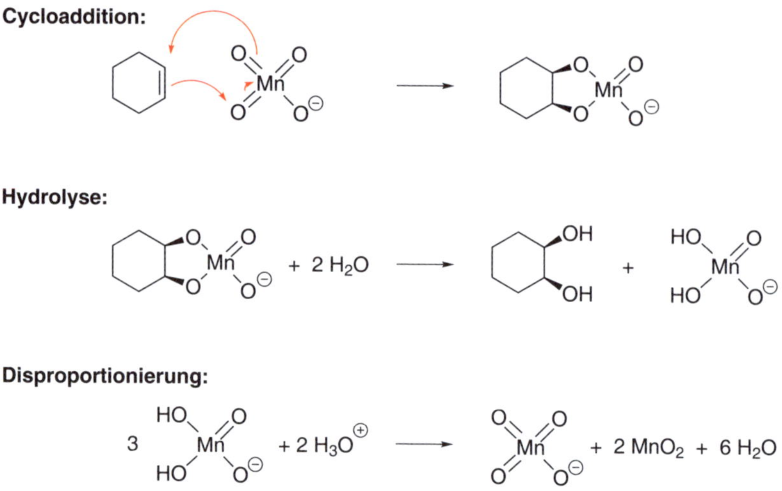

Cycloaddition:

Hydrolyse:

Disproportionierung:

Abbildung 11.5: Reaktion von Cyclohexen mit Permanganat

Ebenso kann Kaliumpermanganat an Doppelbindungen addieren. Hier findet allerdings eine *cis*-Addition statt. Im Gegensatz zur Brom-Addition, bei dem die beiden Brom-Zentren in aufeinanderfolgenden Schritten jeweils von unterschiedlichen Seiten an die Doppelbindung angegriffen haben, werden bei der Addition von Permanganat an ein Alken alle Bindungen gleichzeitig gebildet und gespalten. Man nennt diesen Mechanismus auch eine Cycloaddition (▶ Abbildung 11.5).

Das Permanganat kann aber nur entweder „von oben" oder „von unten" am Alken angreifen, sodass beide neu gebildeten Bindungen in die gleiche Richtung weisen.

Während der Reaktion können Sie das Verschwinden der violetten Färbung des Permanganats beobachten, zugleich fällt Braunstein (Mangandioxid) aus. Dieses bildet sich aus dem Produkt der Hydrolyse durch Disproportionierung und gleichzeitiger Bildung von Permanganat.

VERSUCH 3

■ **Reaktion von Brom mit Cyclohexen und Toluol**

Geräte:	Chemikalien:
Reagenzgläser	Cyclohexen in CH_2Cl_2
Reagenzglasständer	Bromwasser
Pipette	Toluol

Durchführung:

Zu etwa 1 mL Cyclohexen in 3 mL CH_2Cl_2 gibt man 2 mL Bromwasser und schüttelt gut durch. Was beobachten Sie? Schreiben Sie ihre Beobachtungen und den vollständigen Mechanismus auf. Führen Sie den Versuch mit Toluol anstatt mit Cyclohexen durch. Was ist hier anders? Begründen Sie. Lassen Sie das Reagenzglas mit dem Toluol bis zum Ende des Praktikumstages stehen und schütteln Sie es gelegentlich. Verändert sich etwas?

Brom kann jedoch nicht nur mit Alkenen reagieren. Besonders Aromaten mit Alkylresten können mit Brom nach einem radikalischen Mechanismus in einer Substitution reagieren (radikalische Substitution). Für derartige Reaktionen werden Startradikale benötigt. Diese können im Fall von Brom durch Homolyse der Br-Br-Bindung (z. B. unter Einwirkung von Licht) entstehen. Es ist also durchaus möglich, dass sich auch die Probe mit Toluol nach längerem Stehen im Licht entfärbt.

VERSUCH 4

■ **Reaktion von Kaliumpermanganat mit Cyclohexen und Cyclohexan**

Geräte:	Chemikalien:
Reagenzgläser	Cyclohexen
Reagenzglasständer	Cyclohexan
Pipette	Kaliumpermanganat-Lösung

Durchführung:

Geben Sie 2 mL einer verdünnten Kaliumpermanganat-Lösung in ein Reagenzglas. Fügen Sie ca. 0,5 mL Cyclohexen hinzu und schütteln Sie die Mischung. Beobachtung?

Wiederholen Sie den Versuch mit Cyclohexan anstelle von Cyclohexen. Beobachtung?

Erklären Sie Ihre Beobachtungen.

Peroxide

11.4

Verbindungen, in denen zwei Sauerstoff-Zentren über eine Einfachbindung miteinander verknüpft sind, nennt man Peroxide. Da diese Einfachbindung relativ schwach ist und zugleich leicht reduziert werden kann, können Peroxide in reiner Form explosiv sein. Dies führt z. B. dazu, dass Sie (nahezu) reines Wasserstoffperoxid (auch als Chemiker) nicht kaufen können, weil der Versand zu gefährlich wäre. Zusätzlich können Peroxide auch zur Herstellung von Sprengstoffen genutzt werden.

Im chemischen Labor können unerwünschte Peroxide in fast allen organisch-chemischen Lösungsmitteln über eine Radikalreaktion gebildet werden. Neben Luftsauerstoff ist hierfür, zum Start einer Radikalkettenreaktion, Licht notwendig. Lösungsmittelbehälter sollten daher gut verschlossen sein und Substanzen, die besonders leicht Peroxide bilden (wie der Diethylether), sollten in Braunglasflaschen gelagert werden.

Da die Lösungsmittelperoxide einen höheren Siedepunkt haben, als die Lösungsmittel selbst, muss man vor dem Abdestillieren eines Lösungsmittels auf Peroxide testen und diese ggf. chemisch zerstören. Ansonsten würden sie sich im Destillationssumpf ansammeln, was zu zerstörerischen Explosionen führen kann.

Wir werden Peroxide mittels einer chemischen Reaktion im Reagenzglas nachweisen, was als Routine-Tätigkeit im chemischen Labor viel zu aufwändig wäre, hier nutzt man daher Teststäbchen, um auf Peroxide zu prüfen.

ANWENDUNGEN

Stark verdünnte Lösungen von Wasserstoffperoxid werden in der Medizin zur Desinfektion eingesetzt. Hier nutzt man aus, dass Peroxide Oxidationsmittel sind. Leider wird dabei nicht immer darauf geachtet, dass Wasserstoffperoxid im Laufe der Zeit in Wasser und Sauerstoff zerfällt. Licht und Wärme beschleunigen diese Reaktion (daher werden Peroxide im chemischen Labor auch im Kühlschrank und unter Lichtausschluss gelagert). Wenn die Wasserstoffperoxidlösung zu lange oder falsch gelagert wurde, befindet sich in der Flasche im Idealfall nur noch Wasser, im ungünstigeren Fall haben sich bereits Mikroorganismen angesiedelt. Zur Desinfektion sind solche Lösungen dann natürlich nicht mehr geeignet.

VERSUCH 5

■ **Nachweis und Zerstörung von Peroxiden**

Geräte:	Chemikalien:
Reagenzgläser	Diethylether, peroxidhaltig
Reagenzglasständer	Diethylether, peroxidfrei
Pipette	Eisenspäne
	2N Schwefelsäure
	KSCN-Lösung

Durchführung:

Geben Sie eine Spatelspitze Eisenspäne in ein Reagenzglas und versetzen Sie sie mit 5 mL Schwefelsäure. Nach einiger Zeit entnehmen Sie jeweils 2 mL der erhaltenen Eisen(II)sulfat-Lösung und geben Sie diese in zwei verschiedene Reagenzgläser (1 und 2), jeweils zusammen mit einigen Tropfen der Kaliumthiocyanat-Lösung. Nun versetzen Sie das erste Reagenzglas mit dem peroxidhaltigen Diethylether, das Zweite mit dem peroxidfreien und schütteln jeweils. (Beobachtung). Betrachten Sie beide Reagenzgläser auch noch einmal nach weiteren 5 Minuten (und erneutem Schütteln).

Erklären Sie Ihre Beobachtungen. Stellen Sie komplette Reaktionsgleichungen für alle abgelaufenen Reaktionen auf. Verwenden Sie dafür als Peroxid Wasserstoffperoxid.

Da Peroxide Oxidationsmittel sind, kann man sie auch basierend auf dieser Eigenschaft nachweisen. Im Experiment stellen Sie zunächst eine Eisen(II)sulfat-Lösung her, die Sie dann mit Thiocyanat versetzen. Nach Zugabe der (oxidierend wirkenden) Peroxide werden Sie eine rote Farbe beobachten, die mit der Oxidation der Fe(II)-Ionen zu Fe(III)-Ionen zusammenhängt. Ein Blick in das Kapitel zur Komplexchemie sollte Ihnen helfen, die Beobachtung zu erklären.

Amine und Carbonsäuren 11.5

Amine leiten sich von Ammoniak (NH_3) ab. Ersetzt man nacheinander die Wasserstoffatome des Ammoniaks durch organische Reste, erhält man primäre (NH_2R), sekundäre (NHR_2) und tertiäre Amine (NR_3). Auch das freie Elektronenpaar des Stickstoffs kann noch ein Alkylkation R^+ anlagern; das entstehende Ammoniumion NR_4^+ ist das Kation eines quartären Ammoniumsalzes (▶ Abbildung 11.6). Achten Sie dabei darauf, dass die Bezeichnungen primär, sekundär und tertiär sich bei Aminen auf die

VERSUCH 6

■ **pH und Geruch von Amin und Carbonsäure-Lösungen**

Geräte:	Chemikalien:
Reagenzgläser	Butylamin
Reagenzglasständer	Essigsäure
Pipette	Wasser

Durchführung:

Zu 0,5 mL des Amins (Geruch?) gibt man 2–3 mL Wasser, Gleiches macht man in einem anderen Reagenzglas mit der Essigsäure (Geruch?). Der pH-Wert der beiden Lösungen wird mithilfe eines Stückes Indikatorpapier geprüft (Indikatorpapier-Stücke gibt es vom Assistenten). Vereinigen Sie danach die beiden Lösungen. Beobachtung? Was geschieht dabei mit dem pH-Wert, was mit dem Geruch?

$CH_3CH_2-NH_2$

Ethylamin
primäres Amin

Diethylamin
sekundäres Amin

Diethylisopropylamin
tertiäres Amin

Tetrabutylammonium-Ion
quartäres Ammonium-Ion

Abbildung 11.6: Amine und Ammoniumionen

Zahl der Alkylreste am Stickstoff beziehen. Das ist eine Ausnahme (vgl. Alkohole, Kapitel 11.7, oder Halogenalkane, Kapitel 12).

Amine haben einen typischen Geruch, oft nach Fisch. In wässriger Lösung reagieren Amine basisch (das freie Elektronenpaar kann noch ein Proton binden), ähnlich dem Ammoniak. Bei der Reaktion mit Säuren entstehen Ammoniumsalze.

Während Amine schwache Basen sind, sind Carbonsäuren (meist) schwache Säuren. Flüchtige Carbonsäuren können Sie dabei an ihrem stechenden Geruch erkennen (bzw. im Fall der Buttersäure an einem sehr unangenehmen Geruch).

Sie mögen das Experiment oben für trivial halten, was es sicherlich auch ist. Allerdings sollten Sie sich die Eigenschaften von Aminen und Carbonsäuren verinnerlichen, zum einen, weil Sie sie bei der Betrachtung von Aminosäuren und Proteinen noch benötigen werden, zum anderen weil in vielen Lehr- und Schulbüchern noch zu lesen ist, dass aus einem Amin und einer Carbonsäure unter Abspaltung von Wasser ein Carbonsäureamid erhalten wird. Diese Reaktionsgleichung ist zwar formal korrekt, im Laboralltag werden Sie beim Mischen der beiden Verbindungen aber erst einmal eine Säure-Base Reaktion erhalten.

Wenn die Lehrbuchsynthese von Carbonsäureamiden so leicht funktionieren würde, könnten Sie Aminosäuren gar nicht isolieren, sie würden unter Wasserabspaltung zu Peptidketten reagieren. Die im Labor ausstehenden Vorratsbehälter mit reinen Aminosäuren sollten Ihnen als Beweis genügen, dass diese Reaktion so leicht nicht stattfindet.

Primäre Amine lassen sich mithilfe der Hinsberg-Trennung leicht von sekundären oder tertiären Aminen unterscheiden. Hierfür werden die Amine mit Hilfe von Benzolsulfonsäurechlorid in die Benzolsulfonsäureamide überführt. Die Sulfonamide aus primären Aminen lösen sich im Basischen, da sie sauer sind und als lösliche Anionen vorliegen. Die Sulfonamide aus sekundären Aminen sind hingegen im Allgemeinen in wässriger Lösung nur schlecht löslich (▶ Abbildung 11.7.)

VERSUCH 7

■ **Hinsberg-Trennung**

Geräte:	Chemikalien:
Reagenzgläser	Butylamin
Reagenzglasständer	Piperidin
Pipette	verd. Natronlauge
Glasstab	Salzsäure
	Benzolsulfonsäurechlorid-Lösung (in Aceton)

Anmerkung:

Die Umsetzung unbedingt im Abzug durchführen!

Durchführung:

Führen Sie den folgenden Versuch mit jedem der beiden Amine separat durch. Zu etwa 4 mL verdünnter NaOH-Lösung gibt man 5 Tropfen des betreffenden Amins sowie 1 bis 2 Tropfen einer Lösung von Benzolsulfonsäurechlorid in Aceton (Reaktion im Abzug durchführen). Man rührt die Mischung mit einem Glasstab. Im Fall des sekundären Amins ist die Reaktion etwas langsamer, warten Sie einige Minuten. Im Fall des primären Amins säuern Sie das Reaktionsgemisch nach 5 Minuten mit Salzsäure an. Notieren und erklären Sie Ihre Beobachtungen.

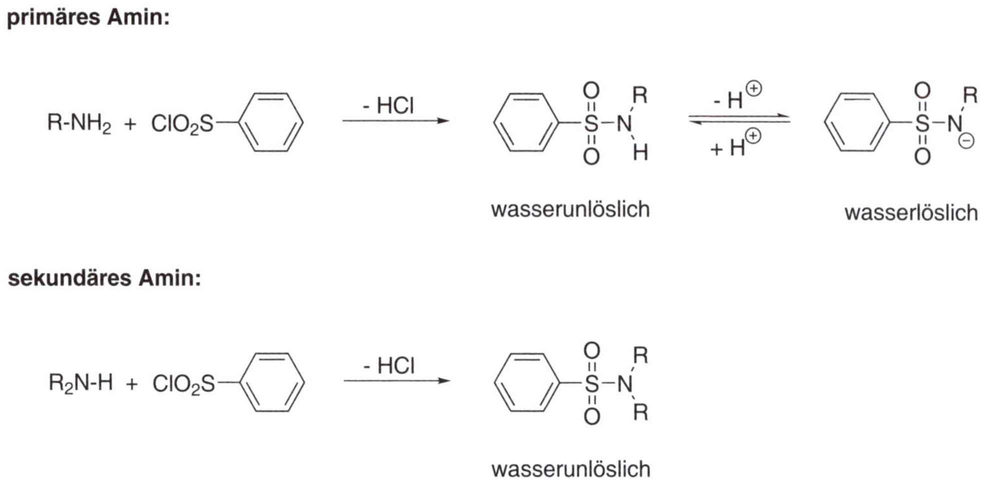
primäres Amin:
R-NH2 + ClO2S
- HCl
- H⊕
+ H⊕
O
S
N
R
H
O
wasserunlöslich
wasserlöslich
sekundäres Amin:
R2N-H + ClO2S
- HCl
wasserunlöslich

Abbildung 11.7: Sulfonamide und Hinsberg-Trennung

Tatsächlich kann man mithilfe der Hinsberg-Trennung aus einer Mischung jeweils gezielt die primären, sekundären und tertiären Amine abtrennen. Für unser Experiment genügt es jedoch, lediglich qualitativ primäre von sekundären Aminen zu unterscheiden.

Carbonylverbindungen, Aldehyde und Ketone 11.6

Alle Carbonylverbindungen enthalten als funktionelle Gruppe die Carbonylgruppe. Verwechseln Sie dabei tunlichst nicht Stoffgruppe und funktionelle Gruppe, zahlreiche unterschiedliche Stoffgruppen enthalten eine Carbonylgruppe als funktionelle Gruppe.

Die Carbonylgruppe besteht aus einer C-O Doppelbindung. Da Sauerstoff eine höhere Elektronegativität besitzt als Kohlenstoff, ist diese Doppelbindung in Richtung des Sauerstoffs negativ polarisiert. Der Kohlenstoff ist daher positiv polarisiert. Dies können Sie sich auch mithilfe einer mesomeren Grenzformel verdeutlichen (▶ Abbildung 11.8), in der das Elektronenpaar der Doppelbindung vollständig beim Sauerstoff lokalisiert ist.

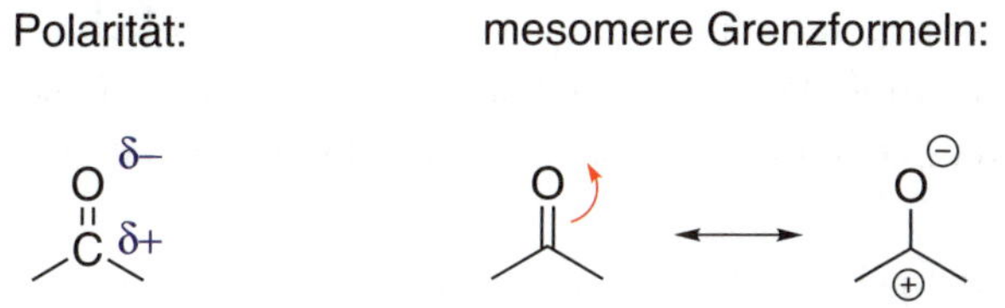

Polarität: mesomere Grenzformeln:

Abbildung 11.8: Mesomere Grenzformeln und Polarität der C-O-Doppelbindung am Beispiel von Aceton

Auch bei Studierenden der Chemie gelten die Reaktionen von Carbonylverbindungen als „gefürchtet", dies liegt jedoch weniger an ihrer Komplexität als daran, dass man die drei Grundreaktionen von Carbonylverbindungen „aus dem Auge" verloren hat. Prinzipiell reagiert immer etwas positiv Polarisiertes (oder Geladenes) mit etwas negativ Polarisiertem (oder Geladenen), also ein Elektrophil mit einem Nucleophil, was wir alleine schon aufgrund der Anziehung unterschiedlicher Ladungen leicht verstehen können. Also, keine Angst vor den folgenden Carbonylreaktionen.

Diese Polarität bestimmt die Reaktivität aller Carbonylverbindungen, prinzipiell sind nur drei Arten von Reaktionen möglich: der Angriff einer Säure (oder eines Elektrophils) erfolgt am (partiell negativ geladenen) Carbonyl-Sauerstoff, ein Nucleophil greift hingegen am (partiell positiv geladenen) Carbonyl-Kohlenstoff an, eine Base hingegen deprotoniert

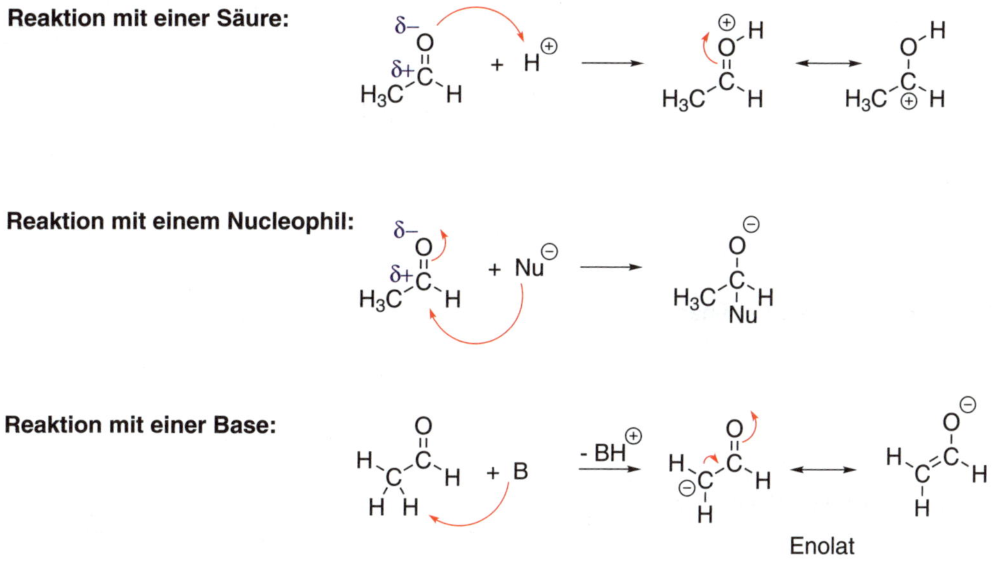

Reaktion mit einer Säure:

Reaktion mit einem Nucleophil:

Reaktion mit einer Base:

Enolat

Abbildung 11.9: Prinzipielle Reaktionen von Carbonylverbindungen am Beispiel von Acetaldehyd

eine Carbonylverbindung am Kohlenstoff neben dem Carbonyl-Kohlenstoff (am α-C) (▶ Abbildung 11.9). Letztere Reaktion ist insbesondere bei Aldolreaktionen von Bedeutung (und damit auch bei den Aldolasen in der Biochemie).

Während diese Betrachtungen für alle Carbonylverbindungen gelten, unterscheidet man bei den Reaktionstypen Carbonsäurederivate von Aldehyden und Ketonen. Die beiden Letzteren werden wir hier gemeinsam betrachten. Zwar sind Aldehyde prinzipiell reaktiver als Ketone, beide Stoffgruppen reagieren jedoch mit den gleichen Reagenzien in analogen Reaktionen. Carbonsäurederivate werden wir hingegen erst im folgenden Kapitel behandeln.

> Die Reaktionsschritte in Abbildung 11.9 gelten für alle Carbonylverbindungen. Achten Sie dabei insbesondere bei der Reaktion mit einer Base darauf, dass bei Aldehyden nicht das Proton vom Carbonyl-Kohlenstoff abgespalten wird (ein häufiger Fehler).

Im Fall von Carbonsäuren als Carbonylverbindungen ist natürlich die COOH-Gruppe acider als die α-CH-Gruppe und Base deprotoniert daher Carbonsäuren zu den Carboxylatanionen.

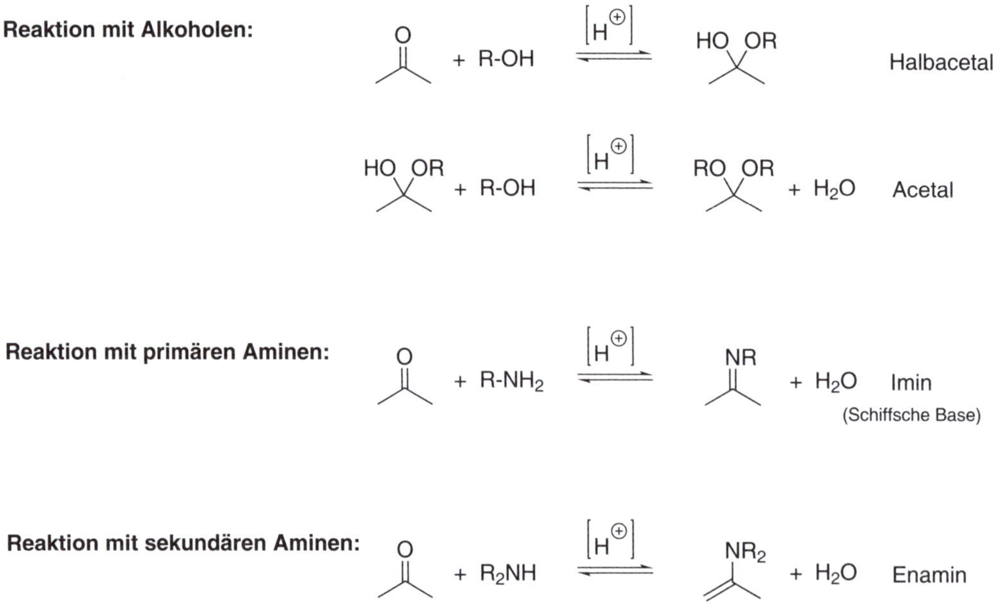

Reaktion mit Alkoholen:

Reaktion mit primären Aminen:

Reaktion mit sekundären Aminen:

Abbildung 11.10: Reaktionsprodukte von Aceton mit Alkoholen und Aminen

Für Sie als Lebenswissenschaftler sind insbesondere die Reaktionen von Aldehyden und Ketonen mit Alkoholen, sowie die mit primären und sekundären Aminen von Bedeutung. Dabei können (unter Säure-Katalyse) Halbacetale, Acetale, Imine (auch Schiffsche Basen genannt) und Enamine entstehen (▶Abbildung 11.10).

Prinzipiell sollten Sie diese drei Reaktionen „auswendig" kennen, insbesondere weil sie alle in der Biochemie immer wieder vorkommen. Sie können sie allerdings auch leicht verstehen, denn in allen drei Fällen wird nahezu derselbe Mechanismus durchlaufen, die Umsetzungen unterscheiden sich lediglich im letzten Schritt. Suchen wir also erst einmal die Gemeinsamkeiten der Umsetzungen:

- Die Umsetzungen werden durch Säure katalysiert.
- Es wird Wasser abgespalten.
- Die zugesetzten Reagenzien (Amine, Alkohol) verfügen über freie Elektronenpaare, sind also Nucleophile.
- Die zugesetzten Reagenzien haben am nucleophilen Heteroatom ein H gebunden (N-H oder O-H).

Die ersten beiden Punkte können wir zusammenfassen. Im Verlauf des Mechanismus wird der Carbonyl-Sauerstoff zweimal protoniert und dann als Wasser abgespalten.

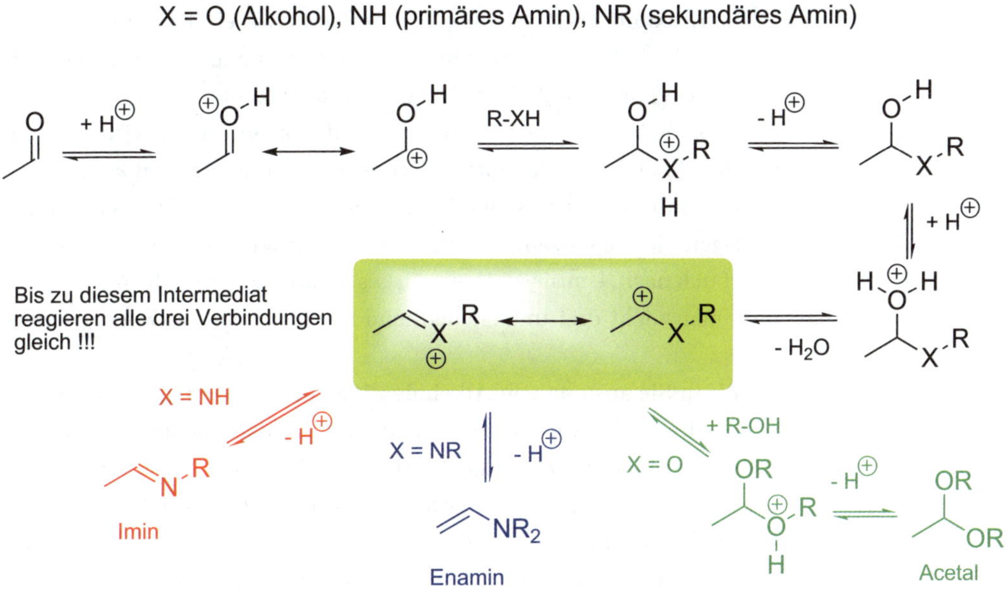

X = O (Alkohol), NH (primäres Amin), NR (sekundäres Amin)

Abbildung 11.11: Mechanismus der Reaktion von Aldehyden und Ketonen mit Alkoholen und Aminen

Auch die letzten beiden Punkte können wir zu einer Gemeinsamkeit zusammenfassen. Stellen Sie sich ein Reagenz R-X-H vor, wobei X über mindestens ein freies Elektronenpaar verfügt. Für Alkohole ist X dann O, für primäre Amine ist X der Platzhalter für NH und für sekundäre Amine müsste man X gegen NR ersetzen. Nun sehen wir uns den Mechanismus der Reaktion von Acetaldehyd mit R-X-H an (▶Abbildung 11.11):

Im ersten Schritt wird der Carbonyl-Sauerstoff protoniert, dann greift das Nucleophil (R-X-H) mit seinem freien Elektronenpaar am Carbonyl-Kohlenstoff an. Beide Reaktionen kennen Sie bereits aus Abbildung 11.9. Da X sein freies Elektronenpaar „zur Verfügung gestellt" hat, trägt es nun eine positive Ladung. Die Säure wurde nur katalytisch zugesetzt, es ist also nur folgerichtig, dass wir im nächsten Schritt ein Proton von X abspalten. Das so erhaltene Intermediat entspricht bereits dem Halbacetal aus Abbildung 11.10 (X = O).

Wir wollten den Carbonyl-Sauerstoff allerdings insgesamt zweimal protonieren (haben wir erst einmal gemacht) und dann als Wasser abspalten. Genau das passiert in den folgenden beiden Reaktionsschritten. Sie erhalten ein Intermediat, das eine positive Ladung trägt. An dieser Stelle (gelb in Abbildung 11.11) trennen sich die Wege der drei Reagenzien.

Im Fall von primären Aminen (X = NH, rot) trägt der Stickstoff noch ein Proton, das abgespalten werden kann. Wir erhalten das Imin.

Bei sekundären Aminen (X = NR, blau) können wir den Stickstoff nicht deprotonieren, wir deprotonieren stattdessen den α-Kohlenstoff (dritte Reaktion aus Abbildung 11.9) und erhalten ein Enamin.

Bei Alkoholen (X = O, grün) wäre dies zwar auch möglich, man arbeitet jedoch meist mit einem Überschuss an Alkohol, sodass ein zweiter Alkohol als Nucleophil am Kation angreifen kann. Dieser wird dann im abschließenden Schritt deprotoniert, sodass wir zum Acetal kommen.

Wenn Ihnen das zu schnell gegangen ist oder zu unübersichtlich ist, schlagen Sie die einzelnen Mechanismen einfach noch einmal in Ihrem Lehrbuch nach. Um sie zu lernen, ist es allerdings hilfreich zu erkennen, dass man nicht drei unterschiedliche Mechanismen auswendig lernen muss.

Wenn Sie anstelle von Alkoholen Wasser einsetzen, gelangen Sie zu den Hydraten der Aldehyde und Ketone. Dies entspricht der Reaktion aus Abbildung 11.10 bis zur Stufe des Halbacetals, was in ▶Abbildung 11.12 am Beispiel des Chlorals dargestellt ist. Dieses reagiert mit Wasser zum Chloralhydrat. Im Gegensatz zu den meisten anderen Aldehyden und Ketonen ist im Fall des Chlorals das Chloralhydrat die im Gleichgewicht bevorzugt Form, eine Folge der Trichlormethyl-Gruppe.

ANWENDUNGEN

Wenn auch mittlerweile nicht mehr sehr gebräuchlich, so wird Chloralhydrat zur Behandlung von Schlafstörungen eingesetzt. Das Medikament Chloraldurat ist allerdings verschreibungspflichtig.

$$Cl_3C-CHO + H_2O \quad \xrightarrow{[H^{\oplus}]} \quad Cl_3C-CH(OH)_2$$

Chloral   Chloralhydrat

Abbildung 11.12: Hydrate von Aldehyden und Ketonen

VERSUCH 8

■ **Fällung von Dinitrophenylhydrazonen**

Geräte:	Chemikalien:
Reagenzgläser	Acetaldehyd
Reagenzglasständer	Methanol
Pipette	2,4-Dinitrophenylhydrazin-Lösung

Durchführung:

0,5 mL Acetaldehyd werden in 3 mL Methanol gelöst und anschließend mit 3 mL einer 2,4-Dinitrophenylhydrazin-Lösung versetzt. Bitte warten Sie einige Minuten. Beobachtung?

Was würde geschehen, wenn Sie die Reaktion mit Butylamin anstelle des Hydrazins durchführen würden? Welches Produkt erwarten Sie, wenn Sie ein sekundäres Amin (z. B. Dimethylamin) mit Acetaldehyd umsetzen?

VORSICHT: Dinitrophenylhydrazin ist, wie auch die Hydrazone, giftig.

Damit haben Sie (mit Ausnahme der Aldolreaktion, die später folgt) die wichtigsten Reaktionen von Aldehyden und Ketonen kennengelernt. In vielen Fällen müssen Sie nun nur noch erkennen, dass eine der beschriebenen Reaktionen vorliegt. So werden in der Chemie Aldehyde und Ketone gerne als Oxime oder Hydrazone gefällt (▶Abbildung 11.13). Die Bildung dieser schwerlöslichen Verbindungen ist dabei nichts anderes, als der bereits behandelte Mechanismus der Reaktion zwischen primären Aminen (R-NH$_2$) und Aldehyden/Ketonen.

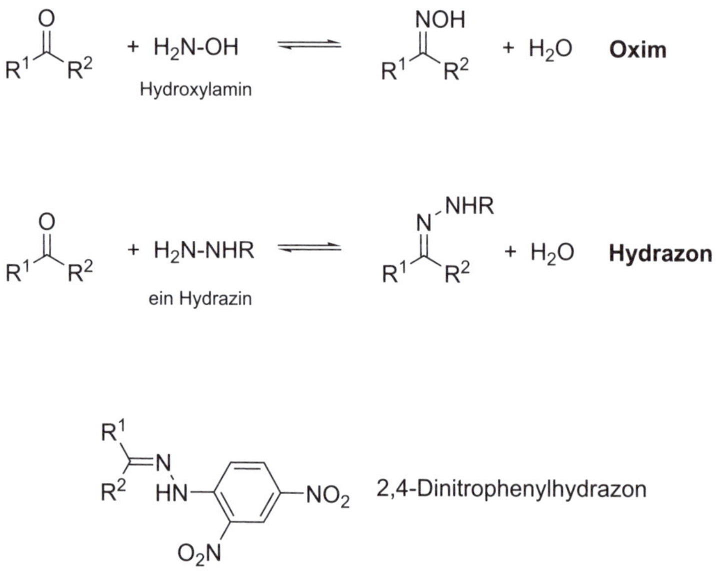

Abbildung 11.13: Oxime und Hydrazone

Die Schmelzpunkte der so erhaltenen Oxime und Hydrazone wurden dabei früher zur eindeutigen Identifizierung des Aldehydes/Ketons verwendet.

VERSUCH 9

■ **Identifizierung einer unbekannten Carbonylverbindung**

Geräte:	Chemikalien:
Reagenzgläser	Unbekannten Carbonylverbindung
Reagenzglasständer	Methanol
Pipette	2,4-Dinitrophenylhydrazin-Lösung
Hirschbergtrichter	Aceton
Reagenzglas mit Absaugvorrichtung	
Filterpapier	
Vakuumpumpe	
Wasserbad	
Kofler Heizbank oder ein anderes Gerät zur Schmelzpunktbestimmung	

Anmerkung:

Dieses Experiment sollte aufgrund der Giftigkeit der verwendeten Chemikalien nur durchgeführt werden, wenn die Studierenden bereits erfahren sind oder sehr intensiv betreut werden.

Da es bei der Schmelzpunktbestimmung und beim Umkristallisieren zum Kontakt mit dem Hydrazon kommen kann, ist die Verwendung von Handschuhen ratsam.

Sie finden eine Erläuterung der Apparaturen auf der Website als Film, sollten bei Unklarheiten aber in jedem Fall Ihren Assistenten zurate ziehen.

Durchführung:

0,5 mL einer unbekannten Carbonylverbindung (diese bekommen Sie von ihrem Assistenten) werden in 3 mL Methanol gelöst und anschließend mit 3 mL einer 2,4-Dinitrophenylhydrazin-Lösung versetzt. Man lässt die Mischung einige Minuten stehen und saugt den entstandenen Niederschlag mit dem Hirschbergtrichter ab. Damit kein Niederschlag in das Filtrat gelangt, bedient man sich des folgenden Tricks: Das Filterpapier wird in den Hirschbergtrichter gelegt und mit einigen Tropfen Methanol (Vorsicht! Methanol ist giftig!) angefeuchtet. Wird jetzt mit der Vakuumpumpe evakuiert, liegt das Filterpapier fest auf und verhindert das Durchlaufen des Niederschlags in das Filtrat.

Der Niederschlag wird einige Minuten lang trocken gesaugt. Anschließend wird – zur Reinigung – umkristallisiert. Hierzu überführt man einen Teil des Niederschlags in ein Reagenzglas und übergießt ihn mit wenig Methanol. Anschließend erhitzt man im Wasserbad (Vorsichtig! Gefahr des Siedeverzugs!) langsam bis zum Sieden. Sollte sich nicht der gesamte Niederschlag lösen, fügt man weiteres Methanol hinzu, bis sich in der Siedehitze gerade alles gelöst hat. Wird das benötigte Lösungsmittelvolumen zu groß, ist auf ein zweites Reagenzglas zu verteilen! Beim Abkühlen der Lösung (evtl. unter fließendes Wasser halten) scheiden sich die gereinigten Kristalle aus der Mutterlauge ab. Diese werden nun erneut (neues Filterpapier!) mit dem Hirschbergtrichter ab- und trocken gesaugt.

Der Schmelzpunkt des 2,4-Dinitrophenylhydrazons sollte nach einmaligem Umkristallisieren bis auf etwa +/− 5 °C mit dem angegebenen Literaturwert übereinstimmen. Er wird auf einer Kofler-Heizbank mit linearem Temperaturgradienten (oder mithilfe einer anderen Apparatur zur Schmelzpunktbestimmung) bestimmt. Hierzu werden einige Kristalle auf die Heizbank direkt an die verschiebbare Markierung gelegt und diese langsam (!) in Richtung steigender Temperatur bis zum beobachteten Schmelzpunkt verschoben. Nach Gebrauch ist die Kofler-Bank mit Aceton zu reinigen.

Geben Sie bitte den Schmelzpunkt an, den Sie für das 2,4-Dinitrophenylhydrazon der unbekannten Carbonylverbindung ermittelt haben.

Um welche Carbonylverbindung könnte es sich handeln?

Geben Sie bitte die Reaktionsgleichung für die Hydrazonbildung am Beispiel der von Ihnen untersuchten Carbonylverbindung an!

VORSICHT: Dinitrophenylhydrazin ist, wie auch die Hydrazone, giftig.

Nachfolgend sind einige Schmelzpunkte von 2,4-Dinitrophenylhydrazonen gängiger Carbonylverbindungen aufgelistet (Quelle: Organikum, 17. Auflage, VEB Deutscher Verlag der Wissenschaften, Berlin 1988).

Carbonylverbindung	Smp. des 2,4-Dinitrophenylhydrazons (°C)
Acetaldehyd	164
Propionaldehyd	155
Acrolein	166
Valeraldehyd	107
Phenylacetaldehyd	125
Aceton	126
Ethylmethylketon	117
Diethylketon	156
Pinacolon	126
Cyclopentanon	146
Cyclohexanon	162
Phenylaceton	156
D/L-Campher	164

ANWENDUNGEN

Imine und Enamine sind von wesentlicher Bedeutung im Stickstoff-Stoffwechsel. So werden bei der Aminosäuresynthese wie beim Aminosäureabbau (katalysiert durch Transaminasen) Imin-Zwischenstufen durchlaufen. Diese Reaktion wird Ihnen daher im weiteren Verlauf Ihres Studiums wieder begegnen.

ANWENDUNGEN

Unsere Fähigkeit zu sehen, hängt entscheidend von der Bildung und dem Zerfall eines Imins ab. Rhodopsin (Sehpurpur) ist ein Imin aus dem Aldehyd Retinal und dem Protein Opsin. Beim Sehprozess wird im Retinal die Z-konfigurierte Doppelbindung in die entsprechende E-konfigurierte Doppelbindung überführt (▶ Abbildung 11.14). Danach spaltet sich das Retinal ab (die Imin-Bindung wird hydrolysiert, die Rückreaktion der Imin-Bildung) und wird vor seinem erneuten Einbau ins Rhodopsin durch eine Isomerase zunächst wieder in das 11-Z-konfigurierte Retinal überführt.

Retinal:

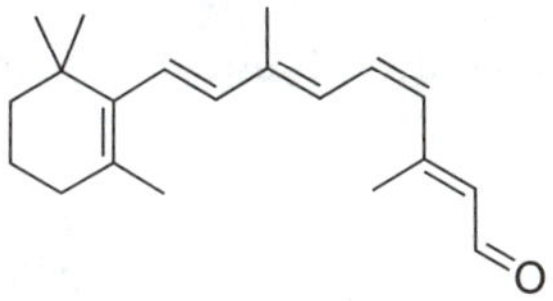

Konfigurationsänderung durch Licht:

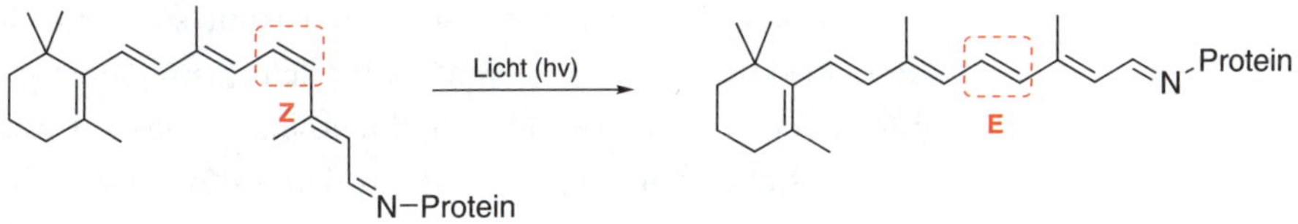

Abbildung 11.14: Retinal beim „Sehprozess"

Nun bleibt uns nur noch eine Reaktion, die grundsätzlich mit allen Carbonylverbindungen durchgeführt werden kann, die Aldolreaktion. Diese ist von enormer Bedeutung beim Aufbau großer organischer Strukturen sowohl im chemischen Labor als auch im Stoffwechsel. So werden z. B. Hexosen wie Traubenzucker aus zwei C_3-Einheiten über eine Aldol-Reaktion (katalysiert von einer Aldolase) auf- und abgebaut. Sie werden sich also spätestens bei der Glycolyse wieder mit derartigen Reaktionen auseinandersetzen müssen. Grund genug, uns den Mechanismus der Aldolreaktion einmal genauer anzusehen (▶ Abbildung 11.15).

Bei der Aldolreaktion reagieren zwei Carbonyl-Verbindungen miteinander unter Ausbildung einer neuen C-C Bindung (und damit Aufbau eines komplexeren Gerüstes). Man unterscheidet zwischen der Aldoladdition, die auf der Stufe eines β-Hydroxy-Carbonyls „stehen bleibt", und der

Die Aldolreaktion:

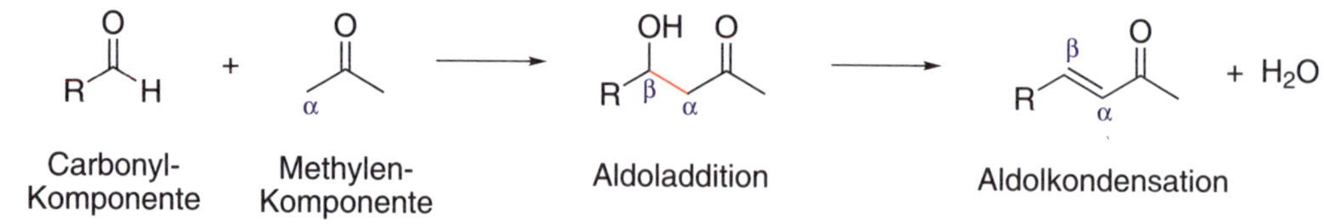

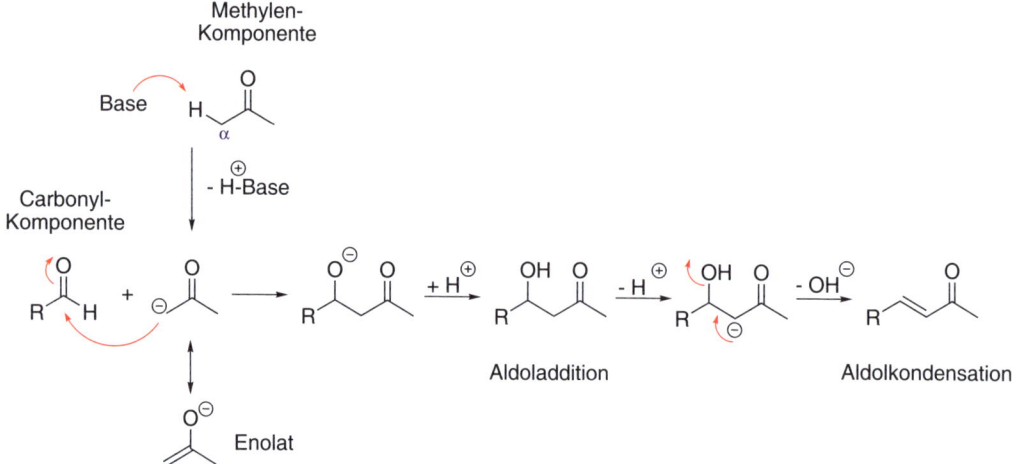

Abbildung 11.15: Die Aldolreaktion

Aldolkondensation, bei der aus dem Produkt der Aldoladdition noch Wasser abgespalten wird und eine α,β-ungesättigte Carbonylverbindung entsteht. Welches Produkt erhalten wird, hängt von den Reaktionsbedingungen ab. Prinzipiell kann man die Aldolreaktion sowohl mit Hilfe von Säuren als auch mit Hilfe von Basen erreichen, wobei wir uns mit Aldolreaktion unter basischen Bedingungen beschäftigen wollen.

Die neue C-C Bindung wird zwischen dem α-Kohlenstoff der einen Carbonylverbindung (der Methylen-Komponente) und dem Carbonyl-Kohlenstoff der anderen Carbonyl-Verbindung (der Carbonyl-Komponente) geknüpft. Auf den ersten Blick ist nur schwer ersichtlich, wie diese Reaktion „funktionieren" soll, denn am Carbonyl-Kohlenstoff greifen doch nur Nucleophile an. Ein erneuter Blick zur Abbildung 11.9 weist uns aber den Weg, wie wir aus dem α-Kohlenstoff der Methylen-Komponente ein Nucleophil machen können. Wir müssen ihn lediglich mithilfe einer Base deprotonieren (▶Abbildung 11.16).

Abbildung 11.16: Mechanismus der Aldolreaktion unter basischen Bedingungen

VERSUCH 10

■ **Aldolreaktion**

Geräte:	Chemikalien:
3-Hals-Rundkolben (250 mL)	Benzaldehyd
Innenthermometer	Methanol
Rückflusskühler	Aceton
Tropftrichter	KOH
Kristallisationsschale	Eisessig
Saugflasche	Ethanol
Büchnertrichter	
Filterpapier	
Vakuumpumpe	
Wasserbad	
Magnetrührer	
Eiswasser	
Stativmaterial	
Schlenck-Kolben mit Stopfen	

Anmerkung:

Dieses Experiment sollten Sie erst durchführen, nachdem Sie sich mit den eingesetzten Geräten vertraut gemacht haben.

Sie finden eine Erläuterung der Apparaturen auf der Website als Film, sollten bei Unklarheiten jedoch in jedem Fall Ihren Assistenten zurate ziehen. Eine schematische Darstellung der Apparatur sowie die Reaktionsgleichung sind in ▶Abbildung 11.17 dargestellt.

Durchführung:

In einem mit Eiswasser gekühlten 250 mL-Dreihalskolben (ausgestattet mit einem Tropftrichter mit Gasausgleich, einem Innenthermometer und einem Rückflusskühler) legt man 0,73 g (12,5 mmol) Aceton und 2,65 g (25 mmol) Benzaldehyd in 80 mL Methanol vor. Zu dieser Lösung tropft man unter gutem Rühren 25 mL einer 15 %igen KOH-Lösung in Wasser zu. Dabei soll die Innentemperatur konstant zwischen 20 °C und 25 °C liegen, was Sie mit der Zutropfgeschwindigkeit regulieren können. Zur Vervollständigung der Reaktion rührt man noch 30 Minuten bei Raumtemperatur nach. Die Reaktionsmischung wird vorsichtig mit Eisessig neutralisiert (kontrollieren Sie den pH-Wert mit Indikator-Papier). Das als Feststoff ausgefallene Reaktionsprodukt wird abgesaugt und mit Wasser und wenig eiskaltem Ethanol gewaschen. Sodann wird das Produkt im Vakuum im Schlenck-Kolben getrocknet.

Bestimmen Sie den Schmelzpunkt Ihres Produktes.

Beschreiben Sie den Mechanismus der Reaktion. Warum genügen katalytische Mengen KOH?

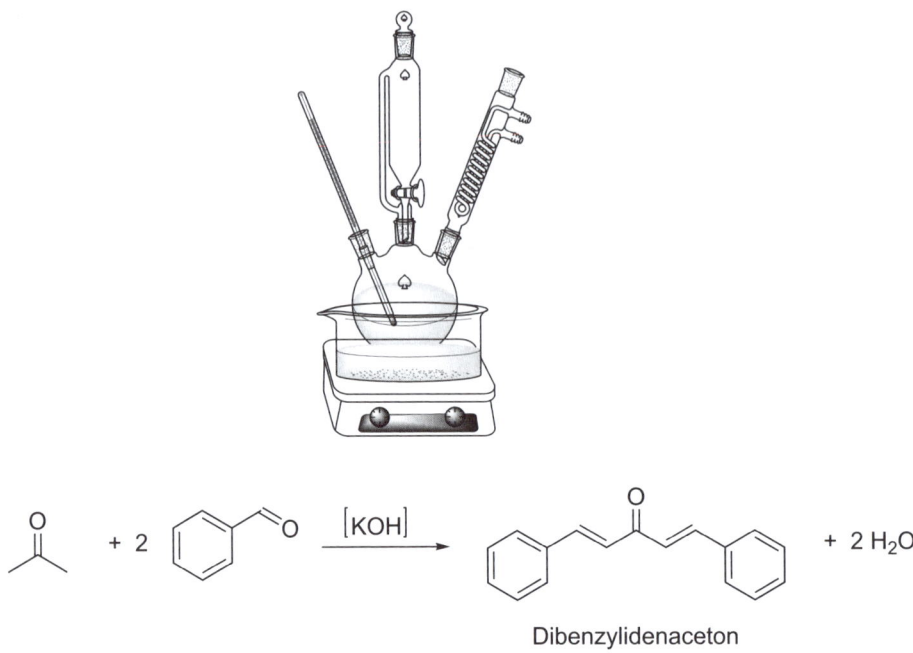

Dibenzylidenaceton

Abbildung 11.17: Schema zu Versuch 10

Das so erzeugte Enolat ist ein C-Nucleophil und kann am Carbonyl-Kohlenstoff der Carbonyl-Komponente angreifen. Es entsteht ein Alkoholat, das zum Produkt der Aldoladdition protoniert wird. An dieser Stelle entscheidet sich nun, ob das Produkt der Aldoladdition oder das der Aldolkondensation erhalten wird. Wird das Aldoladditionsprodukt in α-Position erneut deprotoniert, so kann eine Eliminierung stattfinden und das Kondensationsprodukt wird erhalten.

ANWENDUNGEN

Die Aldolreaktion ist auch im Stoffwechsel eine wichtige Reaktion. Sie tritt z.B. beim Auf- und Abbau von Glucose , also in der Glycolyse auf. Dabei wird der C_6-Körper Fructose-1,6-bisphosphat in zwei C_3-Körper (Dihydroxyacetonphosphat und Glycerinaldehyd-3-phosphat) gespalten. Katalysiert wird diese Reaktion durch eine Aldolase. Es ist daher notwendig, die Aldolreaktion vom Prinzip her verstanden zu haben, um Stoffwechselvorgänge begreifen zu können. Eine ähnliche Reaktion werden Sie übrigens auch noch beim Fettsäure Auf- und Abbau kennen lernen (Kapitel 15).

Alkohole und Redox-Reaktionen   11.7

Organische Stoffgruppen können z.T. über Redox-Reaktionen ineinander überführt werden. Sie werden im Verlauf des Praktikums hierfür noch einige Beispiele kennenlernen. Hier wollen wir uns zunächst mit der Oxidation von Alkoholen beschäftigen. Abhängig von der Zahl der Alkylreste, die ein Alkohol am Kohlenstoff mit der Hydroxyl-Gruppe trägt, unterscheidet man primäre, sekundäre und tertiäre Alkohole (▶Abbildung 11.18).

Mit Oxidationsmitteln lassen sich Alkohole im Allgemeinen zu den entsprechenden Carbonyl-Verbindungen oxidieren. Aus primären Alkoholen entstehen dabei Aldehyde, die normalerweise nicht isoliert werden können, sondern direkt zu den Carbonsäuren weiterreagieren. Sekundäre Alkohole werden zu Ketonen oxidiert, die nicht weiteroxidiert werden. Tertiäre Alkohole lassen sich nicht oxidieren (es sei denn, Sie verbrennen sie an Luft zu Kohlendioxid).

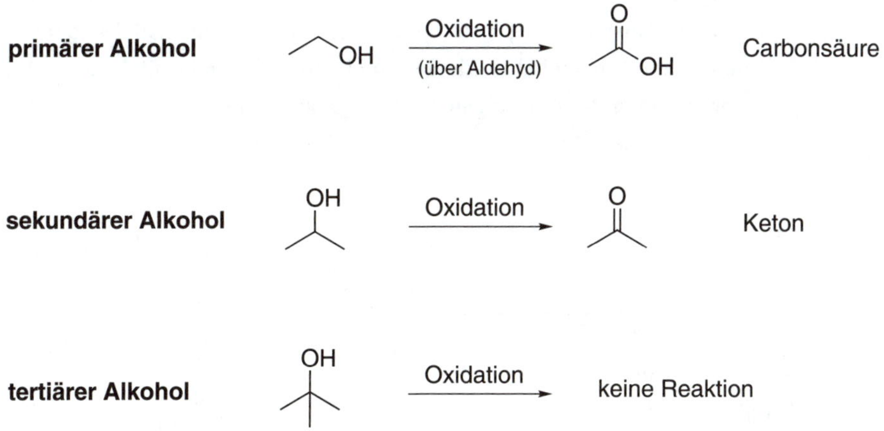

Abbildung 11.18: Oxidation von Alkoholen

Es handelt sich hierbei also um Redox-Reaktionen. Dabei gilt, dass Sie abhängig von Ihrer betrachteten Redox-Reaktion bei Kenntnis der Edukte und Produkte eine komplette Redoxgleichung leicht aufstellen können. Sie „arbeiten" dabei einfach die folgenden Punkte ab und beachten, dass eine chemische Gleichung, wie eine mathematische Gleichung, auf beiden Seiten prinzipiell auch das Gleiche enthalten muss (es können also weder Elektronen noch Ladungen oder Atome verschwinden oder plötzlich entstehen):

– Elektronenbilanz (Redoxpaare) ausgleichen
– Ladungsbilanz (Ausgleichen mit HO^-, H^+ oder H_3O^+)
– Atombilanz (Sauerstoffe zählen, ausgleichen mit H_2O)
– ggf. Kontrolle der Atombilanz (Wasserstoffe müssen stimmen)

Dies wollen wir an einem einfachen Beispiel erläutern In ▶ Abbildung 11.19 ist die Oxidation von Ethanol zu Essigsäure dargestellt. Als Reagenz haben wir Chromat zugesetzt, das zu einem Cr(III)-Ion reduziert wird.

Wir kennen zwar Edukte und Produkte, müssen aber eine vollständige Reaktionsgleichung daraus machen. Hierfür müssen wir zunächst die Oxidationsstufen der beteiligten Zentren bestimmen. Bei anorganischen Verbindungen haben Sie das bereits in früheren Kapiteln gemacht, bei organischen Verbindungen hingegen noch nicht.

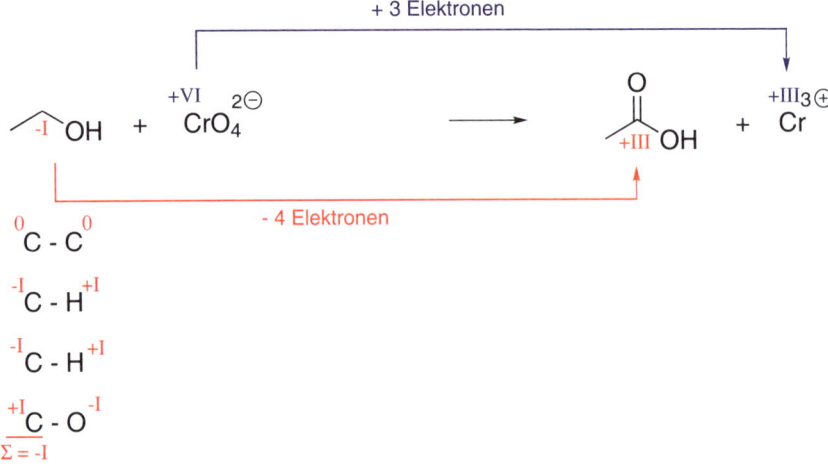

Abbildung 11.19: Oxidationsstufen und Elektronenbilanz

Sie müssen hierfür lediglich das Zentrum eines komplexen organischen Moleküls betrachten, an dem eine Reaktion abläuft, in unserem Fall der Kohlenstoff, der im Edukt die Hydroxy-Gruppe trägt. Dieser Kohlenstoff hat (wie jeder Kohlenstoff in organischen Molekülen) 4 Bindungen. Schreiben Sie diese 4 Bindungen „einzeln" auf und überlegen Sie sich, ob der Kohlenstoff die Elektronen stärker zu sich zieht (dann gewinnt er ein Elektron, also –I) oder ob der Bindungspartner die Elektronen stärker zu sich zieht (der Kohlenstoff verliert dann formal ein Elektron, also +I). Bei gleichen Bindungspartnern (C-C Bindungen) ist diese Bilanz für jeden Bindungspartner 0. Nun bilden Sie für den entsprechenden Kohlenstoff im Ethanol die Summe über alle 4 Bindungen, die Oxidationsstufe ist demnach –I. Ein analoges Vorgehen für die Essigsäure liefert eine Oxidationsstufe des Kohlenstoffs von +III. Ethanol gibt demnach 4 Elektronen ab, Chromat nimmt jedoch nur 3 Elektronen auf, irgendetwas stimmt nicht. Diese Elektronenbilanz muss ausgeglichen werden. Sie tun das, indem Sie das kleinste gemeinsame Vielfache von 3 und 4 suchen, also 12. 3 Ethanol geben 12 Elektronen ab und 4 Chromat nehmen 12 Elektronen auf, die Elektronenbilanz stimmt nun (▶Abbildung 11.20). Achten Sie darauf, dass Sie auch die entsprechende Menge der Produkte angleichen.

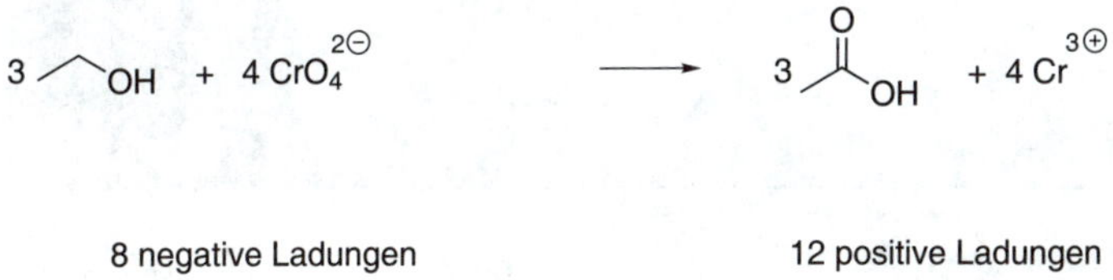

$$3 \quad \diagup\!\!\diagdown_{OH} \ + \ 4\,CrO_4^{2\ominus} \qquad\longrightarrow\qquad 3 \ \diagdown\!\!\diagup\!\!\overset{\displaystyle O}{\diagdown}_{OH} \ + \ 4\,Cr^{3\oplus}$$

8 negative Ladungen   12 positive Ladungen

Abbildung 11.20: Ladungsbilanz

Wie verhält es sich mit der Ladungsbilanz? Ladungen können weder erzeugt noch zerstört werden. In unserer Gleichung haben wir links 8 negative Ladungen und rechts 12 positive Ladungen. Sie müssen das irgendwie ausgleichen. Hierfür können Sie z. B. Protonen auf einer Seite zusetzen (damit wissen wir auch gleich, dass die Reaktion im Sauren verläuft). Die Zugabe von 20 Protonen zu den Edukten gleicht die Ladungsbilanz aus (▶Abbildung 11.21).

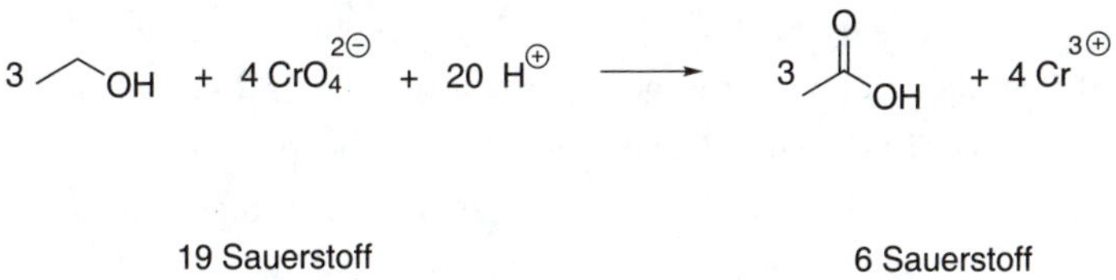

$$3 \quad \diagup\!\!\diagdown_{OH} \ + \ 4\,CrO_4^{2\ominus} \ + \ 20 \ H^\oplus \qquad\longrightarrow\qquad 3 \ \diagdown\!\!\diagup\!\!\overset{\displaystyle O}{\diagdown}_{OH} \ + \ 4\,Cr^{3\oplus}$$

19 Sauerstoff   6 Sauerstoff

Abbildung 11.21: Atombilanz

Ähnlich gehen wir bei der Atombilanz vor. Die Zahl muss auf beiden Seiten der Gleichung gleich sein. Hier empfiehlt es sich bei organischen Redoxreaktionen die Sauerstoffe zu zählen (große organische Moleküle enthalten einfach zu viele Wasserstoffe). Links haben wir 19 Sauerstoffe, rechts nur 6. Wir dürfen ja nicht mehr viel ändern, nur noch etwas Ungeladenes hinzufügen. Im Allgemeinen bietet sich hierfür Wasser an, also müssen wir die Produktseite um 13 Wasser ergänzen (▶ Abbildung 11.22).

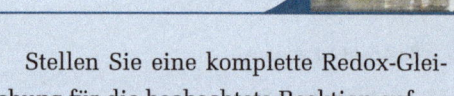

Abbildung 11.22: Fertige Redoxgleichung

Damit ist die Redoxgleichung fertig aufgestellt. Selbstverständlich müssen Sie zur Kontrolle auch alle anderen Atome zählen, in unserem Fall die Wasserstoffe. Davon haben wir links 38 und rechts die gleiche Anzahl. Die Gleichung ist also korrekt. Wenn bei dieser Kontrolle ein Fehler auftritt, dann haben Sie irgendwo etwas falsch gemacht und fangen am besten noch einmal von vorne an.

VERSUCH 11

■ Oxidation von Alkoholen

Geräte:	Chemikalien:
Reagenzgläser	Ethanol
Pipette	*tert.*Butanol
	CrO_3 in Schwefelsäure (Jones Reagenz)
	Aceton

Durchführung:
Füllen Sie in ein Reagenzglas 1 mL Aceton und 1 mL Ethanol, in ein zweites Reagenzglas 1 mL Aceton und 1 mL *tert.* Butanol. Geben Sie zu diesen Lösungen jeweils 0,5 mL der Cr(VI)-Lösung und schütteln sie einige Minuten vorsichtig. Beobachtungen?

Stellen Sie eine komplette Redox-Gleichung für die beobachtete Reaktion auf.
VORSICHT: Chrom(VI)-Verbindungen sind giftig!

Anmerkung:
Der Versuch kann natürlich auch mit Kaliumpermanganat anstelle von Chrom(VI)-Salzen durchgeführt werden. In diesem Fall mischt man 1 mL einer 0,01 mol/L Kaliumpermanganat-Lösung, 1 mL 1 mol/L NaOH und 1 mL des Alkohols. Der Vorteil ist die geringere Toxizität von Permanganat. Nachteilig ist, dass der direkte Bezug zu den Alkoholteströhrchen nicht mehr gegeben ist.

Mit dieser Methodik können Sie ganz systematisch jede Redoxgleichung vervollständigen, vorausgesetzt, Sie kennen die Edukte und Produkte.

Redoxreaktionen als Nachweisreaktionen für Aldehyde kommen übrigens bei den Kohlenhydraten noch einmal vor. Dort oder auf der Web-Site, können Sie die Vorgehensweise noch einmal üben.

Abbildung 11.23: Röhrchen für den Alkoholtest

Übungsaufgaben

1. Sie wollen den Stickstoff in einer Nitro-Verbindung nachweisen. Welche Art von Reaktion müssten Sie zunächst durchführen, damit der Nachweis mit der Beschreibung aus Versuch 2 gelingt?

2. Handelt es sich bei der Brom-Addition an Cyclohexen um eine Redox-Reaktion? Erstellen Sie die Reaktionsgleichung und begründen Sie Ihr Ergebnis mithilfe der Oxidationsstufen.

3. Handelt es sich bei der Permanganat-Addition an E-2-Buten um eine Redox-Reaktion? Erstellen Sie die Reaktionsgleichung (inkl. Stereochemie) und begründen Sie Ihr Ergebnis mithilfe der Oxidationsstufen.

4. Was ist eine Disproportionierung?

5. In einer fiktiven Reaktion versetzen Sie Benzaldehyd mit Permanganat und erhalten Braunstein und Benzoesäure. Stellen Sie die Redox-Gleichung auf.

Auf der Companion-Website zum Buch finden Sie unter
http://www.pearson-studium.de die folgenden zusätzlichen
Materialien zu diesem Kapitel:
- Fotos der Laborgeräte
- Videos: Aldolreaktion, Bedienung der Kofler Heizbank, Alkoholtest
- Lösungen zu den Aufgaben

Mechanismen und Kinetik

12

ÜBERBLICK

Bereits im letzten Kapitel haben wir uns die Mechanismen einiger Reaktionen angesehen. In diesem Kapitel kommen einige weitere Reaktionen mit ihren Mechanismen hinzu. Allerdings liegt hier der Schwerpunkt auf der Frage, wovon die Geschwindigkeit einer Reaktion abhängt und wie die Reaktionsgeschwindigkeit gemessen werden kann.

Traditionell werden diese Grundprinzipien, die für alle Reaktionen gelten, am Beispiel der nucleophilen Substitutionsreaktionen erläutert.

S_N-Reaktionen 12.1

Bei einer Substitutionsreaktion wird ein Atom oder eine funktionelle Gruppe in einem Molekül durch ein anderes Atom oder eine funktionelle Gruppe ersetzt. Bei der nucleophilen Substitution haben sowohl das angreifende Teilchen (Nucleophil) als auch die sogenannte Abgangsgruppe (Nucleofug) nucleophile Eigenschaften. Nucleophile sind Anionen oder elektrisch neutrale Teilchen, welche Elektronen in einer Reaktion zur Verfügung stellen können. Nucleophile besitzen mindestens ein freies Elektronenpaar (▶Abbildung 12.1).

Nucleofuge sollten möglichst günstige Abgangsgruppen sein, also die Anionen starker Säuren (wie Bromid oder ein Sulfonat) oder energetisch günstige Moleküle (wie z.B. Wasser). Bei ungeladenen Nucleophilen und Nucleofugen sind im Mechanismus noch Protonierungs- und Deprotonierungsschritte enthalten. Um dies erst einmal zu umgehen, werden wir für unsere Betrachtungen anionische Nucleophile und Nucleofuge wählen.

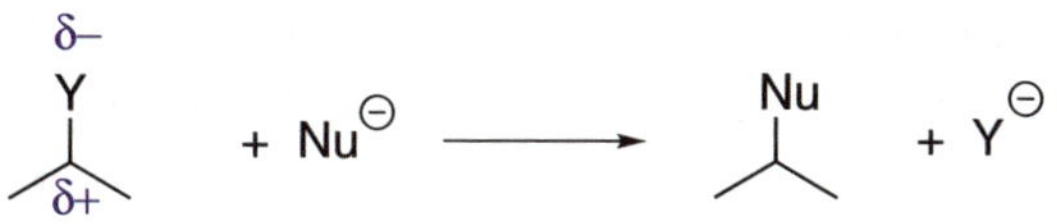

Beispiele für Nucleophile: Nu = Cl$^{\ominus}$ Br$^{\ominus}$ OH$^{\ominus}$ NH$_3$ H$_2$O H$_3$C-O$^{\ominus}$ CN$^{\ominus}$

Beispiele für Nucleofuge: Y = Cl$^{\ominus}$ Br$^{\ominus}$ H$_2$O R-SO$_3^{\ominus}$

Abbildung 12.1: Die S$_N$-Reaktion

Die S$_N$-Reaktion kann prinzipiell auf zwei verschiedene Arten ablaufen: entweder die Abgangsgruppe tritt aus bevor das Nucleophil angreift oder das Nucleophil greift an und die Bindung zur Abgangsgruppe wird zeitgleich gebrochen (konzertierte Reaktion). Die Option „erst greift das Nucleophil an, dann wird die Bindung zur Abgangsgruppe gespalten" gibt es nicht, da in diesem Fall der Kohlenstoff vorübergehend mehr als 4 Bindungen haben würde (▶ Abbildung 12.2).

Die C-Y Bindung wird zuerst gespalten (S$_N$1-Reaktion):

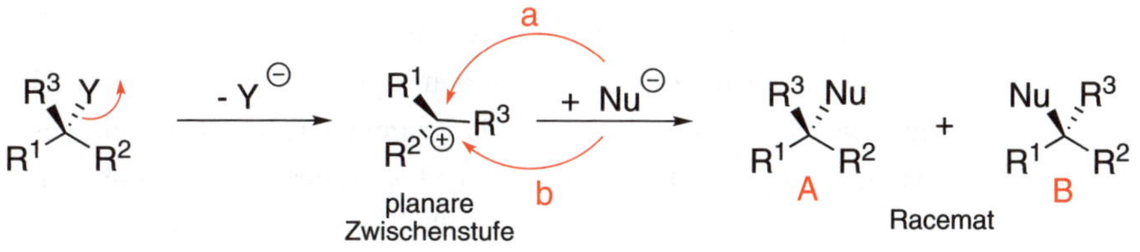

Bindungs-Bildung und -Bruch verlaufen zeitgleich (S$_N$2-Reaktion):

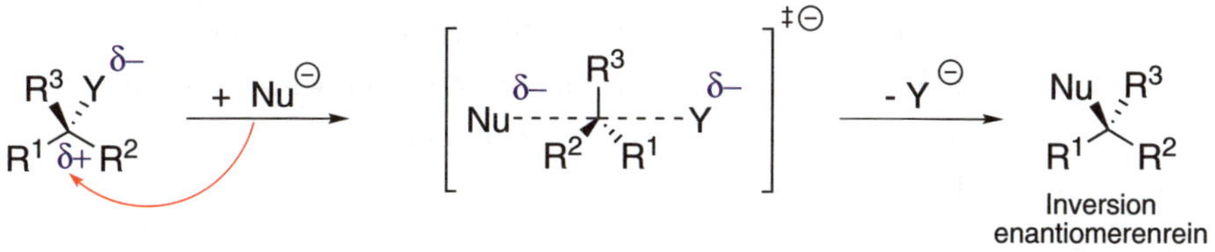

Abbildung 12.2: S$_N$1- und S$_N$2-Reaktion

Anmerkung: Bei der später behandelten S_N2_t-Reaktion von Carbonsäurederivaten greift tatsächlich erst das Nucleophil an und im zweiten Schritt wird die Abgangsgruppe abgespalten. Hier kann jedoch eine C-O- Doppelbindung gespalten werden, sodass ein 5-bindiger Kohlenstoff vermieden wird.

Die S_N1-Reaktion verläuft dabei über ein planares Carbeniumion, das von beiden Seiten („oben" und „unten", a und b in Abbildung 12.2) gleichermaßen angegriffen wird. Trägt der Kohlenstoff, an dem die Substitution abläuft, vier unterschiedliche Substituenten, so werden zwei enantiomere Produkte (A und B) als Racemat erhalten.

Bei der S_N2-Reaktion greift das Nucleophil hingegen nur von einer Seite an (Rückseitenangriff), sodass aus einem enantiomerenreinen Ausgangsmaterial auch ein enantiomerenreines Produkt erhalten wird.

Diese beiden Reaktionen (S_N1 und S_N2) werden wir nacheinander betrachten, wobei die erste auch „nucleophile Substitution erster Ordnung" oder S_N1-Reaktion genannt wird und die zweite „nucleophile Substitution 2. Ordnung" oder S_N2-Reaktion. Woher die Zahlen kommen, werden Sie im Verlauf der Diskussion erkennen.

Nucleophile Substitution 1. Ordnung 12.2

Die S_N1-Reaktion verläuft über 2 Schritte, die Frage ist, welcher der beiden Schritte ist derjenige, der die Geschwindigkeit der Reaktion bestimmt? Das muss der langsamere der beiden Schritte sein (Sie können das mit zwei Arbeitern vergleichen: einer reicht die Steine, der andere mauert. Von demjenigen, der langsamer ist, hängt ab wie schnell die Mauer fertig wird). Um diese Frage beantworten zu können, müssen wir uns das Reaktionsprofil (in Schulbüchern auch oft Energieschema genannt) der gesamten Reaktion ansehen. Hierfür betrachten wir für die S_N1-Reaktion die jeweilige Energie in Abhängigkeit vom Fortschreiten der Reaktion. Damit Sie nicht fälschlich annehmen, das Fortschreiten würde eine Art Zeitachse sein, betrachten Sie lediglich die Reaktion eines Moleküls Substrat mit einem Molekül Nucleophil. Auf der x-Achse (die Reaktionskoordinate heißt) wird quasi der Fortschritt dieser Reaktion aufgetragen (stellen Sie sich 0 % Fortschritt bis 100 % Fortschritt vor). Für die S_N1-Reaktion ist ein solches Reaktionsprofil in ▶Abbildung 12.3 dargestellt.

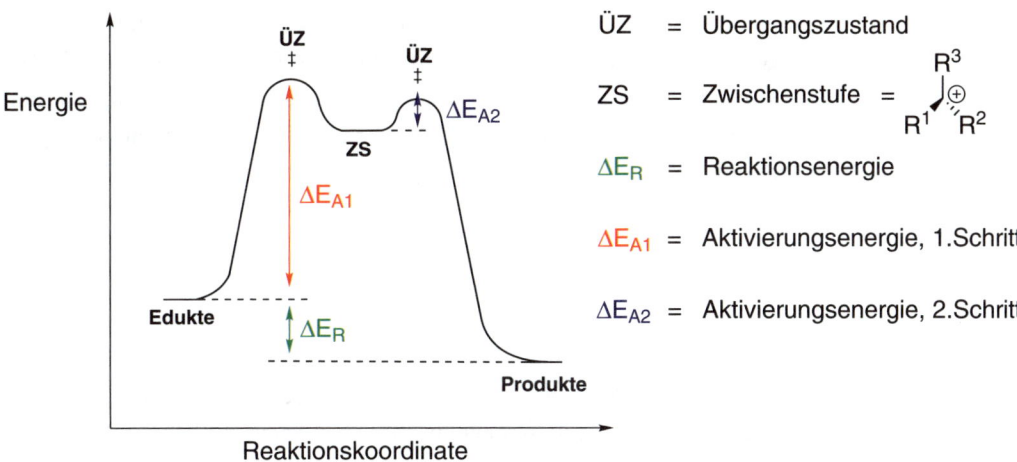

Abbildung 12.3: Reaktionsprofil der S_N1-Reaktion

Wenn Sie Reaktionsprofile oder andere Diagramme zeichnen müssen, stellen Sie auf jeden Fall sicher, dass die Achsen (korrekt) beschriftet sind. Das ist ein wesentlicher Aspekt beim wissenschaftlichen Arbeiten, denn wenn Sie die Achsen nicht beschriftet haben könnten Sie auch die Schnürsenkel-Länge in Abhängigkeit von der Schuhgröße aufgetragen haben. Woher soll Ihr Gegenüber (oder jemand, der später mit Ihren Notizen arbeiten soll) sonst wissen, was Sie genau meinen?

Zunächst spalten wir die Abgangsgruppe ab. Das kostet sicherlich einiges an Energie, denn wir spalten eine chemische Bindung. Dabei wird ein Kation erhalten, ein Carbeniumion. Carbeniumionen sind zwar sehr reaktiv (daher im Reaktionsprofil auch energetisch höher als Edukte und Produkte), sie können jedoch bei sehr tiefen Temperaturen isoliert werden. Das Carbeniumion ist daher sicherlich ein lokales Energieminimum und ein echtes Intermediat der Reaktion. Solche lokalen Minima bezeichnet man auch als (reaktive) Zwischenstufen. Ein Energiemaximum hingegen (das man nicht isolieren kann) nennt man auch Übergangszustand und kennzeichnet diesen durch ein „Gipfelkreuz". Wir müssen also einen Übergangszustand durchlaufen, um zur Zwischenstufe zu gelangen. Von der Zwischenstufe aus folgt der zweite Schritt, der Angriff des Nucleophils am Carbeniumion. Hier ist nicht auf den ersten Blick ersichtlich, warum auch dies zunächst Energie kosten soll (es wird ein weiterer Übergangszustand durchlaufen), schließlich sollten sich entgegengesetzte Ladungen doch anziehen. Die Erklärung ist einfach. Die Ionen sind von Lösungsmittelmolekülen umgeben, diese Lösungsmittelhüllen müssen zum Teil aufgelöst werden, damit die Ionen sich annähern können.

Zusätzlich erfordert die Bildung der neuen Bindung erfordert auch räumlich eine Reorganisation der Reste am Carbeniumion, auch dies „kostet" Energie.

Die Reaktionsenergie (und damit die Frage ob die Reaktion exergonisch oder endergonisch ist) können Sie als Energiedifferenz zwischen Edukten und Produkten ablesen. Diese Größe ist wichtig für die Frage, auf welcher Seite z. B. ein chemisches Gleichgewicht liegt und ist damit ein wichtiger thermodynamischer Wert. Mit der Frage der Geschwindigkeit der Reaktion hat sie allerdings nichts zu tun.

> Es gibt viele Reaktionen, die von der Thermodynamik her zwar gut ablaufen würden und exergonisch sind, die aber kinetisch gehemmt sind, weil einfach nicht genug Energie vorhanden ist, um die Reaktion zu starten. Ein Beispiel dafür ist eine 2:1 Mischung aus Wasserstoff und Sauerstoff (Knallgas), die erst reagiert, wenn Energie zugeführt wird (Zündung).

Die Reaktionsgeschwindigkeit ist eine Größe, die mit der Kinetik der Reaktion zusammenhängt. Sie ist definiert als die Änderung der Konzentration in Abhängigkeit von der Zeit (so wie die Fahrtgeschwindigkeit eine zurückgelegte Strecke in Abhängigkeit von der Zeit ist). Die Reaktionsgeschwindigkeit hängt entscheidend davon ab, ob ausreichend Energie vorhanden ist, um den Übergangszustand zu überwinden. Der Energie, die zum Erreichen des Übergangszustandes benötigt wird, kommt daher eine zentrale Bedeutung zu, sie wird Aktivierungsenergie genannt. In unserem Beispiel ist die Aktivierungsenergie für die erste Stufe deutlich größer, als die für die zweite Stufe. Wir können daher davon ausgehen, dass der erste Schritt der S_N1-Reaktion der geschwindigkeitsbestimmende Schritt ist. Sofern genug Energie für die Überwindung des ersten Übergangszustandes vorhanden war, sollte es für den viel kleineren zweiten „Energieberg" auch reichen.

Am ersten Schritt der Reaktion ist nur ein Teilchen beteiligt, nämlich das Substrat (Ausgangsmaterial) mit der Abgangsgruppe. Je mehr Substrat vorhanden ist, desto schneller sollte sich die Produktkonzentration ändern. Die Reaktionsgeschwindigkeit ist also proportional der Substratkonzentration (▶ Abbildung 12.4).

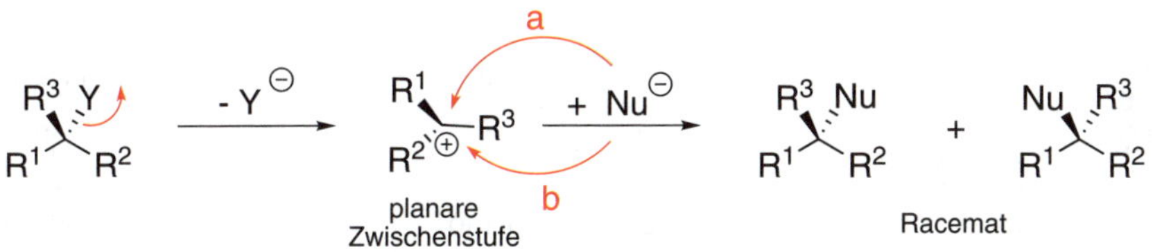

Reaktionsgeschwindigkeit: $v = \frac{dc}{dt} = k_1 \cdot c$

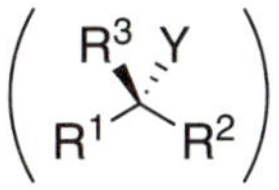

k_1 = Reaktionsgeschwindigkeitskonstante

c = Konzentration

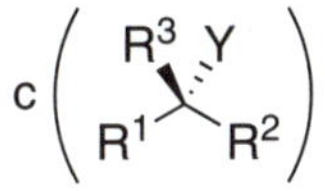
= Konzentration dieser Verbindung

Abbildung 12.4: Reaktionsgeschwindigkeit einer S_N1-Reaktion

Die Reaktionsgeschwindigkeitskonstante (k_1) ist dabei eine Konstante, die spezifisch für eine Reaktion ist, in ihr steckt u.a. auch die Aktivierungsenergie und die Temperatur.

Reaktionen wie die S_N1-Reaktion, deren Reaktionsgeschwindigkeit nur von einer Konzentration abhängt, nennt man auch Reaktionen erster Ordnung. Das ist zugleich der Grund für die Zahl eins in S_N1-Reaktion.

Nuclophile Substitution 2. Ordnung 12.3

Daraus können wir fast schon ableiten, dass bei der S_N2-Reaktion zwei Teilchen am geschwindigkeitsbestimmenden Schritt beteiligt sein müssen. Sehen wir uns das Reaktionsprofil für diese Reaktion einmal genauer an (▶ Abbildung 12.5).

Hier gibt es keine Zwischenstufe. Während sich eine neue Bindung zwischen Kohlenstoff und Nucleophil ausbildet, wird die Bindung zwischen Kohlenstoff und Abgangsgruppe gleichermaßen gespalten.

Anmerkung: *Natürlich hat der Kohlenstoff auch hier keine 5 Bindungen gleichzeitig. Das Nucleophil interagiert mit dem antibindenden Orbital der C-Y Bindung, was diese letztendlich schwächt.*

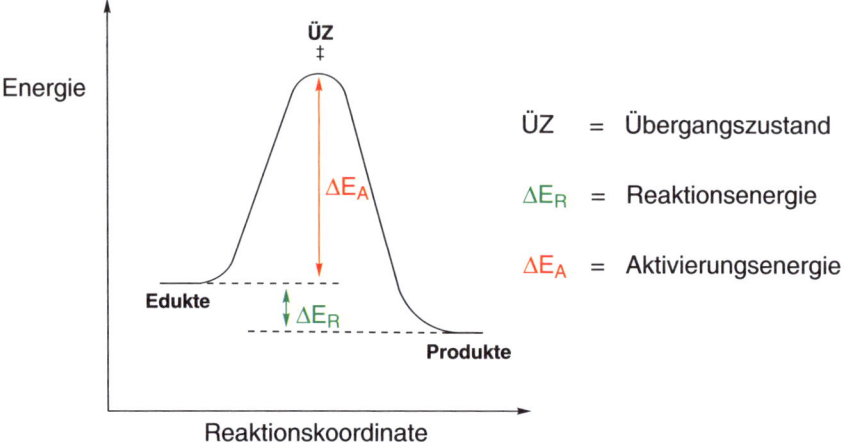

Abbildung 12.5: Reaktionsprofil der S_N2-Reaktion

Irgendwo dazwischen liegt der Übergangszustand, der in der Reaktionsgleichung auch mit dem „Gipfelkreuz" versehen ist. Da die Reaktion einstufig verläuft, müssen wir den geschwindigkeitsbestimmenden Schritt nicht lange suchen, es gibt nur einen.

Die Geschwindigkeit hängt in diesem Fall jedoch von zwei Konzentrationen ab. Damit die Reaktion ablaufen kann, müssen diese beiden Teilchen aufeinander treffen. Die Wahrscheinlichkeit für ein solches Treffen verzehnfacht sich, wenn wir die Konzentration eines der beiden Edukte verzehnfachen. Damit steht fest, dass die Reaktionsgeschwindigkeit proportional zu beiden Edukt-Konzentrationen sein muss (▶Abbildung 12.6).

Auch hier haben wir wieder eine Geschwindigkeitskonstante (k_2), da wir eine andere Reaktion betrachten (mit einer anderen Aktivierungsenergie) ist diese Konstante nicht mit der der S_N1-Reaktion gleichzusetzen.

Die Reaktionsgeschwindigkeit hängt von zwei Konzentrationen ab, daher die Bezeichnung „Reaktion 2. Ordnung" sowie die Zahl zwei in S_N2-Reaktion.

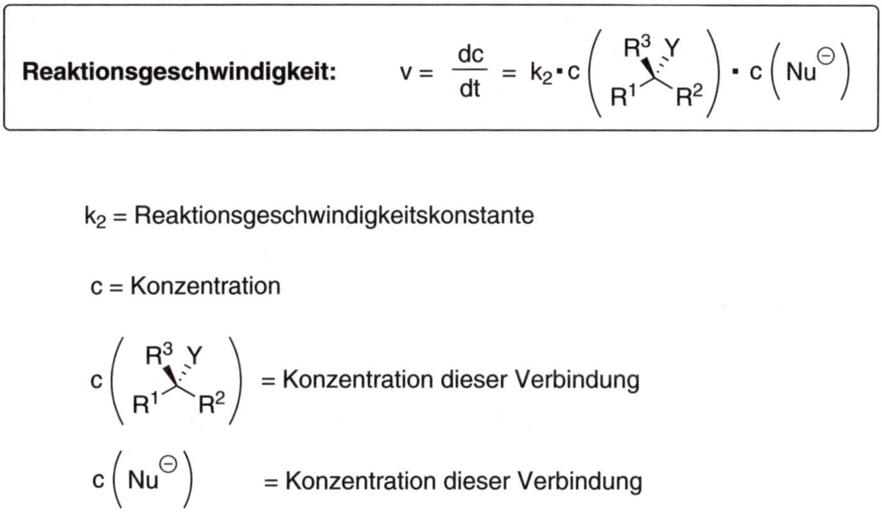

$$\text{Reaktionsgeschwindigkeit:} \qquad v = \frac{dc}{dt} = k_2 \cdot c\left(\begin{array}{c} R^3 \quad Y \\ R^1 \quad R^2 \end{array} \right) \cdot c\left(Nu^{\ominus} \right)$$

k_2 = Reaktionsgeschwindigkeitskonstante

c = Konzentration

$c\left(\begin{array}{c} R^3 \quad Y \\ R^1 \quad R^2 \end{array} \right)$ = Konzentration dieser Verbindung

$c\left(Nu^{\ominus} \right)$ = Konzentration dieser Verbindung

Abbildung 12.6: Reaktionsgeschwindigkeit einer S$_N$2-Reaktion

Unterscheidung zwischen S$_N$1- und S$_N$2-Reaktionen 12.4

Es gibt zahlreiche Gründe, warum man in der Lage sein sollte zu entscheiden, ob eine nucleophile Substitution als S$_N$1-Reaktion oder als S$_N$2-Reaktion abläuft. Die Reaktionen haben unterschiedliche Nebenreaktionen (die es zu vermeiden gilt), werden durch unterschiedliche Faktoren beschleunigt (man will ja nicht immer eine Woche auf seine Reaktion warten) und der stereochemische Ausgang der beiden Reaktionen unterscheidet sich deutlich. Während S$_N$2-Reaktionen unter Inversion (Walden'sche Umkehr) verlaufen, wird bei S$_N$1-Reaktionen eine Racemisierung beobachtet. Für eine ausführliche Diskussion all dieser Faktoren und Gründe muss allerdings auf ein Lehrbuch bzw. auf eine Vorlesung zur allgemeinen Chemie verwiesen werden. Wir begnügen uns damit, Kriterien zu finden, anhand derer wir feststellen können, nach welchem der beiden Mechanismen eine Reaktion abläuft.

Ein entscheidendes Kriterium ist hierbei die Zahl der Alkylreste, die der Kohlenstoff mit der Abgangsgruppe trägt. Sind dies viele und große Reste, so ist die Rückseite des Moleküls dadurch sterisch abgeschirmt, eine S$_N$2-Reaktion kann nicht mehr ohne weiteres stattfinden. Das Gegenteil ist der Fall bei wenigen und kleinen Alkylresten, hier kann das Nucleophil „ungehindert" von der Rückseite angreifen, was S$_N$2-Reaktionen beschleunigt.

Glücklicherweise verhält es sich bei S_N1-Reaktionen genau anders herum. Alkylreste stabilisieren ein Carbeniumion (dies können Sie durch induktive Effekte sowie über Hyperkonjugation erklären). Je mehr davon vorhanden sind, desto stabiler ist die Zwischenstufe der S_N1-Reaktion und desto rascher läuft sie ab. Wenige Alkylreste führen hingegen zu einem recht instabilen Carbeniumion, die S_N1-Reaktion wird sehr langsam.

Anmerkung: Der Übergangszustand des ersten Reaktionsschrittes der S_N1-Reaktionen „ähnelt" dem Carbeniumion. Effekte, die das Carbeniumion stabilisieren führen zugleich auch zu einem stabileren Übergangszustand, was im Endeffekt eine geringere Aktivierungsenergie bedeutet, die Reaktion wird schneller.

Diese Effekte sind in ▶ Abbildung 12.7 noch einmal zusammengefasst.

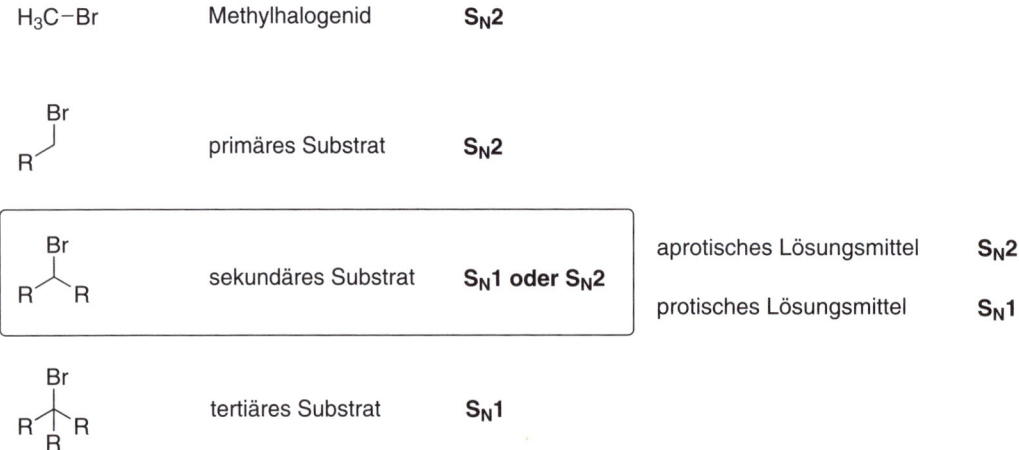

Abbildung 12.7: Abhängigkeit des Reaktionsmechanismus vom Substrat

Wir können also festhalten, dass primäre Substrate bevorzugt über einen S_N2-Mechanismus reagieren, tertiäre Substrate hingegen bevorzugt über S_N1. Lediglich bei sekundären Substraten haben wir ein Problem. In diesem Fall muss das Lösungsmittel der Reaktion hinzugezogen werden. Handelt es sich um ein protisches Lösungsmittel (vgl. Kapitel 9), so läuft die Reaktion bevorzugt über einen S_N1-Mechanismus. Protische Lösungsmittel stabilisieren Ionen durch Solvatation, was die ionischen Intermediate der S_N1-Reaktion stabilisiert (und damit die Reaktion beschleunigt). Im Fall eines aprotischen Lösungsmittels hingegen tritt der umgekehrte Effekt auf und die S_N2-Reaktion wird bevorzugt.

Diese Zusammenstellung ist natürlich stark vereinfacht, so spielen auch die Natur des Nucleophils und die der Abgangsgruppe eine Rolle, deren Diskussion hier allerdings den Rahmen sprengen würde. Auf einen Effekt muss hier jedoch noch eingegangen werden. Trägt ein Carbeniumion einen Vinyl-Rest oder einen Phenyl-Rest, so kann es durch Mesomerie zusätzlich stabilisiert werden. Carbeniumionen, die solche Reste tragen, sind ebenfalls so stabilisiert, dass eine Reaktion über den S$_N$1-Mechanismus verlaufen kann (▶Abbildung 12.8).

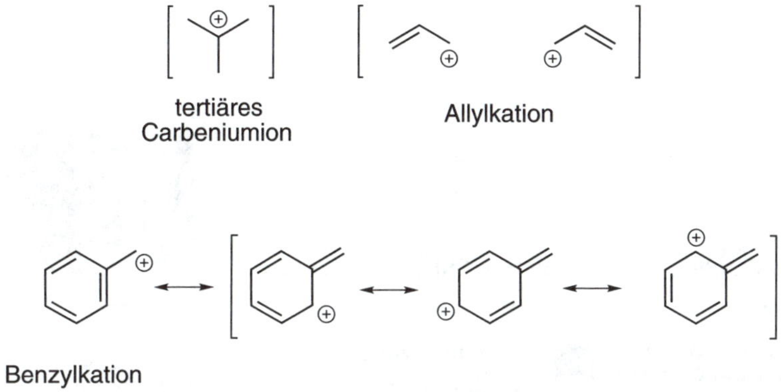

tertiäres
Carbeniumion

Allylkation

Benzylkation

Abbildung 12.8: Beispiele für besonders stabilisierte Carbeniumionen

---

ANWENDUNGEN

Natürlich sind die S$_N$1- und S$_N$2-Reaktion vermutlich nicht von zentraler Bedeutung in Ihrem weiteren Studium, so dass eine so intensive Diskussion gar nicht angebracht erscheint. Es sind vielmehr Beispielreaktionen, an denen man die Grundprinzipien der Reaktionskinetik (relativ) leicht erlernen kann. Diese werden Sie im weiteren Verlauf Ihres Studiums sicherlich noch benötigen, z.B. um die Wirkungsweise von Enzymen überhaupt verstehen zu können oder wenn Sie sich in der Biochemie mit der Michaelis-Menten-Kinetik/Michaelis-Menten-Theorie von Enzymreaktionen beschäftigen müssen.

Nachdem wir uns nun so intensiv mit den Grundlagen der nucleophilen Substitutionsreaktionen auseinandergesetzt haben, ist es an der Zeit einmal einige reale Beispiele zu betrachten. Nehmen wir die Reaktion eines Alkylbromids mit Alkoholen (▶Abbildung 12.9). Alkohole sind keine sonderlich guten Nucleophile, so dass die beiden Verbindungen nicht (oder nur extrem langsam) miteinander reagieren. Gelingt es uns hingegen, das Bromid-Ion abzuspalten und ein Carbeniumion zu erzeugen, so läuft rasch eine Etherbildung ab.

Um das Halogenid effizient zu entfernen, kann man Silbersalze zusetzen (Silber(I) bildet mit Halogeniden schwerlösliche Salze; siehe auch Kapitel 8).

Dies ist ein Beispiel für eine (der eingangs erwähnten) nucleophilen Substitutionen, bei denen zusätzlich Protonierungs-/Deprotonierungs-Schritte ablaufen.

Abbildung 12.9: Ether aus Alkylbromiden

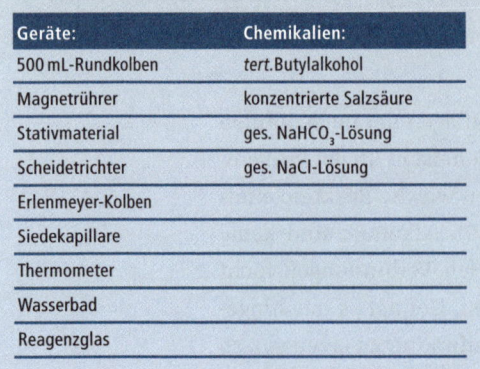

VERSUCH 1

■ **Reaktion von Chloralkanen mit ethanolischer Silbernitrat-Lösung**

Geräte:	Chemikalien:
Reagenzgläser	Silbernitrat-Lösung (in Ethanol)
Pipette	n-Butylchlorid-Lösung (in Ethanol)
	tert.Butylchlorid-Lösung (in Ethanol)

Durchführung:

Jeweils 3 mL der Alkylchlorid-Lösung werden mit 1 mL einer Silbernitrat-Lösung (in Ethanol oder Ethanol/Wasser) versetzt. Beobachtung? Vergleichen Sie die beiden Reaktionen und erklären Sie Ihre Beobachtungen anhand des Reaktionsmechanismus.

VERSUCH 2

■ **Darstellung von *tert.*Butylchlorid**

Geräte:	Chemikalien:
500 mL-Rundkolben	tert.Butylalkohol
Magnetrührer	konzentrierte Salzsäure
Stativmaterial	ges. NaHCO₃-Lösung
Scheidetrichter	ges. NaCl-Lösung
Erlenmeyer-Kolben	
Siedekapillare	
Thermometer	
Wasserbad	
Reagenzglas	

Anmerkung:

Sie finden eine Erläuterung zu dem Versuch auf der Website als Film, sollten bei Unklarheiten aber in jedem Fall Ihren Assistenten zurate ziehen. Dies gilt insbesondere für die Siedepunktbestimmung.

Durchführung:

Tert Butylalkohol (22 g) wird zusammen mit 70 mL konzentrierter Salzsäure in einen 500-mL-Kolben gefüllt und die Mischung 30 Minuten bei Raumtemperatur kräftig gerührt. Hierbei bilden sich zwei Phasen. Die organische Phase (Prüfen!) wird im Scheidetrichter abgetrennt und im Scheidetrichter mehrmals mit ges. NaHCO$_3$-Lösung gewaschen (VORSICHT! Gasentwicklung), bis kein Aufschäumen mehr zu beobachten ist. Danach wird einmal mit ges. NaCl-Lösung gewaschen und mit dem erhaltenen Produkt eine Siedepunktbestimmung (im Reagenzglas und mithilfe des Wasserbads) durchgeführt.

Siedepunkte: *tert.*Butylalkohol 83 °C, *tert.*Butylchlorid 51 °C

Fragen:

1. Bei der Aufarbeitung wird ein Aufschäumen beobachtet. Um die Entwicklung welchen Gases handelt es sich hierbei und warum entsteht es (Reaktionsgleichung)?

2. Wie lässt sich prüfen, welche die organische Phase ist?

3. Handelt es sich hierbei um eine S$_N$1- oder eine S$_N$2-Reaktion? Begründen Sie Ihre Aussage.

4. Erklären Sie an Beispielen, was man unter den Begriffen „Retention" und „Inversion" im Zusammenhang mit S$_N$-Reaktionen versteht.

S$_N$2 t-Reaktionen (Additions-Eliminierungs-Mechanismus), Esterhydrolyse

12.5

Wir haben uns bereits im Kapitel 11 mit Reaktionen von Carbonylverbindungen beschäftigt, hierbei allerdings die Reaktionen von Carbonsäurederivaten ausgeklammert, weil diese nach einem etwas anderen Mechanismus mit Nucleophilen reagieren. Dieser Mechanismus wird nun hier behandelt. Carbonsäurederivate reagieren mit Nucleophilen in einer nucleophilen Substitution nach einem S$_N$2$_t$-Mechanismus oder Additions-Eliminierungs-Mechanismus (▶Abbildung 12.10, zwei Bezeichnungen für denselben Mechanismus). Dabei gelten für das Nucleophil sowie für die Abgangsgruppe (hier X) dieselben Kriterien wie schon bei den bisherigen nucleophilen Substitutionsreaktionen besprochen: sowohl Nucleophil als auch Abgangsgruppe können ungeladen sein, was im Mechanismus zusätzliche Protonierungs-/Deprotonierungs-Schritte erfordert.

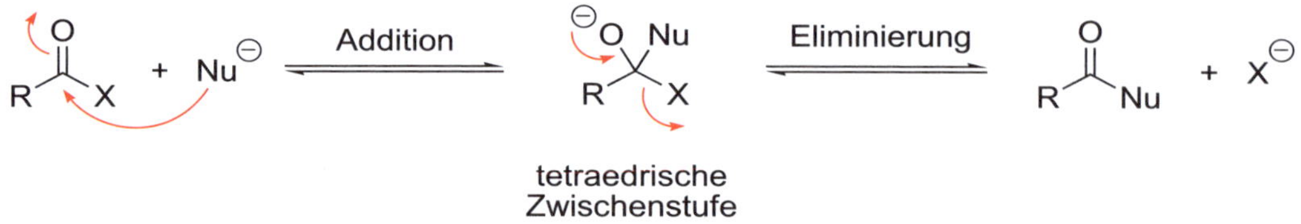

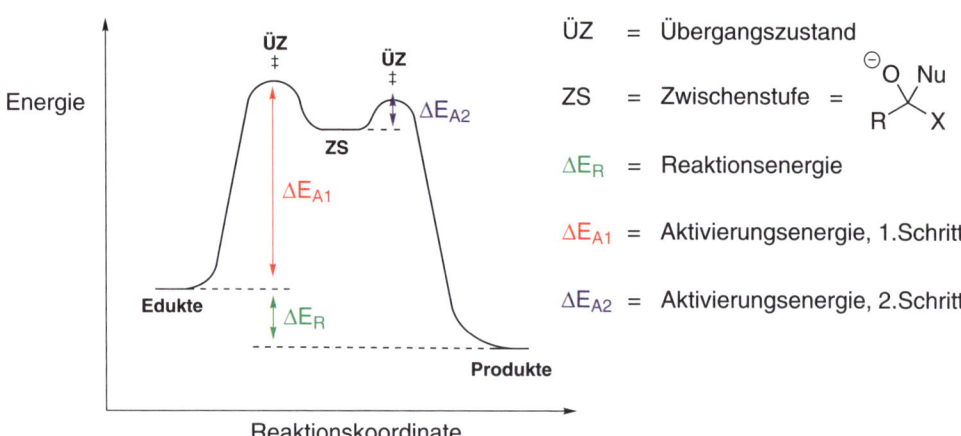

Abbildung 12.10: Reaktion von Carbonsäurederivaten mit Nucleophilen

S_N2_t-Reaktionen sind nucleophile Substitutionen 2. Ordnung unter Ausbildung einer tetraedrischen Zwischenstufe (daher das tiefgestellte t). Die Reaktionen sind jeweils Gleichgewichtsreaktionen. Daher muss man entweder sehr reaktive Carbonsäurederivate einsetzen (z. B. Säurechloride oder Säureanhydrid), sodass das Gleichgewicht auf der Seite der Produkte liegt, oder man muss (z. B. durch Entfernen eines Produktes) das Gleichgewicht zur Produktseite hin verschieben. Der geschwindigkeitsbestimmende Schritt ist normalerweise der Angriff des Nucleophils. An diesem Schritt sind zwei Verbindungen beteiligt (Carbonsäurederivat und Nucleophil), sodass wir eine Reaktion zweiter Ordnung vorliegen haben.

Das Reaktionsprofil für eine S_N2_t-Reaktion ist in ▶ Abbildung 12.11 dargestellt. Es sieht aus wie das Reaktionsprofil einer S_N1-Reaktion, da beide Reaktionen über eine Zwischenstufe verlaufen. Ohne weitere Kenntnisse können Sie aus einem Reaktionsprofil also nicht ableiten, ob es sich um eine Reaktion 1. oder 2. Ordnung handelt.

ÜZ = Übergangszustand

ZS = Zwischenstufe

ΔE_R = Reaktionsenergie

ΔE_{A1} = Aktivierungsenergie, 1. Schritt

ΔE_{A2} = Aktivierungsenergie, 2. Schritt

Abbildung 12.11: Reaktionsprofil der S_N2_t-Reaktion

Ein Beispiel für eine S_N2_t-Reaktion ist die alkalische Esterhydrolyse (▶ Abbildung 12.12). Der Mechanismus besteht hier aus den obigen zwei

Reaktionsschritten und einer nachgelagerten Säure-Base Reaktion, die das Gleichgewicht zur Produktseite hin verschiebt.

Abbildung 12.12: Esterverseifung

Im ersten Schritt greift das Hydroxid-Ion den Carbonylkohlenstoff, der eine positive Partialladung hat, unter Ausbildung der tetraedrischen Zwischenstufe nucleophil an (Additions-Schritt). Im zweiten Schritt tritt das Ethanolat-Ion als Abgangsgruppe aus und die C-O- Doppelbindung wird wieder ausgebildet (Eliminierungs-Schritt). Bis hierhin würden wir ein nahezu 1:1 Gleichgewicht aus Edukten und Produkten erwarten, da sich Edukte und Produkte nicht wesentlich in ihrem Energieinhalt unterscheiden. Allerdings liegen als Produkte mit Essigsäure eine (schwache) Säure und mit dem Ethanolat eine starke Base vor. Diese werden eine Säure-Base Reaktion eingehen, die das Gleichgewicht verschiebt. Als Produkte der Verseifung von Essigsäureethylester werden daher Acetat und Ethanol erhalten.

VERSUCH 3

■ **Alkalischen Esterhydrolyse und Bestimmung der Geschwindigkeitskonstanten k$_2$**

Geräte:	Chemikalien:
2 Vollpipetten (10 mL)	0,01 mol/L NaOH
10 mL Bürette	0,01 mol/L HCl
7 Erlenmeyerkolben	Phenophthalein
100 mL Messkolben	Wasser
	Essigsäureethylester (0,2 mol/L)

Übung zur Säure-Base-Titration

Vor dem eigentlichen Versuchsbeginn ist es wichtig, die Säure-Base-Titration zu üben. Um genaue Ergebnisse zu erzielen, müssen die Bürette und die ausliegenden Pipetten mit den jeweils zu benutzenden Lösungen einmal ausgespült werden.

Man füllt die Bürette mit der ausstehenden 0,01 mol/L NaOH. Dann pipettiert man (mit der 10 mL-Vollpipette) 10 mL 0,01 mol/L HCl-Lösung in einen Erlenmeyerkolben.

Nach Zugabe von 2 Tropfen Indikator (Phenolphthalein) beginnt man mit der Titration. Am Äquivalenzpunkt wird die anfänglich farblose Lösung leicht rosa. Der Versuch wird einmal wiederholt. Die beiden Ergebnisse sollten gut übereinstimmen. Notieren Sie die bis zum Äquivalenzpunkt verbrauchte Laugenmenge!

Theoretische Grundlagen zur Reaktionskinetik der Esterhydrolyse

Bei dem nun folgenden Kinetikversuch sollte jeder Praktikumsgruppe eine Uhr mit Sekundenzeiger zur Verfügung stehen. Die Messung dauert ca. eine halbe Stunde. Bei dem Versuch soll die alkalische Esterhydrolyse: $CH_3COOC_2H_5 + OH^- \rightarrow CH_3COO^- + C_2H_5OH$ untersucht werden. Es handelt sich hierbei um eine Reaktion 2. Ordnung, die dem folgenden Geschwindigkeitsgesetz gehorcht:

$$-\frac{d[OH^-]}{dt} = \frac{d[CH_3COO^-]}{dt} =$$

$$k_2 \cdot [CH_3COOC_2H_5] \cdot [OH^-]$$

Über die Ermittlung der Hydroxidionen-Konzentration zu verschiedenen Zeitpunkten kann man Rückschlüsse auf die jeweiligen Esterkonzentrationen ziehen. Die Ausgangskonzentrationen von Hydroxidionen und Ester sind bekannt, und man misst die Abnahme der Konzentration der Hydroxidionen. Die Ausgangskonzentrationen zur Zeit t = 0 sind 0,02 mol/L Ester und 0,01 mol/L NaOH.

Nach der Zeit t haben sich je x Mol Acetat und Ethanol gebildet und sind x Mol Ester und Hydroxidionen verschwunden. Für diese Reaktion gilt somit das folgende Gesetz:

$$\frac{d[x]}{dt} = k_2 \cdot [0.02 - x] \cdot [0.01 - x]$$

Nach Integration kann man diese Differentialgleichung in eine lineare Geradengleichung (y = m·x), die durch den Nullpunkt geht, umformen:

$$\frac{1}{(0.02 - 0.01)} \frac{L}{mol} \cdot \ln \frac{0.01 \cdot (0.02 - x)}{0.02 \cdot (0.01 - x)} = k_2 \cdot t$$

$$\Rightarrow 100 \frac{L}{mol} \cdot \ln \frac{0.02 - x}{2 \cdot (0.01 - x)} = k_2 \cdot t$$

Trägt man auf die Ordinate $100 \cdot \ln[(0,02-x) / 2 \cdot (0,01 - x)]$ (die Einheit der Ordinate ist l/mol) und auf die Abszisse t auf, sollte man eine Gerade erhalten, die durch den Nullpunkt verläuft. Die Geradensteigung ist identisch mit der Geschwindigkeitskonstanten k_2 der Reaktion.

Durchführung:

Zur Vorbereitung nimmt man die sechs 100 mL Erlenmeyerkolben und pipettiert (mit der 10 mL Vollpipette) in jeden Kolben 10 mL der ausstehenden 0,01 mol/L HCl-Lösung. In jeden der sechs Erlenmeyerkolben gibt man dann noch 2 Tropfen Phenolphthalein. Die Bürette wird mit 0,01 mol/L NaOH-Lösung gefüllt. Nun pipettiert man 10 mL der 0,2 mol/L Esterlösung in einen 100 mL Messkolben und füllt diesen mit ca. 70 mL destilliertem Wasser. Um die alkalische Esterhydrolyse zu starten, gibt man zu der Mischung noch 10 mL (mit der 10 mL Vollpipette) der 0,1 mol/L Natronlauge hinzu. Der Startpunkt (t = 0) ist erreicht, wenn der erste Tropfen der 0,1 mol/L Natronlauge in den Messkolben gelaufen ist. Ab diesem Punkt wird die Zeit gemessen. Man füllt möglichst schnell den 100 mL-Messkolben mit destilliertem Wasser bis zur 100 mL Eichmarke auf und schüttelt ihn.

Der Messkolben enthält dann eine 0,02 mol/L Esterlösung und eine 0,01 mol/L NaOH-Lösung. Diese Ausgangskonzentrationen nehmen mit der Zeit t ab. Die Konzentrationsabnahme zu einem bestimmten Zeitpunkt t wird durch Titration ermittelt.

Dazu werden in Abständen von jeweils 4 Minuten 10 mL (mit der 10 mL Vollpipette) aus dem Messkolben genommen und zum Abbrechen der Esterhydrolyse in einen der vorbereiteten (mit 10 mL 0,01 mol/L HCl gefüllten und mit zwei Tropfen Phenolphthalein versehenen) 100 mL Erlenmeyerkolben gegeben. Der Abstand von 4 Minuten sollte vorbei sein, wenn der erste Tropfen Vollpipettenlösung in den Erlenmeyerkolben gelaufen

ist. Entscheidend ist, dass man sich bei jeder Probenentnahme den genauen Zeitpunkt (relativ zu t = 0) notiert!

In dem 100 mL Erlenmeyerkolben befindet sich nun ein Überschuss an HCl-Lösung, dessen Stoffmenge durch (Rück)Titration mit 0,01 mol/L NaOH-Lösung (analog zur Übungstitration) bestimmt wird.

Durch diese Titration kann man Rückschlüsse auf die Ester- und die Hydroxid-Konzentration zur Zeit t ziehen. Diese benötigt man bei der graphischen Ermittlung der Geschwindigkeitskonstanten k$_2$.

Erstellen Sie eine Tabelle, die die folgende Kopfzeile enthält:

Abszisse Zeit t (sec)	Verbrauch NaOH (mL)	Umsatz X (mol/L)	Ordinate (siehe Text)

$$\text{Ordinate} = 100 \, \frac{L}{mol} \cdot \ln \frac{0.02 - x}{2 \cdot (0.01 - x)}$$

Die Berechnung vom Umsatz X in mol/L soll an einem Beispiel demonstriert werden:

2 mL der 0,01 mol/L NaOH werden bei der Titration verbraucht. Diese Hydroxidonen entsprechen denen, die bei der Esterhydrolyse verbraucht werden. Das bedeutet, in 1000 mL wären 0,01 mol Hydroxidonen, in 2 mL sind (2 × 0,01 / 1000) mol = 0,00002 mol Hydroxidonen. Die 0,00002 mol Hydroxidonen befanden sich in 10 mL (Entnahme aus dem Messkolben). Das heißt, die Konzentration der umgesetzten Menge an Hydroxidonen und Ester entspricht X = 0,00002 mol / 0.011 l = 0,002 mol/L. Analog hierzu berechnet man den Umsatz x (x auf 5 Stellen hinter dem Komma angeben) für andere Titrationser-

gebnisse. Mit dem Umsatz x wird der Ordinatenabschnitt berechnet.

Tragen Sie die Ordinaten- und Abszissenwerte in ein Koordinatensystem (*auf Millimeterpapier*) ein. Durch die Punkte legen Sie eine Ausgleichsgerade, die durch den Nullpunkt gehen soll. Die Steigung der Geraden entspricht der Geschwindigkeitskonstanten k$_2$. Diese wird berechnet, indem Sie einen Punkt auf der Geraden suchen und den dazugehörigen Ordinatenwert durch den Abszissenwert teilen.

Aufgabe:
Bestimmen Sie die Geschwindigkeitskonstante k$_2$ mit der zugehörigen Einheit.

Die Umwandlung von Carbonsäurederivaten ineinander ist eine Reaktion von großer biochemischer Relevanz. So sind Fette Fettsäureester und Proteine sind Carbonsäureamide. Enzyme, die diese Bindungen spalten/bilden, nennt man z. B. Esterasen, Kinasen oder Proteasen. In der Vorstellung der Allgemeinheit sind solche Enzym-katalysierten Reaktionen etwas prinzipiell anderes als die Reaktionen in einem chemischen Labor. Diese Vorstellung ist allerdings grundlegend falsch. Auch in den Enzym-katalysierten Reaktionen, z. B. der Proteinbiosynthese, werden Carbonsäurederivate über einen Additions-Eliminierungs-Mechanismus erhalten.

Die Ester von Carbonsäuren werden an unterschiedlichen Stellen genutzt. Biodiesel ist z. B. der Methylester von Fettsäuren wie der Palmitinsäure (▶Abbildung 12.13). Viele Duftstoffe sind Ester (z. B. auch der Geruch von Lösungsmittelhaltigem Klebstoff, das ist Essigsäureethylester), wobei niedermolekulare Carbonsäureester meist „fruchtig" riechen. Derartige flüchtige Ester findet man auch in zahlreichen Pheromonen, die als Signalstoffe fungieren. Ester kommen weiterhin in vielen anderen Naturstoffen und Wirkstoffen vor, wie z. B. in der bekannten Acetylsalicylsäure (ASS, Aspirin) oder in Fetten (dreifache Ester von Glycerin mit Fettsäuren).

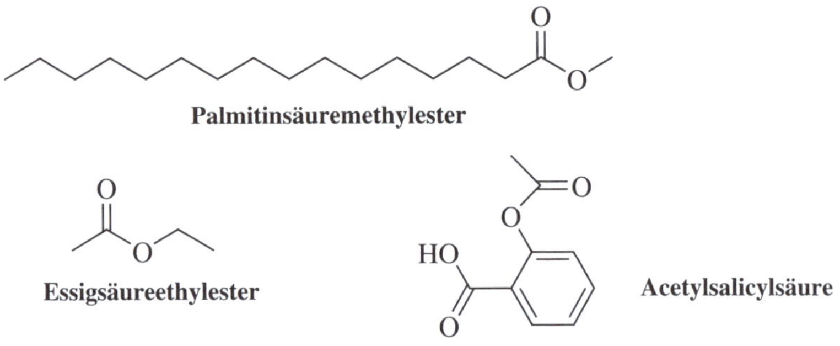

Palmitinsäuremethylester

Essigsäureethylester

Acetylsalicylsäure

Abbildung 12.13: Beispiele für Ester

Alkohole können mit Säuren (anorganische wie organische) zu den entsprechenden Säureestern umgesetzt werden. Diese Reaktion wird durch Säure katalysiert.

Der Mechanismus der Veresterung von Carbonsäuren, eine Variante des Additions-Eliminierungs-Mechanismus (oder S$_N$2$_t$-Mechanismus) ist in ▶ Abbildung 12.14 an einem Beispiel dargestellt. Wie schon bei der Verseifung liegen Gleichgewichtsreaktionen vor, wobei für eine vollständige Umsetzung das Gleichgewicht zu den Produkten hin verschoben werden muss. Hierfür wird meist das entstehende Reaktionswasser aus dem Gleichgewicht entfernt (entweder destillativ oder mithilfe von wasserentziehenden Reagenzien, wie konzentrierter Schwefelsäure).

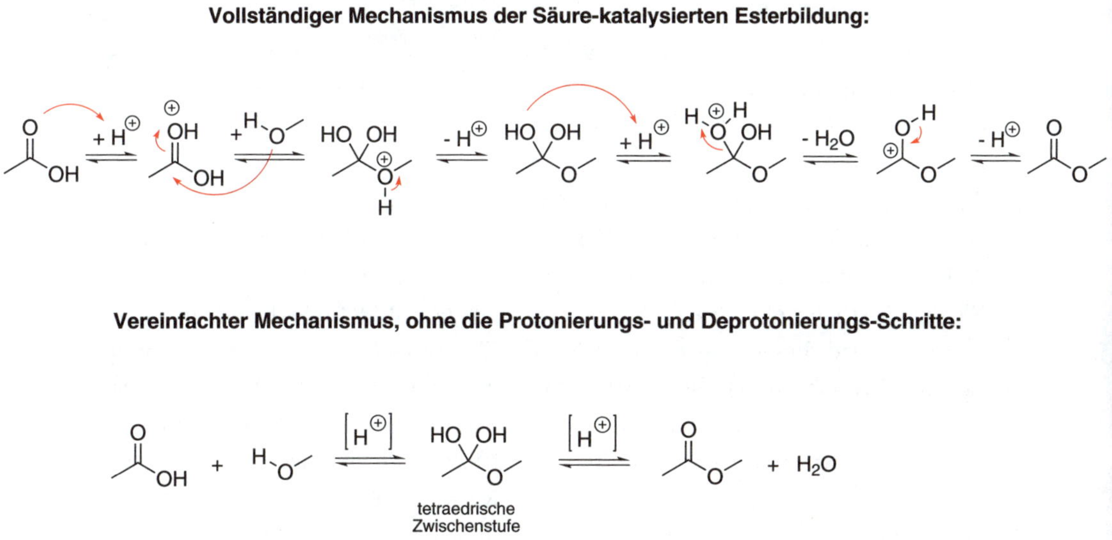

Vollständiger Mechanismus der Säure-katalysierten Esterbildung:

Vereinfachter Mechanismus, ohne die Protonierungs- und Deprotonierungs-Schritte:

tetraedrische
Zwischenstufe

Abbildung 12.14: Mechanismus der Säure katalysierten Veresterung von Carbonsäuren

Auf den ersten Blick sieht der Mechanismus viel komplizierter aus, als der allgemeine Mechanismus aus Abbildung 12.10. Das erscheint allerdings nur auf den ersten Blick so. Wie bereits erwähnt, sind bei ungeladenen Nucleophilen und/oder ungeladenen Abgangsgruppen zusätzliche Protinierungs- und Deprotonierungsschritte erforderlich. Lässt man diese außer Acht, so ergibt sich das gleiche allgemeine Schema des Reaktionsmechanismus einer Additions-Eliminierungs-Reaktion wie in Abbildung 12.10.

VERSUCH 4

■ **Darstellung von Birnenester**

Geräte:	Chemikalien:
Reagenzglas	Isoamylalkohol
Becherglas	Eisessig
Wasserbad	konzentrierte Schwefelsäure

Geräte:	Chemikalien:
Rundkolben	Isoamylalkohol
Stativmaterial	Eisessig
Heizrührer	konzentrierte Schwefelsäure
Hebebühne	ges. NaHCO$_3$-Lösung
Ölbad	ges. NaCl-Lösung
Rückflusskühler	
Scheidetrichter	
Erlenmeyerkolben	
Becherglas	
Messpipette	

Durchführung:

In dem Reagenzglas vermischt man sorgfältig 1 mL Isoamylalkohol (3-Methylbutanol) mit 1 mL Eisessig und gibt vorsichtig (die Mischung wird dabei warm) 1 mL konzentrierte Schwefelsäure zu. Dies erwärmt man einige Minuten im Wasserbad und lässt es dann abkühlen. Man gibt die Lösung vorsichtig in ein Becherglas mit 20 mL Wasser. Auf der Oberfläche sammelt sich ein Öl. Welchen Geruch stellen Sie fest?

Beschreiben Sie den Mechanismus der Reaktion. Welche Bestandteile des Reaktionsgemisches befinden sich in der wässrigen Phase, welche in der organischen? Welche Funktion hat die konzentrierte Schwefelsäure?

Anmerkung:

Bei ausreichend Zeit am jeweiligen Versuchstag kann der Ester auch isoliert werden. Hierfür empfiehlt es sich, einen größeren Ansatz zu wählen, auch ein komplizierterer Aufbau ist dafür erforderlich:

(Den Versuchsaufbau finden Sie als Video auf der Web-Site, bei Fragen zur Apparatur wenden Sie sich an Ihren Assistenten).

Durchführung:

Der Reaktionskolben wird am Stativ eingespannt. Sodann wird er mit 10 mL Isoamylalkohol (3-Methylbutanol) und mit 10 mL Eisessig versetzt. Zu dieser Mischung gibt man vorsichtig (die Mischung wird dabei warm) und unter Rühren 10 mL konzentrierte Schwefelsäure zu. Dann wird der Rückflusskühler auf den Kolben gesetzt und eingespannt (Stativ: Vergessen Sie nicht, vorher die Schläuche für die Wasserkühlung am Kühler zu befestigen und nach dem Einspannen einen langsamen Kühlwasserfluss einzustellen). Nun wird die Reaktionsmischung unter Rühren im Ölbad für 30 Minuten auf 120 °C erhitzt. Nach dem Abkühlen gibt man die Reaktionsmischung vorsichtig in ein Becherglas mit 100 mL Wasser. Auf der Oberfläche sammelt sich ein Öl. Welchen Geruch stellen Sie fest? Das 2-Phasen-Gemisch wird in einen Scheidetrichter überführt, die wässrige Phase abgetrennt und die organische Phase nacheinander mit 30 mL gesättigter Natriumhydrogencarbonat-Lösung und 10 mL gesättigter Kochsalz-Lösung gewaschen. Die verbliebene organische Phase wird in einen Erlenmeyerkolben überführt, den Sie zuvor in leerem Zustand gewogen haben. Nun können Sie (durch Wiegen des vollen Kolbens) Ihre Ausbeute bestimmen.

Ausbeuten werden in Gramm angegeben sowie in mol bzw. mmol. Um zu erkennen, wie viel von Ihren Startmaterialien zum Produkt umgesetzt wurde, wird auch eine Ausbeute in Prozent angegeben. 100 % wür-

den Sie erreichen, wenn Sie genau so viel Produkt (in mmol) erhalten, wie Sie an Ausgangssubstanz (in mmol) eingesetzt haben.

Beschreiben Sie den Mechanismus der Reaktion. Welche Bestandteile des Reaktionsgemisches befinden sich in der wässrigen Phase, welche in der organischen? Welche Funktion hat die konzentrierte Schwefelsäure? Warum wurde mit Natriumhydrogencarbonat-Lösung gewaschen? Warum wurde nicht mit NaOH-Lösung gewaschen? Welche Substanz(en) könnte(n) sich nach dieser Aufarbeitung noch in Ihrem Produkt befinden?

Anmerkung: Da wir keine vollständige Aufreinigung des Produktes durchgeführt haben, kann Ihr Produkt noch Verunreinigungen enthalten. Eine wissenschaftlich korrekte Ausbeute können Sie daher nur angeben, wenn Sie gleichzeitig nachweisen, dass Ihr Produkt keine nennenswerten Verunreinigungen enthält.

Während wir in den vorangegangenen Experimenten jeweils das Gleichgewicht zur Produktseite hin verschieben mussten, weil der Energieinhalte der Edukte und Produkte ähnlich war, ist dies bei der Verwendung von reaktiveren Carbonsäurederivaten (wie Säureanhydriden oder Säurechloriden) nicht erforderlich (▶ Abbildung 12.15).

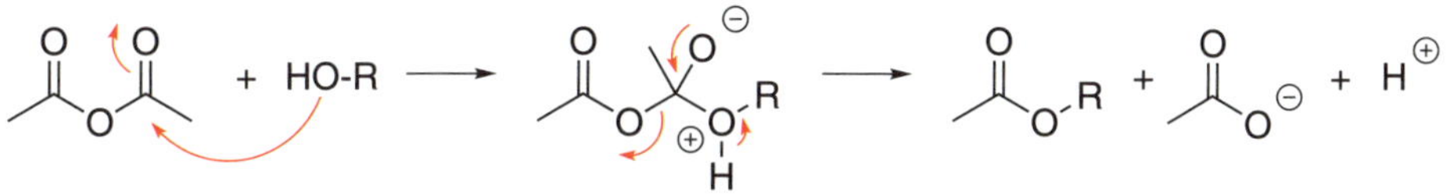

Abbildung 12.15: Carbonsäureester aus Carbonsäureanhydriden

Die Natur nutzt übrigens ebenfalls reaktive Säurederivate. In der t-RNA liegt die jeweilige Aminosäure als Ester an einen Zucker gebunden vor. Um diese Esterbindung zu knüpfen wird die Carbonsäure in ein „gemischtes Anhydrid" überführt. Gemischt, weil es das Anhydrid zweier unterschiedlicher Säuren ist, nämlich der Aminosäure und der Phosphorsäure. Diese und ähnliche Formen der Aktivierung von Carbonsäuren für folgende Ester- und Amid-Bildungen (bei der Proteinbiosynthese werden Peptid-Bindungen geknüpft, die nichts anderes als Carbonsäureamid-Bindungen sind) sollten Sie mit Hilfe Ihrer chemischen Kenntnisse prinzipiell verstehen können.

Katalyse und Enzyme   **12.6**

Ein Katalysator beschleunigt die Geschwindigkeit einer Reaktion, ohne selbst verbraucht zu werden.

Die Wirkungsweise eines Katalysators beruht immer auf einer Erniedrigung der Aktivierungsenergie der Reaktion. Dies kann auch durch eine prinzipielle Änderung des Reaktionsmechanismus erfolgen. Enzyme sind dabei nichts weiter als „Biokatalysatoren". Oft stabilisiert ein Enzym „lediglich" den Übergangszustand einer Reaktion (►Abbildung 12.16),

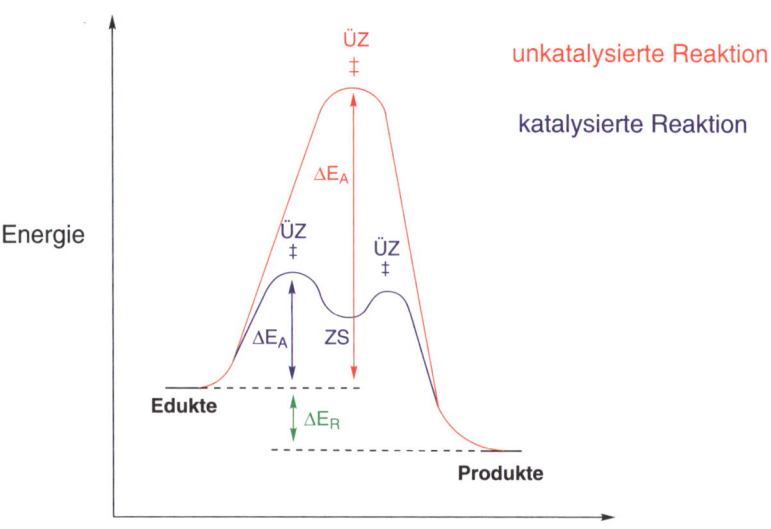

Abbildung 12.16: Reaktionsprofil einer Reaktion unkatalysiert und katalysiert (beispielhaft)

wodurch dieser energetisch günstiger wird. Die benötigte Aktivierungs-energie ist entsprechend geringer und die Reaktion wird beschleunigt.

Dies kann (muss aber nicht) so weit führen, dass – wie in unserem Diagramm – aus dem ehemaligen Übergangszustand eine Zwischenstufe wird. In solch einem Fall verläuft die ursprünglich einstufige Reaktion dann zweistufig.

Einen Einfluss auf die Gleichgewichtslage eines Systems haben Kataly-satoren und Enzyme jedoch nicht, da die Reaktionsenergie (ΔE_R) unver-ändert ist. Enzyme und Katalysatoren beschleunigen lediglich die Ein-stellung des Gleichgewichtes, da sie Hin- wie Rückreaktion in gleicher Weise beeinflussen (auch die Aktivierungsenergie der Rückreaktion wird durch den Katalysator abgesenkt, für die Rückreaktion müssen Sie das Reaktionsprofil lediglich von den Produkten aus zu den Edukten be-trachten).

Enzyme sind sehr effiziente Katalysatoren, wobei sie zugleich auch sehr selektiv sein müssen, denn sie sollen nur bestimmte der vielen Mo-leküle im Zellplasma umsetzen.

VERSUCH 5

■ **Enzyme, Urease und Harnstoff / Thioharnstoff**

Geräte:	Chemikalien:
4 Reagenzgläser	Harnstofflösung (1 %ig)
Messpipette	Thioharnstofflösung (1 %ig)
	Phenolphthaleinlösung (1 %ig)
	Urease
	Wasser

Durchführung:

In je ein Reagenzglas füllen Sie etwa 5 mL Harnstoff- bzw. Thioharnstofflösung. Dazu geben Sie 1 bis 2 Tropfen Phenolphthalein-lösung. Sollte die Lösung sich jetzt schon fär-ben, so müssen die Harnstoff- und/oder die Thioharnstofflösung neu angesetzt werden.

Schlämmen Sie in 2 weiteren Reagenz-gläsern je eine Spatelspitze Ureasepulver (wird vom Assistenten ausgegeben) in de-stilliertem Wasser auf. Gießen Sie dann die Harnstoff- bzw. Thioharnstofflösung in je ein Reagenzglas mit Ureaseaufschläm-mung. Gut vermischen und einige Minu-ten stehen lassen.

Welche Reaktion könnte hier abgelau-fen sein? Erklären Sie Ihre Beobachtungen, insbesondere auch den Unterschied zwi-schen Harnstoff und Thioharnstoff in dem Experiment.

Anmerkung: -Anstelle von Thioharnstoff kann auch N_1N^1-Dimethylharnstoff einge-setzt werden.

ANWENDUNGEN

Die Kenntnis der Funktionsweise von Enzymen kann dafür genutzt werden, sie zu inhibieren (also zu blockieren). Ein derartiger Eingriff in den Stoffwechsel eines Organismus ist eine Methode, um wirksame Medikamente zu entwickeln (z. B. Antibiotika).

Da Enzyme den Übergangszustand einer Reaktion besonders stabilisieren, müssten Moleküle, die dem Übergangszustand „sehr ähnlich" sind, von dem Enzym gut gebunden werden und damit das aktive Zentrum des Enzyms blockieren. Da solche Moleküle nicht – wie der Übergangszustand – abreagieren würden, wäre das Enzym inhibiert („außer Gefecht gesetzt").

Ein Beispiel hierfür sind Sulfonamide, die Proteasen inhibieren können. Sulfonsäureamide ähneln sowohl von ihrer räumlichen Struktur her (der Schwefel trägt 4 Substituenten, die ihn annähernd tetraedrisch umgeben) als auch von der Ladungsverteilung her dem Übergangszustand der Hydrolyse einer Peptidbindung (▶Abbildung 12.17).

Sulfonamid **teraedrischer ÜZ der Peptidhydrolyse**

Abbildung 12.17: Solfonamide als Übergangszustandsmimetika

Übungsaufgaben

1. Reaktionen von Säurechloriden mit Nucleophilen sind normalerweise zweiter Ordnung. Sie beobachten jedoch bei einer Reaktion eines Säurechlorides, dass die Geschwindigkeit Ihrer Reaktion nur von der Konzentration des Säurechlorides abhängt (also eine Reaktion erster Ordnung). Versuchen Sie hierzu einen Mechanismus zu formulieren und zu Ihrem Mechanismus ein Reaktionsprofil.

2. Eine Reaktion läuft Ihnen zu langsam ab (was offenbar an der zu großen Aktivierungsenergie liegt). Wie können Sie (ohne Katalysatoren oder Enzyme) die Reaktion beschleunigen?

3. Erläutern Sie den Unterschied zwischen einem Übergangszustand und einer Zwischenstufe.

4. Sie wollen mit einer einfachen chemischen Reaktion (keine Enzyme) ein Säureamid spalten und dabei ein Amin als Produkt erhalten. Welche Reagenzien benötigen Sie? Beschreiben Sie den Mechanismus der Reaktion im Detail.

5. Bereits in früheren Kapiteln haben wir gelernt, dass Amine und Carbonsäuren nicht zu den Säureamiden reagieren sondern zu Ammoniumcarboxylaten (Säure-Base Reaktion). Wie können Sie ein Carbonsäureamid herstellen? Beschreiben Sie den Mechanismus der Reaktion im Detail.

Auf der Companion-Website zum Buch finden Sie unter http://www.pearson-studium.de die folgenden zusätzlichen Materialien zu diesem Kapitel:

- Fotos der Laborgeräte
- Videos: Siedepunktbestimmung, Darstellung von Birnenester
- Lösungen zu den Aufgaben

Polymere

13

ÜBERBLICK

Ein Polymer ist ein Makromolekül (also ein sehr großes Molekül), das aus der Aneinanderreihung gleicher, sich wiederholender Grundeinheiten besteht. Aufgebaut werden Polymere durch Verknüpfung von Monomeren, die letztlich die Grundeinheiten des Polymers sind. Dies klingt vielleicht recht abstrakt, es wird jedoch im Folgenden klarer.

Zahlreiche Verbindungen aus der Natur sind Polymere. So kann man Proteine als Polyamide bezeichnen und auch Kohlenhydrate wie Stärke oder Cellulose sind Polymere. Diese natürlichen Polymere werden jedoch separat in den Kapiteln dieser Naturstoffklassen behandelt.

Die hier behandelten Polymere sind großtechnisch in der chemischen Industrie hergestellte Kunststoffe, die aus unserem Alltag nicht mehr wegzudenken sind. Sie finden sie in Ihrer Bekleidung (z. B. Nylon, Polyester), in Plastikbechern (z. B. Polystyrol, Polypropylen) oder in CDs und DVDs (Polycarbonat). Auch unser Auto ist in wesentlichen Teilen ein „Kunststoffprodukt". Neben solchen alltäglichen Kunststoffen gibt es zahlreiche Polymere, deren Eigenschaften für bestimmte Anwendungen speziell zugeschnitten sind. Mit solchen Hochleistungskunststoffen werden Sie sicherlich im Verlauf Ihres Studiums noch zu tun haben.

Von der Vielzahl der unterschiedlichen Polymere können in diesem Buch natürlich nur wenige besprochen werden. Der Fokus dieses Kapitels liegt daher weniger auf den Eigenschaften einzelner Polymere, sondern auf deren Herstellung. Dabei unterscheiden wir in zwei Gruppen, die Kondensationspolymere und die Additionspolymere. Um die Herstellung Letzterer zu verstehen, müssen wir uns zunächst mit der polaren Addition an Alkene beschäftigen.

Additionspolymere **13.1**

Alkene sind Verbindungen, die leicht oxidiert werden können, also Elektronen (relativ) leicht abgeben (siehe hierzu auch Kapitel 11). Daher reagieren Alkene mit Elektrophilen (also „elektronenliebenden" Verbindungen). Das einfachste Elektrophil ist ein Proton. Um das Prinzip der Reaktion zu betrachten, ist es sinnvoll, mit diesem (einfachen) Elektrophil zu beginnen. Wir betrachten daher zunächst die Addition von HBr an 2-Buten (▶Abbildung 13.1).

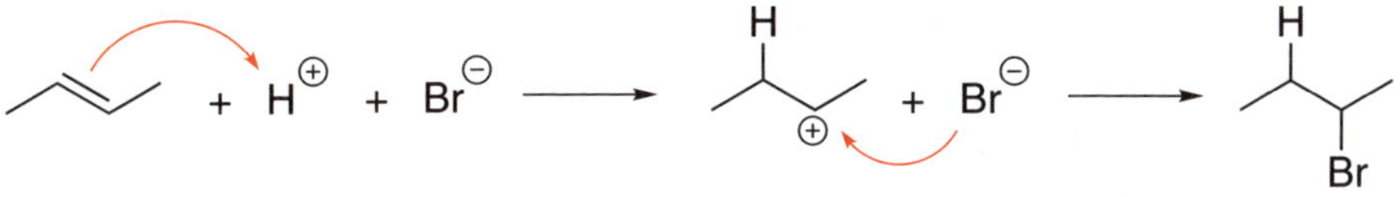

Abbildung 13.1: Addition von HBr an 2-Buten

Die Addition von HBr verläuft dabei in zwei Schritten, zunächst greift das Proton (unser Elektrophil) am Alken an. Das Elektronenpaar der Doppelbindung wird dabei für die Ausbildung einer neuen C-H Bindung benötigt. Das so gebildete Carbeniumion reagiert mit dem Nucleophil Bromid zum Additionsprodukt. Diesen zweiten Schritt, ebenso wie das Carbeniumion, kennen wir schon aus Kapitel 12 (Nucleophile Substitution erster Ordnung).

Auf die Theorie aus Kapitel 12 müssen wir auch zurückgreifen, wenn wir uns mit der Frage der Regioselektivität bei der Addition von HBr an unsymmetrische Alkene – wie das 2-Methylpropen – beschäftigen (▶Abbildung 13.2).

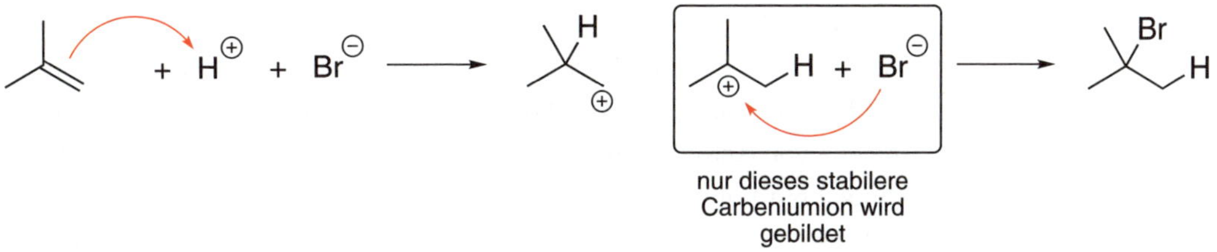

nur dieses stabilere
Carbeniumion wird
gebildet

Abbildung 13.2: Regioselektivität der Addition von HBr

Abhängig davon, welcher der beiden Kohlenstoffe des Alkens die neue C-H Bindung ausbildet, kommen wir zu zwei unterschiedlichen Carbeniumionen. Von diesen beiden wird jedoch nur das stabilere Carbeniumion gebildet, sodass in der Reaktion nur ein Produkt erhalten wird.

Anmerkung: In der Chemie gibt es selten absolute Aussagen, auch das weniger stabile Carbeniumion wird gebildet, allerdings in so geringem Ausmaß, dass dieser Reaktionsweg keine Rolle spielt. Zur Stabilität von Carbeniumionen siehe Kapitel 12.

Bei der polaren Addition über Carbeniumionen wird also bevorzugt das stabilere Carbeniumion gebildet und daher bevorzugt das Reaktionsprodukt aus diesem Carbeniumion erhalten. Diese Regel nennt man die Regel von Markownikow.

Verwendet man anstelle von HBr eine Säure, deren Gegenion kein gutes Nucleophil ist (z. B. Schwefelsäure), so wird der zweite Schritt der Addition nicht oder nur sehr langsam stattfinden können. Stattdessen reagiert das Carbeniumion (das aufgrund der positiven Ladung ein Elektrophil ist) dann mit einem weiteren Alken, wobei erneut ein Carbeniumion entsteht (▶ Abbildung 13.3).

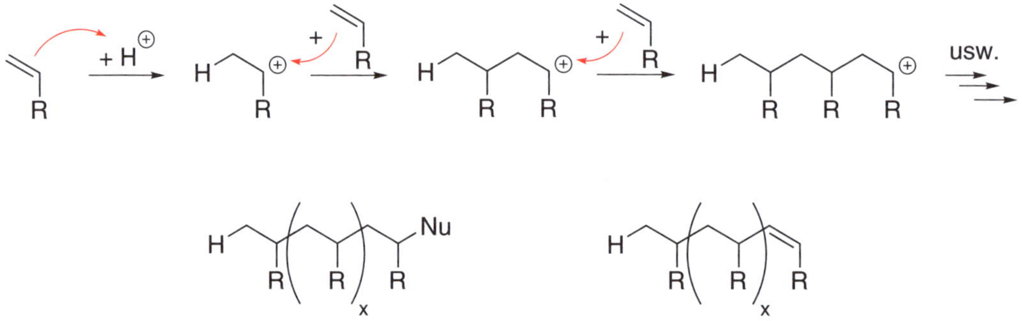

Abbildung 13.3: Kationische Polymerisation von Alkenen (x für Anzahl der Wiederholungen)

Dieses kann erneut mit einem Alken reagieren usw., sodass sich eine lange Kette bildet, ein Polyalken. Irgendwann bricht die Kette ab, entweder indem doch ein anderes Nucleophil am Carbeniumion angreift, oder durch Deprotonierung. Die Polymerisation ist stark exergonisch, denn anstelle von (schwächeren) C-C-Doppelbindungen werden (stärkere) C-C-Einfachbindungen gebildet.

Diese Art der Polymerisation von Alkenen nennt man kationische Polymerisation, es gibt jedoch auch noch andere Methoden, Polyalkene zu erzeugen, wie die Polymerisation über Radikale (radikalische Polymerisation).

Radikale sind Verbindungen mit einem ungepaarten Elektron. Sie sind – wie die Carbeniumionen – sehr reaktive Intermediate und können ebenfalls (wie Carbeniumionen) an Alkene addieren und Radikale werden – wie Carbeniumionen – durch Alkylreste stabilisiert. Wir würden daher bei der Polymerisation eine vergleichbare Regioselektivität (Addition an unsymmetrische Alkene, welches Radikal wird dabei gebildet?) erwarten. Der Mechanismus der radikalischen Polymerisation ist in ▶ Abbildung 13.4 dargestellt.

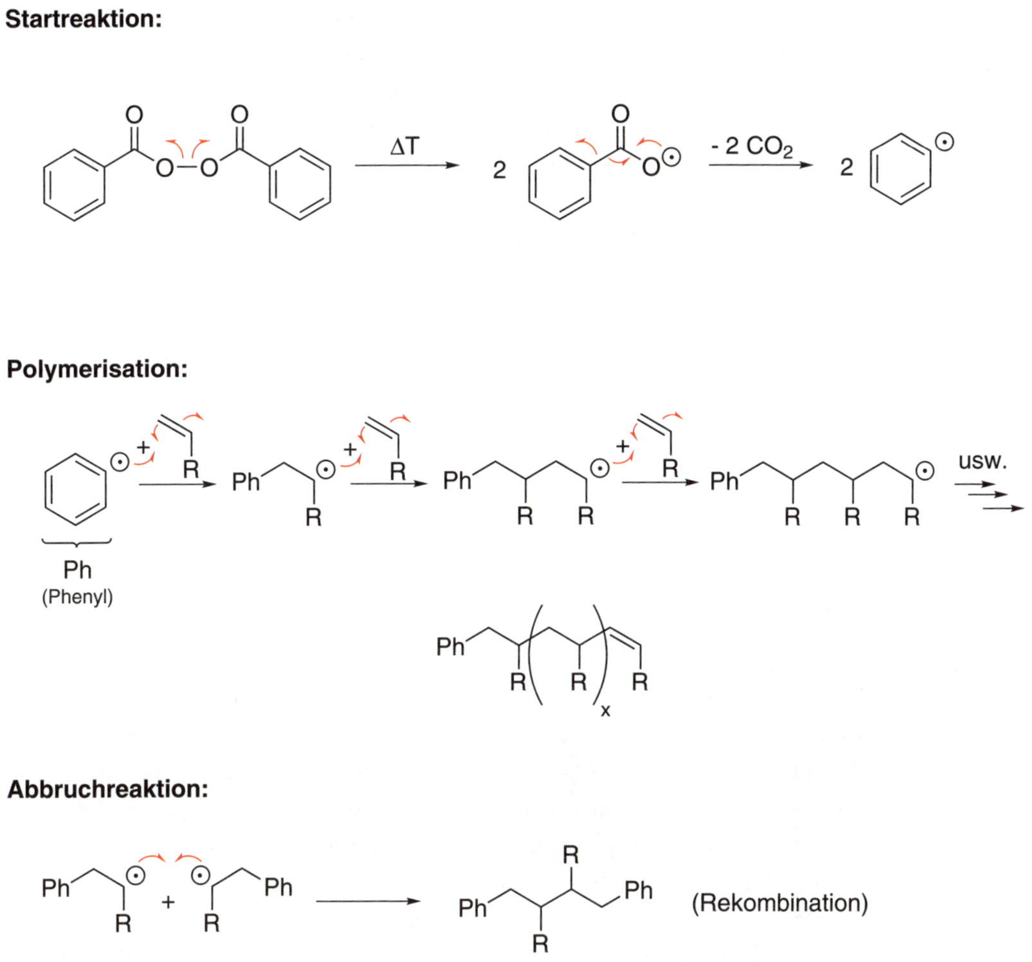

Startreaktion:

Polymerisation:

Ph
(Phenyl)

Abbruchreaktion:

(Rekombination)

Abbildung 13.4: Radikalische Polymerisation von Alkenen

Um eine radikalische Polymerisation zu erreichen, müssen zunächst Radikale „hergestellt" werden. Hierfür gibt es mehrere Möglichkeiten, die gängigste Methode ist die Homolyse einer (schwachen) Einfachbindung mit Hilfe von Lichtenergie oder thermischer Energie (erhitzen). Der erforderliche Energiebetrag entspricht dabei der jeweiligen Bindungsenergie. Im Beispiel in Abbildung 13.4 wurde hierfür Dibenzoylperoxid gewählt, das thermisch in zwei Radikale zerfällt. Diese spalten noch einmal Kohlendioxid ab, sodass Phenyl-Radikale als Startradikale erhalten werden.

Diese Radikale können an Alkene addieren, wobei erneut ein Radikal erhalten wird, das eine weitere Addition an ein Alken eingehen kann usw. Theoretisch könnte eine solche Polymerisation endlos ablaufen, bis alles Alken verbraucht ist. Allerdings gibt es Abbruchreaktionen, die zur „Vernichtung" der Radikale führen. Dabei reagieren zwei Radikale miteinander, wobei entweder eine Disproportionierung eintritt (es entsteht ein Alkan und ein Alken) oder eine Rekombination unter Ausbildung einer Einfachbindung zwischen den beiden ehemaligen Radikal-Zentren.

Je höher die Konzentration an freien Radikalen, desto wahrscheinlicher sind solche Abbruchreaktionen. Um langkettige Polymere zu erhalten, setzt man daher möglichst wenig Startreagenz ein (und hält so die Konzentration an Radikalen gering).

Achten Sie bei Radikalreaktionen auf Folgendes: Während wir bei den bisherigen Reaktionsmechanismen mit Pfeilen immer den Angriff eines Elektronenpaars (unter Ausbildung einer neuen Bindung) illustriert haben, sind bei Radikalreaktionen ungepaarte Elektronen zu betrachten. Um diese von den Elektronenpaaren aus bisherigen Mechanismen zu differenzieren, werden bei Radikalreaktionen Pfeile mit halben Spitzen gezeichnet.

ANWENDUNGEN

Radikale spielen auch an anderen Stellen eine Rolle. Auf dem Markt sind zahllose „Anti-Aging"- Produkte, die durch das Abfangen oder Vernichten freier Radikale im Organismus ein längeres Leben oder jüngeres Aussehen versprechen. Tatsächlich geht man davon aus, dass unter oxidativem Stress, z. B. in der Atmungskette, freie Radikale entstehen können, wie z. B. Hydroxyl-Radikale. Da es sich hierbei um hochreaktive Verbindungen handelt, kann es zu Schädigungen der DNA kommen. Unser Organismus verfügt jedoch auch über Mechanismen, um derartige Schädigungen zu vermeiden oder zu reparieren. Dies sind neben Antioxidanzien (Reduktionsmittel wie Vitamin C) und Radikalfängern (Verbindungen, die die reaktiven Radikale abfangen) auch entsprechende Reparaturmechanismen für DNA-Schäden.

ANWENDUNGEN

Wenn Fette zu lange oder falsch gelagert werden, können sie ranzig werden. Hierbei werden ungesättigte Fettsäuren über freie Radikale oxidiert.

Leinöl, ein Fett mit verhältnismäßig vielen Doppelbindungen, wird in Anstrichfarben eingesetzt. Man sagt zwar gemeinhin, dass die Farben „trocknen" würden, im Fall des Leinöls findet jedoch (ausgelöst durch Luftsauerstoff) eine radikalische Polymerisation statt und kein „Trocknen".

VERSUCH 1

■ **Reaktion von Styrol mit konzentrierter Schwefelsäure**

Geräte:	Chemikalien:
Reagenzgläser	Styrol (destilliert)
Pipette	konzentrierte Schwefelsäure
Reagenzglasklammer	

Durchführung:

Zu etwa 2 mL Styrol gibt man *VORSICH-TIG* 1–2 Tropfen konzentrierte Schwefelsäure. Das Reagenzglas wird dabei mit der Reagenzglasklammer gehalten und die Öffnung NICHT auf andere Personen ge-

richtet. Es wird 5 Minuten vorsichtig geschwenkt (Erwärmung) bis die Reaktion abgeschlossen ist. Danach wird das Produkt abgekühlt. Beobachtungen? Erklären Sie die abgelaufene Reaktion.

Anmerkung:

Versuchen Sie nicht, das verwendete Reagenzglas zu spülen. Die Reagenzgläser sollten nach dem Versuch in einer Kiste im Abzug gesammelt werden.

VERSUCH 2

■ **Radikalische Polymerisation von Styrol**

Geräte:	Chemikalien:
Reagenzgläser	Styrol (destilliert)
Pipette	Dibenzoylperoxid
Reagenzglasklammer	
Wasserbad	
Stativmaterial	

Durchführung:

3 mL Styrol werden mit einer Spatelspitze Dibenzoylperoxid versetzt und im siedenden Wasserbad ungefähr eine Stunde erhitzt (spannen Sie hierfür das Reagenzglas am Stativ fest).

Tipp: Setzen Sie diesen Versuch an den Anfang des praktischen Teils!

Was beobachten Sie? Wozu diente das Dibenzoylperoxid? Welche Reaktion lief hier ab (Name und Mechanismus)?

Anmerkung:

Versuchen Sie nicht, das verwendete Reagenzglas zu spülen. Die Reagenzgläser sollten nach dem Versuch in einer Kiste im Abzug gesammelt werden.

VERSUCH 3

■ Acrylglas

Geräte:	Chemikalien:
Reagenzgläser	Methacrylsäuremethylester
Pipette	Dibenzoylperoxid
Wasserbad	
Reagenzglasklammer	
Stativmaterial	
Trockenschrank	
Form	

Durchführung:

In ein Reagenzglas werden unter dem Abzug 5 mL Methacrylsäuremethylester gefüllt. In den Ester gibt man 0,3 g Dibenzoylperoxid als Polymerisationsstarter und rührt bis zur vollständigen Lösung. Danach wird das Reagenzglas in eine Stativklemme eingespannt und im Wasserbad bei einer Temperatur von etwa 65–75 °C erwärmt. Nach ca. 20 Minuten, wenn der Ester durch die einsetzende Polymerisation viskoser geworden ist, wird er in eine Form gegossen, die anschließend in einen auf 75–80 °C vorgeheizten Trockenschrank gestellt wird. Nach ca. 45 Minuten ist der Ester vollständig polymerisiert, man nimmt die Form aus dem Trockenschrank und kühlt sie unter fließendem, kalten Wasser. Anschließend wird das Polymerisat vorsichtig aus der Form gelöst.

Beschreiben Sie den Reaktionsmechanismus. Warum muss man die Mischung erwärmen? Warum fällt es Ihnen so leicht, das Material aus der Form zu lösen? Passt es nach dem Aushärten exakt in die Form?

ANWENDUNGEN

Radikalische Polymersisationen, wie die des Methacrylats oben, haben die meisten von Ihnen schon einmal „am eigenen Leib" erfahren. Wenn der Zahnarzt Ihnen eine Kunststofffüllung einsetzt, läuft genau dieser Prozess ab. Selbstverständlich enthalten diese Kompositfüllungen mehr als nur den reinen Kunststoff, vor allem anorganische Materialien (z. B. für die Farbgebung, wer will schon eine transparente Füllung?) sind noch enthalten. Allerdings kann der Zahnarzt unseren Mund nicht auf 75 °C erhitzen, um die Reaktion zu starten. Stattdessen werden die Radikale hier (ausgehend von geeigneten Startern) mit blauem Licht erzeugt. In ▶Abbildung 13.5 sehen Sie derartige Kompositmaterialien sowie die Aushärtung der Füllung am Zahnmodell.

Bei der Polymerisation tritt eine leichte Volumenabnahme ein. Das ist leicht verständlich, da die Monomere nun durch Bindungen aneinander gebunden sind und somit „dichter" zusammenliegen. Diese Volumenabnahme ist eines der Probleme bei zahnmedizinischen Anwendungen, da die Gefahr besteht, dass der zu füllende Hohlraum nicht vollständig versiegelt ist.

Auch in anderen Bereichen der Medizin spielen Polymere mittlerweile eine wichtige Rolle.

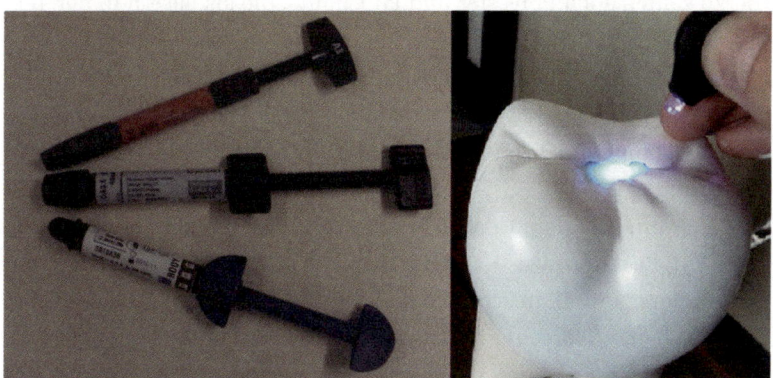

Abbildung 13.5: Kompositfüllmaterialien und Aushärtung einer Füllung am Modellzahn

ANWENDUNGEN

Die Wirkungsweise einiger Klebstoffe basiert auf einer Polymerisation. Insbesondere Sekundenkleber enthalten oftmals Cyanacrylate. Hier läuft allerdings weder eine radikalische noch eine kationische Polymerisation ab, sondern eine eine anionische Polymerisation. Als „Starter" dienen dabei Hydroxid-Ionen aus Wasser (Luftfeuchtigkeit), weswegen der Klebstoff (das Monomer) trocken und gut verschlossen gelagert werden sollte.

Abbildung 13.6: Typische Sekundenkleber auf Cyanacrylat-Basis

Kondensationspolymere 13.2

Mit den Additionspolymeren haben wir bereits eine wichtige Gruppe von Kunststoffen kennengelernt. Eine Zweite, mit der Sie auch im Alltag immer wieder zu tun haben, ist die Gruppe der Kondensationspolymere. Hierzu zählen auch Polyester und Polyamide, die als Fasern in der Textilindustrie verarbeitet werden.

Bei der Herstellung dieser Kunststoffe werden Ester- oder Amidbindungen gebildet. Ausgangsmaterialien für die Herstellung eines Polyamids könnten z.B. ein Diamin und ein Dicarbonsäurederivat sein (▶Abbildung 13.7).

Die Amine reagieren dabei in einer Additions-Eliminierungs-Reaktion (S_N2_t-Reaktion, vgl. Kapitel 12) mit dem Carbonsäurederivat zum Carbonsäureamid. In unserem Beispiel wurde ein Dicarbonsäurechlorid gewählt. Beide Säurechlorid-Gruppen können dabei mit unterschiedlichen Aminen zu Amiden reagieren, so wie beide Amino-Gruppen des Diamins mit verschiedenen Carbonsärechloriden reagieren können. In der Summe kommt es dadurch zur Ausbildung langer Ketten, wobei in jedem Reaktionsschritt HCl abgespalten wird.

Achtung: Entgegen der landläufigen Meinung versteht man unter einer Kondensationsreaktion in der Chemie nicht generell die Abspaltung von Wasser. Bei Kondensationsreaktionen werden vielmehr kleine Moleküle abgespalten, wobei dies Wasser, aber auch z. B. HCl oder Ethanol sein kann.

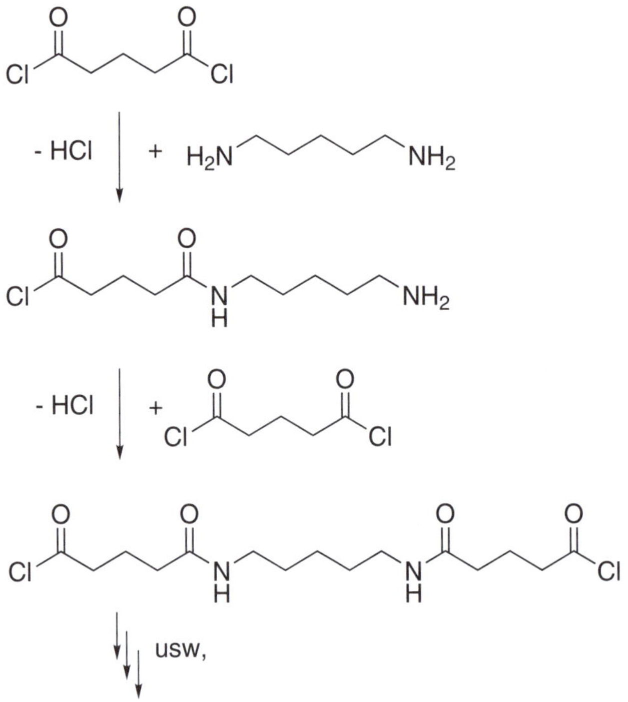

Abbildung 13.7: Herstellung von Polyamid

VERSUCH 4

■ Polyamid

Geräte:	Chemikalien:
Becherglas	Paraffinöl
Pasteurpipette	Sebacinsäuredichloridlösung (in CH_2Cl_2)
	Hexamethylindiaminlösung (in CH_2Cl_2)

Durchführung:

Ein Becherglas wird an der Innenwand mit Paraffinöl eingerieben und mit 20 mL einer Lösung von Sebacinsäuredichlorid in Dichlormethan befüllt. Anschließend wird die organische Phase vorsichtig mit 30 mL einer wässrigen Hexamethylendiaminlösung überschichtet. An der Phasengrenze entsteht eine „Haut", die nach ca. einer Minute mit einer Pasteurpipette hochgezogen wird. Es bildet sich ein Faden, der sich auf die Pipette wickeln lässt.

Beschreiben Sie den Reaktionsmechanismus. Warum nennt man das dargestellte Polyamid auch Polyamid 10.6? Was wäre dann Polyamid 6.6 und was könnte Polyamid 6 sein?

ANWENDUNGEN

Die Einführung synthetischer Fasern hat die Textilindustrie revolutioniert und hatte erhebliche gesellschaftliche Auswirkungen. Ein Beispiel hierfür sind Seidenstrümpfe. Seide war (und ist) ein teures Material, sodass Seidenstrümpfe früher den höheren Schichten vorbehalten waren. Mit den Strümpfen wurde zudem äußerst sorgsam umgegangen, um Laufmaschen zu vermeiden. Mit der Einführung von Nylon (Polyamid 6.6) hat sich das geändert. Nylonstrümpfe waren (und sind) preiswert und damit auch für die breite Masse verfügbar.

Übrigens, Seide ist ein Protein und damit ein natürliches Polyamid.

Übungsaufgaben

1. Woher kann man wissen, aus welchem Material beispielsweise ein Becher oder eine Wasserflasche hergestellt worden ist? Untersuchen Sie unterschiedliche Verpackungsbehältnisse einmal auf eine entsprechende Kennzeichnung. Wie sieht diese aus?

2. Beschreiben Sie den Mechanismus der Bildung eines Polyesters.

3. Ein natürliches Additionspolymer ist der Kautschuk. Diesen kann man aus dem Monomer Isopren (2-Methyl-buta-1,3-dien) herstellen. Beschreiben Sie den Mechanismus dieser Additionspolymerisation im Detail. Welche Regioisomere könnten entstehen (achten Sie dabei auch auf mesomere Grenzformeln).

Auf der Companion-Website zum Buch finden Sie unter http://www.pearson-studium.de die folgenden zusätzlichen Materialien zu diesem Kapitel:

- Fotos von Versuchen
- Video: Polyamid-Fasern
- Lösungen zu den Aufgaben

Aminosäuren und Proteine

14

Proteine sind aus α-Aminosäuren aufgebaut. Wenn wir uns mit den Eigenschaften von Proteinen beschäftigen wollen, müssen wir daher zunächst einmal etwas über Aminosäuren lernen.

Anmerkung: Die Namen und Strukturen der proteinogenen Aminosäuren sollten Sie kennen, Sie finden sie in fast allen gängigen Lehrbüchern. Desgleichen sollten Sie wissen, dass von den meisten Aminosäuren (außer Glycin) zwei Enantiomere existieren, in Proteinen aber nur eines davon bevorzugt auftritt.

Aminosäuren 14.1

Reine Aminosäuren sind farblose – meist kristalline – Feststoffe. Betrachten wir z. B. das Glycin, so ist diese Stoffeigenschaft auf den ersten Blick überraschend, denn Essigsäure oder Propansäure (Carbonsäuren ähnlicher Größe) sind flüssig, ebenso wie Propylamin eine Flüssigkeit ist – Ethylamin ist bei Raumtemperatur sogar gasförmig. Offenbar scheint bei der Aminosäure noch etwas Besonderes vorzuliegen. Betrachten wir die Eigenschaften der beiden Gruppen, so haben wir eine schwache Säure (Carbonsäure) und eine schwache Base (Amin) vorliegen. Diese beiden sollten in einer intramolekularen Säure-Base Reaktion miteinander reagieren (▶ Abbildung 14.1), dabei entsteht ein Zwitterion oder inneres Salz". Da wir bei Salzen erwarten, dass sie kristalline Feststoffe sind, ist diese Eigenschaft der Aminosäuren nun leicht verständlich.

Die Frage, in welcher Form Aminosäuren in wässriger Lösung vorliegen, ist dann abhängig vom pH-Wert der Lösung. Im Sauren wird die Carboxylat-Gruppe protoniert sein, sodass die Aminosäure insgesamt eine positive Ladung trägt, im Alkalischen hingegen dürfte das Ammoniumion deprotoniert werden, sodass die Aminosäure insgesamt negativ

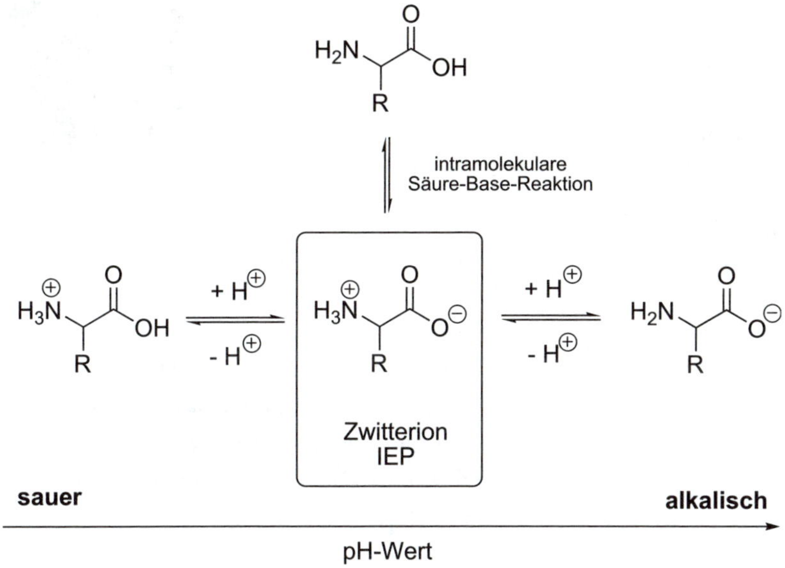

Abbildung 14.1: Aminosäuren und isoelektrischer Punkt (IEP)

geladen ist. Bei ungefähr neutralem pH hingegen ist die Zwitterionenstruktur bevorzugt, sodass die Aminosäure insgesamt keine Ladung trägt. Geladene Teilchen (Ionen) lösen sich jedoch deutlich besser in Wasser als ungeladene organische Verbindungen. Wir würden daher erwarten, dass die Zwitterionenform weniger gut löslich ist und damit die Löslichkeit von Aminosäuren pH-abhängig ist.

Den pH-Wert, bei dem die Aminosäure bevorzugt als Zwitterion vorliegt, nennt man isoelektrischen Punkt (IEP). Dieser ist für jede Aminosäure spezifisch, was z. B. für die Trennung von Aminosäuren mittels Gelelektrophorese genutzt werden kann. Abhängig von der Restgruppe der jeweiligen Aminosäure variiert der isolelektrische Punkt z. T. deutlich. Für Aminosäuren mit Alkylresten liegt er im leicht sauren Bereich. Trägt die Aminosäure jedoch zusätzliche basische Gruppen (z. B. die Aminogruppe des Lysins) oder saure Gruppen (z. B. die Carbonsäuregruppe der Glutaminsäure), so erwarten wir auch, dass der pH, bei dem die jeweilige Aminosäure insgesamt bevorzugt ungeladen vorliegt, sich deutlich verändert (da die zusätzlichen Restgruppen – pH-abhängig – noch Ladungen tragen können).

Die Restgruppen der unterschiedlichen Aminosäuren können natürlich auch Reaktionen unterliegen. So können aromatische Restgruppen in einer elektrophilen aromatischen Substitution mit geeigneten Elektrophilen reagieren. Ein Beispiel hierfür ist die Nitrierung von Tyrosin in ▶ Abbildung 14.2.

VERSUCH 1

■ **Löslichkeit von Valin in Wasser**

Geräte:	Chemikalien:
2 Reagenzgläser	Valin
Pipette	Wasser
	verdünnte Salzsäure
	verdünnte Natronlauge

Durchführung:

Geben Sie eine Spatelspitze Valin in ein Reagenzglas und versetzen Sie es mit etwas Wasser. Beobachtung? Geben Sie nun verdünnte Salzsäure hinzu. Beobachtung? Wiederholen Sie das Experiment mit verdünnter Natronlauge anstelle von Salzsäure.

Begründen Sie Ihre Beobachtungen.

$$HNO_3 + H^{\oplus} \longrightarrow H_2NO_3^{\oplus} \xrightarrow{- H_2O} NO_2^{\oplus}$$

Nitroniumion

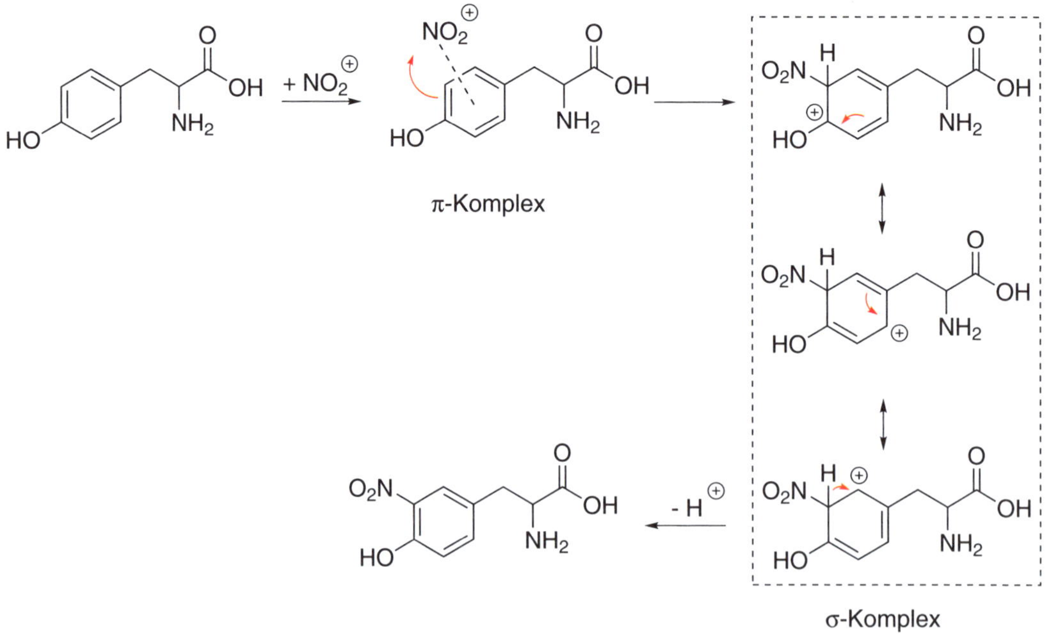

Abbildung 14.2: Nitrierung von Tyrosin

VERSUCH 2

■ **Xanthoprotein-Reaktion**

Geräte:	Chemikalien:
Reagenzgläser	Eiweißlösung
Pipette	konzentrierte Salpetersäure
Wasserbad	

Durchführung:

Versetzen Sie in einem Reagenzglas 2 mL der Eiweißlösung mit 1 mL konzentrierter Salpetersäure und erwärmen Sie vorsichtig die Lösung (Wasserbad). Was beobachten Sie?

Diese Reaktion ist für Eiweiße typisch. Man nennt sie die Xanthoprotein-Reaktion. Hierbei werden die aromatischen Aminosäuren in einer elektrophilen aromatischen Substitution nitriert.

Beschreiben Sie den Mechanismus dieser Reaktion. Welche der natürlichen Aminosäuren könnten derartige Reaktionen eingehen? Begründen Sie Ihre Aussage.

Anmerkung: *Zu den unterschiedlichen Elektrophilen und ihrer Darstellung, sowie zum Mechanismus der elektrophilen aromatischen Substitution im Allgemeinen, muss hier auf ein ausführliches Lehrbuch verwiesen werden.*

Dabei bildet sich aus der Salpetersäure unter Protonierung und Wasserabspaltung das Elektrophil, ein Nitroniumion. Dieses greift am (elektronenreichen) Aromaten des Tyrosins an, wobei zunächst ein π-Komplex und dann ein σ-Komplex (der durch Mesomerie stabilisiert wird) gebildet werden. Aus Letzterem wird ein Proton abgespalten, was zum Produkt der elektrophilen aromatischen Substitution führt (beachten Sie, dass hierbei Elektrophile angreifen bzw. abgespalten werden).

Diese Reaktion, die auch Proteine mit aromatischen Aminosäuren eingehen, nennt man Xanthoprotein-Reaktion, sie ist der Grund dafür, dass Sie nach einem Kontakt mit Salpetersäure eine gelbliche Färbung Ihrer Haut beobachten können (selbstverständlich sollten Sie einen Hautkontakt unbedingt vermeiden).

Eine Reaktion von Aminosäuren, die jeder schon einmal durchgeführt hat (vermutlich ohne dabei zu wissen, dass es sich um eine Reaktion von Aminosäuren handelt), ist die enzymatische Bräunung oder Maillard-Reaktion. Durch diese Reaktion entstehen auch zahlreiche der

Duft- und Aromastoffe, die wir vom Kochen und Braten her kennen. Mechanistisch ist sie sehr komplex (und führt beim Braten auch zu einer Vielzahl von unterschiedlichen Produkten, je nach der Dauer des Erhitzens und der Beschaffenheit des Nahrungsmittels). Es würde mehrere Bücher erfordern, um die Produkte der ablaufenden Reaktionen und den Mechanismus ihrer Entstehung zu beschreiben. Für Sie ist zunächst von Bedeutung, dass aus den Aldehyd-Gruppen der Zucker und den Aminogruppen der Aminosäuren im ersten Schritt ein Imin gebildet wird (vgl. hierzu Kapitel 11).

VERSUCH 3

■ **Reaktionen beim Erwärmen von Lebensmitteln, Maillard-Reaktion**

Geräte:	Chemikalien:
Reagenzgläser	Glucose
Reagenzglasstopfen (Gummi)	Cystein
Bunsenbrenner	Methionin
	Prolin
	Glycin

Durchführung:

(Bitte sprechen Sie sich untereinander so ab, dass in einer Praktikumsgruppe alle Versuche mindestens einmal gemacht werden. Beobachten Sie auch die Experimente Ihrer Kommilitonen).

Mischen Sie in einem Reagenzglas je eine Spatelspitze der ausgewählten Aminosäure und eine Spatelspitze Glucose. Tropfen Sie etwas Wasser zu und erwärmen Sie die Mischung mit dem Bunsenbrenner zunächst vorsichtig, dann etwas stärker.

Machen Sie ab und zu eine Geruchsprobe. Wenn der optimale Geruch erreicht ist, beenden Sie das Erhitzen und verschließen Sie das Reagenzglas mit einem Stopfen. Geben Sie auch Ihren Kommilitonen die Gelegenheit zur Geruchsprobe. Dokumentieren Sie Ihre Resultate wie unten vorgeschlagen.

Vergleichen Sie Ihre Eindrücke und Ergebnisse mit denen Ihrer Kommilitonen.

Cystein:
– kurzzeitiges Erwärmen:
– längeres Erwärmen:

Methionin:
– kurzzeitiges Erwärmen:
– längeres Erwärmen:
usw.

ANWENDUNGEN

Seit einiger Zeit wird öffentlich über krebserregendes Acrylamid in Lebensmitteln diskutiert. Das Auftreten dieser Verbindung hat dabei nichts mit zugesetzten Chemikalien zu tun, Acrylamid entsteht vielmehr bei jeder thermischen Prozessierung von Lebensmitteln (also auch beim Kochen und Braten), die die (natürliche) Aminosäure Asparagin und Zucker enthalten. Es handelt sich beim Acrylamid also ebenfalls um ein Produkt der Maillard-Reaktion.[1]

Eine Möglichkeit, dieser Problematik Herr zu werden wäre z. B. die Hydrolyse der Aminosäure Asparagin zu der (ebenfalls natürlichen) Aminosäure Asparaginsäure (▶Abbildung 14.3). Dies könnte man bei zahlreichen Produkten z. B. durch den Zusatz von Enzymen (Asparaginase) erreichen, die mittels gentechnischer Verfahren hergestellt werden können.[2] Letzteres ist den Verbrauchern derzeit vermutlich (noch) nicht vermittelbar, sodass abzuwarten bleibt, wie lange wir noch mit Acrylamid-haltigen Produkten leben müssen.

---

[1]   Zyzak, D. V. et al. J. Agric. Food Chem. 2003, 51:4782–4787.
[2]   Hendriksen, A. V. et al. J. Agric. Food Chem. 2009, 57:4168–4176

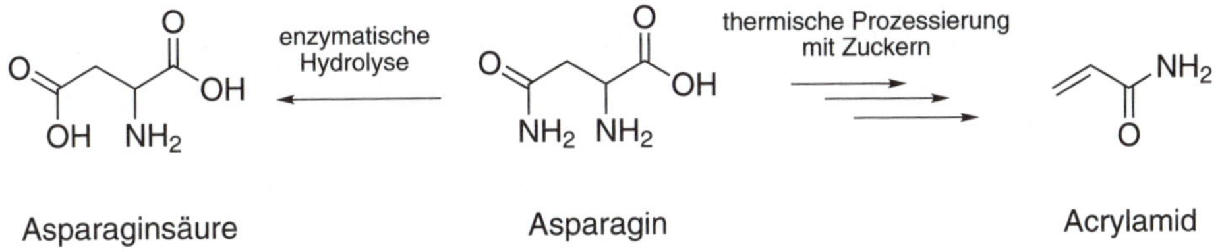

Abbildung 14.3: Entstehung und Vermeidung von Acrylamid

Peptide und Proteine   14.2

Proteine sind quasi Polymere, die aus Aminosäuren als Monomere aufgebaut sind. Nach den Kriterien aus dem letzten Kapitel (Polymere) handelt es sich bei Proteinen um Polyamide und damit um Kondensationspolymere. Die Carbonsäureamid-Bindung zwischen zwei Aminosäuren wird dabei auch als Peptidbindung bezeichnet. Sind zwei Aminosäuren über eine solche Bindung miteinander verknüpft, nennt man das ein Dipeptid, bei Dreien ein Tripeptid usw. (▶Abbildung 14.4). Sind nur we-

Alanin   Glycin   Valin

N-Terminus   H₂N   C-Terminus

Tripeptid
(die Peptidbindungen sind rot markiert)

nige Aminosäuren enthalten, spricht man auch von einem Oligopeptid, bei sehr vielen von einem Polypeptid. Proteine werden oft aus Tausenden Aminosäuren aufgebaut und können mehrere Polypeptid-Ketten enthalten.

Die Abfolge (Sequenz) der Aminosäuren in einem Protein bezeichnet man auch als Primärstruktur, wobei es bei der großen Anzahl an Aminosäuren nicht mehr sinnvoll ist, die komplette chemische Struktur aufzuzeichnen. Man hat sich daher auf 3-Buchstaben-Kürzel (oder 1-Buchstaben-Kürzel) für die jeweiligen Aminosäuren geeinigt, um die Sequenz angeben zu können. Dabei beginnt man immer am N-Terminus und „arbeitet" sich zum C-Terminus vor (was auch der Syntheserichtung der Ribosomen entspricht). In unserem Beispiel wäre die Sequenz damit Alanin-Glycin-Valin, verwendet man den Drei-Buchstaben-Code Ala-Gly-Val und im Ein-Buchstaben-Code AGV.

Anmerkung: *Sie werden die entsprechenden Codes für Aminosäuren noch in der Biochemie kennenlernen.*

Die Primärstruktur gibt jedoch noch keine Auskunft darüber, wie die räumliche Struktur eines Proteins aussieht. Einen ersten Anhaltspunkt hierzu liefert die Sekundärstruktur. Diese gibt Auskunft über lokale Strukturelemente (also z. B. eine α-Helix- oder eine β-Faltblatt-Struktur in einem bestimmten Bereich der Peptidkette).

Wie solche lokalen Strukturelemente schließlich relativ zueinander angeordnet sind, beschreibt die Tertiärstruktur. Diese beschreibt somit die Faltung einer einzelnen Peptidkette.

Viele Proteine sind allerdings aus mehreren Peptidketten aufgebaut. Die relative Anordnung dieser Ketten zueinander stellt die Quartärstruktur des Proteins dar.

Die räumliche Struktur eines Proteins muss dabei irgendwie „fixiert" werden, damit nicht durch Rotation um Bindungen eine ganz andere räumliche Struktur eingenommen wird (was z.B. die Funktion eines Enzyms außer Kraft setzen könnte). Dies geschieht hauptsächlich durch Wasserstoffbrücken-Bindungen. Führt man dem Protein genug Energie zu, um solche Bindungen zu brechen, so „denaturiert" es, nimmt also eine der zahllosen anderen möglichen Strukturen ein.

Eine Denaturierung von Proteinen kann man auch durch die Veränderung des pH-Wertes erreichen. Da die Stoffgruppen in den Seitenresten basisch (Amine) oder sauer (Carbonsäuren) sein können, verändert man mit dem pH-Wert auch deren Ladung, was zu zusätzlichen attraktiven oder abstoßenden Wechselwirkungen führt, die letztendlich eine Strukturveränderung nach sich ziehen. Zugleich beeinflusst der pH-Wert auch die Wasserstoffbrücken-Bindungen. Ein zusätzlicher Effekt saurer und basischer Restgruppen ist, dass Proteine als Puffer wirken können.

Wasserstoffbrücken-Bindungen sind nicht die einzigen Wechselwirkungen, die die räumliche Struktur eines Proteins „fixieren". Disulfid-Brücken sind hier ebenfalls von Belang. Dabei wird zwischen den beiden Thiol-Gruppen von Cystein-Resten durch Oxidation eine Disulfid-Brücke gebildet. Diese Bereiche eines Proteins sind nun über eine kovalente Bindung miteinander verknüpft (▶ Abbildung 14.5).

$$H_2N \quad \overset{\displaystyle O}{\underset{SH}{\big|}} OH$$

Cystein

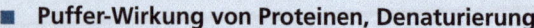

Thiole   Oxidation / Reduktion   Disulfid

Peptidkette

Oxidation / Reduktion

—SH HS—   —S—S—

Abbildung 14.5: Disulfid-Brücken in Proteinen

Dies kann sowohl eine Verknüpfung innerhalb einer Peptid-Kette sein, als auch die Verknüpfung zweier Peptidstränge innerhalb eines Proteins.

Die Bildung des Disulfids ist reversibel, durch Reduktion können daraus wieder die Thiole erhalten werden.

VERSUCH 4

■ **Puffer-Wirkung von Proteinen, Denaturierung**

Geräte:	Chemikalien:
Reagenzgläser	Milch
Pipette	Wasser
Indikatorpapier	verdünnte Salzsäure

Durchführung:

Messen Sie mit Indikator-Papier (vom Assistenten) den pH-Wert von Milch und abgekochtem Wasser. Versetzen Sie dann beide Lösungen mit einigen Tropfen verdünnter Salzsäure und messen Sie den pH-Wert erneut. Fügen Sie der Milch weitere Salzsäure zu, bis Sie ein Ausflocken erkennen können.

Aufgaben:

Erklären Sie auf der Grundlage Ihrer Kenntnisse über Puffer aus früheren Kapiteln, weshalb Proteine als Puffer wirken.

Auch Blut ist „gepuffert". Mit welchen Säuren und Laugen kommt Blut in Kontakt, sodass es gepuffert sein muss?

Diese Reaktion wird bei der Anfertigung einer Dauerwelle ausgenutzt. Haare bestehen zu einem großen Teil aus Proteinen. Nach dem Aufbrechen der Disulfid-Brücken durch ein Reduktionsmittel können sie in eine neue Form gebracht werden (Lockenwickler). Dann werden mithilfe eines Oxidationsmittels neue Disulfid-Bindungen in der neuen Form geknüpft, sodass die neue Struktur „fixiert" ist. Als Oxidationsmittel kann auch Luftsauerstoff verwendet werden, das dauert dann ein wenig länger als bei zugesetzten Oxidationsmitteln, weswegen man dann oft über Nacht die Lockenwickler in Haar lässt.

Der frei erhältliche Wirkstoff Acetylcystein (ACC) wird zur Schleimlösung, z. B. bei Erkältungen eingesetzt. Das Acetylcystein enthält ebenfalls (wie Cystein) eine Thiol-Gruppe. Diese kann Disulfid-Brücken in Proteinen öffnen, wie in ▶ Abbildung 14.6 dargestellt. Die Protein-Struktur wird dadurch nicht mehr über Disulfid-Brücken „zusammengehalten". Aus großen Proteinen können so kleine („schlanke") Peptide werden, was zu einer weniger viskosen Mischung führt.

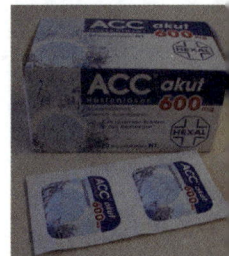

Disulfid   Acetylcystein

Abbildung 14.6: ACC und sein Wirkmechanismus

VERSUCH 5

■ **Schleimlösende Wirkung von Acetylcystein**

Geräte:	Chemikalien:
50 mL Vollpipette	Ei
Messpipette	ACC-Tablette
Peleusball	pH-7-Puffer
Trichter	
Faltenfilter	
5 Bechergläser	
Magnetrührer	
Uhr mit Sekundenzeiger	
Glaswolle	

Durchführung:

In einem Becherglas wird eine ACC 600-Tablette zu 25 mL Puffer gegeben und 1 Minute lang gerührt. Danach wird über einen Faltenfilter abfiltriert. Diese Lösung benötigen wir später noch.

Von einem Ei wird das Eigelb vom Eiweiß getrennt und (das Eiweiß) in einem 100 mL-Becherglas aufgefangen. Zu diesem gibt man 60 mL Puffer und rührt die Mischung 2 Minuten. Danach wird die Mischung durch etwas Glaswolle filtriert

und das Filtrat zu gleichen Teilen auf 2 Bechergläser verteilt.

In eines dieser beiden Bechergläser gibt man nun 20 mL der ACC-Lösung, in das andere 20 mL Puffer. Man vermischt dies und wartet 5 Minuten.

ACHTUNG: Verwenden Sie nur eine Vollpipette, beginnen Sie Ihre Experimente mit der Mischung, die kein ACC enthält.

Von beiden Lösungen wird die Auslaufgeschwindigkeit aus einer Vollpipette bestimmt. Dazu werden jeweils 25 mL der Lösung in eine Messpipette aufgesogen, die man dann wieder ausfließen lässt. Die dafür benötigte Zeit wird gemessen. Jede Messung wird dreimal wiederholt und für jede Lösung der Mittelwert aus den 3 Messungen gebildet.

Beschreiben Sie, was bei der Zugabe von Acetylcystein mit dem Eiweiß geschieht. Wie können Sie Ihre Messergebnisse erklären? Warum sollten Sie nur eine Vollpipette verwenden? Weshalb sollten Sie mit der Lösung ohne ACC beginnen?

Zum Nachweis von Proteinen in Lebensmitteln ebenso wie zur Bestimmung des Protein-Gehaltes werden Reaktionen eingesetzt, bei denen das Protein mit einem Farbstoff reagiert oder selber „angefärbt" wird. Über Photometrie kann aus solchen Reaktionen die Menge an vorhandenem Protein ermittelt werden. Eine solche Methode ist die Protein-Bestimmung nach Lowry, die auf der Biuretreaktion basiert. Dabei nutzt man aus, dass die NH-Gruppen der Amid-Bindungen (Peptid-Bindungen) deprotoniert werden können und die resultierenden Anionen als

Liganden für Metallkationen fungieren können (siehe hierzu auch das Kapitel zur Komplexchemie).

Bei der Biuret-Reaktion werden hierfür Cu(II)-Ionen zugesetzt, die mit Proteinen im alkalischen einen violetten Komplex ergeben (▶ Abbildung 14.7).

violette Farbe

Abbildung 14.7: Kupfer-Komplex in der Biuretreaktion

VERSUCH 6

- **Protein-Nachweis in Lebensmitteln, Biuretreaktion**

Geräte:	Chemikalien:
Bechergläser 100 mL	Kupfer(II)sulfat-Lösung in Wasser
Magnetheizrührer	2 mol/L Natronlauge
Rührkern	Lebensmittel
Glasstab	
Reagenzgläser	
Reagenzglasständer	
Reagenzglasklammer	
Messer	
Schneidebrett	

Durchführung:

Teilen Sie zunächst die Bearbeitung der notwendigen Lebensmittelproben in Ihrer Praktikumsgruppe auf, sodass alle ausstehenden Lebensmittel auch bearbeitet werden.

Die zu prüfenden Lebensmittel werden zerkleinert und jeweils in ein 100 mL-Becherglas gegeben. Die Lebensmittel werden mit 50 mL verdünnter Natronlauge versetzt und mittels eines Magnetheizrührers zum Kochen gebracht. Dabei schäumt die Lösung auf und die Lebensmittel lösen sich teilweise auf. Danach werden die Bechergläser zum Abkühlen auf den Labortisch gestellt.

Fertigen Sie eine Blindprobe an, hierfür geben Sie in ein Reagenzglas 2 mL der Natronlauge und 1 mL der Kupfersulfatlösung.

Geben Sie in 4 unterschiedliche Reagenzgläser jeweils etwa 2 mL der entsprechenden Lebensmittellösung. Anschließend wird zu der Lebensmittellösung etwa 1 mL verdünnte Kupfersulfatlösung gegeben. Die (beschrifteten) Reagenzgläser werden zusammen mit der Blindprobe in den Reagenzglasständer gestellt und dort bis zum Ende des Praktikumstages stehen gelassen. Hierbei setzt sich der blaue Niederschlag ab und die Färbung der überstehenden Lösung kann beobachtet werden. Ist eine Violettfärbung zu beobachten, so sind Proteine im Lebensmittel enthalten.

Dokumentieren Sie Ihre Ergebnisse. Entsprechen die Resultate Ihren Erwartungen?

Anmerkung:

In diesem Experiment kann das Eigelb aus Versuch 5 Verwendung finden.

Sofern vorhanden, kann man auch eine Zentrifuge benutzen, um die Färbung der überstehenden Lösung rasch erkennen zu können.

Übungsaufgaben

1. Bei welchem pH-Wert würden Sie eine besonders schlechte Löslichkeit von Lysin erwarten? Bei welchem eine besonders schlechte Löslichkeit von Asparaginsäure? Begründen Sie Ihre Aussagen.
2. Stellen Sie für die Bildung von Disulfiden aus Thiolen mithilfe von Luftsauerstoff eine vollständige Redoxgleichung auf.

Auf der Companion-Website zum Buch finden Sie unter http://www.pearson-studium.de die folgenden zusätzlichen Materialien zu diesem Kapitel:
- Fotos der Laborgeräte
- Lösungen zu den Aufgaben

Fette und Öle

15

ÜBERBLICK

Fette und Öle sind die wichtigsten biologischen Energiespeicher. Man sollte den Energieinhalt eines Fettes daher nicht unterschätzen. Zwar beginnen Fette erst bei Temperaturen um/über 200 °C zu sieden (und können auch erst bei diesen Temperaturen entzündet werden, vgl. Kapitel 9), aber wenn man sie einmal entzündet hat, ist es nicht mehr so einfach, sie zu löschen. Ein Fritteusenbrand kann daher rasch zum Zimmer- oder Hausbrand werden.

Als wichtigste biologische Energiespeicher und zugleich einer der Hauptbestandteile unserer Nahrung sollten Sie als Lebenswissenschaftler natürlich die grundlegende Chemie von Fetten und Ölen kennen.

Struktur 15.1

Die natürlichen Fette und Öle sind fast ausnahmslos Glycerinester der höheren geradzahligen Fettsäuren. Die tierischen Fette enthalten hauptsächlich gemischte Glycerinester z. B. der Palmitin- ($C_{15}H_{31}COOH$), Stearin- ($C_{17}H_{35}COOH$) und Ölsäure ($C_{17}H_{33}COOH$) (▶ Abbildung 15.1).

Liegt der Triester bei Raumtemperatur flüssig vor, spricht man von einem Öl. Ist er dagegen fest, handelt es sich um ein Fett.

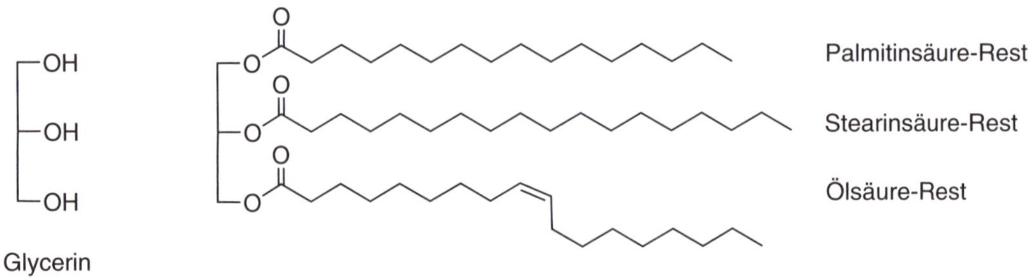

OH
OH
OH

Glycerin

Palmitinsäure-Rest

Stearinsäure-Rest

Ölsäure-Rest

Abbildung 15.1: Struktur eines Fettes

Pflanzliche Glycerinester sind häufig Öle, die mehrfach ungesättigte Säuren enthalten. Die darin enthaltenen Doppelbindungen besitzen *cis*-Konfiguration (Z-Alkene). An den Doppelbindungen kann an der Luft Autoxidation eintreten, sodass sich Peroxoverbindungen und schließlich auch Säuren mit niedriger C-Zahl bilden (Ranzigwerden von Fetten, siehe hierzu auch Kapitel 13).

Je höher der Anteil an ungesättigten Fettsäuren ist, umso niedriger ist der Schmelzpunkt des Glycerinesters. Diesen Zusammenhang kann man leicht verstehen, wenn man die schematische Darstellung von Fetten mit ungesättigten Fettsäuren und solcher mit gesättigten Fettsäuren in ▶ Abbildung 15.2 betrachtet.

Fett mit gesättigten Fettsäuren   Fett mit einer ungesättigten Fettsäure

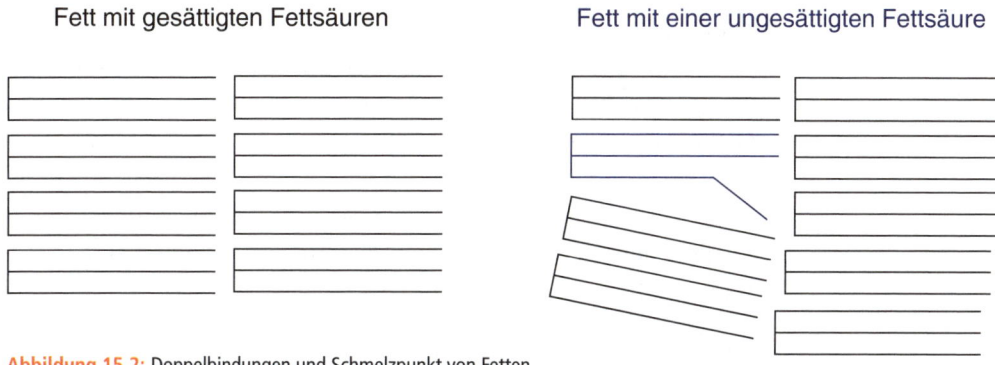

Abbildung 15.2: Doppelbindungen und Schmelzpunkt von Fetten

Während sich Fette mit nur gesättigten Fettsäuren problemlos in ein geordnetes Gitter einfügen lassen, ist dies bei Fetten, die ungesättigte Fettsäuren enthalten (blau in Abbildung 15.2), nicht mehr möglich. Wir würden daher bei hauptsächlich gesättigten Fettsäuren einen höheren Schmelzpunkt erwarten.

ANWENDUNGEN

Die Zellmembran ist aus Phospholipiden aufgebaut, z. B. aus Phosphoglyceriden (▶ Abbildung 15.3). Diese Verbindungen haben prinzipiell die gleiche Struktur wie Fette, lediglich die erste der Hydroxyl-Gruppen des Glycerins ist nicht mit einer Fettsäure verestert, sondern mit einem Phosphorsäurederivat.

Für eine Zelle ist es natürlich wichtig, dass ihre Zellmembran flüssig bleibt und nicht einfriert. Um dies zu gewährleisten, werden (je nach Bedarf/Temperatur) Phospholipide mit ungesättigten Fettsäuren in die Membran eingebaut.

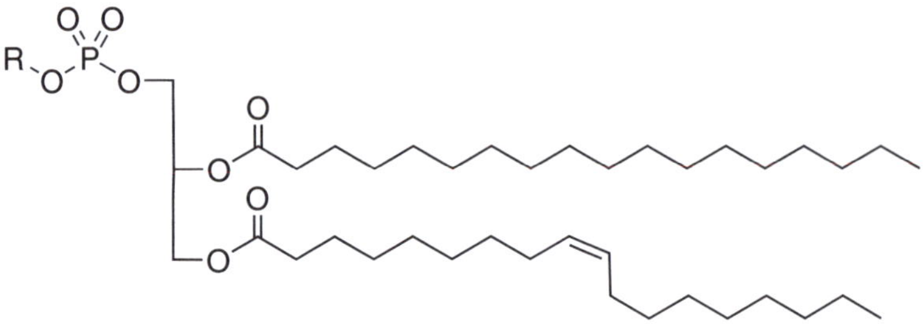

Abbildung 15.3: Ein Phosphoglycerid

Im Pflanzenreich finden wir Öle hauptsächlich in Samen, denn hier ist es notwendig, dem Keimling möglichst viel Energie auf wenig Raum mit auf den Weg zu geben.

Für die menschliche Ernährung sind Fette und Öle von großer Bedeutung, nicht nur als Energielieferant (darauf würden einige von uns gerne ein wenig verzichten), sondern auch, weil der menschliche Organismus einige der ungesättigten Fettsäuren nicht selber herstellen kann. Diese Fettsäuren sind daher für uns essenziell. Beispiele für solche essenziellen Fettsäuren sind die Linolsäure und die Linolensäure (▶Abbildung 15.4).

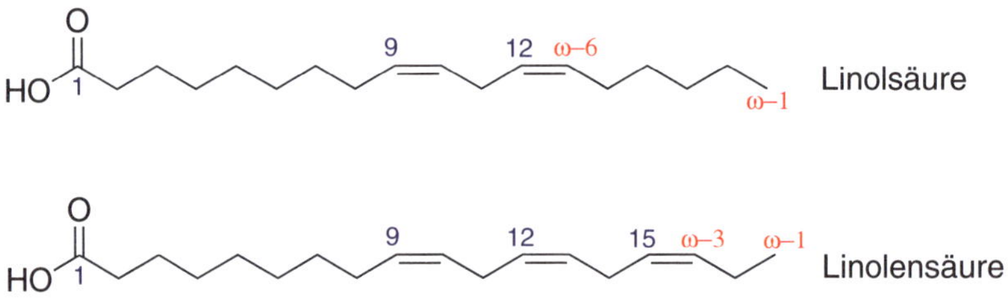

Abbildung 15.4: Linolsäure und Linolensäure, zwei essenzielle Fettsäuren

Beachten Sie dabei, dass die Doppelbindungen nie konjugiert sondern immer isoliert vorliegen, es befindet sich also mindestens ein gesättigter Kohlenstoff (ein sp^3-Zentrum) zwischen den Doppelbindungen.

Achtung: Die Begriffliche isoliert, konjugiert und kumuliert in Bezug auf Diene sollten Sie aus der Vorlesung/ aus einem Lehrbuch kennen.

Dabei befinden sich in unseren Beispielen die Doppelbindungen in den Positionen 9 und 12, bzw. 9, 12 und 15. Dies entspricht der „normalen" chemischen Nomenklatur, wobei man am Carbonsäure-Kohlenstoff mit der Zählung beginnt. Im Alltag trifft man jedoch öfter auf eine andere Nomenklatur, hier ist von ω-3 Fettsäuren (Omega-3) die Rede. Bei dieser älteren Nomenklatur beginnt man am „Methyl-Ende" der Fettsäure zu zählen. Wendet man diese Nomenklatur an, so handelt es sich bei der Linolsäure um eine ω-6 Fettsäure, bei der Linolensäure um eine ω-3 Fettsäure.

ANWENDUNGEN

Im Alltag findet man auf Nahrungsmitteletiketten häufig die Bezeichnung „reich an ungesättigten Fettsäuren". Bei der Angabe des Fettanteils des Nahrungsmittels wird oft angegeben, wie groß der Anteil an ungesättigten Fetten ist. Einige Beispiele hierfür sind in ▶Abbildung 15.5 dargestellt.

Alleine aus dem Anteil an ungesättigten Fetten lässt sich noch nicht darauf schließen, dass es sich hierbei um essenzielle Fettsäuren handelt, denn Fette mit Doppelbindungen nahe an der Carbonsäure-Gruppe kann der menschliche Organismus selber herstellen. Aussagekräftiger ist da bereits der Hinweis „reich an ω-3 Fettsäuren". Allerdings ist auch hier nicht angegeben, ob es sich um eine *cis*-konfigurierte Doppelbindung oder um eine *trans*-konfigurierte Doppelbindung handelt (Z und E). Unser Organismus benötigt jedoch meistens *cis*-konfigurierte Doppelbindungen.

Abbildung 15.5: Angaben auf Lebensmittelverpackungen

Da ungesättigte Fettsäuren für uns zum Teil essenziell sind, sollten auch Lebensmittel, die solche enthalten, für uns wertvoller sein. Allerdings ist oft eine feste Form gewünscht (wer will schon flüssige Margarine?). Um aus flüssigen Ölen feste Fette zu erhalten, wird daher Wasserstoff an die Doppelbindungen addiert (katalytische Hydrierung). Diese Reaktion bezeichnet man auch als Fetthärtung (▶Abbildung 15.6).

Dabei wird (bei vollständiger Hydrierung aller Doppelbindungen) aus der ungesättigten Linolsäure die gesättigte Stearinsäure erhalten. Ob im Lebensmittel gehärtete Fette enthalten sind, findet sich häufig auf der jeweiligen Verpackung.

Linolsäure

[Kat.] $+ 2\,H_2$

Stearinsäure

Abbildung 15.6: Fetthärtung

Bei Butter und Margarine handelt es sich jedoch nicht um reine Fette (▶ Abbildung 15.7), sie enthalten für gewöhnlich noch Wasser (dies gilt übrigens auch für Cremes und Salben).

Da sich Fett und Wasser in diesen Produkten nicht trennen, spricht man auch von stabilen Emulsionen. Zur Stabilisierung dieser Emulsionen sind Emulgatoren als Hilfsstoffe notwendig. Diese sind prinzipiell Tenside (siehe später, Kapitel 15.2).

Abbildung 15.7: Butter enthält nicht nur Fett.

ANWENDUNGEN

Gibt es Fette, die nicht „dick machen"? Für natürliche Fette kann man diese Frage generell mit Nein beantworten. Allerdings gibt es verschiedene Fettersatzstoffe, die auf Kohlenhydraten oder Proteinen basieren und bei uns ein ähnliches Geschmacksempfinden wie Fette auslösen. Sie liefern unserem Organismus dabei weniger Energie und/oder werden nur unvollständig verdaut. Allerdings sind diese Stoffe nicht als Ersatz für Frittierfett geeignet, da sie sich bei den Temperaturen zersetzen würden.

Hierfür (für Hochtemperaturanwendungen) wurde der Ersatzstoff Olestra entwickelt, der in den USA zugelassen ist. Grundkörper dieses Stoffes ist Saccharose (Haushaltszucker), wobei die Alkohol-Gruppen der Saccharose mit Fettsäuren verestert sind. Hierdurch wird das Geschmacksempfinden von Fetten hervorgerufen, allerdings können unsere Lipasen die Fettsäureester von Olestra nicht spalten. Der Ersatzstoff verlässt unseren Verdauungstrakt also unverdaut.

Der Nachteil eines solchen Stoffes ist, dass fettlösliche Vitamine in Olestra gelöst bleiben, also ebenfalls nicht aufgenommen werden. Der erhöhte Konsum von Olestra-Produkten kann außerdem zu Durchfall führen – beides Gründe, warum Olestra in der EU nicht zugelassen ist.

VERSUCH 1

- **Fettgehalt von Nüssen**

Geräte:	Chemikalien:
Mörser mit Pistill	Erdnüsse
Becherglas	Pentan
Trichter	
Faltenfilter	
Rundkolben	
Rotationsverdampfer	
Vakuumpumpe	

Durchführung:

Wiegen Sie 50 g Erdnüsse ein und zerreiben Sie die Nüsse mit dem Mörser. Spülen Sie die erhaltene Masse dann mit ca. 100 mL Pentan in ein Becherglas und rühren Sie die Mischung 15 Minuten. Die Nuss-Reste werden über einen Faltenfilter abfiltriert und noch zweimal mit wenig Pentan nachgewaschen. Die vereinten Pentan-Phasen werden in einen Rundkolben gegeben (diesen zuvor leer wiegen und das Gewicht notieren) und das Pentan mithilfe eines Rotationsverdampfers unter Normaldruck abdestilliert (Assistenten danach fragen). Danach werden Reste an Lösungsmittel mithilfe einer Vakuumpumpe abgesaugt (ebenfalls den Assistenten fragen) und der

Rückstand gewogen. Riechen Sie einmal an Ihrem „Produkt". Wie viel Prozent Öl enthalten die Erdnüsse mindestens? Warum enthalten Nüsse so viel Öl? Durch welche Effekte könnte Ihre Ausbeute an Öl verfälscht sein?

VERSUCH 2

■ **Stabile Emulsion**

Geräte:	Chemikalien:
Reagenzgläser	Margarine
Pipette	Speiseöl
Wasserbad	Toluol

Durchführung:

Eine Probe (ein Reagenzglas etwa zur Hälfte füllen, kann mitunter ein wenig eine „Sauerei" werden) Margarine wird im Reagenzglas mit 2 mL Toluol versetzt und durch Erhitzen verflüssigt (Wasserbad). Anschließend lässt man die Probe im Reagenzglasständer langsam abkühlen. Beobachtung? (ggf. ein weiteres Mal erwärmen)

Wiederholen Sie den Versuch mit Speiseöl anstelle von Margarine.

Erklären Sie Ihre Beobachtungen.

Seifen und Tenside   15.2

Die Entwicklung von Tensiden – und damit die generelle Verbesserung der Hygiene – war für die Medizin ein sehr großer Fortschritt, vergleichbar mit der Entdeckung von Antibiotika. Auch im Organismus kommen an verschiedenen Stellen Moleküle mit tensidartigen Eigenschaften vor (z. B. in Membranen, im Verdauungstrakt oder als Lungensurfactant), sodass es durchaus sinnvoll ist, sich mit derartigen Molekülen zu beschäftigen.

Tenside haben eine einheitliche Struktur, sie bestehen aus einem (meist geladenen) hydrophilen „Kopf" und einem lipophilen (hydrophoben) „Schwanz" (▶ Abbildung 15.8).

Die Carboxylate der Fettsäuren (in Abbildung 15.8 das Carboxylat der Palmitinsäure) haben die gleiche Struktur. Die Salze der Fettsäuren bezeichnet man daher auch als Seifen, sie gehören zu der Gruppe der Ten-

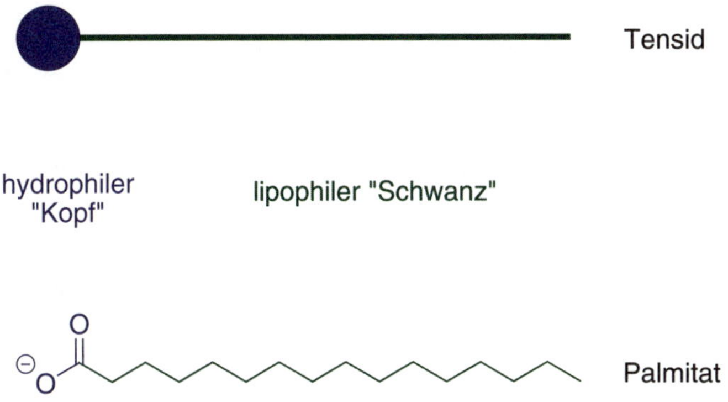

Tensid

hydrophiler "Kopf"   lipophiler "Schwanz"

Palmitat

Abbildung 15.8: Grundstruktur von Tensiden und Seifen

side. Verwendet man die Natriumsalze, so spricht man von Kernseifen, während die Kaliumsalze als Schmierseifen bezeichnet werden. Prüfen Sie einmal die Verpackung Ihrer Seife zu Hause auf derartige Fettsäuresalze.

Die Darstellung von Kernseifen gelingt durch alkalische Verseifung von Fetten nach einem Additions-Eliminierungs-Mechanismus (vgl. hierzu Kapitel 12). Ursprünglich wurde hierfür Soda eingesetzt. In ▶Abbildung 15.9 ist für die Verseifung eines Fettes jedoch Natriumhydroxid als Reagenz verwendet worden.

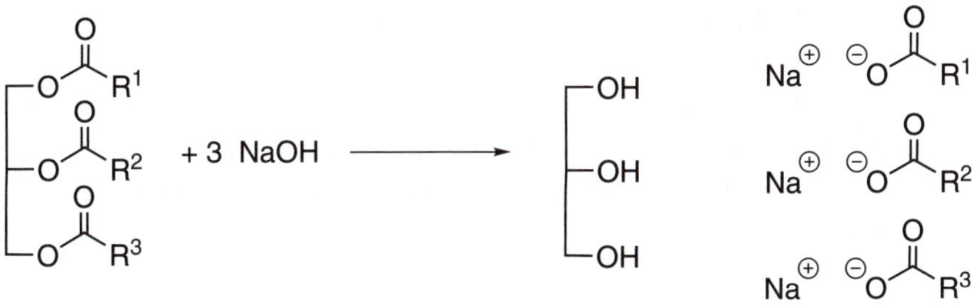

Abbildung 15.9: Fettverseifung

Kernseifen sind die Salze einer starken Base (Natronlauge) und einer schwachen Säure (Fettsäure). Ihre Lösungen sind daher schwach alkalisch, ein Grund für das „Brennen in den Augen" wenn man Seife hineinbekommen hat.

Es gibt jedoch auch andere Arten von Seifen, die nicht alkalisch sind, derartige Seifen enthalten als hydrophilen Teil z. B. das Anion einer starken Säure (z. B. einer Sulfonsäure), Tetraalkylammoniumionen oder mehrere (hydrophile) Alkohol-Gruppen.

ANWENDUNGEN

In der Biochemie setzen Sie an verschiedenen Stellen Natriumdodecylsulfat ein. Dies wird oft SDS (sodium dodecylsulphate) oder SLS (sodium laurylsulphate) abgekürzt (▶ Abbildung 15.10). Dieses anionische Tensid dient als Denaturierungsmittel, dass die Quartär- und Tertiärstruktur von Proteinen aufbrechen kann. Sie finden es als waschaktive Substanz auch in Shampoos.

Zugleich kann man SDS auch als Emulgator einsetzen. Chemisch gesehen ist SDS ein Monoester der Schwefelsäure.

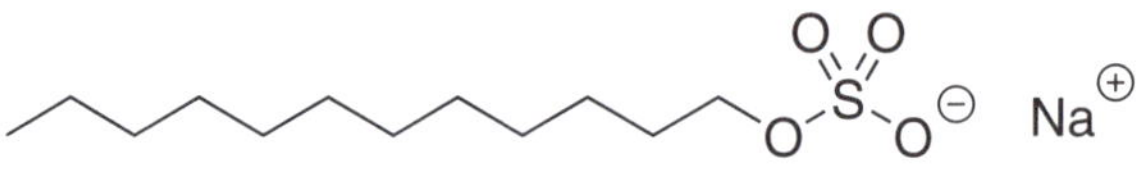

SDS

Abbildung 15.10: Natriumdodecylsulfat

Wie wirkt eine Seife beim Waschen? Schauen wir uns einmal an, was geschieht, wenn wir Wasser ein Tensid zu fügen (▶ Abbildung 15.11).

Hierbei wird der hydrophile Teil ins Wasser eintauchen, während die langen hydrophoben „Schwänze" aus dem Wasser herausragen werden.

Rührt man diese Mischung und/oder gibt man mehr Tensid zu, als sich auf der Oberfläche anlagern kann, so werden die Tenside mit dem Wasser durchmischt. Auch im Wasser jedoch vermeiden die hydrophoben „Schwänze" den Kontakt mit den Wassermolekülen. Es bilden sich Micellen.

Im lipophilen Inneren solcher Micellen können sich andere lipophile Teilchen „lösen", sodass solche fettartigen Verschmutzungen nun insgesamt wasserlöslich werden (denn die Außenseite der Micellen ist ja hydrophil).

Anmerkung: Dies ist natürlich nur eine grobe Übersicht, Effekte wie die Herabsetzung der Oberflächenspannung durch Tenside und die Benetzbarkeit, spielen ebenfalls eine wichtige Rolle, auch in der Biochemie.

Sind die Micellen außen geladen (wie im Fall der Kernseifen), so stoßen sich Micellen voneinander ab, derartige Tenside können auch als Emulgatoren eingesetzt werden.

Tenside auf der Wasseroberfläche

Micellen im Wasser

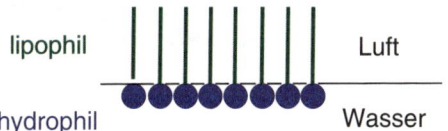

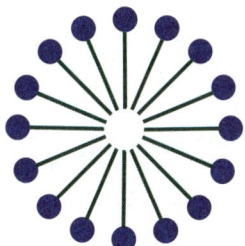

lipophil   Luft

hydrophil   Wasser

Micelle mit einem Fetttropfen

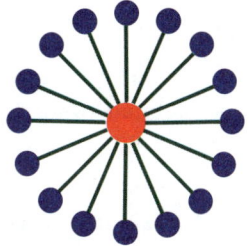

Abbildung 15.11: Tenside in Wasser

VERSUCH 3

■ **Tenside und Wasser**

Geräte:	Chemikalien:
Petrischale (oder alternative Schalen)	Spülmittel
	getrocknete Petersilie
	Wasser

Durchführung:

Füllen Sie die Petrischale zur Hälfte mit Wasser. Geben Sie nun etwas getrocknete Petersilie auf die Wasseroberfläche, sodass sich die Petersilie über die Petrischale verteilt (und schwimmt). Maximal ¼ der Wasseroberfläche sollten mit Petersilie bedeckt sein.

Nun geben Sie ein wenig Spülmittel auf Ihren Finger und tauchen diesen Finger (inkl. dem Spülmittel) an einer Seite der Petrischale vorsichtig ins Wasser. Beobachtung?

Erklären Sie Ihre Beobachtungen.

Anmerkung:

Der Versuch kann mit dieser Petrischale nicht sofort wiederholt werden (warum nicht?). Es empfiehlt sich, Einwegschalen aus Plastik zu verwenden.

VERSUCH 4

■ **Fettverseifung**

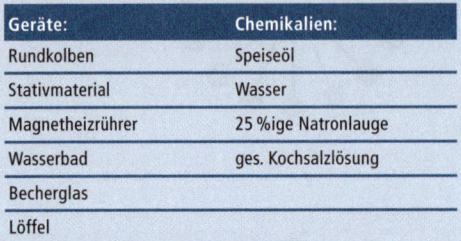

Geräte:	Chemikalien:
Rundkolben	Speiseöl
Stativmaterial	Wasser
Magnetheizrührer	25 %ige Natronlauge
Wasserbad	ges. Kochsalzlösung
Becherglas	
Löffel	

Durchführung:

Es werden 10 g Speiseöl und 10 mL destilliertes Wasser in einem 100 mL-Rundkolben erhitzt (Wasserbad, 60–70 °C). Unter Rühren werden langsam 20 mL 25 %ige Natronlauge zugegeben (Vorsicht, hier kann es zu Spritzern kommen). Nach beendeter Zugabe weitere 30–60 Minuten im Wasserbad unter Rühren erhitzen. Anschließend wird der Inhalt des Kolbens in ein Becherglas mit 100 mL gesättigter Kochsalzlösung gegossen und 5 Minuten gewartet. Die entstandene Seife sammelt sich auf der Oberfläche der Flüssigkeit, sie kann mit einem Löffel abgeschöpft werden.

Wenn ausreichend Zeit bleibt, kann man die abgeschöpfte Seife in eine leere Streichholzschachtel geben und im Trockenschrank trocknen. Nach dem Herauslösen aus der Schachtel hat man ein Stück Seife (VORSICHT, diese Seife enthält vermutlich noch NaOH, Sie sollten sie daher nicht verwenden oder gar mit nach Hause nehmen).

Welche Arten von natürlichen Fetten und Ölen kennen Sie? Wie unterscheiden sie sich?

VERSUCH 5

■ **pH-Wert von Seifen**

Geräte:	Chemikalien:
Reagenzgläser	Verschiedene Seifen/Waschmittel
Indikatorpapier	Kernseife aus Versuch 4
Spatel	Wasser

Durchführung:

Geben Sie jeweils einige Tropfen Seife (bei festen Seifen kratzen Sie ein wenig Seife mit dem Spatel ab) in ein Reagenzglas mit 5 mL Wasser. Schütteln Sie vorsichtig und messen Sie den pH-Wert der jeweiligen Lösung mit Indikatorpapier. Notieren Sie Ihre Ergebnisse und versuchen Sie, Ihre Ergebnisse mithilfe der Angaben auf den Verpackungen zu erklären.

ANWENDUNGEN

Bei der Fettverdauung werden ebenfalls Tenside benötigt, um die Fette aus der Nahrung zu emulgieren. Hier kommt den Gallensäuren eine besondere Bedeutung zu. Bei diesen handelt es sich (wie bei der Cholansäure in ▶ Abbildung 15.12) um Produkte aus dem Cholesterin-Stoffwechsel.

Sie verfügen – ebenso wie Seifen – über ein lipophiles und ein hydrophiles Ende (bei pH 7 liegt die Carbonsäure-Gruppe deprotoniert als Carboxylation vor).

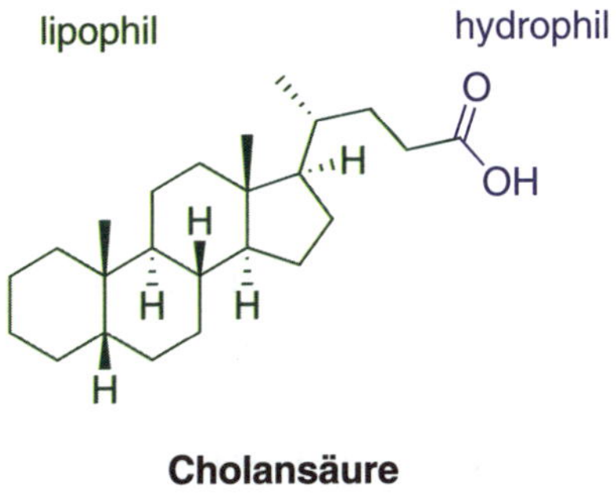

lipophil   hydrophil

Cholansäure

Abbildung 15.12: Gallensäuren sind Tenside

Kennzahlen von Fetten   **15.3**

Fette sind keine chemisch reinen Verbindungen, denn die Triglyceride enthalten unterschiedliche Fettsäuren. Daher können bestimmte Angaben zu Fetten nicht in „pro Mol" angegeben werden, wie sonst in der Chemie üblich. Dennoch benötigt man zur Charakterisierung eines bestimmten Fettes Angaben zu seiner chemischen Zusammensetzung. Hier genügt meistens nicht die Herkunftsangabe (Olivenöl oder Schweineschmalz), da bei der Verarbeitung und der Lagerung von Fetten bereits chemische Reaktionen ablaufen können, die die Qualität des Fettes beeinflussen. So können einige der Ester-Gruppen bereits hydrolytisch gespalten sein (in Carbonsäuren und Alkohole) oder freie Carbonsäuren können durch Oxidation der Fette entstanden sein.

Um Fette zu charakterisieren, gibt es daher eine Vielzahl von „Kennzahl" – drei davon werden nachfolgend erwähnt:

Die Säurezahl eines Fettes gibt an, wie viel freie Säuren in dem Fett vorhanden sind. Sie wird in mg KOH angegeben, die benötigt werden, um die freien Säuren aus 1 g Fett zu neutralisieren (Titration gegen Phenolphthalein).

Die Verseifungszahl eines Fettes gibt an, wie viele Ester-Gruppen vorhanden sind. Dadurch erhält man eine Größe, die in Relation zur Länge der Fettsäuren steht. Auch die Verseifungszahl wird in mg KOH pro 1 g Fett angegeben (wie viel mg KOH werden benötigt, um die Ester aus 1 g Fett zu verseifen).

Die Iodzahl ist ein Maß für den ungesättigten Charakter von Fetten und Ölen. Dabei wird die Addition von Iod an Alkene betrachtet (siehe Kapitel 10, hier ist die Brom-Addition beschrieben). Sie wird angegeben in Gramm Iod, die benötigt werden, um alle Doppelbindungen in 100 g Fett zu iodieren.

Iodzahleinheiten von ca. 33 bedeuten ungefähr eine Doppelbindung pro Glycerinestermolekül. Schweinefett hat z. B. eine Iodzahl von 50–70, d. h., durchschnittlich besitzt jedes Fettmolekül zwei Doppelbindungen.

Die direkte Addition von Iod ist allerdings nicht effektiv genug, um sie zur Bestimmung der Iodzahl zu verwenden. Stattdessen nutzt man die Addition von Brom und rechnet hinterher auf die entsprechende Menge an Iod um.

Bei der Additionsreaktion verbraucht man die gleiche Anzahl an Brom-Molekülen wie Doppelbindungen im Fett bzw. Öl vorhanden sind. Kennt man die Ausgangsmenge und die Endmenge an Brom, kann man Rückschlüsse auf die vorhandenen Doppelbindungen ziehen. Brom lässt sich allerdings sehr schlecht direkt bestimmen, sodass man den Umweg über die Iodometrie wählen muss. Brom hat eine höhere Oxidationskraft als Iod. Deshalb kann es aus einer Kaliumiodidlösung Iod freisetzen (▶Abbildung 15.13).

Das entstandene I_2 kann man mit Thiosulfatlösung titrieren, wobei ein Tetrathionation entsteht. Die zugehörigen Strukturen dieser Reaktion finden sich ebenfalls in Abbildung 15.13.

Dabei dürfte Ihnen die Reaktion vom Thiosulfat zum Tetrathionat bekannt vorkommen, eine ähnliche Ausbildung von S-S Bindungen kennen Sie von den Disulfid-Brücken in Proteinen.

Brom oxidiert Iodid zu Iod:

$$Br_2 + 2\,KI \longrightarrow I_2 + 2\,KBr$$

Iod wird mit Thiosulfat titriert:

$$2\,S_2O_3^{2\ominus} + I_2 \longrightarrow S_4O_6^{2\ominus} + 2\,I^{\ominus}$$

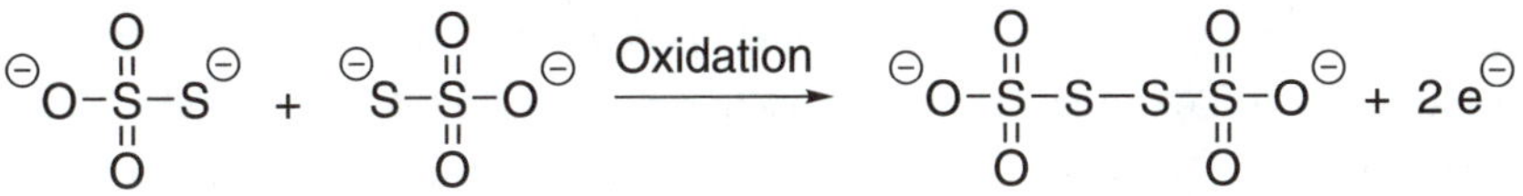

Abbildung 15.13: Reaktionen bei der Bestimmung der Iodzahl

Um Fehler bei der Bestimmung zu vermeiden, führt man die komplette Bestimmung einmal mit und einmal ohne Fett durch. Mithilfe dieser beiden Werte kann man mit der Formel aus ▶ Abbildung 15.14 die Iodzahl (IZ) berechnen.

Achtung: In Abbildung 15.13 ist jeweils nur eine von mehreren mesomeren Grenzformeln des Thiosulfats und des Tetrathionats abgebildet.

$$Iodzahl = \frac{(o - m) \cdot 12,69}{E}$$

o = Verbrauch an Thiosulfatlösung (in mL) ohne Fett

m = Verbrauch an Thiosulfatlösung (in mL) mit Fett

E = Fetteinwaage in Gramm (auf 2 Nachkommastellen)

Abbildung 15.14: Bestimmung der Iodzahl

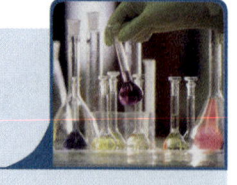

VERSUCH 6

- **Bestimmung der Iodzahl von Olivenöl**

Geräte:	Chemikalien:
Analysenwaage	Verschiedene Öle und Fette
1 × 10 mL-Bürette	1 mol/L Thiosulfatlösung
3 × 100 mL-Erlenmeyerkolben	0,4 mol/L Brom-Lösung (in Methanol)
1 × 25 mL Messzylinder	10 %ige Kaliumiodidlösung
2 × 10 mL Vollpipette	Stärkelösung
Uhrglas	

Durchführung:

Mithilfe der Iodzahl soll die durchschnittliche Doppelbindungszahl pro Glycerinester eines Öles/Fettes bestimmt werden. Die Büretten und Vollpipetten sind vor dem Gebrauch mit der jeweiligen zu benutzenden Lösung einmal durchzuspülen.

Bestimmung von o (Wert ohne Fett):
Zur Vorbereitung füllt man die 10 mL-Bürette mit 1 mol/L Thiosulfatlösung. 20 mL der 0,4 mol/L Brom-Lösung werden in einen 100 mL-Erlenmeyerkolben gegeben, und 12,5 mL der 10 %igen Kaliumiodidlösung sowie 1 mL Stärkelösung werden hinzugeben. Durch das freigesetzte elementare Iod erhält man eine dunkel gefärbte Lösung.

Das Iod wird mit der 1 mol/L Thiosulfatlösung titriert, bis die dunkle Farbe in eine leicht gelbe Farbe umschlägt. Der Verbrauch in mL muss notiert werden, er stellt den Wert o dar.

Bestimmung von m (Wert mit zugesetztem Fett):

Es müssen ca. 0,50 g Öl/Fett in einen 100 mL-Erlenmeyerkolben eingewogen werden. Notieren Sie sich dabei die genaue Einwaage (das entspricht Ihrem Wert E).

Diese Probe wird in 25 mL Dichlormethan gelöst (unter dem Abzug).

Man gibt nun 20 mL der 0,4 mol/L Bromlösung in den Erlenmeyerkolben und deckt diesen mit einem Uhrglas ab. Die Mischung lässt man 2 Minuten stehen, bevor man 12,5 mL einer 10 %igen Kaliumiodidlösung hinzufügt. Zu der entstandenen Iodlösung gibt man 1 mL Stärkelösung hinzu.

Es entsteht erneut eine dunkel gefärbte Lösung. Das Iod wird mit der 1 mol/L Thiosulfatlösung wie oben titriert.

Der Verbrauch in mL stellt den Wert m dar.

Anhand der obigen Gleichung kann man mit den Werten für o, m und E die Iodzahl für die Probe errechnen.

o in mL: m in mL: E in g: IZ:

Aufgrund der erhaltenen Iodzahlen soll die durchschnittliche Doppelbindungszahl pro Glycerinestermolekül bestimmt werden. Geben Sie bitte die durchschnittliche Doppelbindungszahl Ihrer Probe an. Vergleichen Sie Ihr Ergebnis mit denen der anderen Gruppen (die andere Proben eingesetzt haben). Stimmen die Ergebnisse mit Ihren Erwartungen überein?

ANWENDUNGEN

Im Verlauf dieses Kapitels könnte Ihnen aufgefallen sein, dass die meisten der in der Natur vorkommenden Fettsäuren eine gradzahlige Anzahl an Kohlenstoffen haben. Das ist kein Zufall, sondern es hängt mit der Fettsäuresynthese im Stoffwechsel zusammen. Bei dieser werden nacheinander C_2-Einheiten angefügt (▶ Abbildung 15.15).

Bei der C-C-Bindungsknüpfung handelt es sich um eine Claisen-Esterkondensation, eine Variante der Aldolreaktion (vgl. Kapitel 11).

Der Fettsäureabbau ist quasi die Rückreaktion des Aufbaus. Sieht man vom Glycerin ab, so kann unser Organismus aus Fetten also nur C_2-Körper herstellen. Damit sind Fette fast ausschließlich zur Energiegewinnung im Citratcyclus nutzbar. Für den Aufbau von Kohlenhydraten und den meisten Aminosäuren benötigt unser Organismus hingegen C_3-Körper.

Bei einer Nulldiät werden daher nicht einfach nur die „Fettpolster" abgebaut, sondern die benötigten C_3-Körper werden dabei z. B. durch den Abbau von Muskeln bereitgestellt.

Prinzipieller Ablauf der Fettsäuresynthese:

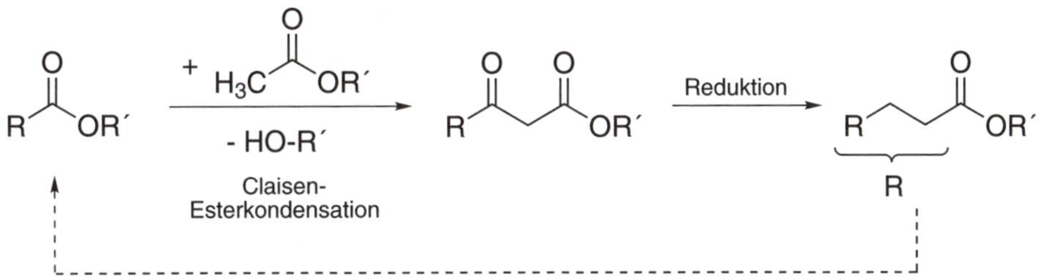

Abbildung 15.15: Claisen-Esterkondensation zum Aufbau von Fettsäuren

Übungsaufgaben

1. Suchen Sie jeweils ein Beispiel für eine Neutralseife und erläutern Sie, warum diese als Tensid wirkt.

2. Beschreiben Sie den Mechanismus der Claisen-Esterkondensation im Detail. Nutzen Sie dabei Ihre Kenntnisse zu Aldolreaktionen und zum Additions-Eliminierungs-Mechanismus aus früheren Kapiteln.

3. In der Formel für die Bestimmung der Iodzahl ist der Faktor 12,69 enthalten. Leiten Sie ab, woher dieser Faktor stammt.

Auf der Companion-Website zum Buch finden Sie unter http://www.pearson-studium.de die folgenden zusätzlichen Materialien zu diesem Kapitel:

- Fotos der Laborgeräte
- Videos: Öl aus Nüssen, Bestimmung der Iodzahl
- Lösungen zu den Aufgaben

Kohlenhydrate

16

ÜBERBLICK

Die Kohlenhydrate sind eine wichtige Gruppe von natürlich vorkommenden Verbindungen. Besonders bedeutend sind Cellulose (das Hauptgerüstmaterial der Pflanzen), Pektine, Stärke sowie die Zucker Saccharose, Fructose und Glucose.

Der Ausdruck Kohlenhydrate wird für eine ganze Gruppe von natürlich vorkommenden Verbindungen benutzt, die mit den einfachen Zuckern verwandt sind. So hat z. B. Glucose ($C_6H_{12}O_6$, Traubenzucker) eine Zusammensetzung, die auf ein „Hydrat des Kohlenstoffs" hindeutet, man könnte die Summenformel auch folgendermaßen schreiben: $C_6(H_2O)_6$.

Obwohl spätere Strukturuntersuchungen gezeigt haben, dass diese einfache Anschauung falsch war, ist der Ausdruck Kohlenhydrate geblieben.

„Entzieht" man den Kohlenhydraten das Wasser, so bleibt lediglich Kohle zurück.

ANWENDUNGEN

Kohlenhydraten aus Pflanzen kommt eine immer größere technische Bedeutung zu. So wird in Ländern wie Brasilien bereits sehr viel „Bioethanol" als Kraftstoff für Motoren eingesetzt (es gibt keinen chemischen Unterschied zu „normalem" Ethanol). Dieser Alkohol wird durch alkoholische Gärung aus Kohlenhydraten gewonnen.

Auch in Deutschland ist mit „E10" kürzlich ein Treibstoff eingeführt worden, der 10 % „Bioethanol" enthält. Der ökologische Nutzen solcher „Biotreibstoffe" ist allerdings noch umstritten.

VERSUCH 1

■ **Kohlenhydrate in Papiertaschentüchern / Toilettenpapier**

Geräte:	Chemikalien:
Pipette	konzentrierte Schwefelsäure
Toilettenpapier	

Durchführung:

Papiertaschentücher, Toilettenpapier etc. bestehen überwiegend aus Kohlenhydraten. Diesen kann durch Zugabe von konzentrierter Schwefelsäure das Wasser entzogen werden. Geben Sie einen Tropfen konzentrierter Schwefelsäure auf ein Stück Toilettenpapier. Beobachtung?

Wenn wir uns mit der Chemie der Kohlenhydrate beschäftigen wollen, müssen wir zunächst die einfachen Zucker (Monosaccharide) betrachten.

Monosaccharide   16.1

Die einfachsten Kohlenhydrate sind die Monosaccharide. Sie sind mehrwertige Alkohole mit einer Carbonylfunktion. Damit ist Glycerinaldehyd oder 2,3-Dihydroxypropanal der einfachste Zucker (zusammen mit 1,3-Dihydroxyaceton). Er besitzt einen Kohlenstoff mit vier unterschiedlichen Resten und existiert daher in zwei enantiomeren Formen (Bild und Spiegelbild sind nicht deckungsgleich).

Wendet man die Cahn-Ingold-Prelog-Regeln (R/S-Nomenklatur) auf diese beiden Moleküle an, so ergeben sich die Namen *R*-(+)-Glycerinaldehyd bzw. *S*-(-)-Glycerinaldehyd (▶Abbildung 16.1).

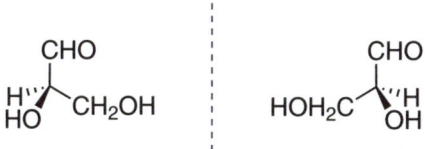

R-Glycerinaldehyd   S-Glycerinaldehyd

Spiegelebene

Abbildung 16.1: Enantiomere des Glycerinaldehyds

Bei den Kohlenhydraten ist es jedoch üblich, ein älteres System zur Konfigurationsbezeichnung zu verwenden, wobei die Enantiomere als D oder L bezeichnet werden. Man könnte dies auch als die D/L-Nomenklatur bezeichnen.

Um zu prüfen, ob es sich bei den beiden Glycerinaldehyden jeweils um einen D- oder L-Zucker handelt, müssen wir die Verbindung zunächst in die Fischer-Projektion überführen. Hierfür geht man folgendermaßen vor (die Punkte in der Reihenfolge abarbeiten):

1. Die längste C-Kette wird senkrecht gezeichnet.
2. Die längste C-Kette wird so gedreht, dass der am höchsten oxidierte Kohlenstoff möglichst weit „oben" steht.
3. Alle horizontalen Bindungen zeigen „nach vorne", alle vertikalen „nach hinten."
4. In dieser Schreibweise liest man am „untersten" stereogenen Zentrum (Kohlenstoff mit 4 unterschiedlichen Resten) ab, ob es sich um das D- oder das L-Enantiomer handelt. Zeigt die funktionelle Gruppe nach rechts, ist es D, zeigt sie nach links ist es L.

Diese Schritte wurden für die beiden Glycerinaldehyde in ▶ Abbildung 16.2 durchgeführt.

> Als Missverständnis tritt leider immer wieder auf, dass es einen direkten logischen Zusammenhang zwischen der R/S-Nomenklatur und der D/L-Nomenklatur gibt. Tatsächlich sind die natürlichen Aminosäuren bevorzugt L-konfiguriert und fast alle sind zugleich S-konfiguriert. Die Annahme, L (für links) und S (für sinister) seien gleichzusetzen ist jedoch falsch. Probieren Sie es z. B. einmal mit L-Cystein aus, nach der CIP-Nomenklatur ist das R-Cystein.

Die beiden Kohlenhydrate Glycerinaldehyd und 1,3-Dihydroxyaceton enthalten jeweils drei Kohlenstoffe. Man bezeichnet solche Zucker daher auch als Triosen. Bei vier Kohlenstoffen sind es Tetrosen, bei fünf Pentosen, bei sechs Hexosen usw.

Zucker, die als Carbonyl-Gruppe einen Aldehyd enthalten, nennt man Aldosen, solche mit einem Keton als Carbonyl-Gruppe Ketosen. Glycerinaldehyd ist also eine Aldotriose.

Wir werden im Folgenden die Hexosen betrachten (wobei nicht unterschlagen werden soll, dass die Ribose, der Zucker in RNA, eine wichtige Pentose ist). Insgesamt gibt es 8 Aldohexosen und zusätzlich noch Ketohexosen, jeweils als Bild und Spiegelbild (die natürlichen Zucker

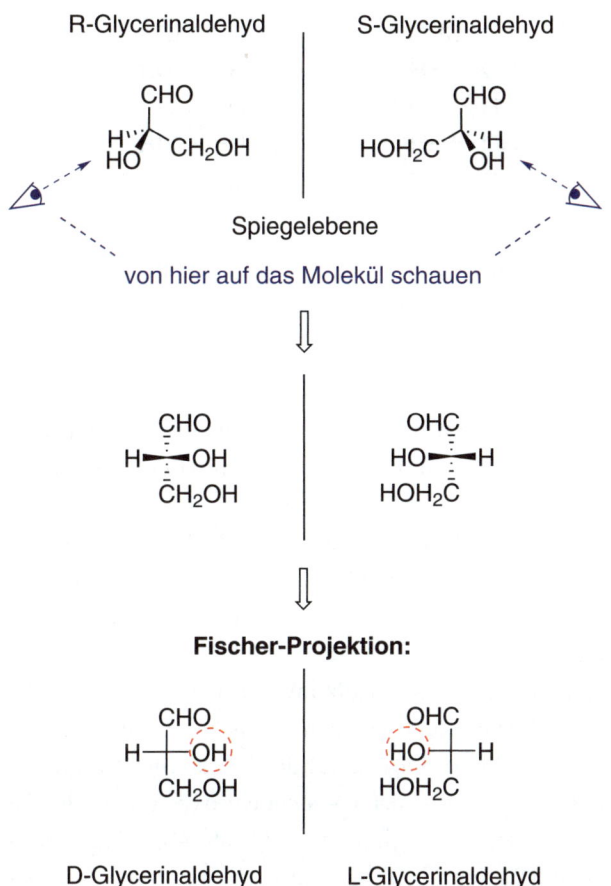

R-Glycerinaldehyd   S-Glycerinaldehyd

Spiegelebene

von hier auf das Molekül schauen

Fischer-Projektion:

D-Glycerinaldehyd   L-Glycerinaldehyd

Abbildung 16.2: Glycerinaldehyd in der Fischer-Projektion

sind jedoch meist D-konfiguriert). Jede dieser Hexosen hat einen eigenen Trivialnamen und nur dieser ist gebräuchlich. Ähnliches gilt für die Pentosen, die Tetrosen usw. Da Zucker sowohl in der Biochemie als auch an anderen Stellen Ihres späteren Studiums wichtig sind, sollten Sie diese Trivialnamen lernen, Sie finden geeignete Listen in den meisten gängigen Lehrbüchern.

Der Trivialname steht dabei für die relative Abfolge der funktionellen Gruppen an den stereogenen Zentren in der Fischer Projektion. Das klingt kompliziert, kann aber ganz leicht am Beispiel der Glucose illustriert werden (▶Abbildung 16.3).

Die Hydroxy-Gruppen der D-Glucose zeigen (von oben betrachtet) nacheinander nach rechts, links, rechts, rechts (die klassische Merkhilfe dafür ist tatütata). Wollen Sie nun die L-Glucose zeichnen, so genügt es nicht, einfach die Hydroxy-Gruppe am untersten Kohlenstoff auf die

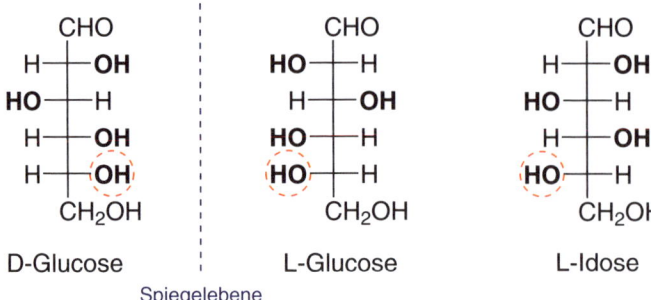

Abbildung 16.3: D-Glucose, ihr Enantiomer und Idose

andere Seite zu zeichnen. Dann haben Sie zwar einen L-Zucker vorliegen, die tatütata-Regel gilt jedoch nicht mehr. Damit ist das auch keine Glucose mehr, sondern in diesem Fall die L-Idose.

Wollen Sie hingegen die L-Glucose zeichnen, so ist diese das Enantiomer (also das Spiegelbild) der D-Glucose. Sie müssen dafür alle Hydroxy-Gruppen der Glucose in der Fischer-Projektion auf die jeweils andere Seite zeichnen.

Klingt furchtbar kompliziert und es gibt mit den Trivialnamen wieder etwas zum Auswendiglernen. Geht das nicht einfacher, werden Sie fragen? Die Trivialnamen sind hier eine echte Hilfe, der „korrekte" Name für D-Glucose wäre (2R, 3S, 4R, 5R)-2,3,4,5,6-Pentahydroxyhexanal, der für die D-Galactose (▶ Abbildung 16.4) hingegen (2R, 3S, 4S, 5R)-2,3,4,5,6-Pentahydroxyhexanal. Das kann kein Mensch leicht unterscheiden oder gar auf den ersten Blick erkennen, von welchem Zucker hier die Rede ist.

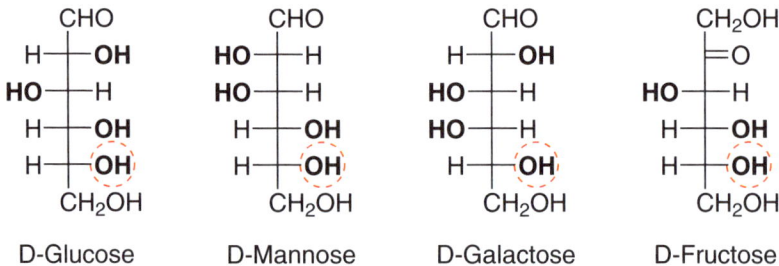

Abbildung 16.4: Wichtige Hexosen

In Abbildung 16.4 sind einige weitere Hexosen dargestellt, bis auf die Fructose, die eine Ketose ist, handelt es sich dabei ausschließlich um Aldosen.

Die Chemie der Zucker ist aber leider noch komplizierter. Aus Kapitel 11 wissen wir, dass Aldehyde (und Ketone) mit Alkoholen Halbacetale bilden können. Genau das passiert auch bei Zuckern wie der

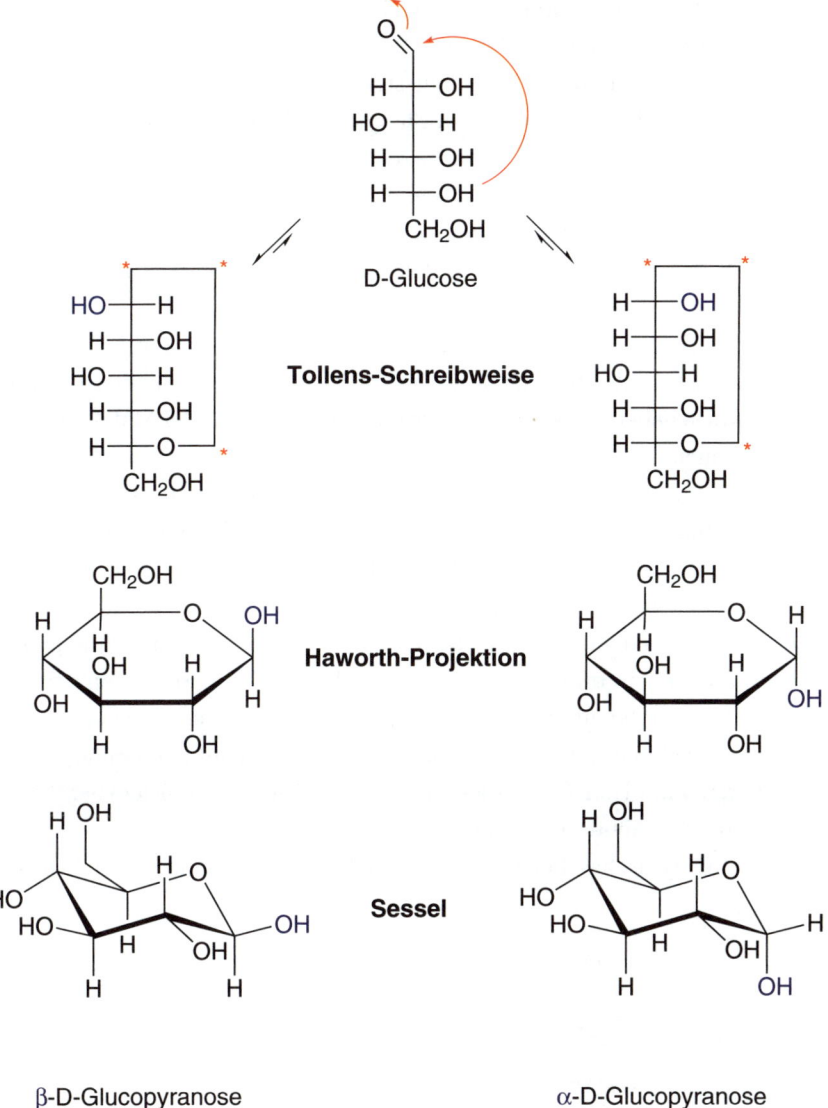

Abbildung 16.5: Cyclische Halbacetale der Glucose

Glucose, wobei sich ein Ring – ein cyclisches Halbacetal – bildet. Im Gleichgewicht (in wässriger Lösung) liegt das cyclische Halbacetal sogar stark bevorzugt vor (▶ Abbildung 16.5).

Bei der Bildung des cyclischen Halbacetals entsteht an der Stelle des ehemaligen Aldehyds ein neues stereogenes Zentrum (auch dieser Kohlenstoff trägt nun 4 unterschiedliche Substituenten), sodass zwei stereoisomere (diastereomere) cyclische Halbacetale gebildet werden, die man als α- und β-Form bezeichnet. Der ehemalige Aldehyd wird auch als anomeres Zentrum bezeichnet.

Die in Abbildung 16.5 dargestellte Tollens-Schreibweise für diese cyclischen Halbacetale sollten Sie nicht mehr verwenden. Sie hat zahlreiche Mängel, wie die Tatsache, dass die mit roten Sternen markierten Ecken nicht für Kohlenstoffe stehen, sondern eine fortgesetzte Bindung sind (was den gängigen Regeln wiederspricht). Die Tollens-Schreibweise ist hier nur aufgenommen, weil sie in einigen Lehrbüchern noch zu finden ist.

Wirklich anwenden sollten Sie statt dessen die Haworth-Projektion, die auch in der Biochemie verbreitet ist. Chemiker zeichnen hingegen 6-Ringe lieber als Sessel, da diese der realen Struktur der Moleküle näher kommen.

Bevor wir uns der Haworth-Projektion zuwenden, müssen wir noch erklären, weshalb in Abbildung 16.5 als Bezeichnung Glucopyranose gewählt wurde. „Gluco" steht dabei für die Glucose, aus dem zweiten Namensteil können Sie die Ringgröße entnehmen. Es könnte nämlich auch eine andere Hydroxy-Gruppe der Glucose am Aldehyd angreifen und dabei ein cyclisches Halbacetal bilden. Dies würde zu einem Ring anderer Größe führen. Von Bedeutung sind in der Zuckerchemie jedoch hauptsächlich die 5- und 6-Ringe, die basierend auf den Grundkörpern Furan und Pyran als Pyranose (6-Ring) und Furanose (5-Ring) bezeichnet werden (▶ Abbildung 16.6).

Ein typisches Beispiel für einen Zucker, der hauptsächlich in der

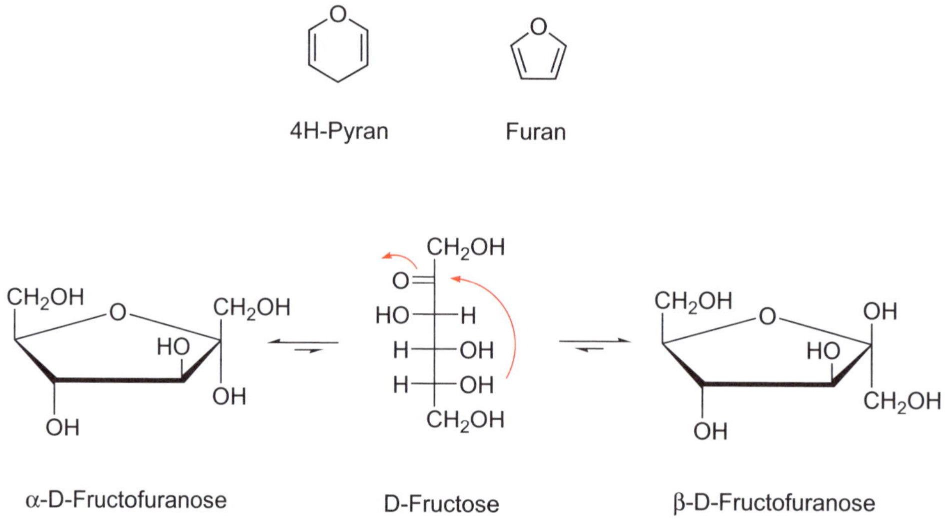

4H-Pyran   Furan

α-D-Fructofuranose   D-Fructose   β-D-Fructofuranose

Abbildung 16.6: Grundkörper der Furanosen und Pyranosen sowie Fructose in der Furanoseform

Furanose-Form auftritt, ist die Fructose, die ebenfalls in Abbildung 16.6 dargestellt ist.

Zurück zur Haworth-Projektion. Erfahrungsgemäß fällt das Zeichnen eines cyclischen Halbacetals in der Haworth-Projektion (wenn die Fischer-Projektion des zugehörigen Zuckers bekannt ist) vielen Studierenden schwer. Dies führt dazu, dass auch die Haworth-Projektionen einfach auswendig gelernt werden, was aber gar nicht nötig ist. Wenn Sie die Fischer-Projektion kennen, können Sie daraus ganz leicht die Haworth-Projektion ableiten, was in ▶Abbildung 16.7 veranschaulicht ist.

Wir erinnern uns, dass in der Fischer-Projektion die senkrechten Bindungen immer „nach hinten" zeigen. Dadurch liegt die Kohlenstoff-Kette in der Fischer Projektion fast schon als Ring vor. Sie können das gerne einmal als Modell mit einem Molekülbaukasten nachvollziehen. Wir müssen uns nur noch bewusst machen, wo sich welcher Kohlenstoff aus der Fischer Projektion in der Haworth-Projektion wiederfindet. Zu diesem Zweck sind die Kohlenstoffe in Abbildung 16.7 mit Nummern versehen. Um die Fischer-Projektion in die Haworth-Projektion zu überführen, müssen wir Erstere lediglich um 90° nach rechts drehen. Danach müssen wir vieles nur noch „abschreiben".

Die Konfiguration an C1 ist aus der Fischer-Projektion natürlich nicht abzulesen (das stereogene Zentrum wird ja neu gebildet). Beginnen wir also mit C2. Hier zeigt die Hydroxy-Gruppe in der Fischer-Projektion nach rechts und nach dem „Drehen" nach unten, also zeigt sie in der

Fischer-Projektion　　　　　　　　**Haworth-Projektion**

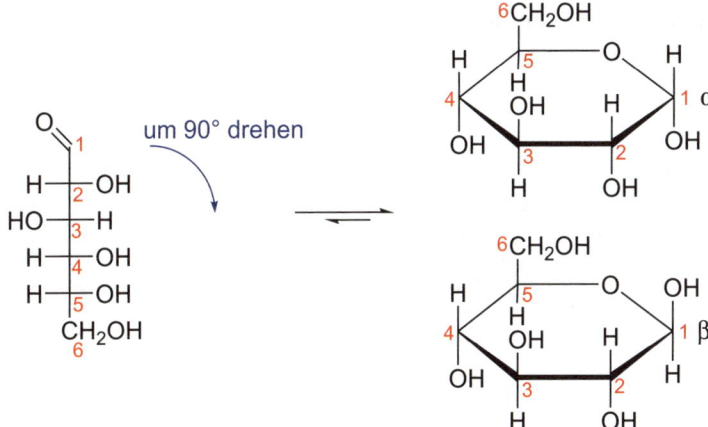

Abbildung 16.7: Überführung der Fischer-Projektion in die Haworth-Projektion

Haworth-Projektion ebenfalls nach unten. Das Gleiche gilt für die Hydroxy-Gruppe an C4. Die Hydroxy-Gruppe an C3 zeigt in der Fischer-Projektion nach links und nach dem „Drehen" nach oben, also zeigt sie in der Haworth-Projektion ebenfalls nach oben.

C5 ist erst einmal ein Problem, denn die Hydroxy-Gruppe hat ja das Halbacetal gebildet. C5 ist allerdings das stereogene Zentrum, das für die Bezeichnung der Enantiomeren (D oder L) herangezogen wurde. Hier können Sie sich merken, dass in D-Zuckern der Rest (eine CH_2OH-Gruppe) in der Haworth-Projektion immer „nach oben" zeigt (im Fall von L-Zuckern zeigt diese Gruppe dann natürlich „nach unten").

Zu guter Letzt das anomere Zentrum, also C1. Zeigt die Hydroxy-Gruppe hier in die entgegengesetzte Richtung der Gruppe an C5, so ist es eine α-Form. Zeigen die beiden Gruppen an C1 und C5 hingegen in dieselbe Richtung, hat man eine β-Form vorliegen.

Di- und Polysaccharide

16.2

Nachdem wir gelernt haben, dass Zucker bevorzugt als cyclische Halbacetale vorliegen, ist der Weg zu den Acetalen (Vergleich Kapitel 11) nicht mehr weit. Hierfür muss lediglich ein weiterer Alkohol am anomeren Zentrum (also dem ehemaligen Carbonyl-Kohlenstoff) angreifen und die Hydroxy-Gruppe substituieren (machen Sie sich dafür noch einmal mit dem entsprechenden Mechanismus der Acetal-Bildung aus Kapitel 11 vertraut). Diese Reaktion ist in ▶Abbildung 16.8 mit Methanol und Glucose durchgeführt worden.

Die neu gebildete Bindung bezeichnet man dabei (für alle Zucker) als glycosidische Bindung. Die Acetale der Glucose nennt man Glycosid, die der Mannose Mannosid usw.

Unabhängig davon, ob man von der α- oder β-Form ausgeht, kann es

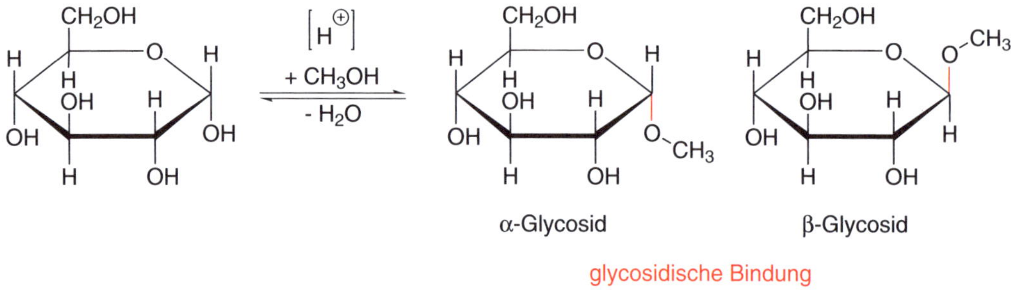

α-Glycosid   β-Glycosid

glycosidische Bindung

Abbildung 16.8: Ein Acetal der Glucose

zur Bildung einer α-Form oder β-Form des Acetals kommen (die Bildung des Acetals verläuft über ein planares Carbeniumion, das von beiden Seiten von Methanol angegriffen werden kann, siehe hierzu auch S_N1-Reaktionen in Kapitel 12). Die abgebildete Reaktion ist zwar reversibel, entfernt man jedoch das Reaktionswasser, so wird das Gleichgewicht zu den Produkten hin verschoben.

Die cyclischen Halbacetale stehen in wässriger Lösung immer im Gleichgewicht mit der acyclischen (offenkettigen) Form. Über diese Form kann sich daher die α-Form in die β-Form umwandeln. Diese einfache Form der Umwandlung gibt es bei den Acetalen nicht mehr. Diese sind in wässriger Lösung stabil und können nur durch wässrige Säuren wieder geöffnet werden (Säure-Katalyse der Reaktion in Abbildung 16.8).

Setzt man bei der Bildung des Acetals anstelle von Methanol eine Hydroxyl-Gruppe eines zweiten Zuckers ein, so entstehen Disaccharide. Disaccharide setzen sich dabei aus zwei gleichen oder unterschiedlichen Monosacchariden zusammen. Die Monomere sind durch eine glycosidische Bindung von einer OH-Gruppe des zweiten Monosaccharids zum anomeren Zentrum des ersten Monosaccharids verknüpft. Dies ist in ▶ Abbildung 16.9 am Beispiel des Disaccharids Lactose dargestellt.

Die Reaktion ist dabei nur formaler Natur. Selbstverständlich reagieren Monosaccharide nicht spontan unter Wasserabspaltung zu Disacchariden (sonst würde Ihr Traubenzucker, also die Glucose, auch spontan Wasser abspalten und zu Stärke oder Cellulose werden). Um diese Reaktion im Labor zu erreichen, müsste man einen großen Aufwand betreiben, denn es gibt z. B. keinen Grund, weshalb ausgerechnet die Hydroxy-Gruppe an C4 der Glucose reagieren sollte. Im Organismus wird diese Regioselektivität durch Enzyme erreicht.

Die Bezeichnung des Disaccharids kann ebenfalls aus Abbildung 16.9 entnommen werden. Zunächst wird das Monosaccharid genannt, das ist eine β-D-Galactopyranose. Da dieses Monosaccharid als Rest aufgeführt

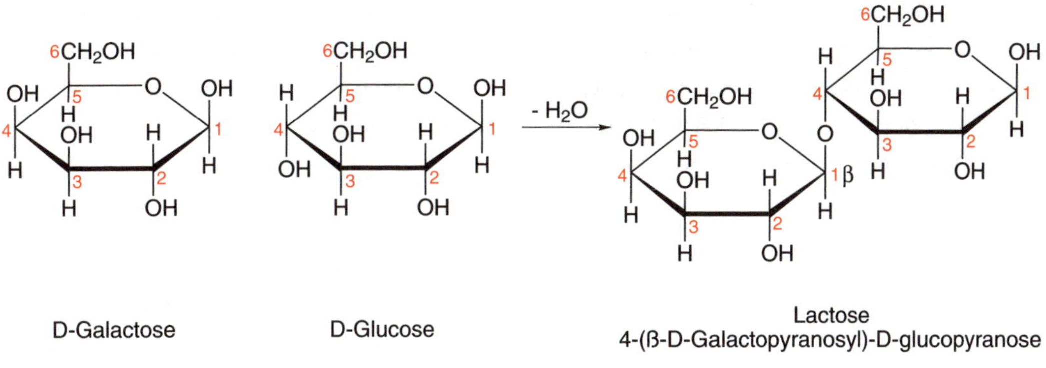

D-Galactose   D-Glucose   Lactose
4-(ß-D-Galactopyranosyl)-D-glucopyranose

Abbildung 16.9: Lactose

wird, wird es in Klammern gesetzt und bekommt die Endung –yl. Vor die Klammer kommt die Nummer der Position des zweiten Monosaccharids, an die das Erste angefügt wurde. Die Glucose hat mit ihrer 4-Hydroxy-Gruppe das Acetal gebildet, also eine 4. Hinter der Klammer steht dann die Bezeichnung des zweiten Monosaccharids. Hier wurde darauf verzichtet anzugeben, dass es sich dabei ebenfalls um eine β-Form handelt, denn diese kann in wässriger Lösung in die α-Form umgewandelt werden (es handelt sich dabei immer noch um ein Halbacetal) und beide Formen würde man als Lactose bezeichnen.

ANWENDUNGEN

Lactoseintoleranz war früher ein Problem, das hauptsächlich im asiatischen Raum auftrat. Mittlerweile tritt dieses Krankheitsbild allerdings auch in der westlichen Welt häufiger auf. Es beruht auf einem Mangel an Lactase, dem Enzym, das die Lactose spaltet. Dies kann sowohl erblich bedingt sein als auch die Folge einer Erkrankung. Lactose wird dadurch nicht abgebaut und verbleibt im Darmtrakt, wo sie den osmotischen Druck erhöht und von den Bakterien der Darmflora fermentiert wird. Beide Effekte können zu Bauchschmerzen, Durchfall und weiteren unangenehmen Symptomen führen.

Für die Patienten bleibt oft nur, weitgehend auf lactosereiche Nahrung (Milchprodukte) zu verzichten und/oder im Fall des Verzehrs lactosereicher Nahrung Lactase-Tabletten einzunehmen.

ANWENDUNGEN

Bereits an diesem einfachen Disaccharid (Lactose) lässt sich abschätzen, wie vielfältig die Möglichkeiten der Verknüpfung von Monosacchariden sind. Sie können jede Hydroxy-Gruppe eines Monosaccharides mit dem anomeren Zentrum eines zweiten Monosaccharides verknüpfen und dabei noch entweder die α- oder die β-glycosidische Bindung ausbilden. Diese enorme strukturelle Vielfalt wird von Organismen in vielen Bereichen genutzt, z.B. bei der Zellerkennung.

Von den vielen möglichen Disacchariden soll hier nur ein weiteres Erwähnung finden, die Saccharose, unser Haushaltszucker (Rohrzucker, Rübenzucker). Die Struktur der Saccharose ist in ▶Abbildung 16.10 dargestellt, es handelt sich um ein Disaccharid aus D-Glucose und D-Fructose.

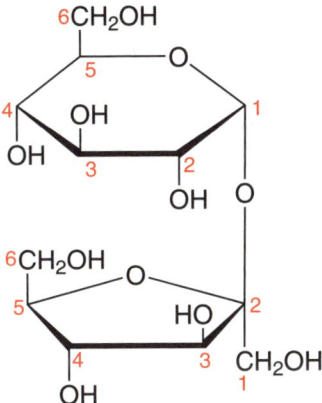

Saccharose
1-(2-ß-D-Fructofuranosyl)-α-D-glucopyranosid

Abbildung 16.10: Struktur des Haushaltszuckers

Die Saccharose ist dabei insofern ein Sonderfall, als die beiden anomeren Zentren miteinander verknüpft worden sind. Dadurch liegt kein Halbacetal mehr vor, das mit einem (acyclischen) Aldehyd im Gleichgewicht steht.

ANWENDUNGEN

Der süße Geschmack von Zuckern wird u. a. durch die Hydroxy-Gruppen hervorgerufen. So schmecken auch viele Diole und Triole (z.B. Glycerin) süß. Auf kriminelle Weise wurde dies 1985 beim „Panschen von Weinen" ausgenutzt. Durch Zusatz von Diethylenglycol (einem Diol) wurden Weine „süßer" gemacht und damit eine höhere Qualität suggeriert. Glücklicherweise kam es (neben Kopfschmerzen, die aber auch ohne das Diethylenglycol nach dem Genuss von Alkohol auftreten könnten) zu keinen schweren Folgen. Millionen Flaschen Wein (hauptsächlich aus Österreich) mussten damals vom Markt genommen werden.

Seither wird Diethylenglycol, das eigentlich als Frostschutzmittel eingesetzt wird, in Weinen nicht mehr gefunden. Es taucht aber immer wieder in unterschiedlichen (süßen) Produkten auf, wobei keiner dieser Fälle im europäischen Raum aufgetreten ist (nach Kenntnis der Autoren).

Verknüpft man mehr als zwei Monosaccharide über glycosidische Bindungen miteinander, so gelangt man zu Polysacchariden. Von den zahlreichen natürlichen Polysacchariden sollen hier nur Stärke und Cellulose genannt werden. Beide bestehen aus Glucose-Einheiten, die hauptsächlich 1,4-glycosidisch verknüpft sind. Der wesentliche Unterschied dieser beiden Makromoleküle liegt in der Stereochemie der Verknüpfung. Während in Cellulose β-glycosidische Bindungen vorliegen, sind es in der Stärke α-glycosidische.

Stärke bildet helicale Strukturen aus, in die sich die Ionen der Lugolschen Lösung einlagern können.

ANWENDUNGEN

Am Beispiel von Cellulose und Stärke können Sie die Bedeutung der (mühsam gelernten) Unterschiede zwischen α- und β-glycosidischen Bindungen erkennen. Unser Organismus kann die α-glycosidischen Bindungen der Stärke problemlos spalten (z. B. mit den Amylasen aus dem Speichel), sodass Produkte aus Stärke (Mehl) wie Brot für uns wertvolle Lebensmittel sind. Die β-glycosidischen Bindungen der Cellulose hingegen können wir nicht spalten (die Bakterien unserer Darmflora können sie jedoch zum Teil abbauen), sodass Cellulose für uns ein Ballaststoff ist.

VERSUCH 2

■ **Nachweis von Stärke**

Geräte:	Chemikalien:
Reagenzgläser	Mehl
Reagenzglasklammer	Iod-Kaliumiodid-Lösung
Bunsenbrenner	Amylase
Pipette	

Durchführung:

Erhitzen Sie etwas Mehl in 5 mL Wasser bis zum Sieden (Reagenzglas). Nach dem Abkühlen geben Sie einige Tropfen der ausstehenden Iod-Kaliumiodid-Lösung zu (Nachweis von Stärke). Beobachtung? (ggf. Verdünnen um die Farbe erkennen zu können) Machen Sie zum Vergleich die „Blindprobe" mit Wasser.

Entnehmen sie jeweils eine kleine Menge der Lösung und verdünnen Sie diese, sodass die Farbe nur noch hell wahrnehmbar ist (insgesamt benötigen Sie drei Reagenzgläser mit verdünnter Lösung). In das erste Reagenzglas gibt Ihnen der Assistent eine Spatelspitze Amylase, in das zweite müssen Sie ein wenig Ihrer Spucke geben. Diese beiden Reagenzgläser werden (nach Durchmischen) in der Hand erwärmt (ca. 5–10 Minuten, Beobachtung?). Das dritte Reagenzglas erwärmen Sie bis zum Sieden (Beobachtung) und kühlen es danach wieder ab (Beobachtung?). Versuchen Sie Ihre Beobachtungen zu erklären.

VERSUCH 3

■ **Nachweis von Stärke in Kopfschmerztabletten**

Geräte:	Chemikalien:
Reagenzglas	Acetylsalicylsäure-Tabletten
Reagenzglasklammer	Iod-Kaliumiodid-Lösung
Bunsenbrenner	
Pipette	
Mörser mit Pistill	

Durchführung:

Zerkleinern Sie zwei Acetylsalicylsäure (ASS) Tabletten im Mörser und lösen Sie das erhaltene Pulver in 5 mL Wasser im Reagenzglas unter kurzem Aufkochen (Bunsenbrenner). Zu der so erhaltenen Lösung geben Sie nach dem Abkühlen einige Tropfen Iod-Kaliumiodid-Lösung. Beobachtung?

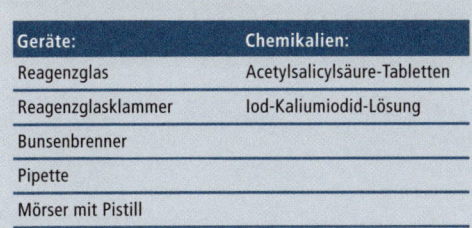

VERSUCH 4

■ **Herstellung von Kunsthonig (Invertzucker)**

Geräte:	Chemikalien:
Reagenzglas (neu)	Zucker
Reagenzglasklammer	Wasser
Bunsenbrenner	Zitronen (saft)
Holzstäbchen	

Durchführung:

In einem NEUEN Reagenzglas wird in ca. 5 mL Wasser Haushaltszucker bis zur Übersättigung gegeben. Die Mischung wird mit einem Spritzer Zitronensaft versetzt, dann mit dem Bunsenbrenner langsam erwärmt (wobei sich der Zucker vollständig lösen sollte) und schließlich zum Kochen gebracht. Hierbei soll überschüssiges Wasser verdampfen (VORSICHT, dabei kann es spritzen). Nach einigen Minuten beginnt die Lösung sich gelblich zu färben (wie Honig). An dieser Stelle wird das Erhitzen beendet und die Lösung abgekühlt.

Geschmacksproben sind nur bei Verwendung von neuen (zuvor unbenutzten) Glasgeräten zulässig! Verwenden Sie dafür die vom Assistenten bereitgestellten Holzstäbchen.

Welche Reaktion ist hier abgelaufen?

ANWENDUNGEN

Kunsthonig wurde in Notzeiten (während und nach dem 2. Weltkrieg) als Honigersatz verwendet (Sie können ja einmal Ihre Großeltern danach fragen). Heutzutage findet man das Produkt nicht mehr im Handel, allerdings wird Invertzuckercreme noch in Süßwaren verarbeitet.

Die Hauptinhaltsstoffe von Bienenhonig sind ebenfalls Glucose und Fructose.

Nachweisreaktionen für reduzierende Zucker 16.3

Aldehyde (und damit auch Aldosen) können leicht zu den entsprechenden Carbonsäuren oxidiert werden (siehe hierzu Kapitel 11). Aldehyde sind daher Reduktionsmittel. Sie können z. B. Cu^{2+} zu Cu^+ reduzieren und werden dabei selbst zur Carbonsäure oxidiert.

Bei der sogenannten Fehling-Probe nutzt man dies aus, indem man eine wässrige, alkalische Cu^{2+}-Lösung einsetzt, aus der dann das Cu_2O als charakteristischer roter Niederschlag ausfällt (▶Abbildung 16.11).

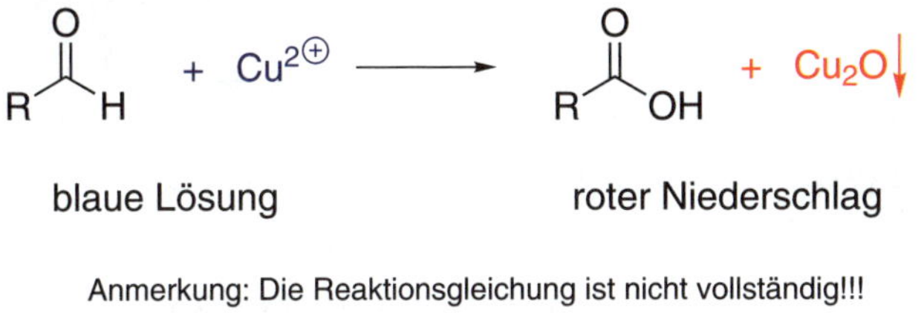

blaue Lösung   roter Niederschlag

Anmerkung: Die Reaktionsgleichung ist nicht vollständig!!!

Abbildung 16.11: Fehling-Probe auf Aldehyde

Man kann als Oxidationsmittel für Aldehyde auch Silber(I)salze verwenden. Diese werden dann zu elementarem Silber reduziert. Diese Reaktion, die ebenfalls im alkalischen Medium abläuft, wird auch Tollens-Probe genannt (▶Abbildung 16.12).

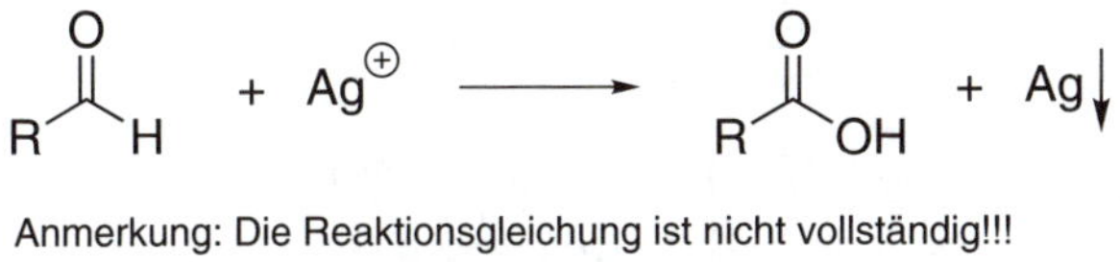

Anmerkung: Die Reaktionsgleichung ist nicht vollständig!!!

Abbildung 16.12: Tollens-Probe

Beide Reaktionen können mit Aldosen durchgeführt werden. Diese liegen zwar bevorzugt als cyclische Halbacetale vor, jedoch im Gleichgewicht mit der acyclischen Form, die einen Aldehyd enthält. Gleiches gilt für Disaccharide, die ein cyclisches Halbacetal aufweisen (also z. B. Lactose, nicht aber Saccharose).

Über einen ähnlichen Mechanismus (Keto-Enol-Tautomerie) wird auch im Stoffwechsel Fructose in Glucose (und umgekehrt) überführt. Die Keto-Enol-Tautomerie wird Ihnen also spätestens in der Biochemie bei der Behandlung der Glycolyse wieder begegnen.

VERSUCH 5

■ **Die Fehling-Probe auf Zucker**

Geräte:	Chemikalien:
Reagenzgläser	Kupfersulfat-Lösung
Pipette	Seignettesalz-Lösung
	konzentrierte Natronlauge
	verdünnte Natronlauge
	Glucose-Lösung
	Fructose-Lösung
	Rohrzucker-Lösung
	verdünnte Salzsäure

Durchführung:

Bereiten Sie vier Reagenzgläser vor, die je 3 mL der Fehling-Lösung enthalten. Die Fehling-Lösung (tiefblau gefärbt) wird zu gleichen Teilen hergestellt aus $CuSO_4$-Lösung, Seignette-Salz-Lösung (KNa-Tartrat) und konzentrierter NaOH-Lösung.

a) In das erste Reagenzglas geben Sie 1 mL Glucoselösung hinzu und erwärmen VORSICHTIG! Welche Beobachtung ist zu sehen? Erklären Sie diese Beobachtung mit einer Reaktionsgleichung!

b) In das zweite Reagenzglas wird 1 mL Rohrzucker-Lösung hinzugegeben und kurz erwärmt.

c) In das dritte Reagenzglas füllen Sie 1 mL Fructose-Lösung und erwärmen sie.

d) In einem Reagenzglas wird 1 mL der Rohrzucker-Lösung mit verdünnter Salzsäure versetzt und einige Minuten erwärmt. Dann neutralisiert man vorsichtig mit verdünnter Natronlauge. 1 mL dieser Lösung geben Sie in das vierte Reagenzglas und erwärmen die Mischung kurz.

Was beobachten Sie in den Versuchen und welche Erklärungen haben Sie dafür? Begründen Sie Ihre Antwort!

Stellen Sie für alle beobachteten Reaktionen jeweils vollständig ausgeglichene Reaktionsgleichungen auf. Beachten Sie hierbei auch die Informationen zu Redox-Gleichungen aus Kapitel 11.

Anmerkung:

Die Fehling-Probe kann in gleicher Weise für den Nachweis von Zuckern in Fruchtsäften oder in zuckerfreien Getränken genutzt werden.

Auch mit Fructose „funktioniert" die Fehling-Probe, wenn auch erst nach etwas längerem Erwärmen. Das überrascht, denn Fructose ist eine Ketose und enthält keine oxidierbare Aldehyd-Gruppe. Ursache dafür ist eine Isomersierung der Fructose über eine Keto-Enol-Tautomerie zu einer Aldose (▶Abbildung 16.13). Die Keto-Enol-Tautomerie wird durch Säuren wie durch Basen katalysiert.

Anmerkung: Unter Tautomerie versteht man ein Gleichgewicht, bei dem lediglich Elektronen „verschoben" werden und ansonsten nur ein Proton die Position verändert. Die einzigen Einfachbindungen, die gespalten und gebildet werden sind dabei die Einfachbindungen zu diesem Proton.

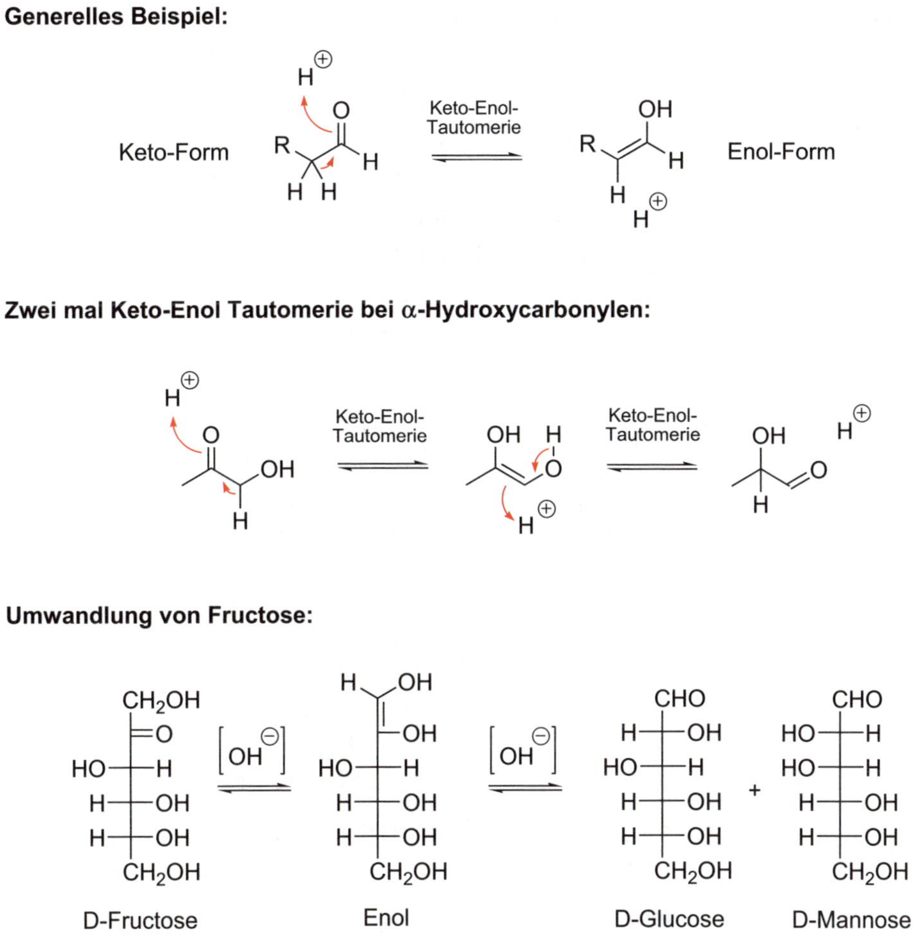

Generelles Beispiel:

Zwei mal Keto-Enol Tautomerie bei α-Hydroxycarbonylen:

Umwandlung von Fructose:

Abbildung 16.13: Keto-Enol Tautomerie und Überführung der Fructose in eine Aldose

VERSUCH 6

■ **Nachweis von Lactose in Thomapyrin**

Geräte:	Chemikalien:
Reagenzgläser	Kupfersulfat-Lösung
Pipette	Seignettesalz-Lösung
Mörser	konzentrierte Natronlauge
	Thomapyrin

Durchführung:

Bereiten Sie ein Reagenzglas vor, das 3 mL der Fehling-Lösung enthält. Die Fehling-Lösung (tiefblau gefärbt) wird zu gleichen Teilen hergestellt aus $CuSO_4$-Lösung, Seignette-Salz-Lösung (KNa-Tartrat) und konzentrierter NaOH-Lösung.

Zerkleinern Sie drei Thomapyrin-Tabletten im Mörser und lösen Sie das erhaltene Pulver in einem Reagenzglas in 5 mL Wasser. Geben Sie diese Lösung zu der Fehling-Lösung und erwärmen Sie die Mischung VORSICHTIG. Beobachtung? Welche Reaktion ist hier abgelaufen?

Ein weiteres Oxidationsmittel, das hier vorgestellt werden soll, ist Tillmans-Reagenz (▶ Abbildung 16.14). Diese Verbindung wird zur quantitativen Bestimmung von Vitamin C eingesetzt. Zwar ist Vitamin C (Ascorbinsäure) kein echtes Kohlenhydrat, es stammt jedoch aus dem Koh-

Tillmans-Reagenz
(im Neutralen blau,
im Sauren rot)

Vitamin C
(Ascorbinsäure)

farblos

Dehydroascorbinsäure

Abbildung 16.14: Oxidation von Vitamin C durch Tillmans-Reagenz

lenhydratstoffwechsel. Außerdem repräsentiert Tillmans-Reagenz eine in der Biochemie wichtige Gruppe von Redox-Reagenzien, sodass es noch einen weiteren Grund gibt, sich mit der Verbindung zu beschäftigen.

Tillmans-Reagenz hat im Sauren eine rote Farbe, in neutraler und schwach basischer Lösung ist es hingegen blau.

ANWENDUNGEN

Tillmans-Reagenz ist ein Beispiel für ein Chinon-Hydrochinon Redoxsystem, wobei Tillmans-Reagenz ein Stickstoff-Analogon dieses Systems (▶Abbildung 16.15) ist.

Derartige Redoxsysteme spielen im Stoffwechsel eine wichtige Rolle, z.B. das Ubichinon-10 (UQ), das beim Aufbau von ATP in der Atmungskette benötigt wird. Andere ähnliche Redoxsysteme finden sich auch an anderen Stellen, z.B. in der Elektronentransportkette der Photosynthese.

| Chinon | Semichinon | Dihydrochinon |

Abbildung 16.15: Das Chinon-Hydrochinon Redoxpaar

VERSUCH 7

■ **Quantitative Vitamin C Bestimmung**

Geräte:	Chemikalien:
Bürette	0,005 mol/L Tillmans-Reagenz
Pipette	Vitamin-C-Tablette
100 mL Messkolben	2 mol/L Essigsäure
10 mL Vollpipette	Zitronensaft
Erlenmeyerkolben	

Durchführung:

In einen 100 mL Messkolben wird eine Vitamin C Tablette mit bekanntem (z.B. 50 mg) Ascorbinsäuregehalt gegeben. Man löst die Tablette in 20 mL verdünnter Essigsäure (2 mol/L) und füllt anschließend mit verdünnter Essigsäure (2 mol/L) auf 100 mL auf.

Von dieser Lösung gibt man genau 10 mL (mit der 10 mL-Vollpipette – in unserem Beispiel entspricht dies 5-mg-Vitamin C) – in einen 100 mL-Erlenmeyerkolben und fügt weitere 10 mL Essigsäure (2 mol/L) hinzu.

Nun wird mit der Lösung des Tillmans-Reagenz bis zur schwachen, dauerhaften Rosafärbung titriert. Die von 5 mg Ascorbinsäure entfärbte Menge von Tillmans-Reagenz in mL wird notiert.

Kalibrierung des Tillmans-Reagenz mit 5 mg Ascorbinsäure:

– eingesetzte Ascorbinsäure (Vitamin C) in mg:
– verbrauchtes Tillmans-Reagenz in mL:

In gleicher Weise werden 10 mL Zitronensaft mit Tillmans-Reagenz bis zur schwachen, dauerhaften Rosafärbung titriert. Das Ergebnis wird ebenfalls notiert.

Titration der Ascorbinsäure aus Zitronensaft:

– eingesetzte Saftmenge in mL:
– verbrauchtes Tillmans-Reagenz in mL:

Über einen Dreisatz errechnet man, wie viel mg Vitamin C in 100 mL Saftlösung enthalten ist.

Anmerkung:

Auf analoge Weise kann auch der Vitamin C Gehalt anderer Produkte bestimmt werden, z. B. der von Aspirin plus C Tabletten.

Übungsaufgaben

1. Die Gleichung in Abbildung 16.12 ist nicht vollständig. Stellen Sie die vollständige Redoxgleichung für die Tollens-Probe auf.

2. In Abbildung 16.14 wird eine Verbindung reduziert, eine andere wird oxidiert. Ergänzen Sie bei Edukten und Produkten die (relevanten) Oxidationsstufen.

3. Erklären Sie, weshalb Tillmans-Reagenz bei unterschiedlichem pH eine andere Farbe hat.

4. In Abbildung 16.13 ist der Mechanismus der Säure-katalysierten Keto-Enol-Tautomerie erklärt. Wie kann eine Base die Keto-Enol-Tautomerie katalysieren? Nutzen Sie für Ihre Antwort auch das Erlernte aus Kapitel 10.

Auf der Companion-Website zum Buch finden Sie unter http://www.pearson-studium.de die folgenden zusätzlichen Materialien zu diesem Kapitel:

- Fotos der Laborgeräte
- Videos: Silberspiegel, Kunsthonig
- Lösungen zu den Aufgaben

Register

R

Racemat 201
Radikale 274
radikalische Polymerisation 274
REACH-Verordnung 24
Reaktionsenergie 250
Reaktionsgeschwindigkeit 250
Reaktionsgeschwindigkeitskonstante 251
Reaktionsordnung 251, 252, 258
Reaktionsprofil 248, 251, 258
Redoxgleichung 240
Redoxgleichungen 77
Redoxindiktatoren 83
Redoxpaar 115
Redoxpaare 77
Redoxpotentiale 119
Redox-Reaktionen 239
Redoxtitration 83
Redoxvorgänge 74
Reduktionen 74
Reduktionsmittel 76
reduzierende Zucker 331
Reinigungsverfahren 40
Retentionsfaktor 177
Retinal 235
Rf-Wert 177
Rhodopsin 235
Rohrzucker 326
Rotationsisomere 186
rotes Blutlaugensalz 101
Rotkohl 62
R/S-Nomenklatur 203
Rübenzucker 326
Rückseitenangriff 248
R- und S-Sätze 24

S

Saccharose 326
Sägebock-Projektion 193
Salatsaucen 107
Salz 66
Salzbrücke 116, 118
Salzsäure 66
Sättigungskonzentration 155

Sauberes Arbeiten 30
Sauerstoff 74, 75
Säulenchromatographie 175, 181
Säuredefinition 53
Säurekonstante 55
Säurezahl 310
Schiffsche Base 229
Schmierseifen 305
Schnelltests 63
Schreibweise organischer Moleküle 162
Schutzbrille 22
schwache Basen 59
schwache Säuren 59
Schwangerschaft 21
Schwefelwasserstoff 45, 137
schwer lösliche Niederschläge 136
Schwermetallvergiftungen 107
Schwimmbad 82
Sekundärstruktur 290
Sessel-Konformation 195
sichtbares Licht 103
Signifikante Ziffern 14
Silberchlorid 100
Silbernitrat 144
Silberspiegel 102
SN1-Reaktion 248
SN2-Reaktion 251
SN2t-Mechanismus 257, 263
Spannungsreihe 77
Speisesalz 48, 68
Spektralphotometer 103
Spurenanalyse 134
Spurenanalytik 135
Standardredoxpotential 120
Standardwasserstoffelektrode 120
Stärke 328
Stationäre Phase 172
Stearinsäure 298
stereogenes Zentrum 201, 321
Stereoisomere 186
Steroid 199
stöchiometrische Koeffizienten 42
Stoffgruppen 212
Stoffmengen 37
Sublimation 41
Sulfide 45

che
chemie

CHEMIE

Carsten Schmuck

Basisbuch Organische Chemie
ISBN 978-3-8689-4061-9
29.95 EUR [D], 30.80 EUR [A], 47.90 sFr*
352 Seiten

Basisbuch Organische Chemie

BESONDERHEITEN

Das Basisbuch Organische Chemie sorgt für ein nachhaltiges Verständnis der wichtigsten Grundlagen der organischen Chemie, die thematisch Bestandteil der Bachelor-Ausbildung sind. Stichpunktartig sind dies: Struktur und Aufbau organischer Moleküle, Substitution, Eliminierung, Addition, Aromatenchemie, Carbonylchemie sowie ausgewählte Stoffklassen. Hierin ersetzt das Buch nicht die großen einschlägigen Lehrbücher der Organischen Chemie, sondern ergänzt sie, indem es den Studierenden hilft, den Überblick zu behalten, die Zusammenhänge zu erkennen und vor allem die zugrundliegenden Konzepte und Gemeinsamkeiten zu begreifen.

KOSTENLOSE ZUSATZMATERIALIEN

Für Dozenten:
- Alle Abbildungen des Buches

Für Studenten:
- Musteraufgaben mit Lösungswegen
- Weitere Übungsaufgaben mit Lösungen

CHEMIE

Paula Y. Bruice

Organische Chemie
ISBN 978-3-8689-4071-8
29.95 EUR [D], 30.80 EUR [A], 47.90 sFr*
512 Seiten

Organische Chemie

BESONDERHEITEN

Das **Prüfungstraining Organische Chemie** orientiert sich an der Kapitelstruktur des Lehrbuchs Organische Chemie und enthält umfassende Übungsaufgaben mit ausführlichen Lösungen.

Das Buch richtet sich an Studierende in Bachelor-Studiengängen, die ihre knappe Zeit effizient und effektiv zur Vorlesungsvor- und nachbereitung sowie zur Prüfungsvorbereitung nutzen müssen.

KOSTENLOSE ZUSATZMATERIALIEN

Unter www.pearson-studium.de stehen weiterführende Informationen, sowie das komplette Inhaltsverzeichnis und eine Leseprobe zur Verfügung.

chemie

CHEMIE

Theodore L. Brown
H. Eugene LeMay
Bruce E. Bursten

Chemie
ISBN 978-3-8689-4072-5
24.95 EUR [D], 25.70 EUR [A], 41.50 sFr*
256 Seiten

Chemie

BESONDERHEITEN

Das **Prüfungstraining Chemie** orientiert sich als Übungsbuch an der Kapitelstruktur des Lehrbuchs Chemie und enthält umfassende Übungsaufgaben mit ausführlichen Lösungen.

Das Buch richtet sich an die Studierenden in Bachelor-Studiengängen, die ihre knappe Zeit effizient und effektiv zur Vorlesungsvor- und nachbereitung sowie zur Prüfungsvorbereitung nutzen müssen.

KOSTENLOSE ZUSATZMATERIALIEN

Unter www.pearson-studium.de stehen weiterführende Informationen, sowie das komplette Inhaltsverzeichnis und eine Leseprobe zur Verfügung.

Paula Y. Bruice

Organische Chemie
ISBN 978-3-8689-4102-9
89.95 EUR [D], 92.50 EUR [A], 139.00 sFr*
1200 Seiten

Organische Chemie

BESONDERHEITEN

Das handliche Lehrbuch eröffnet einen modernen und einfachen Zugang zum Studium der Organischen Chemie und führt mit zahlreichen Bezügen zum Alltagsleben durch den Prüfungsstoff. Es deckt von der Struktur und Bindung organischer Moleküle über die ausführliche Behandlung der wichtigsten Verbindungsklassen bis hin zur Bioorganik und Wirkstoffchemie alle wesentlichen Bereiche des Fachs ab und eignet sich auch für Studenten der Biochemie, Medizin und Pharmazie. Die Inhalte werden mit durchgängig vierfarbigen Grafiken und 3D-Modellen von Molekülstrukturen veranschaulicht. Musterbeispiele führen den Lesern die Lösung von Problemen Schritt für Schritt vor, bevor vergleichbare Problemstellungen im Selbststudium behandelt werden können.

KOSTENLOSE ZUSATZMATERIALIEN

Für Dozenten:
- Alle Abbildungen des Buches

Für Studenten:
- Animierte 3D-Moleküle
- Multiple-Choice-Aufgaben mit Lösungen
- Lösungen zu den Übungsaufgaben im Buch
- Drei Bonus-Kapitel "Spezielle Themen der Organischen Chemie"
- Ein ausführliches Glossar, nützliche Tabellen und weiterführende Links

Weitere Informationen unter www.pearson-studium.de

PEARSON
Studium

*unverbindliche Preisempfehlung